U0260365

中国葡萄酒历史文化研究

Zhongguo Putaojiu Lishi Wenhua Yanjiu

主编 / 毛凤玲　副主编 / 张　訸　张军翔

中国农业出版社
北　京

图书在版编目（CIP）数据

中国葡萄酒历史文化研究 / 毛凤玲主编 . -- 北京 : 中国农业出版社 , 2024. 7.
ISBN 978-7-109-32157-1

I . TS971.22

中国国家版本馆 CIP 数据核字第 2024T15Q65 号

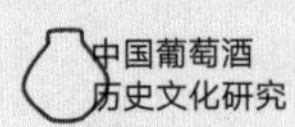

中国农业出版社出版
地址：北京市朝阳区麦子店街18号楼
邮编：100125
责任编辑：国　圆
文字编辑：郭晨茜　郭　科　谢志新　任安琦
版式设计：刘亚宁　　责任校对：吴丽婷　　责任印制：王　宏
印刷：北京中科印刷有限公司
版次：2024年7月第1版
印次：2024年7月北京第1次印刷
发行：新华书店北京发行所
开本：787mm×1092mm　1/16
印张：22.75
字数：540千字
定价：268.00元

《中国葡萄酒历史文化研究》编写组

主　编　毛凤玲

副主编　张　訸　张军翔

编　者　李　碧　乔　雅　邱守刚　孟丽楠　奚丽杰

文清莹　张　骞　李　明　李克姣　王菁薇

王帅帅　陈园园　孙荣荣　操　敏　范　瑾

题　字　管　峻

作者简介

Author Profile

主 编 毛凤玲

宁夏大学葡萄酒与园艺学院教授、硕士生导师。宁夏回族自治区十二届人大代表。主持完成宁夏回族自治区哲学社会科学研究项目 3 项、宁夏高等学校科学研究项目 1 项、企（事）业单位委托课题 2 项。主持完成宁夏回族自治区教育厅本科质量工程 2 项、本科教学工程 1 项，发表学术论文 20 篇。主编著作《葡萄酒旅游概论》，参编著作《宁夏贺兰山东麓产区葡萄酒初阶教程》《读醉・酒庄指南》。

副主编 张 訸

宁夏大学民族与历史学院副教授、博士、硕士生导师，兼任宁夏历史学会理事。为本科生及研究生开设中国古代史、中国文化史、中国文化源流等课程。主要研究中国古代文化史、古代民族史，发表论文 20 余篇，主持完成国家社科基金项目、省级校级项目十余项。《宁夏通史》修订组专家，出版专著《中国文化史论略》《大学历史教学》，其中《大学历史教学》获宁夏回族自治区第四届优秀教育科研成果奖三等奖。

副主编 张军翔

宁夏大学葡萄酒与园艺学院教授、博士生导师。国家一级品酒师、一级酿酒师。宁夏回族自治区葡萄酒产业首席专家、宁夏回族自治区 313 人才、宁夏科技创新领军人才、宁夏贺兰山东麓葡萄酒技术协同创新中心副主任。担任中国食品学会葡萄酒分会副主任委员，全国酿酒标准化技术委员会葡萄酒分技术委员会委员，中国园艺学会葡萄酒分会副主任委员，宁夏国家葡萄与葡萄酒综合试验区专家委员会委员，宁夏回族自治区科学技术协会第 8、9 届常委。现任宁夏大学葡萄与葡萄酒现代产业学院副院长。研究方向为葡萄栽培与酿酒。近年来主持国家级、省（部）级课题 10 余项，研发的葡萄栽培模式、葡萄酒酿造技术得到广泛应用，制订了酿酒葡萄整形、葡萄酒酿造等多项技术规程。2010 年、2017 年获宁夏回族自治区科技进步三等奖（排名第 1），2017 年获首届宁夏创新争先奖，2019 年获宁夏回族自治区科技进步一等奖（排名第 2）。

序

Preface

宁夏贺兰山东麓葡萄酒产业园区管理委员会主任黄思明邀请我为《中国葡萄酒历史文化研究》写序，我稍犹豫，他说，你是专家。我想，序是可以写的，但我究竟是不是葡萄酒专家呢？不过，我自己倒是曾经自嘲且自信地说过：我算半个葡萄酒专家。毕竟20年来，我在葡萄酒这件事上用心学了一点，固执做了一点，认真想了一点。

2017年6月2日，在保加利亚索非亚举行的第40届世界葡萄与葡萄酒大会上，国际葡萄与葡萄酒组织（OIV）主席莫妮卡·克里斯特曼宣布，鉴于郝林海在中国与国际葡萄与葡萄酒行业内所作出的贡献，国际葡萄与葡萄酒组织执委会决定授予其“OIV MERIT”。当天，我写道：“我很看重这个‘OIV MERIT’，这无疑是国际葡萄与葡萄酒组织对中国葡萄酒产区的认可。接受这一荣誉，我心中很坦然，有一种撒什么种子结什么果的感觉。好葡萄酒是种出来的，好产区是干出来的。宁夏葡萄酒产区是业内外人士心血浇灌的果实，甫一开始，就是懂行的，专业的，符合发展规律的。”

《中国葡萄酒历史文化研究》是可读的，它不是目下常见的官样文本或市场泛滥的商业化文本。现代数字网络工具可以让人享受“搜索”“捡拾”“组合”“堆砌”“拼凑”的方便快捷，但却使出版物沦陷至敷衍甚至假冒伪劣的泥沼中，大量文字已无道德可言，考证研究往往也只看写手的键盘本领了。

之上篇：中国葡萄酒历史文化积淀

这是颇有趣味的一篇。

循着葡萄与葡萄酒的线索，从先秦两汉至民国时期，很花功夫地筛选了中国历史各时期与葡萄酒相关的内容，诸凡种植酿造、产地名称、品鉴饮用、典故传说、诗酒文化……以此归集呈现中国葡萄酒历史文化的积淀。像是从偌大菜场里用心挑选了几箩筐蔬果什杂，红白萝卜、青紫苏叶、番茄毛豆、菱椒地瓜、葱姜蒜芫……兴许还有几把旷地野菜，虽是“野菜”，竟也能说得上名称出处。拿来经不同爱好的人围观欣赏，谁感兴趣拎去吃了正是目的。此即此篇之趣味。

无论中西，远古最初的葡萄酒就是“自然酒”，葡萄熟了，或鸟儿啄吃，或自然破裂，而葡萄本身附着的酵母菌混入葡萄浆汁开始发酵，将葡萄浆汁变为了葡萄酒，所以说，是人发现了葡萄酒而不是人发明了葡萄酒。葡萄，我国古称葛藟、蘡薁、蒲陶、蒲桃、匍匋、蒲萄、浮桃……近现代中国的先贤把西方不同品种的酿酒葡萄名称翻译得精彩绝伦，让葡萄酒更具中国韵味，赤霞珠(Cabernet Sauvignon)、美乐(Merlot)、品丽珠（Cabernet Franc)、白玉霓（UgniBlanc)、马瑟兰（Marselan)、琼瑶浆（Traminer)、霞多丽（Chardonnay)、长相思（Sauvignon Blanc)、蛇龙珠（Cabernet Gernischt)、贵人香（Italian Riesling）……“赤梅品白马，琼霞长蛇贵！”还没喝酒，光看看葡萄名字就快要醉了，这就是中国文字的魅力，也是中西文化通过葡萄酒交流互融的生动实例。

也常看到谈论葡萄酒历史与文化极无趣的文章。有学者依据传说资料牵强地证明中国是葡萄酒最早的发源地，进而“学术”推断中国酿酒葡萄种子起源、种植，葡萄酒酿制、饮用、文化、历史……最早，再引申出更多葡萄酒乃至葡萄酒以外的“最”“最最”。诚然，倘若真有“最早”“最某”“最最某”也不必回避，历史文化的真实尽可以探索考究，只是不要刻意去“打造”出“最”“最最”，用于满足虚荣以后又堂而皇之标上历史文化研究的标签。

中国葡萄酒历史文化积淀所体现的多元、差异、个性、包容的文化特质是我喜欢的。葡萄酒的大花园里杂树生花不息，五颜六色不尽。葡萄酒因风霜雪雨而不同，依山川土地而个性。古今中外出现过的各类葡萄酒似一只只神奇高雅的鸟儿，在自然与人文空间舞动风土与文化的两只翅膀，上下翻飞创造出多元差异变化无穷的人间佳酿，更有饮者自鉴，想喝什么就喝什么，喜欢什么什么就好，来一杯葡萄酒，身心享受、真实自然、轻松愉悦。

从秦汉魏晋到唐宋元明清民国，葡萄酒在我国不同历史时期与政治、社会、文化、宗教、军事、经济、风俗等交集碰撞，同时与西方葡萄酒文化互相顾盼欣赏。虽中西人文社会不同、自然风物不同，但葡萄酒在不同胁迫条件下物竞天择，或异曲同工，或不谋而合，或殊途同归，形成今天上下数千年美美与共、东西南北中各美其美的葡萄酒文明。

之中篇：当代中国葡萄酒业发展历程

从 1949 年至今，中国葡萄酒的发展确是一个有滋有味的过程。甜、半甜、酸甜、涩酸甜、半干、全干、酸涩干、干。倘若没有经历这个年代，大多数国人恐仅尝过米酒的甘甜、烧酒的辛辣滋味，顶多再有两瓶啤酒下肚后的呃逆罢了。觅壶寻酒间，正赶上“节约粮食”“让人民多喝点葡萄酒”的好政策，可谓一举两得，端一支高足玻璃杯子摇晃摇晃，外交上对付洋人也多了件道具。最初工艺简单明了，就是葡萄汁兑水兑白酒，加糖加色素，更有甚者“三精一水”，酒精、糖精、香精，诸类添加剂勾兑……然后，才有了干型酒的规范。

一直到改革开放后，我国加入世界贸易组织（WTO），大量进口葡萄酒中，有用酿酒葡萄经发酵陈酿而成的干或半干酒，也有两次发酵的起泡与蒸馏后长年陈化的白兰地。

当代中国葡萄酒业，虽然有烟台张裕葡萄酿酒股份有限公司、青岛华东葡萄酿酒有限公司，通化葡萄酒股份有限公司，山西清徐葡萄酒有限公司、陕西丹凤葡萄酒有限公司以及稍后的央企国企等一批拓荒先行企业，但纵观曲折起伏 60 年，可谓发展慢且不得窍。至今我国欧亚美种酿酒葡萄种植面积仅 180 万亩左右，真正扎扎实实种酿酒葡萄、老老实实酿酒的酒庄有 1 000 家左右，“产区”概念泛化，名副其实的产区屈指可数。从葡萄酒产业基础与专业技术层面看，基本无本国自育酿酒葡萄品种用于规模种植。葡萄品种、酿造工艺、设备、酵母、添加剂，以及品鉴饮用理念等大都处在“拿来”阶段，尚缺乏对中国不同产区葡萄酒文化、风土特色、葡萄品种、种植技术及酿造工艺和设备等诸多方面的归纳梳理与创新提升。

真正现代葡萄酒既洋气又土气，既自然又有文化，每一款酒的品质特色均由葡萄品种、葡萄园、酒庄、产区以及酿酒师根据果实状态结合发酵陈酿工艺设备决定，因此，庄主与酿酒师大都谦卑低调地异口同声说，好葡萄酒“七分种、三分酿”，一切由产区风土使然。产区风土就是产区的天、地、人。不同产区的“天”不同（气候、光照、降水、昼夜温差……），不同产区的“地”不同（土壤地质、海拔、坡向、相对湿度、地表水流……），不同产区的“人”不同（人对自然的态度；人对种植模式、葡萄品种的选择；以及采收酿造、器具工艺、趣味偏好……）。因而，葡萄酒是一种特定自然环境与文化环境的产物，正是因为它的风土永远不会一模一样，才使人们欣赏到多样化的自然与丰富多彩的文化。

当代中国葡萄酒业变化起伏发展的历程，为中国葡萄酒产区奠定了生发的“土壤”，中国葡萄酒必将进入新兴的“产区时代”。

之下篇：宁夏　中国葡萄酒历史文化的缩影

倘若宁夏当初不坚持走“小酒庄，大产业”进而“小酒庄，大产区”的路子，兴许没有中国宁夏贺兰山东麓“酒庄酒产区”之今日。或许又多了一个葡萄酒的原料生产加工基地：种的种、收的收、榨汁的榨汁、发酵的发酵、灌瓶的灌瓶、卖的卖、买的买、贴标的贴标……说不定哪一环节还能“打造”出一个“龙头企业”，那倒也是另一番景象了。

当回过头去看宁夏葡萄酒产区这段发展过程的时候，模式创新、探索实践是“主题词”；路径、政策、专业、坚持是“方法论”；而“目标”则始终如一：建中国酒庄酒产区，酿中国风土特色葡萄酒。

葡萄酒业不是单一产业。

一杯葡萄酒可以沟通世界，一杯葡萄酒可以感知自然，一杯葡萄酒可以见识差异多元。当然，葡萄酒虽是一类饮品，却与水泥、化肥等产品不同，葡萄酒既是物质产品也是文化产品，且更具精神文化属性。若看不到葡萄酒的文化属性，仅把葡萄酒视为单一产业，则在中国各产业中微不足道，即便在酒类产业中也九牛一毛。过于纠结葡萄酒在成长培育阶段的产值、速度、投入产出，就会一叶障目，只见树木不见森林，甚至买椟还珠。宁夏不沿海不沿边，经济欠发达，借助葡萄酒产业能高度融合一二三产业的特点，充分发挥葡萄酒在文化旅游、对外开放交流、生态环境治理、扶贫移民就业等方面的巨大潜质，是宁夏贺兰山东麓葡萄酒产区建设实践带来的重要启示。

“产区”是葡萄酒的核心竞争力。

把酒寻源，葡萄酒是用葡萄酿造的，葡萄藤是长在土地上的，集中连片有一定规模的酿酒葡萄园加上一定数量的酒庄形成葡萄酒产区。世界知名的葡萄酒产区，比如，法国波尔多产区有11 万公顷葡萄、9 000 多个酒庄，西班牙里奥哈产区有 6 万公顷葡萄、800 多个酒庄，美国纳帕产区有 2 万公顷葡萄、700 多个酒庄。倘若国人永远只喝进口葡萄酒也就罢了，否则，必须面对中国葡萄酒产区建设这个绕不过去的问题，没有自己真正的葡萄酒产区，中国葡萄酒产业就永远是空中楼阁，是无本之木，无源之水。葡萄酒产区是葡萄酒的根，是葡萄酒的核心竞争力，是承载葡萄酒产业的基础与前提。立足贺兰山东麓独特自然环境，宁夏数十年来扎扎实实种葡萄，老老实实酿酒，认认真真建设产区。至今，宁夏人可以自豪地说：每 2 瓶国产酒庄酒就有 1 瓶酿自宁夏；每 3 棵欧亚种酿酒葡萄藤就有 1 棵长在贺兰山下。

坚定不移走“酒庄酒”之路。

葡萄是让人类尊敬的植物。葡萄藤能在各种恶劣的胁迫环境下顽强生长，而且因气候不同、土壤不同、品种不同和种植方式不同而产出不同品质的葡萄；葡萄酒也因酒庄不同、产区不同、年份不同和酿酒师的不同而不同，因产区自然风土要素与产区人文环境的特色而变化无穷、风格各异。世界上没有最好的葡萄酒，只有不同的葡萄酒。

宁夏贺兰山东麓葡萄酒产区旗帜鲜明确定自己的目标：建中国酒庄酒产区，酿中国风土特色

酒庄葡萄酒。好一点、慢一点、久一点、自然一点。宁可少一点、贵一点。不模仿别人、不排斥他人、不追随潮流、不走捷径、不弯道超车、不被资本绑架、不“打造龙头”……规划、立法、设专门的机构，市场化运作种、建、酿关键环节，酿出一款款在国际大赛中获奖的酒庄酒作品，成为国际葡萄与葡萄酒组织观察员，参与国际各类葡萄酒活动，在产区办国际酿酒师赛，出台中国第一个“列级酒庄”制度并实施10年，循葡萄酒专业规律发展，获得国际葡萄酒界认同。从“小酒庄，大产业”到“小酒庄，大产区”再到确立“酒庄酒产区”地位，数百个酒庄犹如一颗颗珍珠玛瑙，而酒庄酒产区正是串起这粒粒珠玑瑰宝的“项链”。

葡萄酒世界有句名言：“酿伟大的酒不难，难的是头300年。”勃艮第产区对风土的数据记录了上千年，如今，这些葡萄种植园风土特征已写入联合国教科文组织世界遗产名录。倘若葡萄酒的确是文化的产物，那么它就有长久的生命力。也许，300年以后，宁夏贺兰山东麓葡萄酒产区健在并说：“建酒庄酒产区不难，难的是后300年。”

郝林海

宁夏国家葡萄及葡萄酒产业开放发展综合试验区专家委员

中国酒业协会战略发展工作委员会专家委员

前言

Foreword

在人类五彩缤纷的食谱中，酒是不可或缺的存在，由于原料、工艺等的不同，酿出的酒也是品种繁多。葡萄酒是其中起源较早、历史悠久的一种，其工艺之复杂、衍生文化之丰富，完全可以和白酒媲美。人类发明了酒，酒就与人生有了纠缠，酒不但可以欢庆、消愁，还可以用于交际、商贸。学者文人在把酒言欢之余研究酒的历史，探索酒的文化。白酒、啤酒等的历史文化业已成书，而葡萄酒至今却没有一部完整、系统的历史文化著作。

2020 年 6 月，习近平总书记在考察宁夏时指出，宁夏葡萄酒产业是我国葡萄酒产业的一个缩影，并寄予中国葡萄酒“当惊世界殊”的殷切厚望。从此，宁夏葡萄酒业界更加有了干劲，力争要在产业规模、生态效益、经济效益、历史文化、融合发展等方面做出更大的成绩。2023 年 7 月，宁夏贺兰山东麓葡萄酒产业园区管理委员会委托宁夏大学葡萄酒与园艺学院毛凤玲教授组织课题组进行关于中国葡萄酒历史文化项目研究，经过一年的辛苦工作，《中国葡萄酒历史文化研究》终于顺利结题并付梓。此书的出版，是中国葡萄酒业界一件值得庆贺的事情，也为中国文化史增添了重要内容。

《中国葡萄酒历史文化研究》分为上篇、中篇和下篇。上篇叙述中国葡萄酒从新石器时代到民国年间的历史，可以称为“中国葡萄酒简史”。

其中从中国葡萄酒起源说起，依次展现了先秦两汉、魏晋隋唐、宋元明清、民国年间中国葡萄酒的酿造、贸易与饮用的历史。中篇集中论述了当代中国葡萄酒业发展历程，分为复苏、全面成长、快速发展、优化升级四个阶段，从阶梯式的成长可以看出当代中国葡萄酒业一步步发展壮大的图景。下篇将宁夏作为中国葡萄酒历史文化的一个缩影进行阐述，从宁夏葡萄酒业的开端到其形成规模，再到规范化与国际化，最终中国葡萄酒从宁夏贺兰山东麓走向了世界。

此书的完成不仅包含着宁夏贺兰山东麓葡萄酒产业园区管理委员会的信任，当然更是课题组成员通力合作的成果，全书编写分工为：第一章由张訸编写，第二章由李碧编写，第三章由乔雅编写，第四章由邱守刚编写，第五章由孟丽楠编写，第六章由奚丽杰、文清莹编写，第七章至第十三章由毛凤玲编写，第十四章由张骞编写。

全书由毛凤玲、张訸、张军翔统稿，李克姣、王菁薇、王帅帅、陈园园负责史料查对和格式统一。封面由湖北美术学院影视动画学院院长袁小山主持设计，书名由中国艺术研究院中国书法院院长管峻题写。

需要说明的是，本书由多人执笔而成，行文风格不尽相同，论述重复交叉虽在统稿之时尽力避免，但“智者千虑必有一失”，书中或许会有错讹遗漏、表述不当之处，敬希前贤后学赐教，以俟来日再版时修订。

张　訸

2024 年 5 月 25 日

目录

Contents

中国葡萄酒历史文化研究

上篇

中国葡萄酒历史文化积淀

第一章
中国葡萄酒的起源

《汉书·食货志》载:"酒者，天之美禄，帝王所以颐养天下，享祀祈福，扶衰养疾。百礼之会，非酒不行。"[1] 此语是新莽时期羲和官鲁匡所言，可见 2 000 多年前中国人对于酒的意义便有了较为深刻的认识。酒对于个人生活，对于帝王统治、礼制的维护都有着不同寻常的作用。在人类文明史上，有着各种酒类的开发与创造，其中葡萄酒就是起源早、历史悠久的一种。中国葡萄酒起源于何时何地，历来众说纷纭，但是各种起源说都有一共同之处，就是将中国葡萄酒的起源与世界葡萄酒的起源放在一起共同讨论，这样的考察方式有助于考证清楚中国葡萄酒起源，同时能阐明其在世界文明史上的地位。

第一节　世界最早的葡萄酒酿造地

关于葡萄酒的起源（时间和地点），陈习刚研究员作了细致的梳理，他认为葡萄酒的起源时代与起源地"不仅有一个中心，还有多个中心"，他经过分析得出:"人类最初栽培葡萄、酿造葡萄酒的时代，从有关文献和考古资料初步判断，约五千年至七千年以前比较可信。葡萄、葡萄酒的最初起源地，应该说在东方，应该说是'多个中心'，包括地中海东岸以及小亚细亚、南高加索等地区，主要涵盖叙利亚、土耳其、格鲁吉亚、亚美尼亚、伊朗等国家；而葡萄、葡萄酒的'后起源中心'大致在欧洲和北美，北美又主要包括美国、墨西哥等国家。"[2] 根据目前的文献记载与考古发掘资料，陈习刚研究员的结论是较为可靠的，可以在此基础上作进一步的分析。

葡萄的种植是葡萄酒酿造的必要前提，所以在考察葡萄酒起源时必须关注此地此时葡萄的栽培。根据考古发掘或文献记载，用于酿造葡萄酒的有野生葡萄与人工栽培葡萄，使用野生葡萄酿造的葡萄酒，应该称为"葡萄用于酿酒"，而使用人工栽培葡萄酿造葡萄

1 [东汉] 班固:《汉书》卷二十四下《食货志第四下》，中华书局，1962 年，第 1182 页。
2 陈习刚:《葡萄、葡萄酒的起源及传入新疆时代与路线》，载《古今农业》2009 年第 1 期第 51-54 页。

酒则有着完全不一样的工艺技术，是“葡萄酒酿造”。那么要考察世界最早葡萄酒酿造地究竟在何处，就需充分考虑以上因素。

一、公元前 7000 年的河南舞阳贾湖遗址[1]

在舞阳贾湖新石器时代遗址，2001 年、2013 年的两次发掘中均发现了葡萄属植物种子。2001 年浮选出葡萄核[2],2013 年浮选出葡萄属（*Vitis* sp.）炭化植物遗存[3]。而有专家对于 2001 年浮选的葡萄属植物种子进行了科学分析，得出结论[4]：

> 贾湖遗址出土的葡萄属植物种子形态特征十分典型，平均长约 5 毫米、宽约 3.5 毫米。共发现了 110 粒炭化葡萄籽，一处考古遗址出土有如此丰富的葡萄籽，在其他遗址的浮选结果中是不常见的，这说明葡萄属植物与贾湖人的日常生活关系比较密切。不论是栽培的还是野生的葡萄属植物中的绝大多数品种的果实都可食用或酿酒。有学者曾以贾湖出土的葡萄籽为例证之一，试图将中国酿酒的历史追溯到距今 8 000 年前，从我们的浮选结果来看这一讨论还是有一定的依据的。

文中所提及的根据贾湖遗址出土的葡萄籽追溯中国酿酒历史之说，即指美国宾夕法尼亚大学的麦克伽文（Patrick E. McGovern），与其他几位学者共同撰写了“Fermented Beverages of Pre- and Proto-historic China”一文，详细阐述了对于贾湖遗址文物的检测。检测者提取了贾湖遗址 16 件器皿中的陶片进行放射性碳年代测定和树状图校准，其中 13 个样品检测结果证实了酒石酸和酒石酸盐的存在，而这种成分可能是葡萄产生的，也极有可能是山楂产生的，山楂的酒石酸含量是葡萄的 4 倍，而且在贾湖遗址还发现了山楂核[5]，这也是中国酿酒历史源远流长的有力证据。并且还检测出了大米的成分，其占据语料库中的主导地位。贾湖遗址考古发掘也发现了稻谷，研究认为：“通过几次发掘先后

1 关于贾湖遗址的年代，俞伟超认为是距今 9000—7800 年，见氏著《序》，载《舞阳贾湖》，河南省文物考古研究所编著，科学出版社，1999 年。另据 McGovern, P.E. et al. Fermented Beverages of Pre-and Proto-historic China. Proceedings of the National Academy of Sciences, December 8, 2004.

2 中国科学技术大学科技史与科技考古系，河南省文物考古研究所，舞阳县博物馆：《河南舞阳贾湖遗址 2001 年春发掘简报》，载《华夏考古》2002 年第 2 期第 29 页。

3 河南省文物考古研究院等：《河南舞阳县贾湖遗址 2013 年发掘简报》，载《考古》2017 年第 12 期第 18 页。

4 赵志军，张居中：《贾湖遗址 2001 年度浮选结果分析报告》，载《考古》2009 年第 8 期第 84 页。

5 中国科学技术大学科技史与科技考古系，河南省文物考古研究所，舞阳县博物馆：《河南舞阳贾湖遗址 2001 年春发掘简报》，载《华夏考古》2002 年第 2 期第 29 页。但是《贾湖遗址 2001 年度浮选结果分析报告》却没有提到山楂核或山楂。

贾湖遗址出土的盛酒陶器

出土了数千粒炭化稻米，经初步鉴定大部分属栽培稻。"[1] 10 年之后研究再次表明："从小穗轴形态所反映的落粒性来看，贾湖遗址的稻米已经处于驯化阶段，驯化性状不断加强，但粒型仍在进化过程中。"[2] 考古发现炭化稻米，不仅有力地支持了麦克伽文的实验室检测结果，而且确定炭化稻米大部分为栽培稻，其驯化程度已有了相当发展，证实了公元前7000 年的贾湖人已经开始了初步的稻作农业，而且成为贾湖先民经济生活中不可或缺的组成部分。稻米驯化、稻作农业等，一再证明贾湖人具备了一定的经济生活，在这样的经济水平下发酵饮料的出现是极有可能的。最终得出结论："对中国河南省贾湖新石器时代早期聚落吸收的古代有机物进行的化学分析表明，早在公元前 7000 年就开始生产一种由米、蜂蜜和水果（山楂果和 / 或葡萄）混合的发酵饮料。"[3]

鉴于这样的检测结果，可以得出初步推论，公元前 7000 年的贾湖遗址是中国也是世界上葡萄用于酿酒的最早考古证据，比美索不达米亚平原的苏美尔人遗留的葡萄酒陶罐（公元前 5400 年）还要早 1 600 年。

1 赵志军，张居中：《贾湖遗址 2001 年度浮选结果分析报告》，载《考古》2009 年第 8 期第 90 页。
2 张居中，程至杰，蓝万里等：《河南舞阳贾湖遗址植物考古研究的新进展》，载《考古》2018 年第 4 期第 102 页。
3 McGovern, P. E. et al. Fermented Beverages of Pre-and Proto-historic China. Proceedings of the National Academy of Sciences, December 8, 2004.

二、美索不达米亚平原的葡萄酒酿造[1]

日本学者山本博认为:“人们普遍认为，世界上第一次酿造并享用葡萄酒的葡萄酒发祥地是中近东的某个地方或几个地方。根据后来各种出土物品和历史情况来看，有人认为把这种荣誉献给在底格里斯河和幼发拉底河之间，即美索不达米亚，创造出人类最古老文明的苏美尔人，是最妥当的。”[2]美索不达米亚是近东文明的摇篮,“这里的苏美尔人创造了世界上最早的文字、数学、有组织的宗教活动和城邦政府结构”[3]，同时也开始了葡萄酒的酿造，并创造发展了葡萄酒文化。关于美索不达米亚葡萄酒的酿造地，目前见诸论著的有伊朗哈吉菲鲁兹（公元前5400—前5000年）、叙利亚首都大马士革（大约8 000年前)，以及伊拉克首都巴格达东南的乌尔遗迹等地。

（一）公元前6000年叙利亚葡萄酒相关遗物

关于叙利亚葡萄酒酿造地，论著中提及得较少，主要有罗国光[4]和日本学者古贺守，古贺守这样说道[5]：

> 1969年，叙利亚首都大马士革西南二十五公里处的丘陵地带，发现了大约八千年前的挤榨果物的压榨器和葡萄种子。这是史前的遗物。从一系列遗物来看，当时这里的居民比四周的居民拥有高得多的建筑技术和武器、工具制造技术。但是，被压榨器榨出来的葡萄汁真是用于酿造葡萄酒的，还是单纯作为饮料的果汁，目前尚没有定论。假如当时生活在这里的人们已经常常饮用最适宜观察发酵现象的葡萄汁，并且拥有像我们想象的那种文化的话，那么，由此到开始酿造葡萄酒，大概已不需要多么长的时间了。

可以看出古贺守虽然说出了考古发现的时间、地点和文物，但是却没有进一步的分析

1 根据《顶级红酒 酒香留长——格鲁吉亚葡萄酒历史》（无署名，载《浙江经济》2012年第17期），李旋《考古证实：格鲁吉亚是世界葡萄酒的发源地》（载《中外葡萄与葡萄酒》2016年第4期）这两篇短文可知，格鲁吉亚国家博物馆（Georgian National Museum）宣布，在Gadachrili Gora遗址中发现的葡萄种子及其残渣，可将格鲁吉亚葡萄酒酿造历史追溯到公元前6000年，即距今8 000年的历史。但是没有发现相关的学术论著。

2 [日]古贺守著，汪平译:《葡萄酒的世界史》，百花文艺出版社，2007年，第10页。

3 [英]Seton Lloyd著，杨建华《译序》:《美索不达米亚考古》，文物出版社，1990年。

4 关于叙利亚葡萄酒酿造的论述，有罗国光《中国葡萄栽培的发展对葡萄酒历史文化的影响》（2007年10月在德国美因兹大学应用语言学与文化学学院FASK举行的“中国与德国葡萄酒文化研究”国际研讨会上的报告），转引自陈习刚《葡萄、葡萄酒的起源及传入新疆的时代与路线》注释16，但罗国光此文中国知网、读秀均无收录。

5 [日]古贺守著，汪平译:《葡萄酒的世界史》，百花文艺出版社，2007年，第9-10页。

论述和支撑文献，这使得如此重要的考古资料的可信度大为降低，尤其认为“被压榨器榨出来的葡萄汁真是用于酿造葡萄酒的，还是单纯作为饮料的果汁，目前尚没有定论”，更使得压榨器的功用远离了葡萄酒的酿造。

（二）公元前 5400—前 5000 年的哈吉菲鲁兹（Hajji Firuz）

1968 年，在美索不达米亚平原北部一个名为哈吉菲鲁兹的小村庄进行了一次常规的考古发掘，在一座房屋的“厨房”里发现了 13 厘米长、5 厘米宽的一块陶器碎片，上面覆盖着一层薄薄的淡黄色沉积物。经检测鉴定，认为该陶器是此地的先民用来盛装葡萄酒的，此遗址位于伊朗西阿塞拜疆，年代在公元前5400—前5000年[1]。考古人员进一步发现，在这些用来盛装葡萄酒的陶罐口处，有笃耨香树脂（松节油）的存在，有学者认为笃耨香树脂是用于葡萄酒的防腐，但具体是如何使用的，却没有说清楚。在这些陶罐附近还发现了许多泥巴塞子，它们被哈吉菲鲁兹先民用于堵住陶罐口以隔绝空气防止葡萄酒变质。有学者根据考古发掘房屋的数量，估计哈吉菲鲁兹村庄葡萄酒的产量相当大，100 所房屋估计有 5 000 升的产量，平均每家有 50 升的葡萄酒。而且认为如此规模的葡萄酒酿造生产，使用的一定不是野生葡萄，这个新石器时代的古老村庄一定已经开始种植人工栽培的葡萄树。从哈吉菲鲁兹遗址可以找到的葡萄藤数量来看，基本上可以确定此时该地欧亚种葡萄藤已经被驯化栽培[2]。

从考古学者的现场描述来看，哈吉菲鲁兹居民的日常生活已经带有一丝惬意了，有着大客厅、厨房以及两个储藏室，摆放着生火的器具和准备烹饪食物的器皿，拔掉泥巴塞子，从陶罐中倒出紫罗兰色的葡萄酒……

（三）公元前 3500—前 3100 年的苏美尔葡萄酒遗物：滚印[3]

大约 1 000 年后的两河流域又出现了可以佐证该地区葡萄酒酿造的历史遗物——滚印，大约距今有 6 000 年。滚印，是一种刻有图案，或刻有图案和文字，抑或只刻有文字

1 可参阅 Patrick E. McGovern, Ancient Wine: The Search for the Origins of Viniculture, Princeton University Press, 2007. 亦可参阅吕庆峰，张波：《考证世界最早的葡萄酒文化中心》，载《宁夏社会科学》2013 年第 3 期。

2 吕庆峰，张波：《考证世界最早的葡萄酒文化中心》，载《宁夏社会科学》2013 年第 3 期第 133 页。

3 此年代来自 Patrick E. McGovern, Ancient Wine: The Search for the Origins of Viniculture, Princeton University Press, 2007.

哈吉菲鲁兹遗址出土的葡萄酒罐

的，圆筒式或圆柱式的印章，中国史学界根据英文称这种印章为圆筒印章，后来又有人称其为圆柱印章[1]。滚印大约存在于公元前5—前4世纪间的苏美尔文明时期，广泛应用于工作与生活的各个领域，标记事物的可靠性和所属性。与葡萄酒相关的滚印主要由大理石、石墨、琉璃等材料制成圆柱形小圆棒，长二三厘米，直径一二厘米，上面浮刻着葡萄纹等形状，日本学者古贺守详细叙述了滚印在葡萄酒酿造中的使用情况[2]：

> 捏土而成的早期土器制作极其简单，以其制作的葡萄酒容器，即酒坛，上部开有小口用于装进和倒出葡萄酒。人们把精心酿造的葡萄酒装入这种酒坛里进行储存。为了防止发生偷喝酒和酒里掺水等恶作剧，要把上部的小口用布盖起来，布上面糊上黏土进行封口。刚刚密封的黏土比较软，在上面摁上刻有浮雕的滚印，然后把它拿掉，浮雕印在黏土上，放置后让它自动干燥。最后，就完成了一个漂亮的封印。

古文明时期的苏美尔人所酿造的葡萄酒，先享用的绝大多数“消费者”一定是统治者或参加神庙祭祀活动人们，所以葡萄酒质地、成色的好坏以及是否掺有杂物是面临的最大

1 拱玉书：《日出东方：苏美尔文明探秘》，云南人民出版社，2001年，第196页。
2 ［日］古贺守著，汪平译：《葡萄酒的世界史》，百花文艺出版社，2007年，第15页。

问题，于是工匠或管理者发明了滚印，印在封口就可以判断出何人是此酒的酿造者。用于葡萄酒的滚印，就是今天葡萄酒标签的始祖。既然可以根据滚印上的浮雕判断酒的制造者，那就说明这样的滚印是唯一的，如果对此进行深入的研究，则会有关于葡萄酒文化更大的发现。葡萄酒滚印的出现，也是葡萄酒文化开端的标志之一。

三、公元前 3000 年左右的埃及葡萄酒文化[1]

非洲的尼罗河哺育了古老的埃及，埃及人在公元前 4000 年左右就建立起了国家，开始了文明的发展进程。公元前 3800—前 3500 年的马阿底遗址及公元前 3500—前 3100 年的涅伽达遗址考古发掘有房屋、仓库、地下室等，说明此时期的埃及人已经有了一定的居民定居点，而且在这两处遗址都发现有藏酒窖，虽然没有直接证据证明是葡萄酒，但从考古发掘以及文献记载可以证明——古埃及人的日常生活中只有两种较为普遍的酒，即葡萄酒和啤酒，而啤酒起源较晚于葡萄酒（啤酒约在第 2 王朝时期出现）[2]，那么此时藏酒窖里定是葡萄酒无疑了。

在第 1 王朝时期，埃及社会有了一定的发展，王权和贵族的庄园领地上种植着少量葡萄，葡萄酒显得弥足珍贵，仅供上层统治者享用，但无论如何已经出现在了埃及人的餐桌上。埃及人还用葡萄酒献祭飨神，称为“神酒”。从第 2 王朝开始，埃及出现了啤酒和甜啤酒。酒因数量的多寡和技术的难易形成了分层，葡萄酒被贵族垄断，而啤酒则成了下层老百姓的日常饮料。在葬俗中已经有了明显的贫富分化和阶级观念。此时的墓葬分为三种类型，一是下层阶级的，二是中等阶级的，三是王权和贵族的。其中在中等阶级的墓葬中发现有酒罐，是与盛有食品的盘子陪葬在尸体旁。王权和高官贵族的马斯塔巴墓结构比较复杂，分为地上建筑和地下建筑，其中地下建筑又有埋葬间和储藏室，储藏室有满满一排用黏土封口的酒罐，有学者肯定酒罐里盛的是葡萄酒[3]。葡萄酒是作为陪葬品出现的，一起陪葬的食品还有谷物、鱼、肉、水果，当然还有石器、陶器和铜材质的工具、武器。古埃

1 关于埃及葡萄及葡萄酒的内容重点参考了刘文鹏先生所著《古代埃及史》（商务印书馆 2000 年版），特致感谢。

2 刘文鹏：《古代埃及史》，商务印书馆，2000 年，第 166 页。

3 刘文鹏：《古代埃及史》，商务印书馆，2000 年，第 131 页。另第 1 王朝马斯塔巴墓中成排的葡萄酒罐，该书没有交代墓主为何人，有学者认为“大约在公元前 3150 年，埃及历史上最早君主之一蝎子王一世逝世，随其陪葬物品包括 700 罐从南部黎凡特地区进口来的昂贵葡萄酒”（吕庆峰，张波：《考证世界最早的葡萄酒文化中心》，载《宁夏社会科学》2013 年第 3 期第 135 页），两者在时间上较为接近，不知是否为同一人，有待于进一步考证。

及人信奉灵魂不死的观念，认为人死之后在另外一个世界还继续生活着，所以陪葬品要一如生前使用的，那样就可以复原这位高官显贵的生前生活了，吃着鱼，佐之以美味的葡萄酒……

"葡萄园在早王朝和古王国时代以前的文物上已经出现。第 3 王朝左塞王的印章上提到了作为国土一个部门的葡萄园。《梅腾墓铭文》中还讲到了他的葡萄园，还有几处无花果树和非常多的葡萄藤。古王国时期果园的发展，显然与养蜂业的发展有关……在三角洲地区布满了园地，葡萄园……显示了经济开发的一般特征。"[1] 古王国时期埃及的农业较为发达，不但种植大麦、小麦等农作物，而且菜蔬品种也较为多样，蒜、甘蓝、萝卜、葱，还有甜菜、黄瓜、莴苣，可以看出此时埃及人日常生活的创造力。在这样的条件下，种植葡萄和酿造葡萄酒就理所当然了。

古埃及金字塔或私人墓葬的浮雕壁画中也保留了关于葡萄和葡萄酒的内容[2]。第 5 王朝萨胡拉王葬祭庙的浮雕上描绘着一艘船舰乘风破浪远征巴勒斯坦和蓬特的景象，其中刻画的军事战利品叙利亚酒极有可能就是叙利亚本地产的葡萄酒。如果叙利亚葡萄酒能成为国王远征的战利品，就说明此时埃及的葡萄酒不如叙利亚的口感好，或者也仅是因为猎奇将其当作了战利品。第 5 王朝时期，人们还雕刻了各种人物的石像，其中就有酿酒、磨谷女仆，较为逼真地描述了劳动时的形象。在第 11 王朝代尔巴哈里美凯特拉墓中出土了几尊手持酒瓶的女子木雕，栩栩如生。第 12 王朝前半贝尔沙赫墓中出土的一组木雕像，其中有男仆肩扛酒瓶服务的形象。这些壁画、浮雕以及石雕、木雕人像中所展示的与酒有关的内容，虽然不能肯定就是葡萄酒，但至少说明了此段时期酿造业的发达和消费的真实情况。如在第二中间期起义者中就有酿造者参与，也充分说明了酿酒已经成为社会生产中重要的经济部门。

到了新王国时期，埃及进入了青铜时代，社会经济得到了全面发展，尤其种植业更是如此，蔬菜、水果从数量到质量上都有了较大的发展。据《哈里斯大纸草》记载，法老经常给神庙捐献大量的葡萄园。第 18 王朝第 6 王图特摩斯三世时期葡萄酒酿造有了较大的

1 刘文鹏：《古代埃及史》，商务印书馆，2000 年，第 160 页。
2 关于古埃及人葡萄种植、葡萄酒酿造过程以及饮用等的壁画图像，请参阅 Nicholson, Paul T, Ian Shaw. Ancient Egyptian Materials and Technology. Cambridge: Cambridge University Press, 2000, p577-603.

发展，成为王室、神庙的必需品，如图特摩斯三世为他父亲（底比斯之主）向神庙捐赠葡萄酒三坛，第 7 王阿蒙霍特普二世为他母亲向神庙捐赠葡萄酒若干坛。第 8 王图特摩斯四世（公元前 1425—前 1417）时期一些私人墓葬壁画上也可以看到关于葡萄的图像。之后的阿蒙霍特普三世沉湎于美酒佳人歌舞升平，此美酒可以肯定就是葡萄酒了。

从以上的描述可以得知，古埃及人种植葡萄、酿造葡萄酒的历史非常悠久，公元前 3000 年左右就有葡萄酒的酿造，其后有了较大的发展，有了葡萄园，还有葡萄榨汁机以及酿造葡萄酒复杂的工艺[1]。至于古埃及人葡萄酒酿造技术是自主发明还是外域输入的，多有学者推断是从苏美尔人那里学来的[2]，但这仅是推测，有待进一步的考证。

第二节　中国葡萄及葡萄酒起源的考古学探索[3]

一、湖南道县玉蟾岩文化遗址发现野葡萄遗存[4]

经考古发掘与学者长期研究，20 世纪 90 年代发现的玉蟾岩文化遗址对于中国文明的起源有着极其重要的意义。玉蟾岩文化遗址主体年代距今 16 000—13 000 年，其中发现的陶制品改变了学术界长期以来陶器起源于北方的认识，玉蟾岩陶器的发现至少可以说明湖南南部是我国陶器最早的起源地之一。而“玉蟾岩出土的稻谷是一种兼有野、籼、粳综合特征的从普通野稻向栽培稻初期演化的最原始的古栽培稻类型”[5]，可以证明此地是我国稻作农业最早的起源地之一。

在玉蟾岩文化遗址中还发现了多种植物遗存，“文化层中浮选出的植物遗存多达 40 余种，有珊瑚朴、野葡萄、中华猕猴桃等”[6]，其中野葡萄与中华猕猴桃、梅、君迁子是可以

1 钟林玉：《〈古埃及人的风俗习惯〉（第五章）翻译实践报告》，海南大学硕士学位论文，2023 年。
2 吕庆峰，张波：《考证世界最早的葡萄酒文化中心》，载《宁夏社会科学》2013 年第 3 期第 135 页。
3 关于中国葡萄酒的考古学探索以及先秦时期中国的葡萄及葡萄酒，吕庆峰、张波撰写的《先秦时期中国本土葡萄与葡萄酒历史积淀》（《西北农林科技大学学报》2013 年第 3 期）在该领域有筚路蓝缕之功，故本书第一章第二、三节的论述重点参考了该文，特致谢意。
4 到目前为止玉蟾岩文化遗址的考古报告还没有面世，故本部分内容多从其他研究者的著述中获得。
5 张文绪，袁家荣：《湖南道县玉蟾岩古栽培稻的初步研究》，载《作物学报》1998 年第 4 期第 420 页。
6 张弛：《中国史前农业、经济的发展与文明的起源——以黄河、长江中下游地区为核心》，载《古代文明》2002 年第 1 卷第 36 页。张弛此文说玉蟾岩遗址浮选出植物 40 余种，袁家荣则说，在文化堆积中通过筛选、漂洗出 40 余种植物果核，目前能鉴定出种属的有 17 种（袁家荣：《湖南旧石器时代文化与玉蟾岩遗址》，岳麓书社，2013 年，第 269-270 页）。

食用的水果，9~10月是采集野葡萄的季节[1]。考古证明在玉蟾岩文化时期野葡萄已经成为先民的食材之一，但究竟是否用于葡萄酒的酿造，还没有相关的考古证据。

二、公元前 3000 年左右浙江新石器时代晚期遗址出土葡萄遗存

2003—2005 年，地处长江下游的浙江省发现了 4 处新石器时代晚期的文化遗存。根据相关学者的研究，该文化遗址所在区域的居民已进入了稻作农业阶段，而且种植食用多种菜蔬水果，还有畜牧业的动物遗骸。在这 4 处遗址中均发现有葡萄种子，现据相关研究加以叙述。

（一）庄桥坟遗址

浙江省平湖市林埭镇群丰村的庄桥坟遗址，地处杭嘉湖平原东北部，土地肥沃，物产丰饶，适合古人类的繁衍生息。2003 年进行了抢救性考古发掘，“发现 3 座良渚文化时期的土台，清理良渚文化中晚期墓葬 236 座，以及灰坑、沟、祭祀坑等遗迹近 100 处，出土各类遗物近 2 600 件（组），还有大量的动植物遗存”[2]，其中发现有葡萄种子[3]，这在良渚文化中尚属首次。

庄桥坟遗址发现的葡萄种子有数百粒，距今 5 000—4 000 年，“种子呈宽倒卵形，基部为短尖嘴状，前端有脐，侧面为半宽倒卵形（稍扁平），向腹面略弯曲，背面有浅沟呈倒铲形，腹面正中线有棱，有时呈条状突起，其两侧有长椭圆形的浅凹坑。种子长 4.99 毫米，宽 3.85 毫米”[4]。

（二）卞家山遗址

在长江下游的良渚文化群中，卞家山遗址应该是被严重忽视的一个重要存在，但就目前出土物来看，已经令人叹为观止了。经过 2003—2006 年的 3 次发掘，基本可以确定，“卞家山遗址是一个集墓地、居址、灰沟、码头等遗迹为一体的古代村落，蕴涵着丰富的

1 袁家荣：《湖南旧石器时代文化与玉蟾岩遗址》，岳麓书社，2013 年，第 270-271 页。
2 浙江省文物考古研究所，平湖市博物馆：《浙江平湖市庄桥坟良渚文化遗址及墓地》，载《考古》2005 年第 7 期第 10 页。此文没有葡萄种子的相关记录。
3 郑云飞，游修龄：《新石器时代遗址出土葡萄种子引起的思考》，载《农业考古》2006 年第 1 期第 156 页。
4 郑云飞，游修龄：《新石器时代遗址出土葡萄种子引起的思考》，载《农业考古》2006 年第 1 期第 157 页。

文化内涵”[1]。其中发现的140个木桩遗迹、一个精巧带气窗的坡形陶质房屋模型、一个朱绘变形鸟纹椭圆形髹漆残器盖，还有一件头骨制品，有的陶片上有“四”“女”“木”及倒“N”等精致的纹饰或符号[2]，仅这些足以说明卞家山遗址的文明程度。但非常可惜，因为条件限制没有进行后续的发掘。

卞家山遗址发现了较多的植物遗存，主要有稻米、酸枣、桃核、梅核、芡实、菱角和瓜类[3]，其中出土的葡萄种子较少，有两粒，“来自3米以下的文化层，种子的形状特征和庄桥坟的基本相近。种子长5.04毫米，宽3.68毫米。”[3]

（三）尖山湾遗址

尖山湾遗址位于诸暨市，会稽山脉西南段一处狭窄的谷地上。遗址出土了较多的陶器碎片和石器残件，最终考古学者确定该处新石器遗址为“后良渚阶段的新石器时代末期文化”[4]。尖山湾遗址的出土物有铲、耜、槌等木制品和篮、筐等竹篾编织物，还有稻米、酸枣、葡萄、瓜类等植物种实[4]。

> 文化层出土的葡萄种子及其碎片有30多粒，种子的形状特征和庄桥坟基本相近。种子长4.22毫米，宽3.26毫米。种子出土时，可见明显的收缩痕迹，可能在遗址形成时已经干燥收缩。因此，实际种子可能比出土种子稍大。

（四）钱山漾遗址

2005年在浙江湖州吴兴钱山漾进行了一场考古发掘，后称此为钱山漾遗址。遗址出土了700余件陶、石、玉、骨、木器物，同时还有报告称植物遗存有“稻米、酸枣、菱角、桃、梅、李、芡实、葡萄等”，其中葡萄出自马桥文化时期的一个大型灰坑中，种子长4.59毫米，宽3.35毫米[5]。但是在《吴兴钱山漾遗址第一、二次发掘报告》[6]《浙江湖州

1 赵晔：《探秘卞家山》，载《东方博物》第24期第45页。
2 赵晔：《卞家山遗址良渚晚期遗存的观察与思考》，载《史前研究》2004年刊第378页。
3 郑云飞，游修龄：《新石器时代遗址出土葡萄种子引起的思考》，载《农业考古》2006年第1期第157页。另有论文《浙江瓶窑镇卞家山遗址良渚文化晚期孢粉及植硅体记录》（作者：黄翡，金幸生，赵晔，载《农业考古》2009年第1期），其中没有涉及酸枣、桃核、梅核、李核、芡实、菱角、瓜类和葡萄，或与这些植物相关的论述，只谈到了胡桃科胡桃属（*Juglans*），这显然与上文中的“桃核”完全不同。
4 赵今：《环太湖地区后良渚时期考古学文化研究》，吉林大学硕士学位论文，2019年，第20页。
5 郑云飞，游修龄：《新石器时代遗址出土葡萄种子引起的思考》，载《农业考古》2006年第1期第158页。
6 浙江省文物管理委员会：《吴兴钱山漾遗址第一、二次发掘报告》，载《考古学报》1960年第2期。

钱山漾遗址第三次发掘简报》[1] 中却没有提及“葡萄”[2]。

（五）关于新石器时代晚期遗址出土葡萄遗存的讨论

从以上的记载可以分析得出，浙江的四个新石器时代考古遗址出土的葡萄种子足以说明，在距今 5 000 年左右长江下游我国先民已经开始食用葡萄。当然，食用葡萄并不能只依靠考古发掘进行判断，还需要根据当时先民整体的生活环境以及文明程度综合考虑。根据中华文明探源工程最新研究成果，“大约从距今 5 800 年开始，中华大地上各个区域相继出现较为明显的社会分化，进入了文明起源的加速阶段，可将从距今 5 800 年至距今 3 500 年划分为‘古国’和‘王朝’两个时代”[3]，其中浙江余杭良渚则是核心遗址之一。《光明日报》报道进一步指出[3]：

> 农业自古至今是文明发展的关键钥匙。多学科的协同研究显示，距今 7 000 年以来，农业经济反映出明显的区域差异，中原及北方地区显示出明显以粟为主，黍、大豆、水稻为补充的混合型农业生产体系。长江流域中下游地区发现的重要水田遗迹表明，稻作农业发展是推动长江中下游地区复杂社会进程，并造成区域差异的主要原因。

文明的进步是整体性的，如果在文化遗址中只发现了葡萄种子可以说是偶然，可是同时发现了其他的瓜果类种子和水稻种子就足以说明此时的中国先民已经开始了葡萄的驯化，而且在 2006 年学者就有了这样的推论，“最近黄河下游和长江下游出土的葡萄种子昭示，我国境内的新石器时代晚期居民已经食用葡萄，由此可见，生活在这些地方的先民为了获得数量更多、质量更好的葡萄，可能会对野生葡萄进行栽培和选育，即存在对葡萄驯化的动力”[4]。

1 浙江省文物考古研究所，湖州市博物馆：《浙江湖州钱山漾遗址第三次发掘简报》，载《文物》2010 年第 7 期。
2《新石器时代遗址出土葡萄种子引起的思考》中说葡萄出自马桥文化时期的一个大型灰坑中，但是在《上海马桥遗址第一、二次发掘》（上海市文物保管委员会，载《考古学报》1978 年第 1 期）、《上海市闵行区马桥遗址 1993—1995 年发掘报告》（上海市文物管理委员会，载《考古学报》1997 年第 2 期）以及《马桥：1993—1997 年发掘报告》（上海市文物管理委员会编，上海书画出版社，2002 年）中均没有提及发现葡萄遗存一事。
3 李韵，王笑妃：《对“古国时代”文明内涵的认识更加具体深化——中华文明探源工程最新成果发布》，载《光明日报》2023 年 12 月 10 日第 4 版。
4 郑云飞，游修龄：《新石器时代遗址出土葡萄种子引起的思考》，载《农业考古》2006 年第 1 期第 159 页。

三、公元前 2500—前 2200 年山东龙山文化遗址出土葡萄种子与葡萄酒

龙山文化是我国文明发展进程中非常关键的一环，夏鼐先生在 1985 年谈及龙山文化和良渚文化的关系时就说道：“从前我们认为良渚文化（公元前 3300—前 2250 年）是我们所知道的长江下游最早的新石器文化，并且认为良渚文化是龙山文化向南传播后的一个变种。实则这里是中国早期文化发展的另一种中心，有它自己独立发展的过程。”[1] 从中可看出，从时间序列上说良渚文化在龙山文化之后，可从文明发展角度来说又是各自独立的两个系统。良渚文化发现了葡萄遗存，龙山文化则在发现葡萄遗存的同时还发现了葡萄用于酿造的遗存。

（一）两城镇遗址出土的葡萄遗存

山东省日照市两城镇是被确认的龙山文化遗址之一，在 20 世纪考古单位组织进行了多次发掘，出土遗物颇多。尤其在 1999—2001 年，山东大学和美国芝加哥费尔德博物馆联合对两城镇遗址进行了发掘，主要在于全面清理遗址的居住区，以及经济生活资料收集与分析。其中最为重要的是对遗址区进行了浮选土样的采集，“在已进行分析的 265 份样品中有 122 份发现了炭化植物种子，总计达 4 000 余粒，目前已鉴定出 19 类不同植物的种子，其中主要是农作物和一年生杂草”。其中确认的有稻谷、小麦、粟、黍、野大豆等，也发现有葡萄遗存，关于此结果的论述分析为[2]：

> 从经济生活的角度考虑，样品中所发现的野生植物不很重要，虽然其中有些如藜科和蓼属的植物种子也可食用，但我们还不能确定它们是否被用作食物或者其他一些用途。一些水果如葡萄[3]和李子已经出现，但发现的只是少量种子。禾本科穇属中有一种植物是东非地区的作物（*Eleusine coracana*），在当地主要用来酿酒。但在我们的浮选样品中所发现的穇属植物是否属于人工栽培还不得而知。前面提到的样品中那两类未能鉴别的植物种子似乎非常重要，但只有

1 夏鼐：《中国文明的起源》，文物出版社，1985 年，第 7 页。

2 [美]Gary Crawford 等：《山东日照市两城镇遗址龙山文化植物遗存的初步分析》，载《考古》2004 年第 9 期。关于两城镇遗址发现葡萄遗存一说，只在《山东日照市两城镇遗址龙山文化植物遗存的初步分析》（《考古》2004 年第 9 期）中提到，而《日照两城镇龙山文化遗址调查》（刘敦愿，载《考古学报》1958 年第 1 期）、《山东日照龙山文化遗址调查》（日照市图书馆，临沂地区文管会，载《考古》1986 年第 8 期）、《山东日照市两城镇遗址龙山文化先民食谱的稳定同位素分析》（[美]Lanehart 等，载《考古》2008 年第 8 期）均没有提到。

3 在同上注释论文中附表一《两城镇遗址浮选结果》中有野葡萄（*Vitis sp.*）发现于龙山文化中期前段，第 80 页。

在鉴别出其种属的前提下，我们才能衡量它们的真正价值。

从以上的分析可以得出，如果土壤浮选中发现有农作物遗存，如稻谷、小麦、粟、黍等，那么就可以依次对日照先民的日常食物作出适当的分析与判断，譬如某些学者提出“两城镇的研究结果表明，在龙山时期，山东东南部居民不再以粟为主食，粟可能用于家畜饲料，如喂猪。这表明，人们更多地食用其他农作物，尤其是稻米”[1]。至于是否以葡萄为日常食物，以葡萄发酵物或葡萄酒为饮料就需要做进一步的实验室测定了。

（二）两城镇遗址出土的葡萄酒遗存

虽然在两城镇的龙山文化遗址中出土了葡萄遗存，但还不能推断葡萄用于酿酒的可能。直到 21 世纪初，由中美两国的学者联合组成了研究团队，对于两城镇遗址出土的陶器进行了实验室检测，检测内容呈现出惊人的结果。

研究者首先关注的竟然是陶器的类型。他们认为，商周时期的青铜酒器种类是由陶器演变而来的，因此龙山文化中一致的陶器类型更应该值得关注。研究者重点关注了壶、罍、蛋壳陶高柄杯、陶罐、陶鬶、陶鼎、陶盆，还有筒形杯、觯形杯、二足杯、箅形鼎、陶箅子等。从检测的结果来看，这样的研究思路具有合理的导向意义。

被检测的两城镇出土陶器中有 23 件的化学检测结果显示，“当时人们饮用的酒是一种包含有稻米、蜂蜜和水果并可能添加了大麦和植物脂（或药草）等成分之后而形成的混合型发酵饮料”，同时还检测出了酒石酸或酒石酸盐成分，“预示着龙山时代的制酒者也使用了葡萄作为酵母和糖的来源，发酵过程是伴随着果汁的流出而开始的”[2]。研究者通过分析认定了这种混合型酒中的水果不是山楂、龙眼、樱桃、桃子，而是葡萄。而且进一步分析指出[3]：

据研究，中国各地的野葡萄种类多达 40~50 种，占世界野葡萄种类的一半以上。野葡萄的含糖量可达 19%，而且还可以通过干化处理使之进一步浓缩。因此，直到今天它仍然是制造葡萄酒的原料。山东省至今仍有 10 余种葡萄野生

1 [美]Lanehart 等：《山东日照市两城镇遗址龙山文化先民食谱的稳定同位素分析》，载《考古》2008 年第 8 期第 59 页。
2 [美]Patrick E.McGovern 等：《山东日照市两城镇遗址龙山文化酒遗存的化学分析——兼谈酒在史前时期的文化意义》，载《考古》2005 年第 3 期第 80 页。
3 [美]Patrick E.McGovern 等：《山东日照市两城镇遗址龙山文化酒遗存的化学分析——兼谈酒在史前时期的文化意义》，载《考古》2005 年第 3 期第 80-81 页。

种。据此，我们可以推测，两城镇龙山先民使用的是当地生长的野生葡萄。然而，有关于中国史前时期葡萄种类的发现还十分有限，两城镇出土的这粒葡萄籽是迄今为止为数不多的证据之一。出土这粒种子的遗迹（H31）中发现的陶器中，有7件器物包含有酒的残留物。据参与两城镇遗址植物考古的赵志军博士相告，在河南舞阳贾湖新石器时代早期的遗存中，也识别出了形态类似的野生葡萄种类。

两城镇龙山文化遗址为什么会出现这样一种混合型酒呢？研究者认为其主要的动因是葬仪活动、祭祀活动以及宴饮活动在当时当地的开展。这样的说法颇有道理，但是祭祀礼仪用酒的出现是酒发明之后的结果，还是酒发明的动因？这一点无论从考古还是文献上都难以获得妥善的答案。

第三节　先秦两汉时期中国的葡萄与葡萄酒

上文是中国葡萄酒起源的考古学探索，其中实验室的检测起到了决定性的作用，通过科学的手段可以得知葡萄运用于酿酒的具体时间与具体文明时代。当进入到文字使用的历史时期，文献中的相关记载就显得至关重要了。可以从文献记载中得知先秦至两汉时中国关于葡萄的食用以及葡萄酒酿造的发展程度。

一、商周时期葡萄与葡萄酒

商周时期葡萄见于文献记载的较多，此时期应该还没有人工栽培或者是培育出后世用于酿酒的葡萄品种，而是野生葡萄用于食用，至于是否用于酿酒文献上并没有记载。考古发掘的出土物可以说明一些问题，只是需要进一步的印证。

（一）先秦文献关于葡萄的记载

先秦时期关于葡萄的记载较多，如《山海经·卷五·中山经》：“又东三十里，曰泰室之山……有草焉，其状如茮，白华黑实，泽如蘡薁，其名曰䔄草，服之不眯，上多美石。”汪绂云：“蘡薁蔓生，细叶，实如小葡萄，或以为樱桃，或以为葡萄，皆误。”郝懿行云：

“盖即今之山葡萄。”[1]“又东四十里，曰少陉之山。有草焉，名曰岗草，叶状如葵，而赤茎白华，实如蘡薁，食之不愚。”[2]“又东四十里，曰卑山。其上多桃、李、苴、梓，多纍。”郭璞云：“今虎豆狸豆之属，纍一名縢，音诔。”[3]

《易经·困卦第四十七》曰：“上六，困于葛藟，于鵕甈。曰动悔有悔，征吉。”[4]《诗经》里也有大量关于葡萄的记载，《诗经·周南·樛木》载：“南有樛木，葛藟纍之。”[5]《诗经·王风·葛藟》：“绵绵葛藟，在河之浒。绵绵葛藟，在河之涘。绵绵葛藟，在河之漘。”[6]《诗经·大雅·旱麓》：“莫莫葛藟，施于条枚”[7]《诗经·豳风·七月》：“六月食郁及薁。”[8]《山海经》《周易》《诗经》里提及的“葛藟”“蘡薁”经考证均为野生葡萄[9]，更有植物学家从古典文学、植物学相关联的角度论证认为“葛藟”“蘡薁”等植物皆为中国原产的可食性野生葡萄[10]：

> 唯中国原产之野生种类果实极小，并未进行大量的商品栽培。葛藟枝有卷须，常攀附其他树的树枝并往上蔓生至树冠，因此才会在弯曲的枝桠上“纍之”“荒之”“萦之”，或在河边湿地上蔓延生长，覆盖整段河岸或整片湿地。葛藟之叶、果实均和葡萄相似，只是形状较小。果实成熟时青黑微赤，可供食用，但味道酸而不美，古人采集可能泰半用以酿酒，少部分作为果蔬用。直至汉代张骞出使西域带回葡萄后，野葡萄的原来功用才由葡萄取代。

到了西周年间，葡萄的种植发生了变化。《周礼今注今译·卷三·地官司徒第二》载：“场人，掌国之场圃，而树之果蓏珍异之物，以时敛而藏之。凡祭祀、宾客，共其果蓏。享，亦如之。”郑注云：“果，枣李之属。蓏，瓜瓠之属，珍异，蒲桃、枇杷之属。”[11]从郑玄的注释可以看出，西周时由专人掌管打理的场圃，种植有枣、李、瓜、瓠等植物，其中

1 袁珂：《山海经校注》（增补修订本），巴蜀书社，1993 年，第 177 页。
2 袁河：《山海经校注》（增补修订本），巴蜀书社，1993 年，第 179 页。
3 袁河：《山海经校注》（增补修订本），巴蜀书社，1993 年，第 207 页。
4 黄寿祺，张善文：《周易译注》，上海古籍出版社，2018 年，第 528 页。
5 袁梅：《诗经译注》，齐鲁书社，1985 年，第 84 页。
6 袁梅：《诗经译注》，齐鲁书社，1985 年，第 232-233 页。
7 袁梅：《诗经译注》，齐鲁书社，1985 年，第 739 页。
8 袁梅：《诗经译注》，齐鲁书社，1985 年，第 383 页。
9 何炳棣：《黄土与中国农业的起源》，香港中文大学出版社，1969 年，第 47、51 页。
10 潘富俊：《美人如诗，草木如织：诗经植物图鉴》，九州出版社，2018 年，第 153 页。
11 林尹：《周礼今注今译》，书目文献出版社，1985 年，第 177 页。

比较珍贵稀少的有葡萄、枇杷[1]。郑玄在做注释时极有可能参考了其他的藏书，认为西周时葡萄已经种植在了王室的场圃，而且有专业人员照管打理，这就说明了此时葡萄并非为野生，而为人工种植，极有可能已经实现了人工栽培。也可以说，西周时中国已经有葡萄的本土种植与栽培了。

（二）先秦时期中国的葡萄酒

中国从新石器时代就有了以谷物酿酒的习惯，可以说，酿酒与农业的起源是相伴而生的。到了夏代，谷物酒依然是统治者祭祀与享用的消费品，偃师二里头遗址的出土物就充分证明了这一点[2]。二里头遗址出土的陶制酒器有鬶、盉、觚等[3]，王国维曾说过："余观浭阳端氏所藏殷时斯禁上列诸酒器，有尊二、卣二，皆盛酒之器，古之所谓尊也。有爵一、觚一、觯二、角一、斝一，皆饮酒之器，古之所谓爵也。有勺二，则自尊挹酒于爵者也。诸酒器外，惟有一盉，不杂他器。使盉谓调味之器，则宜与鼎、鬲同列，今厕于酒器中，是何说也？余谓盉者，盖和水于酒之器，所以节酒之厚薄者也。"[4] 而且考古发掘也充分证实了这一论断，在二里头遗址出土的一件铜爵，"爵底有烟熏痕"[5]，极有可能是古人用以温酒的证据。

殷商时期贵族与民众饮酒范围进一步扩大，程度进一步加深，这在文献中有着详细的记载，考古发掘也印证了文献记载。《尚书・微子》载："我用沈酗于酒，用乱败厥德于下……今殷其沦丧，若涉大水，其无津涯""天毒降灾荒殷邦，方兴沈酗于酒"[6]。可见殷商之亡极有可能与朝野上下的酗酒有着密切的关联，西周初立颁布的禁酒令《酒诰》就说明了这一点。殷墟大墓里发现的甲骨卜辞中也有关于酒的记载，酒分为酒（用曲酿成的谷物酒）、醴（用糵酿成的谷物酒）、鬯（用曲酿成的香酒）几种，其中酒和醴在甲骨卜辞中是

---

1 吕庆峰，张波：《先秦时期中国本土葡萄与葡萄酒历史积淀》，载《西北农林科技大学学报》2013 年第 3 期第 159 页。关于郑玄注中说道"珍异，蒲桃、枇杷之属"，也有专家认为，"是举例以释的话，非谓《周礼》之珍异中实有蒲桃。然此职文中的'珍异'一洞，可以包括许多园艺品种在内，而不知其究为何种之物耳"，载《周礼书中有关农业条文的解释》，夏纬英著，农业出版社，1979 年，第 52 页。

2 中华文明探源工程执行专家组秘书长、中国社会科学院考古研究所夏商周研究室主任常怀颖说："二里头遗址很可能就是夏代晚期的都城。"见李韵，王笑妃：《对"古国时代"文明内涵的认识更加具体深化——中华文明探源工程最新成果发布》，载《光明日报》2023 年 12 月 10 日第 4 版。

3 李伯谦：《二里头类型的文化性质与族属问题》，载《文物》1986 年第 6 期。

4 王国维：《说盉》，载《观堂集林》卷二，中华书局，1959 年，第 151-152 页。

5 中国科学院考古研究所二里头工作队：《河南偃师二里头遗址三、八区发掘简报》，载《考古》1975 年第 5 期第 304 页。

6 李学勤：《尚书正义》，北京大学出版社，1999 年，第 261-263 页。

分别叙述、互不相混的[1]，鬯主要用于祭礼、占卜以及其他重大场合[2]。可以看出，殷商时期我国酒文化开始有了发展，酿酒技术有了明显的分类化，酒也有了分类并且应用于不同场合。在这样的社会环境下，各种酒类被酿造、被饮用，独没有提及葡萄酒，好在考古填补了这一空白。

1987 年西北农业大学的牛立新在《酿酒》杂志刊登了一则短文，主要内容如下[3]：

> 1980 年，在河南省罗山县，发掘了一个商代后期的古墓，发现了一个盛有葡萄酒的铜卣，经对棺木鉴定，该墓建造于 3 200 年以前。这一重大发现，受到有关部门的极大重视。当考古工作者发现之后，将铜卣包好交给国家文物保护局，后由文物保护局交北京大学化学系进行分析。由于壶盖密封很紧，分析者先在壶的底部钻一小眼，由于壶内压力比外部小，所以开始液体并不外流，当第二个小孔被钻通时，1 公斤的酒便从壶中流了出来，经对酒精分析证明，确认铜卣中所盛液体为一种古老的葡萄酒。北京大学化学系副教授李诸民告诉中国日报，可以毫无疑义地说铜卣中的液体是葡萄酒，经过漫长岁月，酒的成分变得较为复杂，酒精含量也有较大的损失。

可以说，这则短文的刊登对于研究中国酒文化，尤其是葡萄酒历史文化来说，确实为惊人的消息，自此以后各位研究者在论著中经常提及，可见其重要性。根据这则报道，关于铜卣葡萄酒的详细分析报告将在不久后公布，可是时过三十余年，报告迟迟没有公布，甚为遗憾。

1973 年、1974 年两次考古发掘的河北藁城台西商代遗址发现了一处疑似专门酿酒的房间，有一整套齐备的酿酒器具，如盛酒和储酒用的瓮、罍、尊、壶，盛放酿酒用的大口罐，蒸煮酿酒原料的“将军盔”，灌注酒浆的漏斗等，考古报告进一步指出[4]：

> 更重要的是 F14 出土的标本 F14：48 瓮内含重 8.5 公斤的灰白色水锈状沉

1 温少峰，袁庭栋：《殷墟卜辞研究·科学技术篇》，四川社会科学出版社，1983 年，第 363-371 页。
2 王赛时：《中国酒史》，山东大学出版社，2010 年，第 20 页。
3 牛立新：《保藏三千年的葡萄酒》，载《酿酒》1987 年第 5 期第 14 页。
4 河北省文物研究所：《藁城台西商代遗址》，文物出版社，1985 年，第 176 页。另该书第 99 页：在文化层中发现有植物种子，第一批发现 35 枚，分别发现在 F2、F6 内外地面和 T4、T7、T8 文化层内。经鉴定，主要是桃仁和郁李仁，推测是作为药用。第二批全部发现在 F14 内，计有李的果实 474 枚、桃仁 14 枚、枣 125 克、大麻子 50 克、草木樨 300 克。这些种仁中，除大麻子可能是一种药用的植物种仁外，其他几种因出自一座酿酒作坊内，可能都是当时酿酒的原料。

淀物。经有关单位分析，是酿酒用的酵母。由于年代久远，酵母死亡，仅存残壳。而在 F14：39、41、64、69 四件大口罐中分别发现了桃仁、李、枣、草木樨、麻仁等五种植物种仁，其中大部分是可以酿酒的原料。《尚书·说命篇》中记有，“若作酒醴，尔惟麴蘖。”反映了商代我国劳动人民已经能够人工培植酵母菌并用来酿酒了。台西 F14 内大量酵母菌壳的发现恰好为这个记载提供了实物例证。

所以，从河北藁城台西商代遗址所发现的酿酒作坊，以及一整套的酒具，还有多种水果酿酒原料来分析，殷商时期已经开始了成规模的果酒酿造。现在再来看河南罗山出土的葡萄酒铜卣，应该是真实可靠的。

二、先秦时期欧洲种葡萄的传入

根据植物学家研究，葡萄属有 60 余种，我国有 37 种，其中葡萄（*Vitis. vinifrea* L.）主要分布在东亚、北美—中美、欧洲—中亚地区三个中心[1]。我国是东亚葡萄种中心所在，可如今用以酿酒的葡萄却是欧亚种驯化而来的，所以在我国就有两种葡萄的存在，一种是中国本土的原生葡萄，另一种是欧亚种驯化的后代。那么这两种葡萄存在的具体情况如何，以及欧亚种是何时由何地传入我国的？文献上没有这方面的记载，后来由于考古方法的介入，使得问题变得明朗清晰了许多。

几乎所有的学者在探究欧亚种葡萄引入我国时都认为是先进入新疆，然后从新疆传入内地的。新疆塔里木盆地曾是丝绸之路上的绿洲，也是重要枢纽。1987 年在新疆察吾呼沟口四号墓地第 43 号墓发现了一只陶高领罐（编号 M43：1），研究报告如此描述[2]：

夹砂红陶，内羼金黄色云母粉，方唇，宽沿，底微内凹，在土黄色陶衣上绘红彩，从上腹到口沿的空白带中绘对称的两株藤蔓植物纹，藤枝弯曲，两侧画云纹状须，其中一株上结有毛球形带刺的果实，植物图案两侧分布 7 块网状田地纹，一边 4 块，另一边 3 块，在不规则形内画出不规则的方格，格内饰点纹。出土时罐内装满谷物，反映了“园圃农业”式的经济生活图景，富有生活气息。

考古工作者在报告中描述的是“两株藤蔓植物纹，藤枝弯曲，两侧画云纹状须，其中

1 李朝銮，曹亚玲，何永华：《中国葡萄属（*Vitis* L.）分类研究》，载《应用与环境生物学报》1996 年第 2 期第 234 页。
2 新疆文物考古研究所：《新疆察吾呼》，东方出版社，1999 年，第 117 页。

一株上结有毛球形带刺的果实”，没有明确是葡萄。但是通过查看陶罐照片发现藤枝弯曲就是葡萄树茁壮成长的样子，“结有毛球形带刺的果实”解释为葡萄树开花坐果则更为合适，那么陶罐上的植物极有可能是葡萄藤。而且细小的葡萄果实寓意粮食丰收，刻画在盛储谷物的陶罐上，再合适不过了。四号墓地的成熟年代是春秋时期，那么可以认为在春秋时期新疆已经有葡萄种植了。至于是否为引种的欧亚种葡萄则不得而知了。

1991 年在新疆吐峪沟乡苏贝希村发现了一处古墓，后来被命名为苏贝希三号墓地。考古工作者在报告中如此叙述[1]：

> 这时的人们过着定居生活，住多开间半地穴式房屋。经营农业，种植糜子、黄豆和葡萄，同时采集野生植物种子食用或做装饰品。并有一定规模的畜牧业和狩猎业。这从大量随葬羊肉和穿皮衣，羊毛衣，以及鞑囊，弓和箭可见一斑。食谱中主要是烹烤的羊肉，糜粥和饼。

从这样的描述中可以想见在战国时期的新疆民众生活的基本情形，肉食、面食相互搭配，还有葡萄作为水果佐餐。一般说来，以肉食为主的生活食谱会有酒类以帮助消化，葡萄是否会被用来酿酒呢？期待新的考古成果。

2003 年在新疆鄯善县吐峪沟乡洋海夏村发现有古墓，随葬的有葡萄藤[2]，后有研究者详细指出，“葡萄藤与其他木棍盖在 281 号墓的墓口上，藤截面为扁圆形，长 115 厘米，宽 2.3 厘米”[3]，这是目前我国境内发现最早的葡萄藤实物。有植物学家联合考古学者研究得出，洋海墓地出土的葡萄藤实物，从生物解剖数据来看应属于欧洲种，而且是人工栽培[4]：

> 从植物地理学、植物生态学及植物解剖学等三个方面均不存在原生于我国境内或喜马拉雅山一带的野葡萄（*Vitis* sp.）传播到新疆的可能。从历史文化方面来看，我国内地当时并无葡萄栽培，而西域诸国葡萄栽培已很为盛行。因此，

1 新疆文物考古研究所，吐鲁番博物馆：《鄯善县苏贝希墓群三号墓地》，载《新疆文物》1994 年第 2 期第 169 页。有多篇论文说在苏贝希三号墓地发现有葡萄籽，还有论文说“发现葡萄籽种 130 余粒”（吕庆峰，张波：《先秦时期中国本土葡萄与葡萄酒历史积淀》，载《西北农林科技大学学报》2013 年第 3 期第 159 页），标明亦出自该考古报告，可该考古报告中却没有发现上述文字，有待于进一步查证。
2 新疆吐鲁番学研究院，新疆文物考古研究所：《新疆鄯善洋海墓地发掘报告》，载《考古学报》2011 年第 1 期第 144 页。
3 吕恩国，张永兵，祖里皮亚等：《新疆鄯善县洋海墓地的考古新收获》，载《考古》2004 年第 5 期第 7 页。
4 蒋洪恩，张永兵，李肖等：《我国早期葡萄栽培的实物证据：吐鲁番洋海墓地出土 2 300 年前的葡萄藤》，载《首届干旱半干旱区葡萄产业可持续发展国际学术研讨会文集》2009 年第 7 页。

我们有理由认为，此次发现的葡萄遗存应系西域传至吐鲁番的欧洲种葡萄（*Vitis vinifera* L.）。

几处新疆与葡萄相关的考古发现，尤其是吐鲁番盆地苏贝希文化遗址的葡萄藤实物与葡萄种子的发现，为确定欧亚种葡萄引种我国提供了极为有效的时间证据。洋海墓地葡萄藤时间的准确测定，使我们知道在战国时期新疆已经引种栽培了欧亚种葡萄，而且也说明新疆是欧亚种葡萄进入内地的过渡地带。至于欧亚种葡萄是否由中亚传入新疆，有待于进一步考证说明。

三、秦汉时期的葡萄与葡萄酒

研究秦汉时期葡萄与葡萄酒的相关问题，张骞通西域是一大关节点，之前极有可能是中国本土的原生葡萄而非引入的欧洲种，之后则是张骞引入的欧洲葡萄与中国原生葡萄共存的状态。

20 世纪 70 年代在咸阳秦宫殿遗址发现有秦代壁画，“据目击者说，壁画刚出土时，他们相当清楚地看到壁画上绘有葡萄。但可惜的是，由于保护不善，拍照时壁画的葡萄画已看不清楚了。”[1] 按照此说法，早在先秦时期就已经有葡萄种植了，将葡萄绘在壁画上则具有欣赏的意味，是葡萄文化的具象表达。

《西京杂记》卷三：“尉佗献高祖鲛鱼、荔枝，高祖报以蒲桃锦四匹。”[2] 此书虽是东晋时编撰，但不排除葛洪见到了古代的藏书，所以其记载的内容不能一概认为是逸闻野史。蒲桃锦，应该是绣有葡萄图案的丝织品，可见此时的葡萄文化已深入人心，而且作为帝王的回赠礼品足见其之珍贵。《西京杂记》卷一也记载：“霍光妻遗淳于衍蒲桃锦二十四匹。”[3] 霍光为西汉权臣，想要自己的女儿做皇后，于是霍光妻子买通宫廷御医淳于衍毒死了当时的许皇后。“霍光妻遗淳于衍蒲桃锦二十四匹”说的就是用蒲桃锦贿赂一事。事情如此重大，可见蒲桃锦之罕见珍贵。

西汉时期辞赋家司马相如作《上林赋》：“于是乎卢橘夏熟，黄甘橙楱，枇杷橪柿，樗

1 胡澍：《葡萄引种内地时间考》，载《新疆社会科学》1986 年第 5 期第 103 页。
2 ［晋］葛洪撰，周天游校注：《西京杂记》，三秦出版社，2006 年，第 145 页。
3 ［晋］葛洪撰，周天游校注：《西京杂记》，三秦出版社，2006 年，第 33 页。

榇厚朴，梬枣杨梅，樱桃蒲陶，隐夫薁棣，荅遝离支，罗乎后宫，列乎北园。”[1] 赋中“蒲桃”就是现在所说的葡萄，赋中将其与橘、甘、橙等水果相提并论，可见当时亦是水果之一。将葡萄与“薁”分而言之，就说明不是一种水果，那么葡萄就与先秦以来文献中所说的“蘡薁”完全不同了。《史记·司马相如列传》中有《上林赋》，郭璞曰：“蒲桃似燕薁，可作酒也。”[2] 如果说《西京杂记》中的蒲桃锦具有文化意味，那么《上林赋》中的蒲桃则有着写实的意义了，直至西汉末年，上林苑一直存有蒲桃命名的宫殿，《汉书·匈奴传》记载：“元寿二年，单于来朝，上以太岁压胜所在，舍之上林苑蒲桃宫。”[3] 有学者考证，《上林赋》创作年代应早于建元六年，至迟也应该在公元前 138—前 137 年[4]。而张骞第一次出使西域应在公元前 139 年—前 126 年之间，那么司马相如撰写《上林赋》必然早于张骞第一次出使西域归来的时间。由此可见在张骞及其汉使团带回西域葡萄种子之前，中国至少在长安附近就已经有葡萄种植了。

《史记·大宛列传》记载：“宛左右以蒲陶为酒，富人藏酒至万余石，久者数十岁不败。俗嗜酒，马嗜苜蓿。汉使取其实来，於是天子始种苜蓿、蒲桃肥饶地。及天马多，外国使来众，则离宫别馆旁尽种蒲桃、苜蓿极望。”[5]《汉书·西域传》亦载：“宛王蝉封与汉约，岁献天马二匹。汉使采蒲陶、苜蓿种归。天子以天马多，又外国使来众，益种蒲陶、苜蓿离宫馆旁，极望焉。”[6]《汉书》的记载较为详细，可以作为《史记》的释文，可《史记》中“宛左右以蒲陶为酒，富人藏酒至万余石，久者数十岁不败。俗嗜酒，马嗜苜蓿”却非常重要，说明当时的大宛已经开始酿造葡萄酒，那么汉使带葡萄种子回来大量种植的目的也是酿造葡萄酒，不然不会这么记载的。多有研究者在争论究竟是张骞还是李广利带回了葡萄种子，据史书记载，李广利是远征西域的汉将，而非汉使，所以应该是张骞西行的成果。

1959 年，在新疆民丰县东汉墓葬出土了一块蓝印花布，在左边的区域印有一幅图案，“一位上身半裸，云形发式，翻卷向后梳，戴有臂钏，腕镯。项戴串珠。双手捧一角状盛

1 ［西汉］司马相如著，金国永校注：《司马相如集校注》，上海古籍出版社，1993 年，第 56 页。
2 ［西汉］司马迁：《史记》卷一百一十七《司马相如列传》，2 版，中华书局，1982 年，第 3029 页。
3 ［东汉］班固：《汉书》卷九十四下《匈奴传下》，中华书局，1962 年，第 3817 页。
4 张宗子：《葡萄何时引进我国？》，载《农业考古》1984 年第 2 期第 248 页。原文为“至迟也应该在公元前 137—前 138 年”，似误，应为“至迟也应该在公元前 138—前 137 年”。
5 ［西汉］司马迁：《史记》卷一百二十三《大宛列传》，2 版，中华书局，1982 年，第 3173-3174 页。
6 ［东汉］班固：《汉书》卷九十六上《西域传》，中华书局，1962 年，第 3895 页。

器，内装葡萄。头后有光环，内环饰以图案。身后有背光。无装饰图案。双目斜视左方角器中所盛葡萄，略带微笑。眼睛大且有神。"[1] 图中的女子发式、面目以及半裸的形象，还有手捧的角状器，无一不诉说着异域文化。角状器所盛的葡萄则说明了至迟在东汉时期新疆已有食用葡萄的习惯。1959 年在民丰的东汉墓葬里出土了人兽葡萄纹彩罽，上面的葡萄藤蔓缠绕、果实丰满[2]。民丰的东汉墓中还出土了走兽葡萄纹绮，葡萄架下有兽类或卧或跃，生动传神，葡萄藤叶清晰可见，硕果累累[3]。新疆民丰东汉墓葬出土的与葡萄有关的物品，一方面说明葡萄已是新疆人民喜爱的水果，另一方面说明葡萄作为艺术的主要元素在各种艺术品中开始呈现。

东汉时期的一则史实让我们的关注点从葡萄转向了葡萄酒。也可以说，从东汉开始，文献开始有了葡萄酒的正式记载，或许还关乎葡萄酒的制法。《后汉书·宦者列传》曰[4]：

> 灵帝时，让、忠并迁中常侍，封列侯，与曹节、王甫等相为表里。节死后，忠领大长秋。让有监奴典任家事，交通货赂，威形喧赫。扶风人孟佗，资产饶赡，与奴朋结，倾竭馈问，无所遗爱。奴咸德之，问佗曰："君何所欲？力能办也。"曰："吾望汝曹为我一拜耳。"时宾客求谒让者，车恒数百千两，佗时诣让，后至，不得进，监奴乃率诸仓头迎拜于路，遂共舆车入门。宾客咸惊，谓佗善于让，皆争以珍玩赂之。佗分以遗让，让大喜，遂以佗为凉州刺史。

这则史料只是点明了东汉灵帝时宦官张让和求官者孟佗之间的关系往来，但在注引《三辅决录》中有："佗字伯郎，以蒲桃酒一斗遗让，让即拜佗为凉州刺史。"《太平御览》引《续汉书》曰："扶风孟他以蒲萄酒一斛遗张让，即以为凉州刺史。"[5]《三国志·魏书》注引《三辅决录》则更为详细[6]：

> 伯郎，凉州人，名不令休。其注曰：伯郎姓孟，名他，扶风人。灵帝时，

1 李安宁：《民丰出土东汉时期蓝印花布研究》，载《新疆艺术学院学报》2006 年第 1 期第 29 页。另有专家是如此描述，"特别是在墓地发现的一块蜡缬棉布单上，绘一裸体露胸的供养人，双手捧着一件尖长的容器，内盛成串的葡萄供品"，载《古代新疆的葡萄种植与酿造业的发展》（张南：《新疆大学学报》1993 年第 3 期第 52 页）。另见于《新疆出土文物》（新疆维吾尔自治区博物馆，文物出版社，1975 年，第 21 页）。

2 新疆维吾尔自治区博物馆：《新疆出土文物》，文物出版社，1975 年，第 20 页。

3 吴山：《中国历代装饰纹样：第二册（战国、秦、汉）》，人民美术出版社，1988 年，第 515 页。

4 ［南朝宋］范晔：《后汉书》卷七十八《宦者列传》，岳麓书社，1996 年，第 1101 页。

5 ［宋］李昉：《太平御览》卷第九百七十二《果木部九》（金泽文库本）。

6 ［晋］陈寿：《三国志》卷三《魏书·明帝纪第三》，2 版，中华书局，1982 年，第 92-93 页。

中常侍张让专朝政，让监奴典护家事。他仕不遂，乃尽以家财赂监奴，与共结亲，积年家业为之破尽。众奴皆惭，问他所欲，他曰："欲得卿曹拜耳。"奴被恩久，皆许诺。时宾客求见让者，门下车常数百乘，或累日不得通。他最后到，众奴伺其至，皆迎车而拜，径将他车独入。众人悉惊，谓他与让善，争以珍物遗他。他得之，尽以赂让，让大喜。他又以蒲桃酒一斛遗让，即拜凉州刺史。

孟佗以葡萄酒求得凉州刺史一职甚是让人惊叹。刺史为东汉一朝中央派出巡查地方的官员，职位相当重要。孟佗，史书中没有提到他的职业，从其行为表现来看应为商人无疑，会察言观色，又懂点人情世故。张让乃灵帝时权势滔天的十常侍之一，家中珍奇无数，一斛葡萄酒能入其法眼，并以重要职位授之，可见葡萄酒之珍贵程度。那如何证明孟佗所送之葡萄酒为凉州产呢？《续汉书》一句"即以为凉州刺史"就说明了问题。而且《太平御览》"蒲萄"部分就是在说凉州是葡萄酒的优良产区，包括魏文帝曹丕所饮之葡萄酒亦产自凉州。况且孟佗持珍奇之葡萄酒求官，为何不求得去富饶之中原任职而去凉州呢？葡萄酒产自凉州之逻辑便顺理成章了。同时也说明东汉时期中原不会酿造葡萄酒，只有凉州地方会酿造，而且极不易得到。从这些史料中也可以看出，东汉时期的凉州，就是现在的甘肃、宁夏、青海湟水流域、陕西西部等地区，在公元 1 世纪之时就已经掌握了葡萄酿酒的方法。佗之子孟达是蜀汉将领，后归降曹魏，受到喜好吃葡萄喝葡萄酒的曹丕的礼遇与信任，这就是另外一个故事了。

第二章
魏晋南北朝时期葡萄酒的交流与使用

魏晋南北朝是中国葡萄种植及葡萄酒酿造饮用的过渡时期，也是关键时期。此时葡萄在西域和中原都有种植，这在吐鲁番文书和古籍中记载颇详。葡萄进入了民众的日常生活，被制成葡萄干、葡萄酱和葡萄汁，制品呈现出多样化。在新疆高昌地区，葡萄酒酿造工艺颇为发达，制酒流程较为复杂，且品种较多，有冻酒和“酢”之分，而且发展出成熟的储酒之法，可使葡萄酒“连年不败”。作为此时中国重要的葡萄产区，高昌有众多的官营与私营葡萄园，葡萄园可以租赁、买卖，成为重要的经济产业。由于产量高、受欢迎，葡萄酒成为可以纳税输租的“硬通货”，同时葡萄酒也成为高昌地区官民宴席上不可或缺的饮品。

第一节　葡萄的名称及其相关产地

一、魏晋时期葡萄的不同称呼

劳费尔在《中国伊朗编》一书中，认为“葡萄”一词最早应是来自古大宛语的“budāw”，而词根“buda”又能跟波斯语联系起来，进而他主张可以把汉语“葡萄”看作是波斯古经里的“maδav”（浆果制的酒）变化出来的方言体[1]。有意思的是，劳费尔眼中的这种“波斯方言体”在由西域传入中原地区后，再次衍生出了多种多样的字形与称呼，其中以魏晋南北朝时期最为典型。

其中常见的有“蒲陶”“蒲桃”“浮桃”等。《梁书·高昌传》记载了高昌的物产情况，其中就有葡萄，称：“出良马、蒲陶酒、石盐。”[2]“蒲陶酒”即为今日所熟知的葡萄酒。称葡萄为“蒲陶”的说法，不仅书写于传世文献之中，同样见载于出土资料。诸如《北

1 [美]劳费尔著，林筠因译:《中国伊朗编：中国对古代伊朗文明史的贡献》，商务印书馆，2015年，第50-51页。
2 [唐]姚思廉:《梁书》卷五四《高昌传》，中华书局，1973年，第811页。

凉（397—460）高昌郡功曹白请溉两部葡萄派任行水官牒》[1] 记有“右五人知行中部蒲陶水”“今引水溉两部蒲陶”之语。《阚氏高昌永康年间（466—485）供物、差役帐》[2] 记载“致土堆蒲陶”“□爱致土堆蒲陶”等内容。由这两件文书可以看出，“蒲陶”在西域与中原地区并用，直至唐代还能见到。诸如《武周载初元年（689）西州高昌县甯和才等户手实》[3] 记有“一段二亩蒲陶”一句，以及《唐开元二年（714）帐后西州柳中县康安住等户籍》[4] 记有“东蒲陶”一句。

关于“蒲桃”的记载，南朝萧梁大同年间，高昌遣使所贡方物中就有“干蒲桃”，这一称呼同样出现在出土文书中。诸如《高昌延昌六年（566）吕阿子求买桑葡萄园辞》[5] 中，有“桑蒲桃一园”的记载；《高昌延昌三十四年（594）吕浮图乞贸葡萄园辞》[6] 有“蒲桃一园”“见（现）买得蒲桃利”等内容，以及《高昌勘合高长史等葡萄园亩数帐》[7] 亦称“高长史下蒲桃：高长史陆拾步，畦海幢壹亩半究（玖）拾步，曹延海贰亩陆拾步，氾善祐贰亩半陆拾步，车相祐贰亩陆拾步，麴悦子妻贰亩陆拾步，合蒲桃拾壹亩究十六步”。而“蒲桃”的这一称呼，亦流传到了后世，如唐代时刘复作有《春游曲》一诗，诗中说：“春风戏狭斜，相见莫愁家。细酌蒲桃酒，娇歌玉树花。”[8] 至于“浮桃”这一称呼，主要是见诸出土文献当中。例如《高昌夏某寺葡萄园券》[9] 就有“□寺浮桃壹园”的记载。该件文书的年代不详，但是根据同墓出土的高昌延昌三十六七年等的纪年文书来看，该文书的撰写时间大致与隋初相当。

有关葡萄写法的多种形式有一定规律可循，陈习刚认为葡萄书写形式的差异可以体现不同的时代特征：即高昌郡时期，葡萄写作“蒲陶”；阚氏高昌时期，开始出现“蒲桃”及省写形式“桃”；阚氏高昌时期以后，又有了“浮桃”“蒱桃”及其省写“桃”等形式[10]。

1 柳洪亮：《新出吐鲁番文书及其研究》，新疆人民出版社，1997 年，第 16 页。
2 荣新江，李肖，孟宪实：《新获吐鲁番出土文献》，中华书局，2008 年，第 130、136 页。
3 唐长孺：《吐鲁番出土文书》[三]，文物出版社，1996 年，第 508 页。
4 唐长孺：《吐鲁番出土文书》[四]，文物出版社，1996 年，第 127 页。
5 唐长孺：《吐鲁番出土文书》[二]，文物出版社，1994 年，第 140 页。
6 唐长孺：《吐鲁番出土文书》[二]，文物出版社，1994 年，第 142 页。
7 唐长孺：《吐鲁番出土文书》[一]，文物出版社，1992 年，第 442 页。
8 [清] 彭定求，沈三曾，杨中讷等：《全唐诗》卷三〇五《春游曲》，中华书局，1960 年，第 3469 页。
9 唐长孺：《吐鲁番出土文书》[一]，文物出版社，1992 年，第 283 页。
10 陈习刚：《再论吐鲁番文书中葡萄名称问题——与刘永连先生商榷》，载《古今农业》2010 年第 2 期第 73 页。

二、魏晋时期西域及内地葡萄种植

（一）西域葡萄主产地

诸多文书中可读到高昌葡萄种植的繁盛景象。卢向前曾根据《高昌某年田地、高宁等地酢酒名簿》中“田地醉酒六百一十八斛四斗半，高宁二百一十六斛七斗半”的记载，推断“高昌地区在当时整个吐鲁番地区有葡萄田 3 063 亩，即 30 余顷，约占高昌垦田 900 顷的 3% ~4%之间”[1]。该地区葡萄种植情况同样还反映在考古发现当中。诸如，20 世纪 60~70 年代，我国考古工作者在吐鲁番阿斯塔那 169 号墓、198 号墓、527 号墓、320 号墓，以及哈拉和卓 52 号墓，均发现了麴氏高昌时期的葡萄实物标本，甚至还在阿斯塔那 169 号墓出土了高昌至唐时期的葡萄实物。另外，高昌地区的阿斯塔那古墓群二区一个墓葬中，就有一幅跟葡萄有关的壁画，展现的是男子舂米、女子磨面的生活场景。在此壁画的右边画了一面墙，墙外有几排树，通过树叶来判断应是葡萄树，树上缀满了一串串的葡萄，这一考古遗迹反映出吐鲁番地区这一时期内葡萄种植的现象。

不唯如是，西域还有不少地方也广泛种植葡萄。《晋书》中记载了一段轶事，说十六国时期的吕光曾领兵征伐西域龟兹，在此过程中，他目睹了西域盛产葡萄的壮观景象，“胡人奢侈，厚于养生，家有蒲桃酒，或至千斛，经十年不败，士卒沦没酒藏者相继矣。”[2] 龟兹地区葡萄的种植已蔚为大观，直至唐代，葡萄仍是该地重要的土特产品。《旧唐书 · 龟兹传》就云：“饶蒲萄酒，富室至数百石”[3]；以及《新唐书 · 西域传》亦称龟兹“土宜麻、麦、秔稻、蒲陶”[4]。大宛也是重要的葡萄产地，《史记 · 大宛列传》中记载了“汉使取其实来，于是天子始种苜蓿、蒲桃肥饶地。及天马多，外国使来众，则离宫别观旁尽种蒲桃、苜蓿极望”[5]。《晋书 · 大宛国传》中记载，其“去洛阳万三千三百五十里，南至大月氏，北接康居，大小七十余城。土宜稻麦，有蒲陶酒，多善马，马汗血”[6]。南接大宛的康国亦“多蒲桃酒，富家或致千石，连年不败”[7]。

1 卢向前：《麴氏高昌和唐代西州的葡萄、葡萄酒及葡萄酒税》，载《中国经济史研究》2002 年第 4 期第 112-113 页。
2 [唐] 房玄龄等：《晋书》卷一二二《吕光载记》，中华书局，1974 年，第 3055 页。
3 [后晋] 刘昫等：《旧唐书》卷一九八《龟兹传》，中华书局，1975 年，第 5303 页。
4 [宋] 欧阳修，宋祁：《新唐书》卷二二一《西域传》，中华书局，1975 年，第 6230 页。
5 [西汉] 司马迁：《史记》卷一二三《大宛列传》，2 版，中华书局，1982 年，第 3173-3174 页。
6 [唐] 房玄龄等：《晋书》卷九七《大宛国传》，中华书局，1974 年，第 2543 页。
7 [唐] 李延寿：《北史》卷九七《康国传》，中华书局，1974 年，第 3234 页。

玄奘在唐初西行取法印度途中，将目睹到的西域葡萄繁盛景象记载于《大唐西域记》中，例如阿耆尼国“土宜糜、黍、宿麦、香枣、蒲萄、梨、柰诸果”；素叶水城“土宜糜、麦、蒲萄，林树稀疏”；笯赤建国“草木郁茂，花果繁盛，多蒲萄，亦所贵也”[1]。虽然玄奘的这些记载反映的是唐初的情况，但仍能从中窥见魏晋南北朝时期西域遍植葡萄的盛景。另外，还需提及葡萄种植颇为典型的汉晋时期塔里木盆地南缘的一片绿洲——精绝国。根据在此境内出土的佉卢文残卷来看，此地的葡萄种植业可以说是汉晋时期我国西域诸“居国”种植葡萄的一个缩影。

（二）中原葡萄的种植

除了西域这一重要的产地外，中原地区也同样可寻到葡萄种植的踪迹。首先是距离西域最近的敦煌,《前凉录》记载:“张斌，字洪茂，敦煌人也，作《蒲萄酒赋》，文致甚美。”[2]既然能够将葡萄酒作为赋诗的对象，应是该地产出此物的反映。在凉州地区，曹丕曾颁下“凉州葡萄诏”，诏书记载:“且说蒲萄，醉酒宿醒，掩露而食。甘而不餶，酸而不脆，冷而寒，味长汁多，除烦解餶。又酿以为酒，甘于麴米。善醉而易醒，道之固以流涎咽唾，况亲食之耶。他方之果，宁有匹之者。”[3]因曹丕喜欢饮食葡萄及葡萄酒，故而才颁下此诏书。透过这一诏书，想来当时的凉州地区应该多有葡萄种植。再者说，因新鲜葡萄较难保存，且运输过程中也容易破损，既然魏文帝能够吃到“味长汁多”的新鲜葡萄，那说明这葡萄应当不是从西域经过长途运输而来，大概率是中原地区或为当时曹魏的邺城、洛阳等都城地区栽种的。邺城地区本就适合种植葡萄。《北齐书・李元忠传》记载李元忠其人“曾贡世宗（高澄）蒲桃一盘。世宗报以百练缣”[4]，似乎表明李元忠所贡的葡萄像是来自邺城。左思《魏都赋》记载:“篁篠怀风，蒲陶结阴。”[5]这一内容就描绘了邺城的葡萄长势繁茂的景象。《酉阳杂俎》的记载更为确定，书中卷十八“蒲萄”条记载了庾信与尉谨、陈昭、徐君房、魏肇师等人的一段对话，对话内容如下[6]：

1 [唐]玄奘撰著，[唐]辩机编次，芮传明译注:《大唐西域记译注》，中华书局，2019年，卷一“阿耆尼国”，第64页；卷一“素叶水城”，第81页；卷一“笯赤建国”，第90页。
2 [北魏]崔鸿撰,[清]汤球辑补，聂溦萌等点校:《十六国春秋辑补》卷七五《前凉录九》，中华书局,2020年，第865页。
3 [唐]欧阳询撰，汪绍楹校:《艺文类聚》卷八七“蒲萄”，中华书局上海编辑所，1965年，第1495页。
4 [唐]李百药:《北齐书》卷二十二《李元忠传》，中华书局，1972年，第315页。
5 [梁]萧统编纂，张启成等译注:《文选》卷六《魏都赋》，中华书局，2019年，第367页。
6 [唐]段成式撰，许逸民、许桁点校:《酉阳杂俎》卷一八，中华书局，2018年，第364-365页。

> 我（庾信）在邺，遂大得蒲萄，奇有滋味。陈昭曰："作何形状？"徐君房曰："有类软枣。"信曰："君殊不体物，何得不言似生荔枝？"魏肇师曰："魏文有言，朱夏涉秋，尚有余暑。酒膤宿酲，掩露而食。甘而不饴，酸而不酢。道之固以流沫称奇，况亲食之者。"谨曰："此物实出于大宛，张骞所致，有黄、白、黑三种。成熟之时，子实逼侧，星编珠聚。西域多酿以为酒，每来岁贡。在汉西京，似亦不少。杜陵田五十亩中，有蒲萄百树。今在京兆，非直止禁林也。"信曰："乃园种户植，接荫连架。"昭曰："其味何如橘柚？"信曰："津液奇胜，芬芳减之。"谨曰："金衣素裹，见苞作贡。向齿自消，良应不及。"

以上众人的讨论涉及葡萄的来源、口味、形状等问题，其中尤为重要的是，提到了邺都和京兆等地也种有葡萄。由于这些人物均身处南北朝时期的上流社会，因而这则对话可视为这一时期内邺城、长安附近种植葡萄的有利证据。

不仅是邺城、长安，洛阳亦有种植葡萄的相关记载。《初学记》援引《晋宫阁名》的记载，称："有灵芝园、蒲萄园，此皆因草木树果以立名也。"[1] 若非晋朝宫城当中有葡萄园，否则断然不会以此作为宫阁之名。直至北魏时期，洛阳城内仍有葡萄种植的痕迹可寻。《洛阳伽蓝记》记载洛阳城内的白马寺佛塔前种有葡萄，"枝叶繁衍，子实甚大。荼林实重七斤，蒲萄实伟于枣。味并殊美，冠于中京。"[2] 开凿于北魏孝文时期的洛阳龙门石窟，在其古阳洞的佛龛楣饰上，同样出现了一段作为边饰的葡萄卷须。这些事例都可视作洛阳地区广泛种植葡萄的证据。到唐代时，洛阳也仍是葡萄的产地之一。例如韩愈《燕河南府秀才得生字》一诗就提到了葡萄："柿红蒲萄紫，肴果相扶檠。"[3]

此外，在平城附近，也有葡萄的种植。《宋书·张畅传》记载，元嘉二十七年（450），北魏皇帝拓跋焘领军南侵，之后拓跋焘将骆驼、骡马、貂裘、杂饮食等送给出镇彭泗的太尉江夏王刘义恭，且云："貂裘与太尉，骆驼、骡与安北，蒲陶酒杂饮，叔侄共尝。"[4] 此时，北魏刚统一中原不久，尚未从平城迁都至洛阳。拓跋焘赠予刘义恭的葡萄酒，极有可能是来自当时的平城。这一点，还可得到壁画的佐证。因魏晋南北朝时期佛教兴盛，致使这一时期社会上掀起了一股造像热，葡萄纹饰也就随着造像热逐渐进入云冈石窟的壁画当中。

1 ［唐］徐坚等：《初学记》卷二四《园圃第十三》，中华书局，2004 年，第 587 页。
2 ［魏］杨衒之撰，周祖谟校释：《洛阳伽蓝记校释》卷四，中华书局，2010 年，第 135 页。
3 ［清］彭定求，沈三曾，杨中讷等：《全唐诗》卷三三九《燕河南府秀才得生字》，中华书局，1960 年，第 3806 页。
4 ［梁］沈约：《宋书》卷五九《张畅传》，中华书局，1974 年，第 1601 页。

诸如可确定时间的云冈石窟 8 号洞窟，在其窟内的墙壁上就有左手拿一串葡萄的佛教摩醯首罗形象。该窟开凿的时间是在 471—494 年，正是北魏统治中原地区的时间，此时北魏政权的首都并未迁移至洛阳，暂在平城。云冈石窟本就离平城不远，正因平城出现了葡萄的种植，故葡萄的相关纹饰才会逐渐进入造像壁画当中。

此外，在大同市区南部原轴承厂院内北魏遗址还出土有童子葡萄纹鎏金高足铜杯 3 件，这些铜杯外饰卷枝葡萄，枝繁果密，藤上小鸟啁啾，藤间有童子嬉闹。童子收获葡萄的题材是希腊化艺术初时使用的，这类题材和巴克特利亚的酒神节有关，属于波斯萨珊王朝时的酒杯。从出土地相关文物综合分析，这些器物输入平城的时间都应该是平城建都期间，或是西域使节进贡，或是战争掠夺而来[1]。

虽然魏晋南北朝时期，葡萄作为文化符号出现在诗赋、宗教、丧葬等领域，但是不能高估这一时期中原地区葡萄种植的规模。理性客观而言，此时期中原内地的葡萄文化仍然呈现出一种零星的状态，不能和同时期西域的蔚为大观相比。以《唐会要》记载为例，予以说明。书中称："葡萄酒，西域有之，前世或有贡献。及破高昌，收马乳葡萄实于苑中种之，并得其酒法，自损益造酒。酒成，凡有八色，芳香酷烈，味兼醍醐。既颁赐群臣，京中始识其味。"[2] 据此可知，直至唐灭高昌以前，葡萄酒似乎一度在中原地区失传，这可从侧面说明葡萄乃至葡萄酒在中原地区的流传度并不高，否则的话，也不至于"京中始识其味"。

造成此时期葡萄尚未广泛在中原内地种植，当有众多原因。

首先是因葡萄为外来引进作物，引进后尚未改良耕作技术，且中国的环境不太适合葡萄的生长。《齐民要术》记载："蔓延性缘，不能自举。作架以承之，叶密阴厚，可以避热。十月中，去根一步许，掘作坑，收卷蒲萄，悉埋之。近枝茎薄安黍穰弥佳，无穰直安土亦得。不宜湿，湿则冰冻。二月中，还出，舒而上架。性不耐寒，不埋即死。其岁久根茎粗大者，宜远根作坑，勿令茎折。其坑外处，亦掘土并穰培覆之。"[3] 仲高据此认为，中原地区的果农在北魏之前已有了丰富的栽培葡萄的农事经验，这也是长期从事葡萄栽培技术的

1 中国魏晋南北朝史学会，山西大同大学云冈文化研究中心，大同平城北朝研究会编：《北朝研究》（第九辑），科学出版社，2018 年，第 57-64 页。
2 ［宋］王溥：《唐会要》卷一〇〇《杂录》，中华书局，1960 年，第 1796-1797 页。
3 ［北魏］贾思勰著，石声汉校释：《齐民要术今释》卷四，中华书局，2009 年，第 342 页。

结晶[1]。当然，这种栽培技术仍然限于局部地区，并不能证明这一时期的葡萄种植技术已经得到了很大的推广。

其次，当时混乱动荡的社会局势也会影响到葡萄的栽种。东汉之后天下动乱，除西晋短暂的统一外，社会四分五裂的情况一直持续到隋统一。社会的动荡，引发了不断的战争，加上时而发生的天灾，人民的基本生活都难以得到保障，想来就更不会去大量种植作为水果的葡萄了。尽管这一时期传统农业技术有了长足的进步与发展，但是这一时期整个国家与个人仍然处在粮食危机当中。如西晋建兴四年（316）时“京师饥甚，米斗金二两”[2]；东晋隆安五年（401）时“姑臧饥荒残弊，谷石万钱”[3]；东晋咸和四年（329）时建康台城“城中大饥，米斗万钱”[4]；萧梁天监元年（502）时“蜀中丧乱已二年矣，城中食尽，升米三千，亦无所籴，饿死者相枕”[5]。总体而言，在魏晋南北朝战争和灾荒频繁发生的情况下，城市市场中的粮食供应经常不足，引起粮价飞涨[6]。

再次，中国传统的饮食结构总体上相对稳定，历来是以米麦作为主食，口感上葡萄酒并不是最适宜的搭配。因此，受饮食习惯的影响，中国葡萄酒虽然有悠久的历史，但却没有被整合入基本的饮食结构，不是中国餐桌上的基本饮料，不但始终未成为酒的主流，而且连支流也不是[7]。同时，研究表明，由于“中国超稳定饮食结构”，外来作物的影响要客观对待，有的外来作物仅是昙花一现的匆匆过客，当然更多的外来作物在后来大放异彩，却并非在传入之初便拥有强大的生命力。外来作物能在中国“扎根落脚”，也往往要经过多次引种，其间由于多种原因会造成栽培中断[8]。这一时期中原地区的葡萄种植即是如此，否则唐代也不会重新从高昌地区获得葡萄酒的制作方法。加之，中国古代通常是以农耕文明为主，处在这样的经济结构中，葡萄这样昂贵且稀缺的水果，自然不会占据多大位置，甚至发挥的功效也不会多大。既如此，葡萄都难以在民间得到推广，更遑论作为再加工的葡萄酒了。

1 仲高：《丝绸之路上的葡萄种植业》，载《新疆大学学报》（哲学社会科学版）1999 年第 2 期第 62 页。
2 ［唐］房玄龄等：《晋书》卷五《孝愍帝纪》，中华书局，1974 年，第 130 页。
3 ［唐］房玄龄等：《晋书》卷一二六《秃发利鹿孤载纪》，中华书局，1974 年，第 3147 页。
4 ［唐］房玄龄等：《晋书》卷七《成帝纪》，中华书局，1974 年，第 174 页。
5 ［唐］姚思廉：《梁书》卷二〇《刘季连传》，中华书局，1973 年，第 310 页。
6 操晓理：《魏晋南北朝时期的粮食贸易》，载《史学月刊》2008 年第 9 期第 95 页。
7 陈习刚：《中国葡萄文化史绪论》，载《农业考古》2014 年第 3 期第 317 页。
8 李昕升：《从超稳定饮食结构看中华农业文明》，载《中国社会科学报》2020 年 10 月 22 日。

第二节 葡萄加工制品与葡萄酒

一、葡萄加工制品

众所周知，葡萄最容易做成葡萄干，这种方法在《齐民要术》中就保存了详细的记载："作干蒲萄法：极熟者，一一零叠摘取。刀子切去蒂，勿令汁出。蜜两分，脂一分，和内蒲萄中，煮四五沸，漉出阴干，便成矣。非直滋味倍胜，又得夏暑不败坏也。"[1]南北朝时期高昌曾于南梁大同年间进贡，贡物当中就包含葡萄干。高昌位处如今我国新疆的吐鲁番盆地，该地区"日照充足，热量极高，昼夜温差可达15℃以上，年降水量18~28毫米，有天山雪水灌溉，葡萄病害少，不需喷药防治，成熟后可利用自然高温晾制成干，所生产的葡萄干色绿、肉质饱满、外形美观，是世界葡萄干的珍品"[2]。直至唐代，西域地区的葡萄干生产仍是繁盛。吐鲁番出土文书《唐天宝二年交河郡市估案》，就提到了葡萄干，如："干蒲萄壹胜，上直钱拾柒文，次拾陆文，下拾伍文。"[3]以及《唐于阗某寺支出簿》[4]记载："粢僧惠澄干葡萄两硕，斗别五十文。"既然葡萄干能够参与市场交易，想来数量应该不少。此外,《新唐书》记载了"西州交河郡"的特产，其中有"蒲萄五物酒浆煎皱干"[5]，可知直至唐代葡萄干仍是唐西州的贡品。

即便如此，高昌地区的葡萄干仍然有着质量上的区分。高昌进贡的使者，曾言"蒲桃，七是洿林，三是无半"[6]，表明洿林地区的葡萄相较于无半地区要属上乘。研究表明，高昌地区的洿林和无半两地，正是因为地理位置的不同，故而葡萄的品质有着很大的区别。地处盆地中心的无半城，气候炎热干燥，而位于盆地边缘的洿林，在著名的火焰山以北，气候相对比较凉爽。根据葡萄涩味的发生和发展规律，便可合理地解释，洿林葡萄干的质量好于无半的主要原因，乃是两地的小气候所致[7]。

除了葡萄干外，还出现了一种葡萄酱。葡萄酱是西域流行的一种饮品。《大慈恩寺三

---

1 [北魏]贾思勰著，石声汉校释：《齐民要术今释》卷四，中华书局，2009年，第343页。
2 贺普超：《葡萄学》，中国农业出版社，1999年，第71页。
3 [日]池田温著，宫泽铣译：《中国古代籍账研究》后图，中华书局，2007年，第304页。
4 唐耕耦，陆宏基：《敦煌社会经济文献真迹释录》第3辑，全国图书馆文献缩微复制中心，1990年，第292页。
5 [宋]欧阳修，宋祁：《新唐书》卷四〇"陇右道"，中华书局，1975年，第1046页。
6 [宋]李昉等：《太平广记》卷八一《梁四公记》，中华书局，1961年，第519页。
7 刘家驹，刘卫星，张平：《古代高昌的葡萄干葡萄酒和葡萄的一种生理病害》，载《中国农史》1997年第4期第59页。

藏法师传》记载了西域饮用葡萄酱的情况，“命陈酒设乐，可汗共诸臣使人饮，别索蒲萄浆奉法师。于是恣相酬劝，窣浑锺椀之器交错递倾，僸佅兜离之音铿锵互举，虽蕃俗之曲，亦甚娱耳目、乐心意也。”[1] 这种葡萄酱在吐鲁番文书中又被称作“甜酱”。以下不妨列举几例文书观之。

首先是《高昌延寿九年范阿僚举钱作酱券》[2]：

1 延寿九年壬辰岁四月一日范阿僚从道人元□□□
2 取银钱贰拾文，到十月曹（槽）头与甜酱拾陆斛伍
3 斗，与诈（酢）三斛，与糟壹斛，甜酱曲梅（麴霉）瓮子中取。到十月
4 曹（槽）头甜酱不毕，酱壹斗转为苦酒壹斗。贰主□
5 同立卷（券），卷（券）城（成）之后，各不得返悔，悔者壹□□□□
6 悔者。民有私要，要行贰主，各自署名为□
7 倩书赵善得
8 时见张善祐
9 临坐康冬冬

以上所引文书第 3 行中出现有“甜酱”二字，陈习刚结合其他有关甜酱的文书综合来看，指出此处的“甜酱”即为葡萄酱[3]。这件文书写于高昌延寿九年（632），此时的麹氏高昌尚未被唐代统治，因此这一时期既然生产葡萄酱，多少也能反映出此前魏晋南北朝时期的概况。

不仅有葡萄酱，还有葡萄汁的记载。例如旅博 76 号医方文书《心痛方残片之二》[4] 记载：

1 〔　　〕根汤引〔　　〕
2 〔　　〕蒲桃汁引〔　　〕
3 〔　　〕各等分〔　　〕
4 〔　　〕虫心痛〔　　〕

1 [唐] 慧立、彦悰撰，孙毓棠、谢方点校：《大慈恩寺三藏法师传》卷二，中华书局，2000 年，第 28 页。
2 唐长孺：《吐鲁番出土文书》[二]，文物出版社，1994 年，第 197 页。
3 陈习刚：《吐鲁番文书所见葡萄加工制品考辨》，《唐史论丛》第十二辑，三秦出版社，2010 年，第 350 页。
4 王兴伊，段逸山：《新疆出土涉医文书辑校》，上海科学技术出版社，2016 年，第 175 页。

陈明认为，这是一则用吐鲁番本土特产的葡萄而制成的药引剂[1]。根据文中“蒲桃”的写法，陈习刚认为该文书制作时间约在高昌时期至武则天时期之前的唐西州时期，即460—884年[2]。换言之，魏晋南北朝时期的高昌地区，还将葡萄汁深加工来发挥医用功效。

二、葡萄酒的制作

除了葡萄干、葡萄酱、葡萄汁外，葡萄最为重要的加工制品莫过于葡萄酒。西晋张华《博物志》记载："西域有蒲桃酒，积年不败，彼俗传云，可至十年，欲饮之醉，弥日乃解。"[3]然而关于葡萄酒具体的制作方法，同时期的史书记载有阙。但值得庆幸的是，在阿斯塔那墓地中出土的壁画，为这一问题揭开了面纱。该墓地的西区 M408 有一幅名为《庄园生活图》的壁画，该壁画被绘于墓室正面，内容展现的是东晋时期吐鲁番葡萄酿酒从榨汁到蒸馏的全过程。首先是在壁画的右下角方形框内，里面画有密集的藤类植物，旁边写有“蒲陶”，象征着葡萄园。其次，壁画左侧则有压榨葡萄汁的场景，画中将一个大桶置于一个曲足案上，然后旁边有一人在用弯曲的棒状物伸向桶内。在桶内下部则画有许多的圆球，应该是代表葡萄。而在上部三分之一处又画有一条横线，可能代表压榨出来的葡萄汁。曲足案下部放置的陶罐，则是用来接桶内流出的葡萄汁，可能象征发酵酿造至装罐的工序。这幅壁画内容丰富，极具灵动性，整个过程展现了酿酒的一个工序流程。透过这一壁画，可见西域地区的葡萄酿酒技术已经相当成熟，涌现出了好几种不同的酒的名称。

首先是冻酒。众所周知，用葡萄酿成的酒度数通常比较低。而古人又不像现在掌握着高超的冷冻技术，于是如何保存葡萄酒就成了当时人们面临的一大难题。经过不断的摸索和实践，古人逐渐发现了冷冻葡萄酒的一种方法，此法在有效保存酒的同时，还可提高酒的酒度。南北朝时期，高昌地区就据此研究出了一种“冻酒”。《太平广记·梁四公记》记载了当时高昌向萧梁进献葡萄酒的场景，冻酒便是其中的一种[4]：

> 冻酒，非八风谷所冻者，又以高宁酒和之。刺蜜，是盐城所生，非南平城者。白麦面，是宕昌者，非昌垒真物。使者具陈实情：面为经年色败，至

1 陈明：《殊方异药：出土文书与西域医学》，北京大学出版社，2005 年，第 187 页。
2 陈习刚：《吐鲁番文书所见葡萄加工制品考辨》，《唐史论丛》第十二辑，三秦出版社，2010 年，第 350 页。
3 [唐] 欧阳询撰，汪绍楹校：《艺文类聚》卷七二“酒”，中华书局上海编辑所，1965 年，第 1247 页。
4 [宋] 李昉等：《太平广记》卷八一《梁四公记》，中华书局，1961 年，第 519 页。

宕昌贸易填之。其年风灾，蒲桃、刺蜜不熟，故驳杂。盐及冻酒，奉王急命，故非时尔。因又问紫盐、医珀，云：自中路，遭北凉所夺，不敢言之。帝问杰公群物之异，对曰：南烧羊山盐文理粗，北烧羊山盐文理密。月望收之者，明彻如冰，以毡橐煮之可验。蒲桃，洿林者皮薄味美，无半者皮厚味苦。酒，是八风谷冻成者，终年不坏，今臭其气酸；洿林酒滑而色浅，故云然。

高昌使者向南梁进贡的冻酒，被杰公一眼认出不是八风谷所产的冻酒，而是掺杂了高宁酒的假货。面对这一事实，高昌使者不得不承认，并解释道：因为出使的命令急迫，故而才如此操作。由此可见，高昌进贡南梁的冻酒，是将葡萄冷处理之后酿造而成的。因为时间因素未能贡上上乘的八风谷冻酒，所贡的冻酒也只是进行了“冻”的初步处理，还没有完全“冻成”，且有掺和现象，质量差[1]。杰公品尝高昌葡萄酒后，竟能分辨出是由高昌不同地方的葡萄所酿，说明南朝上流社会对西域葡萄酒已是非常了解，不然不会有如此的鉴别能力。杨友谊据此认为，南北朝时期，各王朝所饮的葡萄酒，主要依靠西域地区的贡送[2]。

其次，这一时期的西域地区还出现了一种称为“酢”的葡萄酒。南朝时陶弘景有言：“醋酒为用，无所不入，愈久愈良，亦谓之醯。以有苦味，俗呼苦酒。”[3]而“醋”又可写作“酢”。《齐民要术》八作酢法，称：“酢，今醋也。”[4]而在吐鲁番出土的文书中，带有“酢”字的就有十来件之多。以《高昌某年永安安乐等地酢酒名簿》[5]为例：

1 永□酢酒名刘□救五斛二斗半，杜□〔　　〕
2 半，将众子五斛二斗半，阳蚕得六斛，巩待□
3 五斛二斗半，康僧胡三斛六斗半，智（天明）师八斛二斗半
4 〔　　〕五十二斛五斗，酢
5 〔　　〕乐诸酒中酢
6 名白文寘五斛二斗半，左族六斛，安寺阿冬七斛五□
7 丘白头二斛二斗半，康黑奴四斛五斗，阿润寺五斛六□
8 卫阿武子六斛，侯屯安三斛七斗半，主簿〔　　〕

1 陈习刚：《高昌冻酒与冰酒起源》，载《农业考古》2008年第4期第251页。
2 杨友谊：《明以前中西交流中的葡萄研究》，暨南大学硕士学位论文，2006年，第28页。
3 [宋]李石撰，[清]陈逢衡疏证，唐子恒点校：《续博物志疏证》卷十，凤凰出版社，2017年，第248页。
4 [北魏]贾思勰著，石声汉校释：《齐民要术今释》卷八，中华书局，2009年，第762页。
5 国家文物局古文献研究室等：《吐鲁番出土文书》第四册补遗，文物出版社，1983年，第6页。

陈习刚就援引多件相关文书，认为上引文书中出现的“酢”是酒的一种，而不是指醋，并且进一步认为酢与酒连用，很大程度上说明二者没有多大区别，均是指葡萄酒[1]。当然，葡萄同样可以用作酿酢，这在吐鲁番文书中同样存在，只是研究表明：吐鲁番文书中的“酢”，高昌时期是指葡萄醋或者说葡萄酒，到唐西州时期是指醋[2]。除了酿造外，高昌地区亦有使得葡萄酒“连年不败”的保存之法。例如《张武顺等葡萄亩数及租酒账》[3]文书就有“储酒”若干斛的记载。该文书没有明确记载时间，但是依据同墓出有高昌义和五年（618）的墓志，以及出有延和十年（611）的文书，上引张武顺的这一文书，应是高昌时期无误。另外，在《高昌条列得后入酒斛斗数奏行文书》[4]中更是直接出现了“瓶”的字眼，说明储酒的方法之一应是用瓶装的形式，此一记载鲜明地反映出这一时期高昌地区已经孕育发展出了成熟的储酒方法。

三、葡萄与葡萄酒的享用

葡萄在中原各地出现后，随之逐渐进入时人的社会生活当中。西晋陆机的《饮酒乐》一诗中称：“葡萄四时芳醇，琉璃千钟旧宾，夜饮舞迟销烛，朝醒弦促催人。”[5]可见当时的葡萄已经成为上流社会宴饮时的一种果品，甚至成为文学作品中经常出现的词汇。钟会作有《蒲萄赋并序》，里面写道：“余植蒲萄于堂前，嘉而赋之。”[6]另外，《晋书·潘岳传》记载了潘岳闲在家时，曾撰有《闲居赋》一篇，文中就提到了葡萄，“石榴蒲桃之珍，磊落蔓延乎其侧。”[7]还有北周庾信作有《燕歌行》一首，其中就有“蒲桃一杯千日醉，无事九转学神仙”一句[8]。当时，葡萄在南方亦是十分风靡。如梁诗人刘孝威《郡县遇见人织率尔寄妇》记：“妖姬含怨情，织素起秋声……葡萄始欲罢，鸳鸯犹未成。”[9]以及梁人何思澄有诗《南苑逢美人》，诗中亦记载葡萄：“风卷蒲萄带，日照石榴裙。”[10]之所以葡萄能在这一

1 陈习刚：《吐鲁番文书所见葡萄加工制品考辨》，《唐史论丛》第十二辑，三秦出版社，2010年，第362-363页。
2 陈习刚：《吐鲁番文书所见葡萄加工制品考辨》，《唐史论丛》第十二辑，三秦出版社，2010年，第364页。
3 唐长孺：《吐鲁番出土文书》[一]，文物出版社，1992年，第324-328页。
4 国家文物局古文献研究室等：《吐鲁番出土文书》第五册，文物出版社，1983年，第5页。
5 [晋]陆机撰，刘运好校注：《陆士衡文集校注》卷七《饮酒乐》，凤凰出版社，2007年，第716页。
6 龚克昌等评注：《全三国赋评注》，齐鲁书社，2013年，第640页。
7 [唐]房玄龄等：《晋书》卷五五《潘岳传》，中华书局，1974年，第1506页。
8 [北周]庾信撰，[清]倪璠注，许逸民点校：《庾子山集注》卷之五《乐府》，中华书局，1980年，第407页。
9 [梁]刘孝威：《郡县遇见人织率尔寄妇》，丁福保编《全汉三国晋南北朝诗》，中华书局，1959年，第1221页。
10 [梁]何思澄：《南苑逢美人》，丁福保编《全汉三国晋南北朝诗》，中华书局，1959年，第1267页。

时期出现在文学作品中，一方面是东西文化交流痕迹的一种体现，另一方面也与这一时期的文风有莫大的关系。这一时期，文学转向了娱乐，文学题材大量转向咏物[1]。葡萄能够出现在文学作品中，本身就表明它具备娱乐消遣的气息。因此，可以说，魏晋南北朝时期的葡萄仅是上层贵族才能享用的东西，并未大范围普及至民间。

上引《洛阳伽蓝记》记载了白马寺种植葡萄的情况后，记载："帝至熟时，常诣取之，或复赐宫人，宫人得之，转饷亲戚，以为奇异。得者不敢辄食，乃历数家。京师语曰：'白马甜榴，一实直（值）牛。'"[2]其中，"以为奇异，得者不敢辄食"，显然在大家眼中，这时的葡萄基本是一种稀罕物，故而几乎很少有人见过。况且，"一实直（值）牛"的记载，也能够反映出此时葡萄价值的昂贵。既如此，所言这一时期的葡萄乃一种宫廷奢侈品，当无疑问。以至于在部分史书之中，葡萄与做官联系了起来。《后汉书》援引《三辅决录》的一则记载，书中称扶风人孟佗"以蒲陶酒一斗遗让，让即拜佗为凉州刺史"[3]。张让为汉灵帝时的宦官，权势滔天，孟佗能以一斗葡萄酒送他来获得一刺史之位，则说明当时的葡萄酒当属昂贵奢侈品无疑。之后的《晋书·山涛传》又记载："自东京丧乱，吏曹湮灭，西园有三公之钱，蒲陶有一州之任，贪饕方驾，寺署斯满。"[4]其中，"蒲陶有一州之任"，说的就是上面的这则故事。之后，宋人程大昌《演繁露续集》一书亦对此事作有记载，书中称："蒲萄酒，西域古已有之，而中国未见，故汉人一斗可博凉州也。"[5]

这一时期，葡萄还以纹饰的形式进入宫廷及社会当中。《事类赋注》援引东晋陆翙《邺中记》的记载，称后赵时期出现了葡萄纹锦，"锦署有蒲陶文锦"[6]。可见晋朝官方已经把葡萄纹饰列为单独的一类纹饰，表明对其的认可。此外，还有葡萄纹饰的座席，如江淹的《丽色赋》记："帐必蓝田之宝，席必蒲陶之文，馆图明月，室画浮云。"[7]甚至，葡萄纹饰还进入南朝时期的出行车具上，如《南齐书·舆服志》云："辇车具金银丹青采艧，雕画蒲陶之文，乘人以行。"[8]南朝文学家沈约有诗称："领上蒲桃绣，腰中合欢绮。"[9]说明有人

1 罗宗强：《魏晋南北朝文学思想史》，中华书局，2019年，第525页。
2 [魏]杨衒之撰，周祖谟校释：《洛阳伽蓝记校释》卷四，中华书局，2010年，第135页。
3 [宋]范晔撰，[唐]李贤等注：《后汉书》卷七八《张让传》，中华书局，1965年，第2534页。
4 [唐]房玄龄等：《晋书》卷四三《山遐传》，中华书局，1974年，第1231页。
5 [宋]程大昌撰，许沛藻、刘宇整理：《演繁露续集》卷之四《蒲萄绿》，大象出版社，2019年，第312页。
6 [宋]吴淑撰注，冀勤等点校：《事类赋注》，中华书局，1989年，第199页。
7 [南朝]江淹著，[明]胡之骥注，李长路、赵威点校：《江文通集汇注》卷二《丽色赋》，中华书局，2006年，第77页。
8 [梁]萧子显：《南齐书》卷一七《舆服志》，中华书局，1972年，第337页。
9 朱晓海：《鲍参军诗注补正》卷二《七彩芙蓉之羽帐、九华蒲萄之锦衾》，中州古籍出版社，2018年，第95页。

已经开始在领襟上专门以葡萄纹饰予以装裱。这些记载，均可说明偏居江南一隅的南朝，在其境内亦有葡萄纹饰服装。

四、粟特文化中的葡萄

还需提及的是，粟特墓葬中也多见与葡萄相关的壁画。河南安阳出土的北齐粟特人葬具石棺床画像，其中就有描绘在葡萄园内大型宴饮的场景。依据图中的葡萄园以及衣服的季节性特征来看，场景似乎发生在中国旧历六月的时节[1]。荣新江进而认为，粟特聚落中建有葡萄园，是粟特移民种植的结果。尤其是对上述在葡萄园宴饮的场景作有补充，称："在新年等节庆日子里，人们带着礼物和祭品，聚集到首领或其他贵人的葡萄园，饮酒作乐，而且不分男女，都可以参加这种户外活动，与汉地的习俗不同。"[2] 由传播路线看，葡萄纹寓意主题——灵魂境界沿丝绸之路进入汉唐时期的墓葬文化中，丰富了中原汉地墓葬为人们天国的梦想营造出幻化的极乐境界。安阳北齐墓宴饮图等场景中的葡萄与葡萄酒体现了汉地生活中融入此种象征的寓意[3]。除此之外，北周史君墓石堂内壁壁画，第八幅以墨线描绘出三串葡萄[4]。直至隋代，太原的虞弘墓，在椁壁浮雕第五幅画中，同样雕绘着葡萄叶蔓和成串的葡萄。在叶蔓之间，还有三只鸟，第一只鸟位于右部，似一只鹦鹉，站在屋顶，颈部系一丝带，头部扬起，衔着上方的葡萄叶；第二只鸟栖于葡萄枝上，也似一只鹦鹉，背朝外，正扭头回望；第三只鸟立于左边屋顶，颈系一带，正在啄食垂下的一串葡萄[5]。本身虞弘墓具有浓厚的祆教(琐罗亚斯德教)文化气息[6]，因而该墓志壁画中的葡萄描绘，应该是受到了粟特祆教的影响。

与此同时，粟特文化中的"葡萄"开始与佛教文化逐渐联系起来。自丝绸之路开通，粟特艺术传入中原，在祆教中天国即为"葡萄园"，所以与葡萄有关的图像大量出现在粟特人的视觉文化中，在粟特人的语境中，葡萄为一种象征着"礼仪"的果实。基于这一观点，敦煌莫高窟第 322 窟双层龛内层龛外缘绘有葡萄果实的卷草纹，可能在一定程度上吸

1 姜伯勤:《安阳北齐石棺床画像石的图像考察与入华粟特人的祆教美术——兼论北齐画风的巨变及其与粟特画派的关联》,《艺术史研究》第一辑，1999 年，中山大学出版社，第 172 页。
2 荣新江:《中古中国与外来文明》(修订版)，三联书店，2014 年，第 130-131 页。
3 郭萍:《古丝绸之路墓葬图像中的葡萄组合纹样演变》，载《成都大学学报(社会科学版)》2018 年第 5 期第 96 页。
4 西安市文物保护考古研究院:《北周史君墓》，文物出版社，2014 年，第 62 页。
5 山西省考古研究所:《太原隋虞弘墓》，文物出版社，2005 年，第 106-107 页。
6 杨巨平:《虞弘墓祆教文化内涵试探》，载《世界宗教研究》2006 年第 3 期第 103-110 页。

纳了葡萄在祆教中的意涵，用以构成“佛国净土的世界”。葡萄作为一种“瑞果”，被佛教所采纳，与佛教净土有所联系，赋予了其构建佛国净土世界的功能[1]。里特贝格博物馆收藏了正光元年（520）的铭佛三尊像，佛像背光正面的交龙口中长出了颗粒状的果实，日本学者八木春生认为此处的颗粒状果实应与葡萄有关[2]。这种颗粒状果实也出现于诸多豫北背屏式造像背光侧面。这些纹样化的葡萄图像已有别于具象的葡萄，更像饱满的松果，当将其刻于佛造像背光并且配有交龙等“升仙”元素，或可认为这种果实是与天堂、净土的意象联结在一起，为“净土”才有的果实[3]。

第三节　葡萄酒文书与高昌时期的社会经济

魏晋南北朝时期，高昌先为北凉治下的一郡，后又依次经历了阚氏高昌时期、麹氏高昌时期等，此后才被唐攻灭，设为西州。出土的吐鲁番文书，有不少是高昌时期的葡萄酒文书，正可用来探知高昌时期的社会经济状况。

从吐鲁番出土的文书资料来看，在麹氏高昌时期，官府对葡萄园土地的管理十分重视，经常对葡萄园土地进行踏勘、统计、检查。其中，最为明显的特征是对土地有着严格的分配。依据现有的吐鲁番出土文书，可知高昌时期，大致以两种不同的方式来分配葡萄园土地，第一种是将每一块葡萄园按具有不同亩数的段分给具备一定条件的人；第二种则是将种植葡萄的好田作为葡萄园分给一些具备条件的人来经营[4]。

第一种分配方式，可以麹氏高昌时期《高昌苻养等葡萄园得酒帐》[5]和《高昌勘合高长史等葡萄园亩数帐》[6]为例：

> 《高昌苻养等葡萄园得酒帐》：“〔　　〕……步得……保一亩六十步，苻养……武一亩六十步，张阿富……一亩卅步，翟祐相……贯车寳一亩六十步，……亩六……宕廿九亩半九十步，得酒一……半。宗……二亩六十步，安保真一

1 杨晨昕，李雅君：《葡萄纹样在汉唐佛教艺术中的象征意涵》，载《晋中学院学报》2023 年第 4 期第 66-67 页。
2 [日] 八木春生著，姚瑶译：《纹样与图像》，上海古籍出版社，2021 年，第 150 页。
3 杨晨昕，李雅君：《葡萄纹样在汉唐佛教艺术中的象征意涵》，载《晋中学院学报》2023 年第 4 期第 67 页。
4 卫斯：《唐代以前我国西域地区的葡萄栽培与酿酒业》，载《农业考古》2017 年第 6 期第 163 页。
5 唐长孺：《吐鲁番出土文书》[一]，文物出版社，1992 年，第 328 页。
6 唐长孺：《吐鲁番出土文书》[一]，文物出版社，1992 年，第 442 页。

半，……亩半九十……酒百八十九斛三斗七升半。……宁冯保愿二，郭阿鷄一□□□一亩六十步，□一亩六……酒廿六斛二斗半。……阿猞二亩，袁保祐一亩六十步，郑□□半亩，……酒十斛。”

《高昌勘合高长史等葡萄园亩数帐》：“高长史下蒲桃（葡萄）：高长史陆拾步，畦海幢壹亩半究（玖）拾步，曹延海贰亩陆拾步，氾善祐贰亩半陆拾步，车相祐贰亩陆拾步，鞠悦子妻贰亩陆拾步，合蒲桃（葡萄）拾壹亩究拾陆步。高相伯下蒲桃（葡萄）：高相伯贰亩，田明怀壹亩陆拾步，令狐显仕壹亩半陆拾步，索□□□□亩究拾步，合蒲桃柒亩究拾步。将马养保下蒲桃：马养保壹亩陆拾步，孟贞海壹亩半叁拾陆步，合蒲桃贰亩半究拾陆步。常侍平仲下蒲桃：常侍平仲贰亩究拾捌步，刘明逵肆拾肆步，张憙儿贰亩。”

以上两件文书，均是将土地按照亩数划分给不同的人群，然后总括最后的产量。其中，《高昌苻养等葡萄园得酒帐》是将葡萄园分配给不同人等，收缴葡萄酒，而《高昌勘合高长史等葡萄园亩数帐》的征收对象则是直接以葡萄为主。

第二种分配方式，可以《高昌□污子从麴鼠儿边夏田、鼠儿从污子边举粟合券》[1] 为例：

“儿边夏中渠常田一亩半，亩交与夏价银钱拾陆文，田要迳（经）一年。赀租佰役，□悉不知；若渠破水谪，麴郎悉不知。夏田价□□□，仰污子为鼠儿偿租酒肆斛伍兜（斗）。酒□□多少，麴悉不知，仰污了。二主和同，即共立券。□成之后，各不得返悔，悔者一罚二入不悔者。（后略）”

其中，从“夏田价□□□，仰污子为鼠儿偿租酒肆斛伍兜（斗）”的记载来看，麴鼠儿这块常田应是被分配来专门进行葡萄种植的，否则不会让他“偿租酒肆斛伍兜（斗）”。

另外，依据不同的文书，高昌时期的葡萄园等土地，多具官府色彩。可以《高昌延昌酉岁屯田条列得横截等城葡萄园顷亩数奏行文书》[2] 为例：

1 □截俗四半，交河俗二半六十步
2 安乐俗八亩，洿林俗四亩，始昌俗一半，高宁僧二半
3 都合桃（萄）壹顷究（玖）拾叁亩半
4 谨案条列得桃（萄）顷亩列别如右记识奏诺奉□

1 国家文物局古文献研究室等：《吐鲁番出土文书》第五册，文物出版社，1983 年，第 157 页。
2 唐长孺：《吐鲁番出土文书》[二]，文物出版社，1994 年，第 168-169 页。

5 □下校郎　　　　　　　麹□
6 通事令史　　　　　　麹□
7 通事令史　　　　　　史□□
8 　　　　　　　　　　□□
9 　　　　　　　　　　□□
10 　　　　　　　　　　和隆□
11 　　　　　　　　　　阴□
12 酉岁九月十五日
13 □□□军肤叠□吐诺他跋□输屯发高昌令尹麹伯□
14 右卫将军绾曹郎中　　麹绍□
15 虎威将军兼屯田事焦□□
16 屯田□□　　　　　　□□□
17 屯田□□　　　　　　□□□
18 屯田吏　　　　　　　索善护
19 屯田吏　　　　　　　阴保□

该件文书中最后的许多官吏署名，表明这是一件官文书，这个葡萄园似为官府所有。除官府拥有大量的葡萄园外，私人也可拥有葡萄园。《高昌延寿四年（627）参军氾显祐遗言文书》[1] 记载："延寿四年丁亥岁，闰四月八日，参军显祐身平生在时作夷（遗）言文书。石宕渠蒲桃（葡萄）壹园与夷（姨）母。"若不是参军氾显祐私人拥有一处葡萄园，不可能将其作为遗产赠送给他的姨母。这些事实无不说明，葡萄种植在吐鲁番地区非常普遍和流行，它已成为当地农业经济的重要组成部分[2]。

对于民间买卖葡萄园土地之事，文书表明也需经过官府的审批核准。可举以下两件文书为例，首先是《高昌延昌六年（566）吕阿子求买桑葡萄园辞》[3]，该文书云：

> 延昌六年丙戌□□□八日，吕阿□辞：子以人微产□甚少，见康□有桑蒲桃（葡萄）一园，□求买取，伏愿殿下照兹所请，谨辞。
>
> 中兵参军张智寿传
> 令　听买取。

1 唐长孺：《吐鲁番出土文书》[二]，文物出版社，1994年，第204页。
2 王艳明：《从出土文书看中古时期吐鲁番的葡萄种植业》，载《敦煌学辑刊》2000年第1期，第56页。
3 唐长孺：《吐鲁番出土文书》[二]，文物出版社，1994年，第140页。

该件文书中出现了“中兵参军”，应该是属于高昌的一名官员，而“听买取”则表明官府机构允许了土地的买卖。

第二件文书是《高昌延昌三十四年（594）吕浮图乞贸葡萄园辞》[1]，该文书云：

> 延昌卅四年甲寅岁六月三日，吕浮图辞：图家□□乏，觕用不周，於樊渠有蒲桃（葡萄）一园，迳（经）理不□，见（现）买得蒲桃（葡萄）利□□，□惟□下悕乞贸取，以存□□听许，谨辞。
>
> 通□令史麴儒　　侍
> 令听贸□

该件文书与第一件文书，具有很多相似的特征，那就是均有官员的参与，像“令史麴儒”即是，还有如“令听贸”与前文中的“听买取”无二，可见这两个特征是官方参与葡萄园土地买卖的必备要素。既然有葡萄园买卖文书，当然也就存在租赁文书。例如《高昌延昌三十八年（598）参军张显□租葡萄园券》[2]：

> 1　延昌卅八年戊午岁十月廿五日，参军张显□从
> 2　役取南园蒲（葡）桃（萄）宕□东分，承官名役贰亩，要（约）迳（经）陆年
> 3　岁十月卅日还桃墙。桃中役使，未岁五月至已前仰寺了；至已后仰
> 4　参军承了。参〔　　〕至子岁图，□租尽仰张参
> 5　□自承了，子〔　　〕仰张参军自承了。至已后付寺
> 6　〔　　〕参军要（约）为了，被锦半张，若官常□□
> 7　〔　　〕二主，各不得返悔，悔者一罚二入不□□□
> 8　〔　　〕行二主。各自署名为信。
> 9　时见　侯桑保　倩书　苏法信

该文书是一件关于葡萄园租赁的文书，租赁双方分别为某官府与某寺。该文书可从侧面映衬出该地葡萄园租赁经济的发达与成熟。此外，占据葡萄园土地者，缴纳租税的同时还需承担相应的劳役，例如《高昌张元相买葡萄园券》[3]文书记载：

1 唐长孺：《吐鲁番出土文书》[二]，文物出版社，1994年，第142页。
2 柳洪亮：《新出吐鲁番文书及其研究》，新疆人民出版社，1997年，第50页。
3 唐长孺：《吐鲁番出土文书》[二]，文物出版社，1994年，第195页。

1 〔　　〕岁三月廿八日张元相
2 〔　　〕渠蒲桃（葡萄）壹园，承官役半亩陆拾
3 □□价银钱伍拾文。钱即毕，桃（萄）即付。桃（萄）中
4 □桃（萄）行。桃（萄）东诣渠，南诣道，〔　　〕分垣，北诣□。
5 桃（萄）肆□之内，长不还，促不□。车行水□依旧通。若后
6 时有人□□□佲（名）者，仰本□了。二主和同立卷（券），券成
7 之后，各〔　　〕壹罚二入悔者。民有私要，
8 要行二主，〔　　〕信。
9 　倩　书　赵庆富

从此件文书第2行的“承官役半亩陆拾”，以及“价银钱伍拾文”等字眼，可以看出张元相不仅买了葡萄园地，同时葡萄园地附带的官役也由其一并承担。

这些葡萄园文书中，还有一些是麹氏高昌时期允许选择用葡萄酒来纳税的直接依据。诸如《高昌延寿二年（625）正月张憙儿入租酒条记》：“□昌甲申岁租酒，……憙儿入。”[1]以及《高昌延寿十三年（636）正月赵寺法嵩入乙未岁僧租酒条记》：“高昌乙未岁僧祖（租）究（酒）□□下，赵寺法嵩叁斛贰斗……□□岁正月廿六日入。”[2]程喜霖据此认为僧俗输租皆可用酒[3]。因高昌地区葡萄酒的数量众多，因而这里用来输租的酒，大概率就是葡萄酒。至于缴纳的数额，研究表明大概每亩葡萄田缴纳葡萄酒3斛。而纳租的时间，则又有定期与不定期之分，往往视文书而定。定期缴纳的文书，例如记载“听脱蒲桃（葡萄）租酒壹亩”的《高昌某人请放脱租调辞二》[4]；不定期缴纳的文书，诸如《高昌某年高厕等斛斗帐》[5]。

（一）
1 卌斛四斗，次入十五斛，中取十九斛五斗自折。
2 高厕七月十〔　　〕二斛〔　　〕
3 王头六子七斗〔　　〕二斗半，赵法元一斛四斗，
4 张资弥胡七斗，取藏钱卌文。八月十七日，安乐王元相八
5 斗七升半，伽子下樊文□二斛六斗，德勇下高元礼一斛九斗二升半，

1 唐长孺：《吐鲁番出土文书》[一]，文物出版社，1992年，第424页。
2 国家文物局古文献研究室等：《吐鲁番出土文书》第三册，文物出版社，1981年，第307页。
3 程喜霖：《吐鲁番文书中所见的麹氏高昌的计田输租与计田承役》，《出土文献研究》，1985年，第171页。
4 唐长孺：《吐鲁番出土文书》[二]，文物出版社，1994年，第144页。
5 国家文物局古文献研究室等：《吐鲁番出土文书》第四册补遗，文物出版社，1983年，第22-23页。

6　永安杜延相一斛八斗七升，田地索举儿一斛五升，洿林康仁贤一

〔后缺〕

（二）

〔前缺〕

1　〔　　〕至三月十七日，

2　次五斛至四月十日，〔　　〕次五斛至廿七日，□

3　次廿八日二斛五斗。

从该件文书来看，所要缴纳葡萄酒的时间分别有七月、八月、三月、四月，时间不很固定，同时缴纳的数额也没有定量，可知这是一件反映高昌时期葡萄园主不定期、不定量缴纳葡萄酒税的文书。高昌葡萄酒税的征收方式与葡萄酒的酿造、储存之特点有关，为避免葡萄酒的污染、变质、败坏，往往采取不定期、不定量的入供方式[1]。

可兹比照的是，征收葡萄酒税的现象，不独见于高昌。《新疆出土佉卢文残卷译文集》记载："顷据苏祇耶向余等报告，彼现任税吏（sothamga）已有四年。彼之屋内，浪费很大。此处酒局已立有账目。税吏苏祇耶及钵祇娑现欠酒达 150 米里马。当汝接此泥封楔形文书，应立即作详细调查。若该苏祇耶在彼屋内将酒浪费，应即免去彼税吏之职。由别人作税吏。酒，彼等欠酒局之皇家之酒，该酒苏祇耶及钵祇娑务必付清，旧欠之酒仍应由彼等征收。至于新征之酒，苏祇耶则与此无关，应由其他税吏征收。"[2] 由该文书可见为征收税酒，精绝国专门设有酒局、税吏等机构和人员，已然形成了一套管理制度和流程。研究还表明，精绝国对葡萄酿酒业的管理是十分严格的，设有专门征收税酒的酒局，以村或百户为单位向酒局上缴税酒，拖欠税酒会被惩罚，即支付酒利息。酒局征收来的税酒，通过商运销售到周边国家。由此可见，酒税的确是当地一项主要财税来源[3]。

此外，除了缴纳酒租的葡萄酒文书外，亦有与支出相关的葡萄酒文书。例如，《高昌永平元年（549）十二月十九日祀部班示为知祀人上名及谪罚事》《高昌永平元年（549）十二月廿九日祀部班示为明正一日知祀人上名及谪罚事》《高昌永平二年（550）十二月

1 卢向前：《麴氏高昌和唐代西州的葡萄、葡萄酒及葡萄酒税》，载《中国经济史研究》2002 年第 4 期第 120 页。
2 韩翔，王炳华，张临华：《尼雅考古资料》，新疆社会科学院知青印刷厂，1988 年，第 247 页。
3 卫斯：《从佉卢文简牍看精绝国的葡萄种植业——兼论精绝国葡萄园土地所有制与酒业管理之形式》，载《新疆大学学报》（哲学・人文社会科学版）2006 年第 6 期第 70 页。

三十日祀部班示为知祀人名及谪罚事》《高昌祀部残班示》等文书中有关用酒谪罚的记载，表明葡萄酒还可用于支出使用[1]。

总体而言，吐鲁番出土文书涉及葡萄与葡萄酒方面的公私档案主要有出、偿还、食用、供送、缴纳酒量账、残账、奏、残奏、条呈，有租酒缴纳、放脱、葡萄园租、得酒账、条记、残条记、辞，有祀部谪酒班示、残班示，有酢酒、夏田、举粟以酒为抵偿、接待官员用酒等名簿、券、录事值日簿，还有糟糗匠的记载。由是可知，这一时期内葡萄酒普遍应用于高昌地区的官府宴请，甚至已经进入百姓的日常生活之中，亦可反映出葡萄酒匠职业存在的社会现实[2]。

还需注意的是，高昌时期，寺院经济十分发达，其中不乏拨出土地用来种植葡萄的案例，诸如《高昌曹、张二人夏果园券》中记载[3]：

> □桃（萄）行，若曹张二人与冯寺主梨两斛。若桃水
> □桃（萄），二人还寺主桃（萄），若树干（乾）漯（湿），不得近破。

这件文书显示，果园以葡萄种植为主，同时还种有梨。从“寺主萄”和“与冯寺主”的记载，可知葡萄园的产权应是属于寺院所有，该寺院通过种植葡萄这一经济作物获取收益。此外，还有文书显示，僧人之间会选择以酒为酬金进行赠送活动。《义熙五年道人弘度举锦券》中记载“民有私要，要行二主，各自署名为信。沽各半。倩书道护”[4]，其中“沽各半”的内容，都是对“沽酒各半”的省略，指的是缔约双方应各出一半酒钱，以此用来酬谢促使该券达成的最后见证人和文书书写人，类似今天的中介费。既然寺院所属的土地种有葡萄，那么这里的“酒”指代葡萄酒的概率就比较大了，且极有可能是属于寺院的财产之一。毕竟依据《高昌夏某寺葡萄园券》，可知高昌地区的寺院能够拿葡萄来做葡萄酱，在此基础上生产葡萄酒也就不足为奇。此外，通过种植葡萄，高昌地区的寺院进一步巩固和发展了寺院经济。

总体而言，魏晋南北朝在中国葡萄酒文化形成过程中也算是一个重要阶段。这一时

1 国家文物局古文献研究室等:《吐鲁番出土文书》第二册，文物出版社，1981 年，第 40-48 页。
2 陈习刚:《唐代葡萄酒产地考——从吐鲁番文书入手》，载《古今农业》2006 年第 3 期第 59 页。
3 唐长孺:《吐鲁番出土文书》[一]，文物出版社，1992 年，第 283 页。
4 唐长孺:《吐鲁番出土文书》[一]，文物出版社，1992 年，第 95 页。

期，葡萄向着中原地区的都城拓展，葡萄种植技术也得到了发展，出现了许多与葡萄有关的文书，并在诗赋文化中得到显著发展。当然，魏晋南北朝时期葡萄栽种及葡萄酒酿造仍以西域为主，中原内地呈现零星分布态势，且葡萄酒酿造技术整体未能有效推广。可即便如此，西域特别是高昌地区葡萄酒技术的发展，让世人看到了区域发展的多样性。尤其是透过吐鲁番出土文书，可知葡萄种植已经成为高昌时期的重要经济产业，否则也不会引发诸如管理、租赁、分配等多种经济契约的产生，凡此种种，均是该地葡萄与葡萄酒经济繁荣的表现。

第三章
唐代葡萄酒盛行与诗酒文化

葡萄酒传入中原之后，在大唐盛世达到顶峰。唐代国家强盛、幅员辽阔，版图囊括了盛产葡萄的西域地区。国家内部社会稳定、经济发达、风气开放，这些都为葡萄酒的盛行提供了必备条件。在以唐太宗为代表的统治阶层的推崇下，以及李白、王翰等热爱饮酒的文人墨客的推动下，唐代葡萄酒酿酒技术进一步发展，供销体系日益完备，使这款曾经的贵族饮品，逐渐成为人人皆可享用的平民饮料，也使得葡萄酒文化成为大唐盛世一道独特的风景线。

第一节　葡萄酒产域扩展与葡萄酿酒术发展

一、西域产酒国纳入唐代疆域

原在中原地区发展的葡萄种植、酿酒受到战乱等影响，至李唐建国之初，葡萄与葡萄酒已在中原成为稀有，“高祖赐群医食于御前，果有蒲萄。侍中陈叔达执而不食，高祖问其故。对曰，臣母患口干，求之不能得。高祖曰，卿有母可遗乎。遂流涕呜咽，久之乃止，固赐物百段。”[1]“蒲萄酒西域有之，前代或有贡献，人皆不识。”[2] 唐初主要依靠丝绸之路传入中原地区。

葡萄与葡萄酒在唐代的盛行，得益于唐太宗对西域的经营。唐初，西域诸国林立，活跃于此的少数民族有羌、突厥、吐蕃、吐谷浑、回纥、铁勒、葛逻禄、吐火罗等，唐与西域诸国大都有贸易往来，但是许多国家附属于西突厥。当时西突厥的统治者为统叶护可汗。“统叶护可汗，勇而有谋，善攻战。遂北并铁勒，西拒波斯，南接罽宾，悉归之。控弦数十万，霸有西域，据旧乌孙之地。又移庭于石国北之千泉。其西域诸国王悉授颉利发，并遣吐屯一人监统之，督其征赋。西戎之盛，未之有也。”[3] 统叶护可汗对西域附属诸

1 [宋] 李昉:《太平御览》卷九百七十二《果部九》，中华书局，1960年，第4308页。
2 [宋] 李昉:《太平御览》卷九百七十二《果部九》，中华书局，1960年，第4308页。
3 [后晋] 刘昫等:《旧唐书》卷一百九十四《突厥下》，中华书局，1975年，第5181页。

国国王授予“颉利发”，并派遣官员在诸国进行监督、征收赋税。贞观二年（628），统叶护可汗被杀，西突厥在西域的统治也岌岌可危。

贞观三年（629）十一月，唐太宗联合薛延陀、回纥、拔也古、同罗等部，分兵六路北伐，灭东突厥，这成为唐代经营西域的开端。贞观四年（630），唐军于天山北麓置西伊州。贞观六年（632），去“西”字，称伊州（今新疆哈密）。贞观十四年（640），高昌王麴文泰与西突厥结盟，唐太宗派兵征讨高昌，麴氏王朝覆灭。唐遂于高昌故城置西州（今新疆吐鲁番哈拉和卓古城），并“置安西都护府于交河城，留兵镇之”，又于可汗浮图城（今新疆吉木萨尔北破城子）设庭州。“葡萄酒，西域有之，前世或有贡献，及破高昌，收马乳蒲桃实于苑中种之，并得其酒法，自损益造酒，酒成，凡有八色，芳香酷烈，味兼醍醐。既颁赐群臣，京中始识其味。”[1]

贞观十六年（642）九月，安西都护郭孝恪连续痛击西突厥乙毗咄陆可汗。西突厥属部内乱，乙毗咄陆可汗部众离散，逃往吐火罗后被杀。西突厥属部遣使长安，请求废除旧汗，另立新汗，唐太宗随即册立乙毗射匮可汗。贞观二十二年（648），唐先后击败了西突厥、焉耆、龟兹，之后将安西都护府的治所由西州移至龟兹（今新疆库车），设龟兹、疏勒（今新疆喀什）、焉耆（今新疆焉耆）、于阗（今新疆和田）四镇，史称“安西四镇”。其中，龟兹位于西域中心的十字路口，成为唐代在西域最大的屯田基地，作为安西都护府的治所管理西域达百年之久。与此同时，唐代的军防辐射到西域各地，遍布天山南北的军、镇、守捉等驻守在丝绸之路要道。

唐高宗即位之后，唐代的疆域版图在唐太宗经营的基础之上继续扩张，并达到了一个鼎盛的状态。显庆四年（659）三月，兴昔亡可汗在唐军配合下，击杀真珠叶护可汗，西突厥从此完全被唐掌控。葱岭以东设置了安西四镇，葱岭以西、波斯以东及印度河以北则设羁縻府。高宗咸亨元年（670）至武周长寿元年（692），龟兹、碎叶、疏勒、于阗四镇被吐蕃占领。在收复安西四镇之后，武则天一改以往薄弱的边防政策，在四镇增兵驻扎，并且在天山北路的庭州设立北庭都护府。自此之后，唐在西域建立起稳固的军事、行政、交通体系，开始了为时百年对西域的有效管理。

1 ［宋］王溥：《唐会要》卷一〇〇《杂录》，中华书局，1960 年，第 1796-1797 页。

贞观二十年（646）成书的《大唐西域记》，记录了玄奘从长安出发西行时游历的见闻。据玄奘所记，沿途的斫句迦国、乌仗那国、笯赤建国、素叶水城（碎叶）、屈支国（龟兹）、阿耆尼国（焉耆）等西域国家都有种植葡萄或酿造葡萄酒。但在唐的不断经营下，这些种植葡萄或酿造葡萄酒的西域国也逐渐被纳入唐代的版图之中。

二、葡萄与葡萄酒产域的扩展

虽然引入了葡萄种植，并习得酿酒之法，但是西域仍然是唐代重要的葡萄酒出产地。因西域特殊的自然气候，葡萄的品质远胜于其他地区。"西州交河郡，中都督府。贞观十四年平高昌，以其地置。开元中曰金山都督府。天宝元年为郡。土贡：丝、氎布、毡、刺蜜、蒲萄五物酒浆煎皱乾。"[1] 自西域诸国归属唐直接管辖之后，当地所酿造的优质葡萄酒也成为送入内地的重要贡品之一。

唐代西域的葡萄与葡萄酒产地已经遍布葱岭内外。"高昌者，汉车师前王之庭，后汉戊己校尉之故地。在京师西四千三百里。其国有二十一城，王都高昌。其交河城，前王庭也；田地城，校尉城也。胜兵且万人。厥土良沃，谷麦岁再熟；有蒲萄酒，宜五果；有草名白叠，国人采其花，织以为布。"[2]"焉耆国直京师西七千里而赢，横六百里，纵四百里。东高昌，西龟兹，南尉犁，北乌孙。逗渠溉田，土宜黍、蒲陶，有鱼盐利。"[3]"龟兹，一曰丘兹，一曰屈兹，东距京师七千里而赢，自焉耆西南步二百里，度小山，经大河二，又步七百里乃至。横千里，纵六百里。土宜麻、麦、粳稻、蒲陶，出黄金。"[4]"南五十里有笯赤建国，广千里，地沃宜稼，多蒲陶。又二百里即石国。"[5]"乌茶者，一曰乌伏那，亦曰乌苌，直天竺南，地广五千里，东距勃律六百里，西罽宾四百里。山谷相属，产金、铁、蒲陶、郁金。"[6]"俱位，或曰商弥。治阿赊飓师多城，在大雪山、勃律河北。地寒，有五谷、蒲陶、若榴，冬窟室。"[7]"大食，本波斯地。男子鼻高，黑而髯。女子白皙，出辄鄣面。日五拜天神。银带，佩银刀，不饮酒举乐。有礼堂容数百人，率七日，王高坐为下说曰：

1 [宋]欧阳修：《新唐书》卷四十《地理四》，中华书局，1975年，第1046页。
2 [后晋]刘昫等：《旧唐书》卷一百九十八《西戎》，中华书局，1975年，第5293页。
3 [后晋]刘昫等：《旧唐书》卷一百九十八《西戎》，中华书局，1975年，第5301页。
4 [宋]欧阳修，宋祁：《新唐书》卷二百二十一《西域上》，中华书局，1975年，第6230页。
5 [宋]欧阳修，宋祁：《新唐书》卷二百二十一《西域上》，中华书局，1975年，第6233页。
6 [宋]欧阳修，宋祁：《新唐书》卷二百二十一《西域上》，中华书局，1975年，第6239页。
7 [宋]欧阳修，宋祁：《新唐书》卷二百二十一《西域上》，中华书局，1975年，第6260页。

‘死敌者生天上，杀敌受福。’故俗勇于斗。土饶砾不可耕，猎而食肉。刻石蜜为庐如舆状，岁献贵人。蒲陶大者如鸡卵。”[1]

新旧唐书记载的产地中，高昌以吐鲁番盆地为中心。龟兹以库车绿洲为中心，最盛时北傍天山，南抵大漠，西起疏勒，东至焉耆。焉耆位于天山南麓，东抵高昌西州，西邻龟兹都督府，农业化程度很高。笯赤建国位于今中亚塔什干地区的汗阿巴德。乌茶国故地在默哈讷迪河下游的区域，今属印度奥里萨邦北部一带，北靠葱岭，南邻天竺。商弥国大约于今巴基斯坦之契特拉地方。大食则指当时占据波斯旧地的阿拉伯帝国。这些产地出产的葡萄与葡萄酒在如今仍然是优质之品。

粟特人是西域地区葡萄种植、葡萄酒酿造的主要力量。“胡人奢侈，厚于养生，家有蒲桃酒，或至千斛，经十年不败，士卒沦没酒藏者相继矣。”[2]可见葡萄酒在粟特人的日常生活中占据了很重要的地位。汉代的楼兰国，隋代时在此设鄯善镇，后因战乱废置，“贞观中，康国大首领康艳典东来，居此城，胡人随之，因成聚落，亦曰典合城”[3]。作为粟特首领的康艳典也在典合城附近建“蒲桃城”，并于城中种植大量葡萄，是酿造葡萄酒的主要来源。

吐鲁番出土文书《武周圣历元年（698）前官史玄政牒为四角官荡已役人夫及车牛事》记载了高昌西州四角陶所的圣历元年十月的夫役情况，夫役所劳动内容包括“抽枝，覆盖、踏浆”等，牛车则用于“运浆、运枝架料”等，可见当时高昌西州在采摘葡萄之后，还需要采用踏浆工艺，这正是酿造葡萄酒时的一个重要步骤。在出土的7—10世纪高昌回鹘文文书中，还出现了葡萄种植园在买卖过程中以葡萄酒作为抵押品的记录，由此可见葡萄酒已被运用于交易之中，具有实质性的交易价值。另外，葡萄酒也是官府税收的重要来源，通常以千斛为单位进行征收，可见当地葡萄酒产量之大。

盛唐时期，“唐十道中种葡萄的达九道，只有岭南道未见葡萄种植的记载。唐时葡萄种植已分布于我国的西域、西北、北方、关中、河朔、江南、西南、吐蕃，甚至淮南地

1 ［宋］欧阳修，宋祁：《新唐书》卷二百二十一《西域上》，中华书局，1975年，第6262页。
2 ［唐］房玄龄等：《晋书》，中华书局，1974年，第3055页。
3 唐耕耦，陆宏基：《敦煌社会经济文献真迹释录（一）》，书目文献出版社，1986年，第39页。

区，尤其是西域、河西、河东的太原地区以及长安、洛阳两京之地，在唐时已是葡萄的重要产地”[1]。中国北方地区已经有不少地方种植葡萄。河东是唐代葡萄酒的重要生产地。唐人孟诜认为河东地区适合种葡萄，“葡萄不问土地，但收之酿酒，皆得美好”[2]。河东所产葡萄被酿制成葡萄酒，这就吸引了众多爱好饮酒的诗家。《寄献北都留守裴令公》中的“羌管吹杨柳，燕姬酌蒲萄”一句，白居易就自注“葡萄酒出太原”[3]。刘禹锡的《蒲桃歌》也描述河东地区的葡萄酒：“有客汾阴至，临堂瞪双目。自言我晋人，种此如种玉。酿之成美酒，令人饮不足。”[4]其中最负盛名的，便是当地特产的乾和蒲萄。“酒则有郢州之富水，乌程之若下，荥阳之土窟春，富平之石冻春，剑南之烧春，河东之乾和蒲萄，岭南之灵溪，博罗、宜城之九酝，浔阳之湓水，京城之西市腔、虾蟆陵郎官清、阿婆清。”[5]河东地区的乾和葡萄酒赫然在列，是唐代全国的名酒之一。“（开成元年）十二月，勅河东每年进蒲萄酒，西川进春酒，并宜停。”[6]唐文宗的诏令说明，乾和葡萄酒也是河东地区的重要贡品。

洛阳种植葡萄、酿造葡萄酒的历史由来已久。洛阳在三国时期是魏国的首都，当时魏文帝曹丕极其喜爱葡萄，所以在洛阳当地大力推广葡萄种植，并以葡萄酒宴请群臣，以此提高葡萄酒的名气。在魏文帝的不断努力下，洛阳的葡萄种植自然迎来了大发展。而金陵与洛阳不同，金陵发展葡萄种植的原因主要是受地域限制。山西或洛阳的葡萄运到金陵代价极大，得不偿失。使得金陵的葡萄酒较之于洛阳和山西，更添加了一丝江南的细腻。

除此之外，其他地区也多有种植。《燕河南府秀才得生字》中就提到当时河南地区种有葡萄：“……柿红蒲萄紫，肴果相扶檠……”[7]李白的《将游衡岳，过汉阳双松亭，留别族弟浮屠谈皓》写道：“……忆我初来时，蒲萄开景风……”[8]可见，当时汉阳地区已经有葡萄种植。武元衡的《送寇侍御司马之明州》：“斗酒上河梁，惊魂去越乡。地穷沧海阔，云

1 陈习刚：《唐代葡萄种植分布》，载《湖北大学学报（哲学社会科学版）》2001年第1期第77-81页。
2 ［宋］李石：《续博物志》卷五，载《全宋笔记》第四一册，大象出版社，2019年，第49页。
3 ［清］彭定求，沈三曾，杨中讷等：《全唐诗》卷四百五十七《白居易·寄献北都留守裴令公》，中华书局，1960年，第5182页。
4 ［唐］刘禹锡：《刘禹锡集》卷二十七《乐府下》，中华书局，1990年，第354页。
5 ［唐］李肇：《唐国史补校注》卷下，中华书局，2021年，第295页。
6 ［宋］王钦若：《册府元龟》卷一六八《却贡献》，凤凰出版社，2006年，第1870页。
7 ［清］彭定求，沈三曾，杨中讷等：《全唐诗》卷四百五十七《韩愈·燕河南府秀才得生字》，中华书局，1960年，第3805页。
8 ［唐］李白：《李太白全集》卷十五《将游衡岳，过汉阳双松亭，留别族弟浮屠谈皓》，中华书局，1977年，第734页。

唐代慕容智墓出土银壶

入剡山长。莲唱蒲萄熟，人烟橘柚香。兰亭应驻楫，今古共风光。"[1]就足以见得，明州(今宁波)地区也已经有种植葡萄的记录。

三、葡萄酿酒技术的发展

传统的葡萄自然发酵酿酒法在唐代有了极大的发展，还出现了种类繁多的加曲葡萄酒，从西州引入了葡萄酒蒸馏术，冷热处理和降酸措施也都在唐代运用到了葡萄酒酿造当中[2]。

(一) 自然发酵酿酒法

葡萄皮中蕴含天然酵母菌，果肉、果汁富含的糖分为酵母菌创造了理想繁殖与发酵环境。而在酸性的条件下，其他有害菌群则得到了有效抑制。这种酿酒方法仅需将葡萄破碎，任其自然发酵。由于其酿造工序简单，这种自然发酵酿造法也是最为原始的葡萄酒酿造方法。

1 [清]彭定求，沈三曾，杨中讷等:《全唐诗》卷四百五十七《武元衡·送寇侍御司马之明州》，中华书局，1960年，第3555页。
2 陈习刚:《唐代葡萄酿酒术探析》，载《河南教育学院学报》(哲学社会科学版)2001年第4期第70-72页。

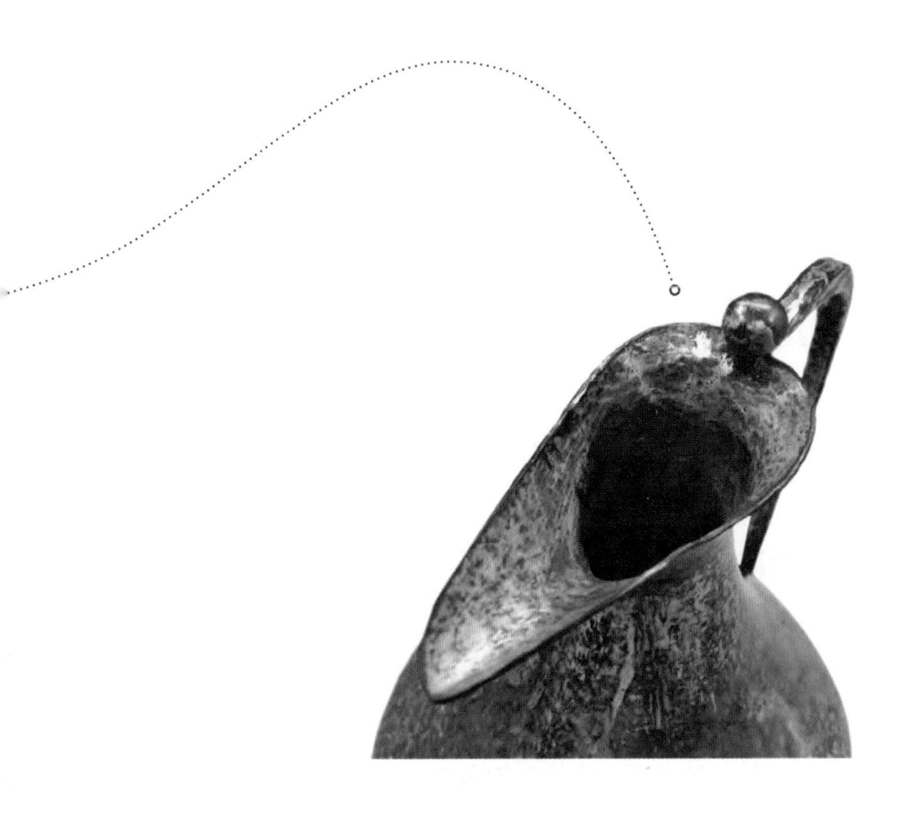

在酿造过程中，将葡萄破碎后的果皮、果肉与果汁一同进行混合发酵而成的葡萄酒为红葡萄酒。在葡萄破碎后及时分离出果皮、果肉，仅用葡萄汁发酵而成的酒则为白葡萄酒。阿斯塔那 518 号墓所出土的文书《唐神龙元年公廨应收浆帐》中，记录了西州公廨田葡萄园所收葡萄浆，这种用葡萄浆酿制的葡萄酒，便是分离发酵法。2019 年，甘肃武威慕容智墓中出土有目前国内发现最早的白葡萄酒。出土时银胡瓶内装着绿色的液体，瓶口还有封泥和木塞残渣。经实验室检测，该液体成分为白葡萄酒[1]。

由此可见，当时有一部分葡萄酒在酿造时，是利用葡萄自身的酵母菌完成糖化发酵过程。这种自然发酵的葡萄酒本质上是以压碎的新鲜葡萄汁作为原料，经过发酵产生的一种发酵类饮料。

（二）加曲酿酒术

《唐会要》中记载唐太宗获得高昌酒法之后，“自损益造酒”，在原来的酿制方法上进行增益之后，获得了八种不同品种的葡萄酒。只利用葡萄果皮中所含有的天然酵母进行酿

1 张伟等:《甘肃武威慕容智墓出土银壶制作工艺研究》，载《石窟与土遗址保护研究》2022 年第 4 期第 90-100 页。

造，并不好掌握其中的发酵程度。因此，在酿造过程中，唐太宗对酿造葡萄酒的技术进行了改良与创新，可能是在其中加入了酒曲，通过传统酿酒工艺中使用的酒曲促使葡萄酒发酵，从而得到与自然发酵出的葡萄酒口感不同的葡萄酒。葡萄浆经过蒸煮之后，达到杀菌的同时也杀死了可以自酿的酵母菌，应当是采取加热灭菌之后，再添加了曲发酵成酒[1]。我国酒曲制作历史悠久，曲种繁多，品质也不断提高。唐代出现了红曲，这种酒曲具有极强的糖化力和酒精发酵力。“竹叶连糟翠，葡萄带麴红”[2]中的“麴红”正是所添加的曲酿。

第二节 唐代酒政及酿酒体系

一、唐代的酒政

唐代基本延续了隋代官私酒业并存的酒政，其间虽曾屡次下令禁止酿酒、买酒和饮酒，但主要集中在战争频发、粮食供备不足、粮少谷贵或灾荒饥馑之时。

唐代的禁酒主要与粮食匮乏有关。李唐建国之初，一切百废待兴，政府正面临着土地大量荒芜、百姓流落的局面，关中地区人口稠密，粮食供应压力过大，而酿酒需要大量的粮食。武德二年（619），李渊颁布《禁屠酤诏》：“酒醪之用，表节制于欢娱；刍豢之滋，致甘旨于丰衍。然而沉湎之辈，绝业忘资；惰窳之民，骋嗜奔欲。方今烽燧尚警，兵革未宁，年谷不登，市肆腾踊。趣末者众，浮冗尚多。肴羞麴糵，重增其费。救弊之术，要在权宜。关内诸州官民，宜断屠酤。”[3]禁酒可以达到减少粮食消耗、防止饥荒的目的。随着政权稳定、粮食充裕，禁酒令也随之解除。

之后的禁酒令也大多由于饥荒天灾而临时颁布。唐高宗李治曾因“天下四十余州旱及霜虫，百姓饥乏，关中尤甚”，而在咸亨元年（670）“八月庚戌，以谷贵禁酒”[4]。唐玄宗在先天二年（713）发生旱灾饥荒严重时，也短暂禁酒。唐肃宗也曾于乾元元年（758）颁布《禁京城酤酒敕》：“为政之本，期於节用。今农功在务，廪食未优。如闻京城之中，

1 陈习刚：《唐代葡萄酿酒术探析》，载《河南教育学院学报》（哲学社会科学版）2001年第4期第70-72页。
2 [清]彭定求，沈三曾，杨中讷等：《全唐诗》卷三十七《王绩·过酒家五首》，中华书局，1960年，第484页。
3 [清]董诰等：《全唐文》卷一《高祖皇帝一》，中华书局，1983年，第24页。
4 [后晋]刘昫等：《旧唐书》卷五《高宗下》，中华书局，1975年，第95页。

酒价尤贵。但以麴蘖之费，有损国储，游惰之徒，益资废业。其京城内酤酒，即宜禁断，麦熟之后，任依常式。”[1]这种禁酒政策大都是为了应对灾害的临时性政策，适用范围也是限定在一定区域内。事实上，唐前期在酒政上管理十分宽松，这促使唐代酒肆酒楼等纷纷兴起，酿酒业也迅速发展起来。

“乾元元年，京师酒贵，肃宗以享食方屈，乃禁京城酩酒，期以麦熟如初。二年，饥，复禁酤，非光禄祭祀、燕蕃客，不御酒。”[2]连续两年发布禁酒令也可以看出，安史之乱时，社会经济已经遭到了严重破坏，在粮食丰收之前全面禁酒，丰收之后放宽政策的做法已经逐渐不再适用于此时的唐代。至唐代宗即位后，加之藩镇割据导致中央财政收入大幅减少。朝廷不得不考虑从各个方面增加财政收入，在酒政上，就是逐步加强对酒的控制，“天下州各量定酤酒户，随月纳税。除此外，不问官私一切禁断”[3]。自此之后，官私均可经营酒业的宽松政策被废止，无论官营还是私营一律被禁止。酒业经营有了条件限制，只有朝廷批准，才能酿酒进行贩卖，并且要定期向政府缴纳一定的税钱。大历六年（771）二月，朝廷对榷酒管理更加详尽，按照经营规模分为三等，所交纳的税额也不等，酒税折换成布绢等实物。这一时期的酒政就是借用租庸调的征收方式来增加政府的财政收入。这原本是政府一种暂时的敛财方式，“广德二年，定天下酤户以月收税。建中元年（780），罢之。三年（782），复禁民酤，以佐军费，置肆酿酒，斛收直三千，州县总领，醨薄私酿者论其罪。寻以京师四方所凑，罢榷。”[4]随着藩镇割据的加剧、吐蕃战争等原因，这种政策逐渐成了定制，并且明确了酒课的数额：“斛收直三千，米虽贱，不得减二千。委州县综领。醨薄私酿，罪有差。”[5]民间严禁私酿，即使是淡薄的酒水也会被定罪，这就使得民间酿酒行业受到了一定的影响。

到了唐代末期，政府曾在长安地区实行榷曲，即将酒曲这一酒的重要生产原料进行征榷。“朝廷旧制，止有榷酒，丧乱以来，遂行卖曲。本自度支营利，近年兼借两军，畿甸之人，皆言不便，所宜徇众，不废赡军。”[6]榷曲的酒政，是为了增加政府财政收入，以维持政

1 ［宋］欧阳修，宋祁：《新唐书》卷三《高宗》，中华书局，1975年，第68页。
2 ［宋］欧阳修，宋祁：《新唐书》卷五十四《食货志四》，中华书局，1975年，第1381页。
3 ［唐］杜佑：《通典》卷十一《食货十一》，中华书局，1984年，第246页。
4 ［宋］宋敏求：《唐大诏令集》卷一百十二《政事》，中华书局，2008年，第582页。
5 ［后晋］刘昫等：《旧唐书》卷四十九《食货下》，中华书局，1975年，第2130页。
6 ［宋］宋敏求：《唐大诏令集》卷五《改元下》，中华书局，2008年，第33页。

府正常运转，但此时朝廷已经式微，这种酒政触及京畿附近的藩镇的既得利益，榷曲实行不多时便被废止。“昭宗世，以用度不足易，京畿近镇曲法，复榷酒以赡军，凤翔节度使李茂贞方颛其利，按兵请入奏利害，天子遽罢之。”[1]

总体来说，唐代官府支持酒业经营，这也是酒文化在唐代繁荣的一个重要原因。

二、唐代的酿酒体系

随着葡萄在中原普遍种植以及葡萄酒受欢迎的程度越来越高，相应的产销体系也自然而然地完备起来。市场上几乎同时出现了三种供应渠道，分别是宫廷官酿、民营坊酿和家庭自酿。

（一）宫廷官酿

官酿中规格最高的自然是宫廷中酿出来的酒，在原材料、生产工艺、产品品质等方面更加考究，酿出来的葡萄酒在纯度和口感上都非市井酒坊可比。

唐代设光禄寺负责官方的膳食供酒，其中良酝署与酒有关，主要负责宫廷与官府用酒，掌祭祀宴享之酒醴供设。设“令二人，正八品下；丞二人，正九品下，掌供五齐，三酒。享太庙，则供郁鬯以实六彝。进御，则供春暴、秋清、酴醾、桑落之酒。有府三人，史六人，监事二人，掌酝二十人，酒匠十三人，奉觯一百二十人，掌固四人。”[2]良酝署根据四季节令提供相对应品类的酒，配备了充足的人员和经费，不仅有专职酒务官员，还有专门掌管酿酒、精于酿酒的酒匠以及负责青铜制酒器的人员。除了供给皇家祭祀之用外，还供给皇帝日常饮用或用于官廷宴饮。

唐代后期，也出现了“宣徽酒坊”这样由宫廷内酿酒作坊发展而来的官方酿酒机构。唐宪宗时，皇宫内府始设宣徽院，置南北院使，并以宦官任之，“掌总领内诸司及三班内侍之籍，郊祀、朝会、宴飨供帐之事，应内外进奉，悉检视其名物”[3]。其中便设有酒坊，

1 [宋] 欧阳修，宋祁:《新唐书》卷五十四《食货志四》，中华书局，1975 年，第 1381 页。
2 [宋] 欧阳修，宋祁:《新唐书》卷四十八《百官三》，中华书局，1975 年，第 1248 页。
3 [宋] 马端临:《文献通考》卷五十八《职官考十二》，中华书局，2011 年，第 1722 页。

专门负责供应官方酿酒[1]。陕西省西安出土的银酒注子和陕西耀州出土的宣徽酒盏，皆为宣徽酒坊出产的酒器。酒注上刻有铭文："宣徽酒坊，咸通十三年六月二十日别敕造七升地字号酒注壹枚重壹百两正，臣杨存实等造，监造蕃头品臣冯金泰，都知高品臣张景谦。使高品臣宋师贞。"铭文详细地说明了拥有者的名称、制造时间、监督官员姓名、工匠姓名、编号、容量等。根据酒注有铭文"地字号酒注"，酒盏铭文有"宇字号"来看，唐代宣徽酒坊的金银酒器是根据《千字文》"天地玄黄、宇宙洪荒"的顺序编排号码，显示出唐宣徽酒坊拥有金银酒器的数量相当可观[2]。

广德二年（764），政府开始严格把控酒的酿造和贩卖，民间酒坊被限制，官营酒坊在之后开始逐渐成为民众饮酒的重要来源。然而这些官营酒坊只注重其中的暴利，官酿的品质却并不尽如人意，"禁百姓造酒，官中自酤，交缘为奸，酒味薄恶"[3]。元稹也曾在诗中用"官醪半清浊，夷馔杂腥膻"[4]来形容这一时期的官酿酒味淡薄，酒水污浊且有沉淀物，品质不佳。白居易更是直接将官营酒水称作"浊水"："自惭到府来周岁，惠爱威棱一事无。唯是改张官酒法，渐从浊水作醍醐。"[5]

总的来说，唐代官酿在供给皇室、官宦的饮酒上可以成为佳品，但是在对于民间的经营上，远不如民间酿酒行业。

（二）民间酿酒

官方称民间经营的酒业为"酒户"，一般都能集酿造与售卖为一体，所酿之酒也被称为坊酿。

唐代酒风盛行，酒户在这样的风气下蓬勃发展，各类酒坊、酒馆如雨后春笋般拔地而起，葡萄酒的价格也变得越来越亲民。当时的民营酒坊在规模上多种多样，有专门零售批发的大小作坊，也有售卖与饭庄相结合，按照规模的大小划分的酒楼、旗亭、酒垆等。酒垆多见于乡村，如"三径何寂寂，主人山上山。亭空檐月在，水落钓矶闲。药院鸡犬静，

1 吕宗力：《中国历代官制大辞典》修订版，商务印书馆，2015 年，第 692 页。
2 朱捷元等：《西安西郊出土唐"宣徽酒坊"银酒注》，载《考古与文物》1982 年第 1 期第 51-53 页。
3 [宋] 王钦若：《册府元龟》卷五百四《邦计部》，凤凰出版社，2006 年，第 5727 页。
4 [清] 彭定求，沈三曾，杨中讷等：《全唐诗》卷四百六《元稹·酬窦校书二十韵》，中华书局，1960 年，第 4526 页。
5 [清] 彭定求，沈三曾，杨中讷等：《全唐诗》卷四百五十一《白居易·府酒五绝·变法》，中华书局，1960 年，第 5103 页。

酒垆苔藓班。知君少机事，当待暮云还"[1]中所言。酒垆的经营规模较小，大多主要摆放几张桌椅供顾客饮酒、休憩，顾客的消费能力并不高，但是许多时处陌生之地的诗人却对寻找当地酒垆情有独钟，如"梓潼不见马相如，更欲南行问酒垆。行到巴西觅谯秀，巴西惟是有寒芜"[2]中所述。旗亭属于中等规模，环境和布置比较简陋，主要是为顾客提供吃食、酒水，如"是时中贵人买酒于广化旗亭，忽相谓曰：'坐来香气何太异也？'同席曰：'岂非龙脑耶？'曰：'非也。余幼给事于嫔御宫，故常闻此，未知今日由何而致。'因顾问当垆者，遂云公主步辇夫以锦衣换酒于此也。中贵人共视之，益叹其异"[3]中所载。旗亭大多分布在交通要塞的地段，像亭子一样开阔的格局，坊酿的酒香特别容易吸引爱酒人士。为方便行人下马买酒，旗亭还设有拴马桩、棚子等。酒楼多见于较为繁华的城市中，经营规模较大，客流量也极大，唐代许多诗人都曾在酒楼饮酒设宴。

全国大小城市、乡村都不乏酿酒技艺极佳的酒户，有时家酿也会流入市场，因此市场竞争激烈，商户采取各种方式招揽生意。韦应物的《酒肆行》描述的就是一个大户人家在长安酿酒的场景，不仅用银题彩旗作为广告宣传，还用音乐与歌舞烘托气氛，虽然所酿之酒没有特别好的口感，但名声在外："豪家沽酒长安陌，一旦起楼高百尺。碧疏玲珑含春风，银题彩帜邀上客。回瞻丹凤阙，直视乐游苑。四方称赏名已高，五陵车马无近远。晴景悠扬三月天，桃花飘俎柳垂筵。繁丝急管一时合，他垆邻肆何寂然。主人无厌且专利，百斛须臾一壶费。初醲后薄为大偷，饮者知名不知味。深门潜酝客来稀，终岁醇醲味不移。长安酒徒空扰扰，路傍过去那得知。"[4]

"建中三年，初榷酒，天下悉令官酿，斛收直三千，米虽贱，不得减二千。委州县综领酸薄私酿，罪有差。"[5]这一政策自建中三年（782）之后，酒的生产经营完全为官府所控制。建中四年（783）至贞元二年（786），政府全面推行榷酒政策，这段时间对长安的民营酒业稍有影响，但由于榷酒施行的时间极短，长安城的坊酿似乎并没有受到太大的影

1 [清]彭定求，沈三曾，杨中讷等：《全唐诗》卷二百四十七《独孤及·与韩侍御同寻李七舍人不遇题壁留赠》，中华书局，1960年，第2775页。
2 [清]彭定求，沈三曾，杨中讷等：《全唐诗》卷五百三十九《李商隐·梓潼忘长卿山至巴西复怀谯秀》，中华书局，1960年，第6174页。
3 [唐]苏鄂：《杜阳杂编》卷下，中华书局，1958年，第60页。
4 [清]彭定求，沈三曾，杨中讷等：《全唐诗》卷二百四十七《韦应物·酒肆行》，中华书局，1960年，第1999页。
5 [后晋]刘昫等：《旧唐书》卷四十九《食货下》，中华书局，1975年，第2130页。

响。长安仍旧聚集了数量众多的酒肆，虽没有记载东西两市酒肆的具体数量，但日本僧人圆仁在《入唐求法巡礼行记》中记录了长安城内的一次火灾事故："会昌三年（843）六月廿七日夜三更，东市失火，烧东市曹门以西十二行，共四千余家。官私钱物、金银、绢、药等物焚烧一空。"[1] 一场火便烧了长安东市四千余家酒肆，由此便可看出，当时长安东西两市酒肆数量之多。主要是因为在推行榷酒时，政府就"以京师王者都，特免其榷"[2]，对长安城内的酒肆进行免榷政策。一方面，是"京辇之下，百役殷繁，且又万方会同，诸道朝奏，恤勤怀远，理合优容"[3]；另一方面，是由于长安城及其周边的许多酒肆为官员所开。

（三）家庭自酿

由于酿酒的工艺并不算难，许多家庭都掌握简单的酿酒技术，因此，在唐代前期无禁酒的情况下，家酿极为普遍。白居易曾在《赠皇甫六张十五李二十三宾客》中回顾了自己的经历："昨日三川新罢守，今年四皓尽分司。幸陪散秩闲居日，好是登山临水时。家未苦贫常酝酒，身虽衰病尚吟诗。龙门泉石香山月，早晚同游报一期。"[4] 家庭自酿一般用于自饮，大都是由谷物粮食发酵制作而成。

许多官宦或大户人家也常备家酿以招待来客。孟浩然的《裴司士员司户见寻》就描写了用家酿招待前来家中做客的同僚："府僚能枉驾，家酝复新开。落日池上酌，清风松下来。厨人具鸡黍，稚子摘杨梅。谁道山公醉，犹能骑马回。"[5] 岑参在与朋友离别时，用朋友款待他的浓厚家酿来暗示二人之间深厚的情谊："百尺红亭对万峰，平明相送到斋钟。骢马劝君皆卸却，使君家酝旧来浓。"[6] 白居易的《池上闲吟二首》就表示只要有自家酿造的美酒，就不愁有来客时无从招待："高卧闲行自在身，池边六见柳条新。幸逢尧舜无为日，得作羲皇向上人。四皓再除犹且健，三州罢守未全贫。莫愁客到无供给，家酝香浓野菜春。非庄非宅非兰若，竹树池亭十亩馀。非道非僧非俗吏，褐裘乌帽闭门居。梦游信意

1 [日]圆仁：《入唐求法巡礼行记校注》卷四《会昌三年》，中华书局，2019年，第414页。
2 [后晋]刘昫等：《旧唐书》卷四十九《食货下》，中华书局，1975年，第2130页。
3 [清]董诰等：《全唐文》卷四百六十七《陆贽八》，中华书局，1983年，第4775页。
4 [清]彭定求，沈三曾，杨中讷等：《全唐诗》卷四百五十一《白居易·赠皇甫六张十五李二十三宾客》，中华书局，1960年，第5137页。
5 [清]彭定求，沈三曾，杨中讷等：《全唐诗》卷一百六十《孟浩然·裴司士员司户见寻》，中华书局，1960年，第1651页。
6 [清]彭定求，沈三曾，杨中讷等：《全唐诗》卷二百一《岑参·虢州西山亭子送范端公（得浓字）》，中华书局，1960年，第2105页。

宁殊蝶，心乐身闲便是鱼。虽未定知生与死，其间胜负两何如。”[1] 姚合在《晦日宴刘值录事宅》一诗中，用“花落莺飞深院静，满堂宾客尽诗人。城中杯酒家家有，唯是君家酒送春”[2] 来赞美刘值的家酿。

家酿在制作过程中虽然不像官酿、坊酿追求品质，但在用料上不存在偷工减料的情况，因此酿出的酒品质也十分高。李德裕以《忆村中老人春酒》赞扬刘姓、杨姓两位老者所酿的醇美佳酿：“二叟茅茨下，清晨饮浊醪。雨残红芍药，风落紫樱桃。巢燕衔泥疾，檐虫挂网高。闲思春谷事，转觉宦途劳。”[3] 韩翃也在《张山人草堂会王方士》中直言：“屿花晚，山日长，蕙带麻襦食草堂。一片水光飞入户，千竿竹影乱登墙。园梅熟，家酝香。新湿头巾不复篸，相看醉倒卧藜床。”[4] 可见家酿的酒香四溢，品质极佳。李白这样品酒无数的人，还会悼念一位擅长酿酒的老叟，对其所酿的“老春”念念不忘：“纪叟黄泉里，还应酿老春。夜台无晓日，沽酒与何人。”[5] 在游览谢氏山亭时，赞美一位田氏人家的家酿美味曰：“田家有美酒，落日与之倾。醉罢弄归月，遥欣稚子迎。”[6] 刘禹锡也用“卷尽轻云月更明，金篦不用且闲行。若倾家酿招来客，何必池塘春草生”[7] 这样的诗句表达对美酒的欣赏。

广德二年之后，政府开始对民间酿酒进行限制，但对家庭自酿并没有严格限制，主要是由于家酿大都不用于酤卖，只用于自饮，酿酒的规模也极小，并未影响朝廷的榷税收入。

第三节　葡萄酒的流行与唐代诗酒文化

一、统治者对葡萄酒的喜爱与支持

唐代不乏善饮的统治者。唐灭高昌，唐太宗采用西域酿酒法在长安酿制葡萄酒，酿成

1 [清]彭定求，沈三曾，杨中讷等：《全唐诗》卷四百五十四《白居易·池上闲吟二首》，中华书局，1960年，第5143页。
2 [清]彭定求，沈三曾，杨中讷等：《全唐诗》卷五百《姚合·晦日宴刘值禄事宅》，中华书局，1960年，第5688页。
3 [清]彭定求，沈三曾，杨中讷等：《全唐诗》卷四百七十五《李德裕·忆村中老人春酒》，中华书局，1960年，第5403页。
4 [清]彭定求，沈三曾，杨中讷等：《全唐诗》卷二百四十三《韩翃·张山人草堂会王方士》，中华书局，1960年，第2730页。
5 [清]彭定求，沈三曾，杨中讷等：《全唐诗》卷一百八十四《李白·哭宣城善酿纪叟》，中华书局，1960年，第1886-1887页。
6 [清]彭定求，沈三曾，杨中讷等：《全唐诗》卷一百八十四《李白·游谢氏山亭》，中华书局，1960年，第1827页。
7 [清]彭定求，沈三曾，杨中讷等：《全唐诗》卷三百六十五《刘禹锡·裴侍郎大尹雪中遗酒一壶兼示喜眼疾平一绝有闲行把酒之句斐然仰酬》，中华书局，1960年，第4126页。

的葡萄酒有八种成色，芳香甘醇。唐太宗还与群臣共饮，自此之后，“京师始知其味”。在统治者的带动下，葡萄酒逐渐从宫廷走向民间，酿造和饮用葡萄酒的现象在老百姓当中悄然兴盛起来。在短短数十年内，葡萄酒就迅速风靡全国，成为各种酒筵当中的重要饮品。

武则天热爱饮酒，《早春夜宴》中满是肆意纵酒的豪气之感：“九春开上节，千门敞夜扉。兰灯吐新焰，桂魄朗圆辉。送酒惟须满，流杯不用稀。务使霞浆兴，方乘泛洛归。”[1]她的《游九龙潭》更是对葡萄酒给予了高度的赞美：“山窗游玉女，涧户对琼峰。岩顶翔双凤，潭心倒九龙。酒中浮竹叶，杯上写芙蓉。故验家山赏，惟有风入松。”[2]

李隆基与杨贵妃也钟爱葡萄酒。《太平广记》有云：“开元中，禁中初重木芍药，即今牡丹也……上命梨园弟子，约略调抚丝竹，遂促龟年以歌。太真妃持玻璃七宝盏，酌西凉州葡萄酒，笑领歌意甚厚。上因调玉笛以倚曲，每曲遍将换，则迟其声以媚之。太真饮罢，敛绣巾重拜上。龟年常语于五王，独忆以歌得自胜者，无出于此，抑亦一时之极致耳。”[3]

唐穆宗李恒也是葡萄酒的忠实爱好者。五代末北宋初学者陶谷所著《清异录》载：“穆宗临芳殿赏樱桃，进西凉州蒲萄酒，帝曰：‘饮此顿觉四体融和，真太平君子也。’”[4]

皇帝不但喜爱自饮，还常常赐酺。国家有喜庆之事，如新帝登基、大赦天下、军事告捷等，皇帝特赐臣民聚会饮酒称“酺”，以体现皇帝身份的尊崇，是表现皇帝与民同乐、布施怀恩的一种手段。“尧舜传天下，同心致太平。吾君内举圣，远合至公情。锡命承丕业，崇亲享大名。二天资广运，两曜益齐明。道畅昆虫乐，恩深朽蠹荣。皇舆久西幸，留镇在东京。合宴千官入，分曹百戏呈。乐来嫌景遽，酒著讶寒轻。喜气连云阁，欢呼动洛城。人间知几代，今日见河清。”[5]中所描述的就是帝王赐酺的场景。张九龄的《奉和圣制登封礼毕洛城酺宴》除了描述赐酺场景之外，还详细描绘了酒宴上的韶乐和舞蹈：“大君毕能事，端扆乐成功。运与千龄合，欢将万国同。汉酺歌圣酒，韶乐舞薰风。河洛荣光遍，云

1 [清]彭定求，沈三曾，杨中讷等：《全唐诗》卷五《则天皇后·早春夜宴》，中华书局，1960年，第57页。
2 [清]彭定求，沈三曾，杨中讷等：《全唐诗》卷五《则天皇后·游九龙潭》，中华书局，1960年，第57页。
3 [宋]李昉等：《太平广记》卷二百零四《李龟年》，中华书局，1961年，第1550页。
4 [宋]陶毂：《清异录》卷下，上海古籍出版社，2012年，第95页。
5 [清]彭定求，沈三曾，杨中讷等：《全唐诗》卷八十八《张说·东都酺宴》，中华书局，1960年，第969页。

烟喜气通。春华顿觉早，天泽倍知崇。草木皆沾被，犹言不在躬。"[1] 最初的赐酺只是一到三日，随着大唐国力的逐渐增强，最长可延至十日之久。这种情况下，对酒的需求极大，更不用说是统治者推崇备至的葡萄酒了。

在皇帝的带动下，葡萄酒在官宦及大户人家也逐渐开始风靡。魏徵擅长酿制葡萄酒，有酒名为"醽渌翠涛"，历经十年依然醇香如初，"公此酒本学酿于西羌人，岂非得大宛之法，司马迁所谓富人藏万石葡萄酒，数十岁不败者乎"[2]。太宗称魏徵所酿造的"醽渌翠涛"胜于御酒"兰生""玉薤"，对其大加赞赏。官员之间也是相互影响，一同共饮。"常，元载不饮，群僚百种强之；辞以鼻闻酒气已醉。其中一人，谓可用术治之，即取针挑元载鼻尖，出一青虫如小蛇，曰：'此酒魔也。闻酒即畏之，去此何患！'元载是日，已饮一斗，五日倍是。"[3] 从鼻尖挑出"酒魔"这种奇异之事的背后，可以看到元载是在同僚的影响之下开始嗜酒。杜甫以同一时期的八位豪饮者为主题，作出富有特色的"肖像诗"："知章骑马似乘船，眼花落井水中眠。汝阳三斗始朝天，道逢麹车口流涎，恨不移封向酒泉。左相日兴费万钱，饮如长鲸吸百川，衔杯乐圣称世贤。宗之潇洒美少年，举觞白眼望青天，皎如玉树临风前。苏晋长斋绣佛前，醉中往往爱逃禅。李白一斗诗百篇，长安市上酒家眠。天子呼来不上船，自称臣是酒中仙。张旭三杯草圣传，脱帽露顶王公前，挥毫落纸如云烟。焦遂五斗方卓然，高谈阔论惊四筵。"[4] 其中不乏左相李适之、汝阳王李琎、崔宗之、苏晋这样身居高位的官宦。比如，汝阳王李琎府上有着完备的酿酒体系，作《甘露经》，除记录了自家独特的酿酒之法外，还收录了其他酒类的配方与酿造技术。

二、诗酒文化中的葡萄与葡萄酒

葡萄酒不仅在唐代繁衍壮大形成规模，还成为唐代诗人的灵感来源。以唐诗为载体，葡萄酒逐渐融入了我国传统文化。

1 [清]彭定求，沈三曾，杨中讷等：《全唐诗》卷四百五十七《张九龄·奉和圣制登封礼毕洛城酺宴》，中华书局，1960年，第596页。
2 [唐]柳宗元：《柳宗元集校注》第十册《龙城录卷下》，中华书局，2013年，第3439页。
3 [唐]冯贽：《云仙散录》，中华书局，2008年，第173页。
4 [清]彭定求，沈三曾，杨中讷等：《全唐诗》卷二百一十六《杜甫·饮中八仙歌》，中华书局，1960年，第2259-2260页。

（一）作为西域与长安代称

《史记 · 大宛列传》记载："宛左右以蒲陶为酒，富人藏酒至万余石，久者数十岁不败。俗嗜酒，马嗜苜蓿。汉使取其实来，于是天子始种苜蓿、蒲陶肥饶地。及天马多，外国使来众，则离宫别苑观旁尽种蒲陶、苜蓿极望。"[1] 汉武帝经营西域之后，获得了苜蓿、天马、葡萄等西域物种，几百年之后，唐的版图扩展至高昌，并在此推行州县行政管理。与之类似的是，唐太宗从高昌引种葡萄，并引进了西域酿酒术。这一行为被唐代的文人与征服西域进行了关联，因此在一些唐诗中，葡萄、葡萄酒就成为西域的一种代称符号。

王维《送刘司直赴安西》一诗中曰："苜蓿随天马，蒲桃逐汉臣。"[2] 作者借"蒲桃"将历史与现实结合，以想象代实景来描绘西域风光。李颀在《古从军行》中借"蒲桃入汉家"[3] 来讽刺汉朝皇帝好大喜功。另外，在李白的《宫中行乐词八首》其三和鲍防的《杂感》中，"蒲萄出汉宫"[4]"胡人岁献葡萄酒"[5] 都是表达龙恩抚远、万方朝贡之意。这些诗歌虽然主题不尽相同，但都引用了《史记 · 大宛列传》的典故，将葡萄与葡萄酒作为西域的象征符号。

与作为西域的象征符号相对应，在一部分诗歌中，也会将长安中葡萄相关地名与长安城联系在一起，更有甚者在颂诗赞扬之时直接将葡萄宫与唐皇宫相关联。如崔颢《渭城少年行》中的"棠梨宫中燕初至，葡萄馆里花正开"[6]，李颀《送康洽入京进乐府歌》中的"长安春物旧相宜，小苑蒲萄花满枝"[7]，皎然《送梁拾遗肃归朝》中的"天开芙蓉阙，日上蒲桃宫"[8]，沈佺期《奉和春日幸望春宫应制》中的"杨柳千条花欲绽，蒲萄百丈蔓初萦"[9]，李白《送族弟绾从军安西》中的"匈奴系颈数应尽，明年应入蒲萄宫"[10]，杜甫《洗兵马》中的"京师皆骑汗血马，回纥餧肉葡萄宫"[11] 等，这些诗中的"葡萄馆""小苑蒲萄""蒲桃宫""离宫蒲

1 [西汉] 司马迁:《史记》卷一百二十三《大宛列传》，2 版，中华书局，1982 年，第 3173 页。
2 [清] 彭定求，沈三曾，杨中讷等:《全唐诗》卷一百二十六《王维 · 送刘司直赴安西》，中华书局，1960 年，第 1272 页。
3 [清] 彭定求，沈三曾，杨中讷等:《全唐诗》卷一百三十三《李颀 · 古从军行》，中华书局，1960 年，第 1348 页。
4 [清] 彭定求，沈三曾，杨中讷等:《全唐诗》卷一百六十四《李白 · 宫中行乐词八首》，中华书局，1960 年，第 1702 页。
5 [清] 彭定求，沈三曾，杨中讷等:《全唐诗》卷三百七《鲍防 · 杂感》，中华书局，1960 年，第 3485 页。
6 [清] 彭定求，沈三曾，杨中讷等:《全唐诗》卷一百三十《崔颢 · 渭城少年行》，中华书局，1960 年，第 1324 页。
7 [清] 彭定求，沈三曾，杨中讷等:《全唐诗》卷一百三十三《李颀 · 送康洽入京进乐府歌》，中华书局，1960 年，第 1351 页。
8 [清] 彭定求，沈三曾，杨中讷等:《全唐诗》卷八百十八《皎然 · 送梁拾遗肃归朝》，中华书局，1960 年，第 9213 页。
9 [清] 彭定求，沈三曾，杨中讷等:《全唐诗》卷九十六《沈佺期 · 奉和春日幸望春宫应制》，中华书局，1960 年，第 1041 页。
10 [清] 彭定求，沈三曾，杨中讷等:《全唐诗》卷一百七十六《李白 · 送族弟绾从军安西》，中华书局，1960 年，第 1799 页。
11 [清] 彭定求，沈三曾，杨中讷等:《全唐诗》卷二百十七《杜甫 · 洗兵马》，中华书局，1960 年，第 2278-2279 页。

萄”“蒲萄宫”“葡萄宫”，都是将葡萄相关的地名作为长安的象征性符号出现，从中可见唐太宗将高昌葡萄引入长安后，其在长安种植情况的普遍。

（二）作为特殊情感寄托

唐代诗酒文化进入了一个繁盛时期。政治环境的稳定、经济发展的繁荣、社会风气的开放，促使民间饮酒之风盛行，纵酒赋诗成为唐代诗人社会生活中的普遍现象，酒赋、酒歌、酒诗的大量出现都是唐代诗酒文化繁荣丰盛的表现。作为唐代的盛行酒之一，葡萄酒也成为唐代诗人的灵感来源，涌现出大量描写葡萄、葡萄酒、葡萄酒具的诗歌。

刘禹锡的《蒲桃歌》以葡萄作为描写对象，细致地描绘了葡萄的生长过程和丰收后的景象，最后以葡萄酿酒作为结尾："野田生葡萄，缠绕一枝高。移来碧墀下，张王日日高。分岐浩繁缛，脩蔓蟠诘曲。扬翘向庭柯，意思如有属。为之立长檠，布濩当轩绿。米液溉其根，理疏看渗漉。繁葩组绶结，悬实珠玑蹙。马乳带轻霜，龙鳞曜初旭。有客汾阴至，临堂瞪双目。自言我晋人，种此如种玉。酿之成美酒，令人饮不足。为君持一斗，往取凉州牧。"[1]

在众多描写葡萄酒的诗句中，最耳熟能详的莫过于："葡萄美酒夜光杯，欲饮琵琶马上催，醉卧沙场君莫笑，古来征战几人回？"[2]边塞出征前盛大华贵的酒筵以及战士们痛快豪饮的，正是葡萄酒。而在岑参的《与独孤渐道别长句兼呈严八侍御》中，作者写道："中酒朝眠日色高，弹棋夜半灯花落。冰片高堆金错盘，满堂凛凛五月寒。桂林蒲萄新吐蔓，武城刺蜜未可餐。军中置酒夜挝鼓，锦筵红烛月未午。花门将军善胡歌，叶河蕃王能汉语。"[3]或许大战初歇，此时的军营红烛高燃、觥筹交错，大家畅饮着果味浓郁的葡萄酒，有将军唱起了胡歌，有蕃王说着亲切的汉语，尽情享受着战隙的珍贵时光。李白也有许多与葡萄酒有关的诗歌，例如，《对酒》描绘的就是少年冶游的情景，李白初下江南时候的生活中就有葡萄酒相伴，"蒲萄酒，金叵罗，吴姬十五细马驮。青黛画眉红锦靴，道字不正娇唱歌。玳瑁筵中怀里醉，芙蓉帐底奈君何"[4]。《襄阳歌》中，李白写道："……鸬鹚杓，鹦鹉杯。百

1 [唐]刘禹锡：《刘禹锡集》卷二十七《乐府下》，中华书局，1990年，第354页。
2 [清]彭定求，沈三曾，杨中讷等：《全唐诗》卷一百五十六《王翰·凉州词》，中华书局，1960年，第1605页。
3 [清]彭定求，沈三曾，杨中讷等：《全唐诗》卷一百九十九《岑参·与独孤渐道别长句兼呈严八侍御》，中华书局，1960年，第2053-2054页。
4 [清]彭定求，沈三曾，杨中讷等：《全唐诗》卷一百八十二《李白·对酒》，中华书局，1960年，第1857页。

年三万六千日，一日须倾三百杯。遥看汉水鸭头绿，恰似葡萄初酦醅。此江若变作春酒，垒曲便筑糟丘台。"[1] 在李白沉浸于醉酒的诗意中，俯瞰襄阳城外的壮丽汉江，其波光粼粼犹如新酿葡萄酒般迷人。在他的遐想里，若使汉江化为琼浆玉液，那么所需要的酿酒曲料足以堆砌成一座宏大的糟丘台。可见当时在酿制葡萄酒时，已经在用传统酿酒之法。王绩嗜酒，有"斗酒学士""酒家南董"的雅称，称求官就是"良酝可恋"。王绩因酒被罢免，也因作酒诗而闻名于世。《题酒店楼壁绝句八首》其二正是王绩在酒家饮酒之后，信笔而作："竹叶连糟翠，蒲萄带麴红。相逢不令尽，别后为谁空。"这首诗中所描述的"蒲萄带麴红"，就是将传统酿酒工艺中使用的酒曲"麴红"加入葡萄浆中，而王绩身处隋末唐初，可见当时已经在酿制葡萄酒时使用传统酿酒工艺了[2]。乔知之的《倡女行》用葡萄酒来表达美好的事物："石榴酒，葡萄浆。兰桂芳，茱萸香。愿君驻金鞍，暂此共年芳。愿君解罗襦，一醉同匡床。文君正新寡，结念在歌倡。昨宵绮帐迎韩寿，今朝罗袖引潘郎。莫吹羌笛惊邻里，不用琵琶喧洞房。且歌新夜曲，莫弄楚明光。此曲怨且艳，哀音断人肠。"[3]《春游曲》描绘了春游的场景，刘复与亲朋好友在春风中所饮之酒，便是葡萄酒："春风戏狭斜，相见莫愁家。细酌蒲桃酒，娇歌玉树花。裁衫催白纻，迎客走朱车。不觉重城暮，争栖柳上鸦。"[4]

中晚唐时期，诗人们历经安史之乱、藩镇割据的创痛，葡萄酒所表达的意境与初唐时期有所差异。元稹的《西凉伎》就是在这种背景下而作："吾闻昔日西凉州，人烟扑地桑柘稠。蒲萄酒熟恣行乐，红艳青旗朱粉楼。楼下当垆称卓女，楼头伴客名莫愁。乡人不识离别苦，更卒多为沉滞游。"[5] 唐代鼎盛时，凉州虽处边地，但人烟稠密，六业兴旺，极为繁华，其中的"蒲萄酒"等都是凉州沦陷之前繁荣景象的呈现。而如今河湟一带人烟稀少，甚至长安附近也一片萧索荒凉。见证了盛唐万国来朝之辉煌的诗人们，对现实不满，需要寻找某种精神慰藉抒发对盛唐的追忆。于是葡萄酒，作为盛唐符号的象征，出现在了中晚唐诗人的诗句中。譬如刘言史在《王中丞宅夜观舞胡腾》一诗中曰："……手中抛下蒲萄盏，西顾忽思乡路远。跳身转毂宝带鸣，弄脚缤纷锦靴软。四座无言皆瞪目，横笛琵琶遍

1 [清] 彭定求，沈三曾，杨中讷等:《全唐诗》卷一百八十二《李白·襄阳酒》，中华书局，1960 年，第 1715 页。
2 [清] 彭定求，沈三曾，杨中讷等:《全唐诗》卷三十七《王绩·过酒家五首》，中华书局，1960 年，第 484 页。
3 [清] 彭定求，沈三曾，杨中讷等:《全唐诗》卷八十一《乔知之·倡女行》，中华书局，1960 年，第 876 页。
4 [清] 彭定求，沈三曾，杨中讷等:《全唐诗》卷三百五《刘复·春游曲》，中华书局，1960 年，第 3469 页。
5 [清] 彭定求，沈三曾，杨中讷等:《全唐诗》卷四百十九《元稹·西凉伎》，中华书局，1960 年，第 4616 页。

唐代独孤思贞墓室出土的铜镜

头促。……”[1] 文人们将葡萄酒作为特殊情感的寄托，说明这种外来之物的异域风格已经褪去，融入了中原地区人民的文化生活中。

三、进入审美视野的葡萄与葡萄酒

葡萄果实茂密，因此被赋予“多子”“富贵”等美好寓意。敦煌隋代第 407 窟佛背光中画有葡萄卷藤纹，初唐洞窟中则出现了缠枝葡萄纹。葡萄纹有两种，一种是写实形，葡萄颗粒累累；另一种是写意形，例如“品”字形，是一片三弧小叶，多重叠垒，叶片上层层小弧线，恰如串串葡萄颗粒。在应用中，两种葡萄纹或单用一种，或两种相间。纹样组构，缠枝起着骨架作用，没有缠枝纹样就难以成立。葡萄纹样除作为边饰外，也用作窟顶藻井的主纹饰。隋代画师博采众长，无论是中原传统纹样还是新传入的外来纹样，都被融入了敦煌壁画的装饰图案。在隋代题材丰富的藻井图案中，尤其是葡萄藤纹，与诸如三兔莲荷纹、

1 ［清］彭定求，沈三曾，杨中讷等:《全唐诗》卷四百六十八《刘言史・王中丞宅夜观舞胡腾》，中华书局，1960 年，第 5324 页。

联珠纹以及独特的菱格狮凤纹等元素，在石窟图案中独树一帜。初唐时期，石窟装饰内容更加丰富多彩，新颖独特，其中最具特色的藻井纹样尤为引人瞩目。主要可以分为葡萄石榴纹藻井、石榴莲花纹藻井以及莲花纹藻井三种，尽管这类装饰的数量相对有限，但却鲜明地体现了唐代早期艺术风格的精髓和创新力，堪称初唐石窟装饰图案的代表作。

由于对葡萄的喜爱，葡萄纹也逐渐成为唐代女子日常梳妆铜镜中的常见纹饰。海兽葡萄纹铜镜是唐代铜镜的典型，铜镜中葡萄枝蔓盘绕、藤叶茂盛、果实累累，与海马或海豹等海兽、孔雀、翼马及其他珍禽异兽进行组合。日本奈良高松冢古坟出土的“海兽葡萄镜”，由唐代宫廷铸造于万岁通天二年（697），与陕西省西安市东郊洪庆村南地出土的唐代独孤思贞墓出土的“海兽葡萄镜”为“同范镜”[1]。铜镜的钮饰设计独特，呈伏兽状，而内区的纹饰更是精细，装饰有六个生动的兽纹，周围还巧妙地融入了丰富的葡萄及其藤蔓作为装饰。外区的花纹由许多兽、鸟、蝶及葡萄纹样组成[2]。

葡萄酒的影响之深不仅体现在喝酒层面，对于人们的日常审美也有着不同程度的影响，比如唐时流行“酒晕妆”。因为酒精度数不高，且入口甘甜，所以葡萄酒受到许多唐代女子的推崇，喝完葡萄酒后的女性双侧脸颊微红，如同涂了一抹胭脂红一样。就这样，随着女性对于葡萄酒的喜爱，这种酒后微醺的红色渐渐变成了女性平常用来化妆的妆容。

壁画里出现大量多彩葡萄纹装饰，乃至日常生活中“海兽葡萄铜镜”“酒晕妆”的流行，都说明葡萄酒文化逐渐融入人们的审美情趣和精神生活中。这也从侧面看出葡萄酒对唐代影响之深，葡萄酒也成为大唐盛世辉煌文明的一个重要表达符号。

1 王仲殊：《古代的日中关系——从志贺岛的金印到高松塚的海兽葡萄镜》，载《考古》1989 年第 5 期第 463-471 页、429 页。
2 中国社会科学院考古研究所：《唐长安城郊隋唐墓》，文物出版社，1980 年，第 87 页。

第四章
宋元葡萄酒商业与艺术文化的兴盛

宋元时期葡萄种植地域和葡萄酒产地在前代基础上都有所扩展，北方仍是葡萄和葡萄酒的重要产地，江南地区的葡萄种植和葡萄酒酿造得到长足发展。作为北方常见的一种酒类，葡萄酒对宋元时期经济、社会、文化等影响范围明显扩大，不仅是较为重要的宴请、赠送和上贡物品，也成为一种重要的商品进入市井百姓家；既是文人墨客笔下诗词歌赋的重要素材，也是绘画艺术、名贵陶瓷中的重要纹样。从葡萄种植和酿造产地、技术及其在社会经济文化中的地位来看，宋元时期是中国葡萄酒业发展的兴盛时期。

第一节　葡萄栽培技术发展和葡萄酒产地扩展

一、宋代葡萄种植的推广

《太平御览》中记载“李广利为二师将军，破大宛，得蒲萄种归汉”“蒲萄有黄、白、黑三种”等[1]。随后，葡萄开始在中原地区广泛种植。宋代时，山西、河南、河北、山东等地逐渐成为重要的葡萄种植区。

河东地区[2]在唐代就已有葡萄种植，宋代已成为葡萄种植的重要区域之一。曹勋的《山居杂诗九十首其一》[3]中，“蒲桃天下冠，太原与全邠”这两句是在称赞葡萄的品质在水果中是天下最好的，太原与全邠两地都有种植。“邠故近西凉，种植纷士民”这两句描述了邠州因为靠近西凉，所以有很多百姓种植葡萄。宋代河东地区还形成了一些专业栽种葡萄的村落，当地的农民逐渐熟悉了葡萄生长的规律，积累了多年的葡萄栽培经验，总结了葡萄栽培的技术，还将技术传授给周边地区的果农。这些专业的葡萄种植村落和果农的出现，推动了宋代葡萄种植范围的扩展，也为后世葡萄栽培技术的发展奠定了基础。

1 [宋]李昉，李穆，徐铉等:《太平御览》卷九《果部》，中华书局，2000 年，第 972 页。
2 在古代，河东指山西西南部，位于秦晋大峡谷中黄河段乾坤湾，壶口瀑布及禹门口（古龙门）至鹳雀楼以东的地区。
3 北大古文献研究所:《全宋诗》卷十二，北京大学出版社，1998 年。

河南在宋代是一个文化和农业发达的地区。由于其地理位置处于中原腹地，气候和土壤条件适合葡萄生长，洛阳、开封、许昌等地附近的农民积极种植葡萄，并积累了丰富的种植经验。河南的葡萄品种主要以紫葡萄和绿葡萄为主，其中紫葡萄最为常见。

古代河北地区的葡萄种植主要集中在保定、石家庄、唐山等城市附近。古代山东在现今的济南、青岛、烟台等地也栽培了水晶葡萄、马乳葡萄、玛瑙葡萄等不同品种，不仅丰富了当时的饮食文化，也为山东地区的农业经济发展作出了贡献。

相对于中原地区，虽然南方种植葡萄的时间较晚，但在种植面积和品种上也有其特点和贡献。第一，江南地区的农业技术和设备在宋代得到了极大的发展，尤其是水利灌溉系统逐渐完善，为葡萄种植提供了良好的基础条件。第二，江南地区的葡萄品种丰富多样。在引进中原品种的同时，也开始培育和推广适合本地生长的葡萄品种，为后世的葡萄品种改良奠定了良好的基础。第三，江南地区的葡萄种植技术也得到了不断提升。

宋代不仅葡萄种植区域得到了明显的扩大，宋人还认识到了要根据葡萄的生长习性，选择适宜的土壤环境。例如，北宋文学家宋祁在其《景文集・右史院蒲桃赋有序》中写道："与平原槁壤有间，匪灌丛宿莽所干，而条悴叶芸"，"得非地以所宜为安，根以屡徙为危。封殖浸灌，信美非愿"，"胡不放之岩际，归之垅阴"。可见，宋祁认为不适宜的土壤条件和栽培方法，不利于葡萄的生长。另外，宋代的农民们通过不断实践和学习，总结了葡萄生长的规律和栽培技术，他们注重土地的改良和肥力的提高，采用了轮作、间作等种植方式，提高了土地的利用率和葡萄的产量。同时，农民们还注重对葡萄病虫害的防治，采取了多种方法来保护葡萄的生长。

二、宋代葡萄酒产地的扩展

河东地区葡萄酿酒历史悠久，是宋代北方的葡萄酒主产地。这里的酿酒技术不断提高，逐渐形成了独具特色和质量优秀的葡萄酒，有些甚至成为朝廷贡品。河东地区的地理位置也为其成为葡萄酒主产地提供了便利的条件，它位于山西高原的东部，交通发达，便于运输葡萄酒到各地。同时，河东地区还是中原地区的重要商业中心之一，各地商人前来品尝和购买葡萄酒，也为其葡萄酒销售开辟了渠道。

过去中原人品评葡萄酒，会垂意凉州所酿。到了北宋之初，西夏崛起，隔断关陇通道，凉州与中原失之交臂，于是，内地人士开始崇尚自己酝酿的葡萄酒。刘敞在《蒲萄》一诗中这样表述："蒲萄本自凉州域，汉使移根植中国。凉州路绝无遗民，蒲萄更为中国珍。九月肃霜初熟时，宝珰碌碌珠累累。冻如玉醴甘如饴，江南萍实聊等夷。汉时曾用酒一斛，便能用得凉州牧。汉薄凉州绝可怪，今看凉州若天外。"[1] 方岳在《记客语》中也有类似的诉说："蒲萄斗酒自堪醉，何用苦博西凉州？使我堆钱一百屋，醉倒春风更掉头。"[2] 尽管凉州远隔，酒香难觅，但内地葡萄酒产量的增加，有效地弥补了这一缺憾。宋人也常高歌葡萄酒，李新在《分蒲萄遗苏必强》中曰："珠酿旧琼液，烟匀秋露溥。初分马乳碧，聊别水晶寒。"[3] 黄庭坚的《景珍太博见示旧倡和蒲萄诗因而次韵》中曰："宫女拣枝模锦绣，论师持味比醍醐。欲收百斛供春酿，放出声名压酪奴。"[4] 洪适在《杂咏下蒲萄》一诗中也称赞葡萄和葡萄酒道："虺蔓奋长须，累累明月珠。休传酿酒法，万一误分符。"[5] 而郭祥正在《醉歌行》中用"不如且买葡萄醅，携壶挈榼闲往来。日月大醉春风台，何用感慨生悲哀。"给葡萄酒贴上了豪放的标签，这表明，在宋代，葡萄酒在一定意义上承担了和白酒一样的功效。

但是宋代北方的葡萄酒生产也因战乱受到了影响。具体而言，北方地区在北宋初期，时常与契丹 / 辽朝等发生战争。尽管北宋成功收复了燕云十六州，但这也导致北宋在北方的防御体系出现了漏洞。此外，与西夏的战争也使北宋在西北边境上承受了沉重的军事压力。这些战争导致北方地区的社会经济遭受破坏，民不聊生。相比之下，南方地区在北宋时期相对稳定。南方地区气候适宜，为农业和手工业的发展提供了良好的条件。同时，南方地区也成为文化交流的中心之一，南北方的文化交流和融合也促进了南方文化的繁荣和发展。在此背景下，南方地区的葡萄酒生产逐渐发展起来。

宋代葡萄酒南方产地包括浙江、福建、广东等。当时，浙江杭嘉湖平原、金衢盆地等从葡萄种植、酿造到销售都有一定的规模。杭嘉湖平原地区以优质葡萄的选育、独特的酿造工艺而著称，其中，杭州更是成为浙江地区葡萄酒生产的中心，酿造出的葡萄酒色泽鲜

1 北大古文献研究所：《全宋诗》卷二十三，北京大学出版社，1998 年。
2 北大古文献研究所：《全宋诗》卷十五，北京大学出版社，1998 年。
3 北大古文献研究所：《全宋诗》卷二十一，北京大学出版社，1998 年。
4 北大古文献研究所：《全宋诗》卷十八，北京大学出版社，1998 年。
5 北大古文献研究所：《全宋诗》卷十六，北京大学出版社，1998 年。

艳、口感醇厚，备受人们喜爱。金衢盆地的葡萄品种以黑皮葡萄为主，经过精心酿造而成的红葡萄酒具有独特的风味。福建和广东的酿酒技术也相当发达，且两地的酿酒师都注重保持葡萄的原有风味。福建以色泽深沉、口感浓郁的红葡萄酒为主，广东以色泽淡雅、口感清爽的白葡萄酒为主。随着宋代经济的繁荣，福建和广东两地还出现了许多专业的酿酒作坊和葡萄酒品牌，这些品牌的葡萄酒在当时享有很高的声誉。江南一些地方还形成了以葡萄酒生产为中心的新行业，如葡萄酒销售，为当地经济繁荣作出了一定的贡献，也为后代葡萄酒产业体系的形成和完善打下了坚实的基础。

三、元代葡萄种植技术的发展

元代立国虽然只有 90 余年，却是我国古代社会葡萄种植和葡萄酒酿造发展的鼎盛时期。

意大利人马可·波罗在元政府供职 17 年，《马可·波罗游记》记录了他本人在元政府供职 17 年间的所见所闻，其中有不少关于葡萄园和葡萄酒的记载。在“物产富庶的和田城”这一节中记载：“（当地）产品有棉花、亚麻、大麻、各种谷物、酒和其他物品。居民经营农场、葡萄园以及各种花园。”在“哥萨城”（今河北涿州）一节中说：“过了这座桥（指北京的卢沟桥），西行四十八公里，经过一个地方，那里遍地的葡萄园，肥沃富饶的土地，壮丽的建筑物鳞次栉比。”在描述“太原府王国”时则这样记载：“……太原府国的都城，其名也叫太原府，…… 那里有好多葡萄园，制造很多的酒，这里是契丹省唯一产酒的地方，酒是从这地方贩运到全省各地。”

考虑到粮食短缺等原因，元世祖十分重视农桑，要求朝廷专管农桑、水利的部门“司农司”编纂农桑方面的书籍，用于指导地方官员和百姓发展农业生产。至元十年（1273），现存最早的官修农书——《农桑辑要》刻颁，书中对“蒲萄”这样写道：“蒲萄：蔓延，性缘不能自举，作架以承之。叶密阴厚，可以避热（十月中，去根一步许，掘作坑收卷蒲萄悉埋之。近枝茎薄实黍穰弥佳，无穰，直安土亦得。不宜湿，湿则冰冻。二月中还出，舒而上架。性不耐寒，不埋则死。其岁久根茎粗大者，宜远根作坑，勿令茎折。其坑外处，亦掘土并穰培覆之）。”[1] 可见，在元代葡萄栽培不仅受政府重视，而且的确也达到了相当的

1《农桑辑要》卷五《果实》，中华书局影印武英殿聚珍版。

栽培水平。

在政府重视之下，各级官员身体力行，官方示范种植推广并推动农业技术指导，元代的葡萄栽培与葡萄酒酿造得到很大发展。葡萄种植面积之大，地域之广，酿酒数量之巨，都是前所未有的。当时，除了河西与陇右地区（即今宁夏、甘肃的河西走廊地区，并包括青海以东地区和新疆维吾尔自治区东部一带）大面积种植葡萄外，北方的山西、河南等地也是葡萄和葡萄酒的重要产地[1]。

第二节　葡萄酿酒技艺的大发展

一、宋代葡萄酒酿造工艺改进

在宋代，随着社会经济的发展和人民生活水平的提高，对葡萄酒的需求越来越大。为了满足这种需求，酿酒师不断探索和改进葡萄酒的酿造技术。

（一）混合加曲酿酒

朱肱的《北山酒经》是我国现存的第一部全面系统论述制曲酿酒工艺的专门著作，既有理论高度又切合实际，书中记载了“白羊酒、地黄酒、菊花酒、葡萄酒”等名酒。当时，葡萄酒的酿制方法多样，《北山酒经》中就记载了用葡萄与米混合加曲酿酒的方法[2]：

> 酸米入甑蒸，气上用杏仁五两（去皮尖），葡萄二斤半（浴过，干去子皮），与杏仁同于砂盆内一处，用熟浆三斗，逐旋研尽为度，以生绢滤过。其三斗熟浆泼饭软，盖良久出饭，摊于案上，依常法候温，入麹搜拌。

由此可以看出民间传统的葡萄酒酿制方法是用曲发酵，类属粗浅的发酵法。

（二）固态发酵法

宋人还发展了一种名为“固态发酵法”的葡萄酒酿造技术，将葡萄原料铺在特制的陶

1 王景艳，宋明洋：《葡萄酒文学意象与应用》，西南交通大学出版社，2016 年，第 48 页。
2 ［宋］朱肱，李时珍，袁宏道：《北山酒经》卷下，蒲萄酒法。引自《古今酒事》，世界书局，1939 年，第 45 页。

器中[1]，发酵是这种葡萄酿酒技术的重要环节。首先，酿酒师会摘取新鲜的葡萄，将其洗净晾干后平铺在陶器中，放在温度适宜的环境中发酵。发酵完成后，将葡萄酒倒入储存容器中密封保存。在固态发酵法中，葡萄原料被破碎后直接铺在陶器中，而不经过榨汁或去皮去籽等处理。这样，葡萄原料中的所有成分，在固态发酵法中能够被更完整地保留下来。固态发酵法的操作相对简单，适合家庭或小型酿酒作坊使用。

二、元代葡萄蒸馏酒技术发展

中国本土酿酒技术中较完备的蒸馏提纯法记录始见于元代，而蒸馏葡萄酒则至少在元代蒸馏酒大范围兴起时，才开始为中国人所熟悉[2]。蒸馏法最初运用在白酒酿造上，通过蒸馏提纯后的高浓度白酒被称为“阿剌吉”，也就是民间所说的“烧酒”，其“味甘辣，大热，有大毒，主消冷坚积，去寒气”。元大德五年（1301）编成的《居家必用事类全集》中收录的“南番烧酒法”，详细记载了蒸馏制酒法：

> 南番烧酒法（番名阿里乞）。右件不拘酸、甜、淡、薄，一切味不正之酒，装几分入瓮，上斜放一空瓮，二口相对。先于空瓮边穴一窍，安以竹管作嘴，下再安一空瓮，其口盛住上竹嘴子。向二瓮口边，以白瓷碗、碟片，遮掩令密，或瓦片亦可。以纸筋捣石灰，厚封四指。入新大缸内坐定，以纸灰实满。灰内埋烧熟硬木炭火二三斤许，下于瓮边。令瓮内酒沸，其汗腾上空瓮中，就空瓮中竹管内，却溜下所盛空瓮内。其色甚白，与清水无异，酸者味辛，甜淡者味甘，可得三分之一好酒。此法，腊煮等酒皆可烧。

随着蒸馏提纯技术在酿酒业的普及，这项技术同样被运用在了葡萄酒的酿造上。“御前赐酺千官醉，恩觉中天雨露低”[3]中能使“千官醉”的高浓度葡萄酒，即是蒸馏葡萄酒。蒸馏技术和去酸技术，大大提升了葡萄酒的纯度，使得葡萄酒从低度数的“果酒”一跃成为醉

1 在宋代，特制的陶器是发酵的主要容器，酿酒师通常会选择干净、无油、无水的陶器，以确保葡萄酒的纯净。

2 关于蒸馏酒起源的争论，目前学界认为中国蒸馏酒的最早起源为汉代。虽然李时珍《本草纲目》中记载：“烧酒非古法也。自元时始创其法，用浓酒和糟入甑，蒸令气上，用器承取滴露。凡酸坏之酒，皆可蒸烧。”但据考古信息，海昏侯墓出土的海昏侯甑、西安西汉墓出土的西安西汉甑等多件汉代文物已被证实为具有冷凝功能的蒸馏器，具备制作蒸馏酒的技术条件。海昏侯甑在墓中与众多的酒器共处，说明它的确也是酒器，具有蒸馏作用。参见张琼、刘荃、高劲松《海昏侯刘贺墓出土青铜蒸馏器研究》，载《农业考古》2022 年第 2 期；此外，中国蒸馏酒起源还有唐代说、宋代说，唐代、宋代也多有“烧酒”“烧春”等蒸馏酒称谓记载，而蒸馏葡萄酒则至少在元代蒸馏酒大范围兴起时，才开始为中国人所熟悉。参见王赛时：《中国烧酒名实考辨》，载《历史研究》1994 年第 6 期第 73-85 页。

3 [元]柳贯：《待制集・卷五文》，文渊阁四库全书本，第 1210 册，第 249 页。

倒众人的“烈酒”。

葡萄蒸馏酒的工艺是用蒸馏法提取，是一种液态蒸馏。蒸馏工艺是通过蒸馏器呈现出来的，蒸馏器是蒸馏酒的关键。元代有不少关于蒸馏器具和蒸馏工艺的记载，如许有壬《咏酒露次解恕斋韵》一诗描绘了葡萄蒸馏酒的工艺和特点。诗中“水气潜升火气豪，一沟围绕走银涛”揭示的是在制作葡萄蒸馏酒时，通过蒸馏的过程，水分的蒸发与火热的气体相结合，形成了一股强劲的蒸汽流动。“璇穹不惜流真液，尘世皆知变浊醪”描述了通过蒸馏过程，葡萄酒的液体被提取出来，形成了与普通的浊醪区别明显的清澈的真液。“上贡内传西域法，独醒谁念楚人骚”告诉我们葡萄蒸馏酒的制作工艺源自西域，楚人独具酿酒之技艺，这显示了葡萄蒸馏酒在中国的传播历史。“小炉涓滴能均醉，傲杀春风白玉槽”描述了其浓郁的酒精度和高品质，也就是说，通过葡萄蒸馏酒的制作，即使是一滴酒，也能使人醉倒。

而朱德润的《轧赖机酒赋并序》对元代蒸馏酒器及蒸馏工艺流程进行了形象的描述，其记载如下[1]：

> 法酒，人之佳制，造重酿之良方，名曰扎赖机而色如酎，贮以札索麻而气微香。卑洞庭之黄柑，陋列肆之瓜姜；笑灰滓之采石，薄泥封之东阳。
>
> 观其酿器，扃钥之机。酒侯温凉之殊甑，一器而两，图钳外环而中洼，中实以酒，仍械合之无余。少焉，火炽既盛，鼎沸为汤。包混沌于郁蒸，鼓元气于中央。薰陶渐渍，凝结为炀；滃渤若云，蒸而雨滴；霏微如雾，融而露滚。中涵既竭于连炖熝，顶溜咸濡于四旁。乃泻之以金盘，盛之以瑶樽。

根据朱德润《轧赖机酒赋并序》的描述，元代的蒸馏酒器被称为“扎赖机”，其外观形状与酎器相似，贮存容器使用札索麻，而且散发微香。蒸馏器的结构与普通的甑有所不同，一器可分为两部分，外环为图钳，中间有一个洼地，中间部分用来贮存葡萄酒，然后将器具密封以保持完整。而在酿造过程中，先使火炽旺，鼎内的葡萄酒开始沸腾，产生蒸汽。蒸汽逐渐蒸腾升华，将葡萄酒中的香气和精华物质带出。在蒸馏过程中，蒸汽通过连绵不断的蒸馏管道，渗透到葡萄酒中，使其逐渐浸渍、凝结。同时，蒸汽也会凝结成为

1 载《古今图书集成》卷二七六《经济汇编食货典·就部艺文二》，第 87 函第 698 册，中华书局影印版，1934 年，第 18 页。

炀，形成水滴落回葡萄酒中。整个过程中，葡萄酒的精华逐渐浓缩，香味和口感也得到提升。最后，将蒸馏出的葡萄酒用金盘接收，再倒入瑶樽中贮存。这样就得到了经过蒸馏的葡萄酒，其质地更为浓郁，香气更为突出。

三、元代葡萄酒品质提升

（一）注重原材料的选择

元代酿酒师对原材料的选择也越来越讲究，尤其是他们开始重点关注葡萄的品种、产地以及成熟度等因素。

元代可供酿酒师选择的葡萄品种得到极大的扩展。随着蒙古帝国的对外征服和贸易的开展，紫葡萄、绿葡萄、琐琐、玫瑰香等葡萄开始传入中国。紫葡萄是一种比较常见的葡萄品种，其果皮为紫色，果肉柔软多汁，具有浓郁的果香。绿葡萄是一种比较清爽的葡萄品种，其果皮为绿色，果肉脆爽多汁，具有淡雅的果香。琐琐葡萄是一种比较小型的葡萄品种，其果皮为深红色，果肉细嫩多汁，具有甜美的果香。玫瑰香果皮为紫红色，果肉柔软多汁，具有与紫葡萄相同的浓郁花香且具有果香。另外，许多新疆地区的葡萄品种开始被引进到内地进行种植和酿酒，马乳葡萄便是其中之一[1]。不同品种的葡萄具有不同的风味和特点，元代酿酒师们通过不断尝试，逐渐掌握了利用不同品种葡萄酿造出不同风格葡萄美酒的技术和方法，酿出了燕京葡萄酒、太原葡萄酒、平阳路临汾葡萄酒、安邑葡萄酒 、宣宁府葡萄酒、凉陇葡萄酒、扬州葡萄酒、哈剌火葡萄酒八大名优葡萄酒[2]。

另外，元代酿酒师还尝试使用其他不同产地的葡萄进行酿酒，例如，他们开始使用来自中亚和西亚地区的野生葡萄品种进行酿造，这些野生葡萄品种具有独特的风味和特点，如较高的酸度和较低的糖分，可以增加葡萄酒的口感。

（二）多次品尝再调和

元代酿酒师积累了丰富的经验和技能，其中，多次品尝再调和是一种非常重要的方

1 在新疆地区，马乳葡萄是一种非常适合酿造葡萄酒的品种。这种葡萄果粒较小，果实紧密，具有浓郁的果香和较高的糖分。这些特点使得马乳葡萄能够酿造出口感浓郁、酒精度较高且带有独特风味的葡萄酒。

2 王赛时：《宋元明三朝：葡萄酒盛极一时》，载《企业家日报》2018 年 12 月 15 日。

法。这种方法需要酿酒师具备敏锐的味觉和嗅觉，还需要他们对葡萄种植和酿酒技术的深入了解。

通过多次品尝不同批次、不同品种的葡萄酒，酿酒师可以评估其品质和特点，并选择最佳的调和方式来获得更好的风味和口感。该方法对元代葡萄酿酒技术发展起到了重要的推动作用。一是提高了葡萄酒品质。通过多次品尝不同批次、不同品种的葡萄酒，酿酒师可以全面评估每一种酒的特性，包括风味、口感、色泽、香气等。在评估过程中，酿酒师会注意到每种酒的优点和不足，然后选择合适的调和方式，将不同的葡萄酒进行混合，以达到更好的风味和口感。二是发现和处理酿酒过程中的问题。在酿酒过程中，容易出现各种问题，如某个批次的葡萄酒出现质量问题或者不符合要求。酿酒师在多次细致品尝每种酒的过程中就可以及时发现其中的问题，及时采取相应的措施，例如更换葡萄品种、调整酿酒工艺等，确保最终产品的质量和口感达到预期。三是促进酿酒技术的进步和发展。在品尝过程中，酿酒师会不断探索新的酿酒技艺和方法，以进一步提高葡萄酒的品质。同时，他们还会学习和借鉴其他地区的酿酒技术，引进新的葡萄品种和酿酒工艺，使元代的葡萄种植和酿酒技术更加丰富和多元。四是促进了东西方文化的交流和融合。蒙古帝国时期的对外扩张使得东西方文化交流得以加强，而葡萄酒作为东西方文化交流的一个重要载体，其在元代的发展也受到了西方的影响。多次品尝再调和即在此背景之下产生的葡萄酒品质提升的方法创新。

（三）储存和运输的改进

元代对葡萄酒的储存和运输进行了改进，以保持其品质和风味。在元代，出现了宫廷修建酒窖储存葡萄酒的做法，元代酿酒师在酒窖管理方面也积累了丰富的经验。他们知道如何控制酒窖的温度和湿度，会使用专业的密封材料和技巧确保酒窖的密封性能。他们还会使用专业的葡萄酒容器，如木桶或陶瓷罐等来储存葡萄酒。其次，在元代人们还创新了葡萄酒运输技术。一方面，他们使用密封良好、耐久的木制酒桶或皮革酒囊来装载葡萄酒。在装载葡萄酒之前，酿酒师会对酒桶或酒囊进行严格的清洗和消毒，以确保葡萄酒在运输过程中不会受到污染或变质。另一方面，元代酿酒师还使用马车、船只等交通工具来运输葡萄酒。这些交通工具具有一定的承载能力和稳定性，能够较好地保护葡萄酒在运输过程中不受颠簸和震动的影响。同时，酿酒师还会根据不同的交通工具和运输路线，选择合适的装载方式和摆放位置，以确保葡萄酒在运输过程中的安全和质量。

第三节　葡萄酒社会地位的提升与商业化发展

一、被视为“高贵饮品”的宋代葡萄酒

在中国的历史长河中，宋代是一个充满文化气息和独特风貌的时代。在这个时期，葡萄酒作为一种高贵的饮品，在社会中占据了一定的地位。而之所以将其视作高贵饮品，有以下原因：第一，酿造工艺复杂。葡萄酒的酿造需要经过多个步骤和时间的沉淀。而在宋代，能够酿造葡萄酒的人家通常具备较高的经济实力和技术水平，因此葡萄酒在某种程度上成为身份和地位的象征。陆游在《夜寒与客烧乾柴取暖戏作》中写道：“稿竹乾薪隔岁求，正虞雪夜客相投。如倾潋潋葡萄酒，似拥重重貂鼠裘。一睡策勋殊可喜，千金论价恐难酬。他时铁马榆关外，忆此犹当笑不休。”根据陆游的这首诗，可以推断，南宋时期饮用葡萄酒是一种奢侈的消费活动。第二，葡萄酒是一种文化象征。宋代文化氛围浓厚，文人雅士追求的不仅是物质上的享受，更是精神层面的满足。葡萄酒作为一种具有文化内涵的饮品，被认为能够陶冶情操、提升文化修养，因此得到了当时文人的青睐。例如，许多文人墨客都钟爱葡萄酒，并将其融入自己的作品中。北宋大文豪苏轼在《老饕赋》中写道：“弹湘妃之玉瑟，鼓帝子之云璈……引南海之玻黎，酌凉州之蒲萄。”说享用美妙的葡萄酒，还需有仙音绕耳，用经海上丝绸之路进口的玻璃杯来装载才有品位。第三，在宋代社会中葡萄酒还被视为一种礼品和贡品。在朝廷中，地方官员会向皇帝进贡优质的葡萄酒，以示忠诚和敬意，而宋代皇帝也会将葡萄酒作为赏赐的物品，如《淳化喜雨诗》中记载，公元 994 年天降甘霖，化解了旱灾，宋太宗赵炅把葡萄酒赏赐给身边的大臣，与大家共同庆祝。

二、上升为“国饮”的元代葡萄酒

（一）统治阶级对葡萄酒的重视

在元代，葡萄酒被皇室列为国事用酒，成为宫廷和贵族们生活中不可或缺的一部分。元世祖忽必烈非常喜爱葡萄酒，他不仅在宫廷中大量饮用，也将葡萄酒作为一种珍贵的礼品赏赐给臣子和贵族。元代的统治阶级在各种场合和活动中都会使用葡萄酒，因为葡萄酒

不仅美味和具有营养价值，更重要的是它代表着高贵、文化和时尚。

元代贡路畅通，各地葡萄酒作为朝贡的重要礼物不远万里来到中国，深受元代统治阶级的青睐。揭傒斯《温日观葡萄》中记载："西域常年酝上供，浓香厚味革囊封。五云阁里玻璃碗，曾拜君恩侍九重。"许有壬《谢贺右丞寄葡萄酒》中也提到："几年西域蓄清醇，万里鸱夷贡紫宸。仙露甘分红玉液，天风香透白衣尘。"[1] 在元代，法国、意大利等欧洲产地的葡萄酒成为宫廷贵族和官员们喜爱的饮品之一，接待欧洲使节的宴会上，葡萄酒成为重要的饮品之一。

在皇帝的生日宴会上，葡萄酒是必不可少的饮品。例如，在忽必烈的生日宴会上，就曾有"千杯百盏，极乐而罢"的记载。这些葡萄酒不仅来自国内，还从欧洲和其他地区进口。同时，节日庆典也是葡萄酒大量饮用的场合之一。春节、端午节、中秋节等重要节日的庆典上，葡萄酒会被作为重要的饮品，贵族们饮用葡萄酒以示庆祝和尊重传统。此外，葡萄酒在宫廷婚礼上也扮演着重要的角色。在元代的宫廷中，婚礼仪式很重要，需要使用各种高贵的礼品和饮品，其中，葡萄酒被视为新郎和新娘表达彼此之间爱意和祝福的珍贵饮品。在婚礼上，贵族们饮用葡萄酒以示对新人的祝福和尊重。另外，文化艺术交流、诗歌朗诵、音乐演奏等贵族聚会上，葡萄酒也会被大量饮用。例如，在忽必烈的宫廷中，经常举行诗歌朗诵会和音乐演奏会，在这些活动中，贵族们饮用葡萄酒以示友好和互相尊重，不仅增进了贵族们之间的友谊和信任，也进一步促进了葡萄种植和葡萄酒酿造技术在元代的发展和创新。

葡萄酒不仅被元代统治者用于各种场合和活动中，而且还作为一种珍贵的礼品，被赏赐给王公大臣。例如，贡师泰的《和胡士恭滦阳纳钵即事韵五首其一》提到："紫驼峰挂葡萄酒，白马鬉悬芍药花。绣帽宫人传旨出，黄门伴送内臣家。"透露出元代葡萄酒在宫廷中的重要地位，以及统治者将葡萄酒赏赐给王公大臣以示尊重和友好的习俗。紫驼峰是元代宫廷中用于贮存和运输葡萄酒的酒器，"紫驼峰挂葡萄酒"说明了葡萄酒在宫廷中的重要地位。而"白马鬉悬芍药花"这一句，描绘了王公大臣即"贡师泰自己"骑着白马前来接受葡萄酒赏赐的场景，同时以芍药花作为赏赐的象征。"绣帽宫人传旨出，黄门伴送内

1 王赛时：《宋元明三朝：葡萄酒盛极一时》，载《企业家日报》2018年12月15日。

臣家”两句，描绘了宫人将御赐的葡萄酒传旨赐给贡师泰，并黄门伴送他离开宫廷的场景。

（二）葡萄酒免征税收

元世祖忽必烈在位期间，积极推行汉化政策，鼓励汉族文化和经济的发展，葡萄酒作为一种重要的饮品和商品，被视为汉文化的一部分，因此得到了极大的重视和支持。官方在对其他酒类征税的同时，对葡萄酒由之前的少量征税变为免征酒税，这一政策使葡萄种植和葡萄酒酿造有利可图，一方面扩大了葡萄种植和葡萄酒酿造的规模，另一方面也促进了葡萄种植技术的迅速发展和提升。在政策鼓励下，许多酿酒师在酿造过程中不断尝试新的工艺和方法，提高了葡萄酒的品质和口感。同时，他们也积极探索如何延长葡萄酒的保质期和提高葡萄酒的产量，为后世酿造技术的发展提供了重要的借鉴。

三、葡萄酒开始被商业化

在宋代，随着商品经济的发展和商业活动的繁荣，葡萄酒作为一种商品开始在市场上流通。其中，宋代的商业城市如东京、洛阳等地都设有专门的酒市，这些酒市聚集了各种类型的酒肆，不仅供应上层社会，也面向普通市民，成为当时人们社交和娱乐的重要场所，其中就包括销售葡萄酒的酒肆。另外一些地方也出现了定期售酒的集市，常有葡萄酒和其他类型的酒一起销售，吸引了许多商人和消费者。同时，宋代还出现了一些售卖葡萄酒的商人，他们从事葡萄酒的采购、运输和销售，将葡萄酒普及到了民间，也推动了葡萄酒的商业化进程。葡萄酒的商业化进程对宋代社会产生了深刻的影响。首先，葡萄酒销售促进了商品经济的发展，葡萄酒运输促进了商业贸易的繁荣。其次，葡萄酒的民间普及不仅丰富了宋代社会的文化生活，也促进了人与人之间的交流和互动。最后，葡萄酒的商业化还改善了宋代的社会生活风貌。许多士大夫非常喜欢饮用葡萄酒，将其视为一种高雅、时尚的象征，葡萄酒消费的普及提升了宋代社会的时尚品位，推动了商品经济的进一步繁荣。

元代葡萄酒消费日益普及，汪元亨在散曲《双调·雁儿落过得胜令》中写道：“柴门尽日关，农事经春办。登场禾稼成，满瓮葡萄泛。”说明在这个时期，农民也可以饮用葡萄美酒[1]。为了满足民间对葡萄酒的需求，元政府鼓励销售葡萄酒。据《元典章》记载，大都

1 王赛时：《中国酒史》，山东大学出版社，2010 年，第 236 页。

地区“自戊午年至元五年，每葡萄酒一十斤数勾抽分一斤”，“乃至六年、七年，定立课额，葡萄酒浆止是三十分取一”[1]。“戊午年”是蒙哥汗八年（1258），元五年是1268年，也就是说，自戊午年起，葡萄酒已在大都民间公开发售，而民间发售的葡萄酒很有可能产自本地。在元代，葡萄酒的销售渠道主要依赖于各种商业场所，特别是酒肆和酒楼。酒肆除了供应黄酒、白酒之外，顾客还可以享受到精美的葡萄酒。酒楼除了供应葡萄酒外，还提供各种美食和其他娱乐活动，一些豪华的酒楼甚至成为贵族和富商们聚会和社交娱乐的重要场所。

第四节　社会生活与艺术作品中的葡萄与葡萄酒

一、宋元时期葡萄酒的品饮风俗

在宋代，同僚聚饮是官员之间一种普遍的社交活动，分官方场合和私人场合两种。官方场合的宴会通常是为了庆祝节日、纪念重要事件或者接待外宾。梅亮臣的《寄送许待制知越州》中，诗人用“喜公新拜会稽章，五月平湖镜水光。菡萏花迎金板舫，葡萄酒泻玉壶浆。云归秦望山头静，雨洗若耶溪上凉。天子不能烦待从，可将吟咏报时康。”描绘了一个盛大的宴会场景，表达了作者对晋升的祝贺和宴会的喜庆，而葡萄酒是宴会中的重要角色。私人场合的宴会则是由官员们自己组织的，如苏轼、晏殊、陆游、黄庭坚等皆是爱饮之士，与之相比肩的好酒人士亦不在少数，文人钟爱的自然风光和舒适环境使得官员们的府邸或园林成为私人宴会的首选之地，葡萄酒在这些场合扮演着重要的角色。陆游在《越王楼》中写道：“蒲萄酒绿似江流，夜燕唐家帝子楼。约住莞弦呼羯鼓，要渠打散醉中愁。”整首诗描绘了诗人参加宴饮的情景，表达了诗人对宴饮的享受和对美景的赞叹。同时，通过管弦乐声和羯鼓声的描写，表达了诗人对音乐和生活的热爱。可见，葡萄酒是待客佳品。官员、士大夫、富商等具有一定社会地位和经济实力的人将葡萄酒位列于招待友人的宴会之上。他们在社交场合中注重礼仪，将饮用葡萄酒视为一种高雅的文化体验，会精心挑选葡萄酒的品种和产地。当时，西域优质产地的葡萄酒口感醇香、品质优良，被视为珍贵饮品。在宋代，独酌自饮是一种非常流行的饮酒方式，葡萄酒备受文人雅士的推

1 高树林：《元朝盐茶酒醋课研究》，载《河北大学学报》（哲学社会科学版）1995年第3期第5-12页、111页。

崇。他们在独酌自饮中品尝葡萄美酒，寻找诗词、书法、绘画等创作灵感，享受艺术之趣，以此来陶冶情操，感受自然之美、人情之味。

元人有言："国朝大事，曰征伐、曰蒐狩、曰宴飨，三者而已，虽矢庙谟、定国论，亦在于樽俎餍饫之际。"[1] 元代统治者经常通过宴席和酒会来商讨国家大事，在这些场合，他们不仅品尝美食和佳肴，还通过敬酒等方式增进彼此之间的感情和信任。宴席和酒会是元代政治文化的重要组成部分，葡萄酒是各种宴会中的重要饮品。葡萄酒作为一种美好的饮品，不仅为宴会增添了气氛，也为商议国家大事创造了愉悦的氛围和轻松的环境。因此，在元代社会中，葡萄酒不仅是一种饮品，更是一种文化象征和社交媒介。人们在品尝葡萄酒的过程中，不仅体验了其独特的口感和风味，也感受到了其中蕴含的文化内涵，对于丰富中国传统文化起到了积极的作用。

二、宋代文学艺术作品中的葡萄和葡萄酒

宋代的文人雅士们热衷于创作诗词，用优美的语言和韵律来表达自己的思想感情、记录历史事件、描绘山水风光、反映社会生活，葡萄和葡萄酒是常见的元素。韩驹在《以正赐库蒲萄醅送何斯举复次其韵・其二》中写道："老臣政术不堪论，尚得君王赐酒樽。异日黄州成故事，蒲萄醅熟记初元。"诗人把黄州比为一个故事，而葡萄酒是这个故事中的主角之一，显示了葡萄酒在社会生活中的重要地位；在《以正赐库蒲萄醅送何斯举复次其韵・其三》中用"蒲萄酒用春江水，压倒云安曲米春"描述用春江水酿的葡萄酒口感优美，可以媲美甚至超越其他名酒，赞美了葡萄酒的美妙和独特的口感，表达了诗人对葡萄酒的热爱和欣赏。宋代曹勋的《山居杂诗九十首》中用"岂但马乳堆，殆若荔子春"形容葡萄的果实像马乳一样堆叠在一起，而它的味道则像美酒一样令人陶醉；用"为膏为酒醴，香味有此珍"描述了葡萄不仅可以制成膏状物，还可以酿成美酒，其香味非常珍贵。辛弃疾在《雨中花慢・马上三年》称："笑千篇索价，未抵蒲萄，五斗凉州。"这其中的"蒲萄"指的是葡萄酒，"五斗凉州"这一历史典故反映了葡萄酒的名贵。

在宋代，一些绘画家们直接以葡萄和葡萄酒为创作主题。例如，南宋画家林椿的《葡

1 王恽：《秋涧集》卷 57《大元故关西军储大使吕公神道碑》，台北：元人文集珍本丛刊，第 166 页。

萄草虫图》是一幅团扇扇面画，描绘了一串葡萄和多只草虫。《橘子葡萄石榴图》是南宋画家鲁宗贵的一幅代表性作品，画中的葡萄和石榴象征着多子多孙的美好愿望，体现了南宋时期人们所追求的生活理念。还有一些画作，虽然不是直接以葡萄和葡萄酒为主题，但其中也存在一些与葡萄、葡萄酒相关的元素。例如，《文会图》是北宋画家赵佶的作品，描绘了一群文人墨客在园林中举行文会活动的场景，其中就有展示葡萄酒、各种酒器和美食的画面。北宋著名画家张择端的《清明上河图》描绘了北宋都城汴京的繁华景象，一部分画面展示了汴河边的一个酒肆，从中可以发现酒肆的柜台上有葡萄酒。葡萄和葡萄酒在宋代文化中有着丰富的象征意义。例如，葡萄象征着丰收和繁荣，而葡萄酒则代表着高雅、精致的生活方式。这些象征意义在宋代绘画中得到了充分的体现，为人们理解宋代文化提供了重要的视角。

宋代陶瓷中也有一些作品涉及葡萄和葡萄酒，其中最著名的是磁州窑和景德镇窑的瓷器。磁州窑涉及葡萄与葡萄酒题材的作品包括青釉刻花葡萄纹瓶、青釉刻花葡萄纹枕和青釉刻花葡萄纹盘，景德镇窑也有青花葡萄纹瓶、青花葡萄纹盘、青花葡萄纹碗等代表作品。除此之外，宋代吉州窑、建窑等其他窑口也有一些涉及葡萄和葡萄酒题材的瓷器作品，如吉州窑的剪纸贴花葡萄纹盏。宋人在陶瓷上描绘葡萄和葡萄酒的形象，是对自然的赞美和追求，也反映了当时社会文化生活的风貌。

三、元代文学艺术作品中的葡萄和葡萄酒

在元代，聚会饮酒是文士阶层较为流行的一种社交活动。元代诗人杨维桢就以宴会为背景书写了《十月六日，席上与同座客陆宅之、夏士文及主》一诗：

新泼葡萄琥珀浓，酒逢知己量千钟。
犀盘箸落眠金鹿，雁柱弦鸣应玉龙。
紫蟹研膏红似橘，青虾剥尾绿如葱。
彩云吹散阳台雨，知有巫山第几重？

诗人通过描绘宴饮的场景和美食佳肴，表达了对友情的珍视和对生活的热爱。同时，通过使用丰富的意象和生动的描绘，将读者带入了一个色彩斑斓、气氛热烈的宴会中。

散曲是宋、元两代流行的一种歌曲，是当时人民群众和文化学士雅俗共赏、喜闻乐见

的一种通俗文学。散曲和杂剧，即“元曲”是元代的绝艺，在我国文学发展史上具有相当重要的地位。有关葡萄和葡萄酒的内容，在元散曲中也多有反映。杜仁杰在《集贤宾北·耍鲍老南》中写道[1]：

> 团圈笑令心尽喜，食品愈稀奇。新摘的葡萄紫，旋剥的鸡头美，珍珠般嫩实。欢坐间，夜凉人静已，笑声接青霄内。风淅淅，雨霏霏，露湿了弓鞋底。纱笼罩仕女随，灯影下人扶起，尚留恋懒心回。

元代著名剧作家关汉卿的《朝天子·从嫁媵婢》：

> 鬓鸦，脸霞，屈杀了将陪嫁。规模全是大人家，不在红娘下。笑眼偷瞧，文谈回话，真如解语花。若咱，得他，倒了葡萄架。

据说元人因关汉卿小令，称妒妇为“蒲桃倒架”。由此可知，此时的葡萄种植已是比较普遍了。

元散曲家张可久的作品中也有涉及葡萄酒的，且多为清丽秀美之作。摘录几首如下[2]：

> 《山坡羊·春日二首》：芙蓉春帐，葡萄新酿，一声《金缕》槽前唱。锦生香，翠成行，醒来犹问春无恙，花边醉来能几场？妆，黄四娘。狂，白侍郎。
>
> 《湖上即席》：六桥，柳梢，青眼对春风笑，一川晴绿涨葡萄，梅影花颠倒。药灶云巢，千载寂寥，林逋仙去了。九皋，野鹤，伴我闲舒啸。
>
> 《山中小隐》：裹白云纸袄，挂翠竹麻条，一壶村酒话渔樵，望蓬莱缥缈。涨葡萄青溪春水流仙棹，靠团标穿空岩夜雪迷丹灶，碎芭蕉小庭秋树响风涛。先生醉了。
>
> 《酒边索赋》：舞低杨柳困佳人，醅泼葡萄醉晚春，词翻芍药分难韵。乐清闲物外身，生前且自醺醺。范蠡空遗像，刘伶谁上坟？衰草寒云。
>
> 《次韵还京乐》：朝回天上紫宸班，笑倚云边白玉阑。醉飞柳外黄金弹，莺啼春又晚，绿云堆舞扇歌鬟。蕉叶杯葡萄酿，桃花马柞木鞍，娇客长安。

从以上所列，不难得出元代饮用葡萄酒的普遍和葡萄酒文化浓郁的结论。

1 黄秉泽：《元曲三百首》，湖北辞书出版社，2007年，第165页。
2 黄秉泽：《元曲三百首》，湖北辞书出版社，2007年，第83-85页。

第五章
明清时期葡萄酒的酿造与饮用

中国作为世界葡萄栽培及葡萄酒酿造的发源地之一，有着悠久的葡萄酒酿造和饮用历史。中国的葡萄酒发展到明清时期，已有较成熟的酿造方法和饮用经验。总体来说，明清时期的葡萄酒来源分为进口和本土两种，进口葡萄酒主要来自进贡和贸易，本土酿造技术则基本沿用前代。随着蒸馏技术的成熟，本土葡萄酒的酿造在明代从发酵酒进入了蒸馏酒的新时期。由明至清，葡萄的品种和葡萄酒的酿造技术不断丰富、发展，受众也逐渐从上层阶级普及到了民间。清末，随着帝国主义的入侵，中国的葡萄酒来源和制造逐渐开启了近代化进程。

第一节　明代葡萄酒酿造与饮用

葡萄酒在元代成为官方祭祀用酒之一，不但葡萄种植受到官方推广，酿造技术也更上一层楼。中国本土酿酒技术中较完备的蒸馏提纯法记录始见于元代。

明清时期，随着酿造技术的逐渐成熟，粮食酒酿造的出酒量和质量变得更加稳定，其酿酒原材料价廉易得，种植范围也不受限制，中原地区质优价廉的白酒迅速兴起。诗人商盘在描述明清时期白酒对酒类市场的“碾压式”占据时，用“一朝正味亡，此徒遂踊跃”[1]来形容其势。白酒兴起造成的销售挤压，使得本就不是主流酒类的葡萄酒在民间市场的占比雪上加霜。彼时官方对西域控制力已逐渐减弱，主张禁酒的伊斯兰教影响力也在不断扩大，综合导致葡萄酒的生产及东西方交流进入了衰退期。

一、明代的葡萄酒酿造

不同于元代统治者对葡萄酒的喜爱，明代统治者取消了对葡萄及葡萄酒的扶持政策，

1 [清]商盘:《质园逸稿》，浙江古籍出版社，2016年，第768页。

葡萄栽培及葡萄酒酿造技术的发展也因此变得平缓。

虽然失去了官方加持的光环，明代的葡萄酒种类及酿造技术相较前朝，依然获得了一定的发展。李时珍在《本草纲目》中记录了明代栽种的部分葡萄品种："水晶葡萄，晕色带白，如着粉，形大而长，味甘。紫葡萄，黑色，有大小两种，酸甜两味。绿葡萄，出蜀中，熟时色绿。至若西番之绿葡萄，名兔睛，味胜糖蜜，无核则异品也。琐琐葡萄，出西番，实小如胡椒……云南大如枣，味尤长。"[1] 此外，草龙珠葡萄、马乳葡萄等也是明代常见的葡萄品种："苗作藤蔓而极长大，盛者一二本绵被山谷间，叶类丝瓜叶颇壮而边多花，义开花极细而黄白色。其实有紫、白二色，形之圆、锐亦二种，又有无核者，味甘性平无毒。又有一种蘡薁，真相似然蘡薁乃是千岁蘽，但山人一概收而酿酒，救饥采葡萄为果食之，又熟时取汁以酿酒，饮治病。"[2]《五杂俎》中记载有三种罕见葡萄品种，珍奇且有异用，言有葡萄可解小儿痘毒："西域白蒲桃，生者不可见，其干者味殊奇甘，想可亚十八娘红矣。有兔眼蒲桃，无核，即如荔支之焦核也，又有琐琐蒲桃，形如茱萸，小儿食之，能解痘毒。"

彼时的葡萄已作为普通水果走入了寻常百姓家。《救荒本草》中记载了明代的葡萄主要产地："生陇西五原，敦煌山谷，及河东。旧云，汉张骞使西域得其种还而种之，中国始有盖北果之最珍者，今处处有之。"[2] 明代北方民间种植葡萄已相当普遍，据《旧京遗事》记载："葡萄，石榴皆人家篱落间物。"[3] 与解缙、杨慎并称"明代三才子"的徐渭，在其名作《四时花卉图》中，以写意兼工笔的手法绘牡丹、芍药、葡萄、桂花、梅花，作为四时花卉代表。葡萄作为观赏植物，也颇受文人欢迎，文学作品中常见其身影。"舍南葡萄藤，满架微花开"，"葡萄引蔓青缘屋，苜蓿垂花紫满畦"，"向北委蛇，则老藤纠结如虬，芍药数十本，当葡萄架而参差相倚于数花亭三楹之前"记述了当时的葡萄作为观赏植物的种植场景。

除了在自家庭院种植葡萄以作观赏庇荫之用途外，葡萄作为鲜食果品也在民间得到了很好的种植推广，人们不仅将葡萄当作李、杏等寻常果树般普遍栽植，也会对其进行改良和优化，选育品种。李渔曾在《燕京葡萄赋》中称赞北京地区的葡萄品质优良，这种赞美

1 [明]李时珍:《本草纲目》四库全书本，第52卷，第2195页。
2 [明]朱橚:《救荒本草》卷七本草篇果部。
3 [明]史玄:《旧京遗事》，北京古籍出版社，1986年，第27页。

并非空穴来风，北京地区的气候和土壤条件确实适合葡萄生长。在那里栽培出的葡萄果实饱满、甘甜多汁，深受人们喜爱[1]：

> “葡萄无他长，只以不酸为贵。酸而带涩，不值半文钱矣。燕地所产，非止不酸不涩，且肥而多肉，值得一吞。吞后余甘，尚恋齿颊。”《菽园杂记》中亦记有：“盖京师种葡萄者，冬则盘曲其干而庇覆之，春则发其庇而引之架上，故云。然此盖或种于庭，或种于园，所种不多，故为之屈伸如此。若山西及甘、凉等处深山大谷中，遍地皆是，谁复屈之伸之。”

经过漫长的前期发展，明代的葡萄酒酿造技术已处于中国古代葡萄酒酿造技术的巅峰时期。中国经济较为发达的地区往往与粮食作物主要产区的分布相吻合。例如盛产高粱、小麦的山东与河南，以出产烧酒著称；长江中下游为水稻的主要产地，酿酒则以黄酒、烧酒为主。明代葡萄酒的产地也与其种植地分布基本一致，新疆、河东、山西等地的葡萄酒业较为发达。其中，新疆地区酿造葡萄酒的历史比内地要早得多，吐鲁番盛产葡萄酒始见于《魏书・高昌传》“多蒲萄酒”的记载，吐鲁番考古发现大量有关葡萄酒记载的汉文文书和回鹘文文书，证实了新疆的葡萄酒早在唐代就已经以其产量著称，除了本地人自饮外，也作为商品不断输入内地。

明初高昌地区的葡萄酒酿造技法，基本沿袭当地一贯的酿酒古法，先人为地踩碎葡萄并收集葡萄汁，再将葡萄汁用瓦罐（缸）封存，任其自然发酵，经过一轮约两周的发酵后，汲取酒汁，将葡萄渣再次密封发酵，如此重复三次以上，直到葡萄渣完全失去糖分无法再发酵为止[2]：

> 酿之时，取葡萄带青者。其酿也，在三五间砖石甃砌干净地上，作甃瓷缺（按：疑此字为缸之误）嵌入地中，欲其低凹以聚，其瓮可容数石者。然后取青葡萄，不以数计，堆积如山，铺开，用人以足揉贱之使平，却以大木压之，覆以羊皮并毡毯之类，欲其重厚，别无曲药。……十日半月后……则酒已盈瓮矣。乃取其清者入别瓮贮之，此谓头酒。复以足蹑平葡萄渣，仍如其法盖，复闭户而去。又数日，如前法取酒。窨之如此者有三次，故有头酒、二酒、三酒之类。直似其消尽，却以其渣逐旋、澄之清为度。上等酒，一二杯醉人数日。复

1 ［明］陆容：《菽园杂记》卷五（一），中华书局，1997 年。
2 ［明］解缙等编，徐苹芳整理：《永乐大典本顺天府志（残本卷一〇）》，北京联合出版公司，2017 年，第 214 页。

有取此酒烧做哈喇吉，尤毒人。

这种葡萄酒酿造方法即是最传统的自然发酵酿酒法，除了收集、碾压加工酿酒原料、过滤取酒以外，并不添加任何酒曲或者酵引，甚至也不需要添加水，只需要通过密封，让碾碎的葡萄以其糖分通过天然酵母菌的作用进行发酵，便能产生酒精，酿成发酵果酒。

明代早期（15 世纪初叶）的植物图谱著作《救荒本草》中提到了以水果生产“烧酒”的方法：“采取其为果，食之，亦可酿酒，熬作烧酒”；徐光启的《农政全书》中亦提到以水果制作烧酒的方法：“采取其枣为果，食之，亦可酿酒，熬作烧酒。”“其色味似葡萄酒，甚佳，亦可熬烧酒。”明代中晚期，中国的葡萄酒酿造方法主要有两种，其一是捣碎葡萄过滤后制成葡萄汁，再采用葡萄汁加曲发酵制酒；其二是使用“干葡萄末”酿造。《本草纲目》将这两种葡萄酒酿造方法归入中国传统的“米曲药成酒”技术中：“葡萄酒有二样，酿成者味佳。有如烧酒法者，有大毒。酿者，取汁同曲，如常酿糯米饭法。无汁，用干葡萄末亦可。魏文帝所谓葡萄酿酒，甘于曲米，醉而易醒者也。烧者，取葡萄数十斤，同大曲酿酢，取入甑蒸之，以器承其滴露，红色可爱。”[1] 具体的酿造方法，据《饮馔服食笺》载：“葡萄酒，法用葡萄子取汁一斗，用曲四两，搅匀入瓮中，封口自然成酒，更有异香。又法，用蜜三斤，水一斗，同煎入瓶内，候温，入曲末二两，湿纸封口，放净处，春秋五日，夏三日，冬七日，自然成酒且佳。”[2] 而新疆地区的葡萄酒酿造方法依然是沿用自然发酵、不加曲、不蒸馏的传统方式。

由西洋输入的葡萄酒，直到明末数量才逐渐增多。进贡而来的葡萄酒通常仅限于皇室贵族享用，明代民间饮用的葡萄酒更多产自中国北方，以关中和太原所酿葡萄酒最为有名。元代统治者喜爱葡萄酒，在官方的推广下，元代的葡萄种植和葡萄酒酿造迅速发展。宋末元初时，山西虽然多栽种葡萄，但并没有掌握葡萄酿酒的技术，当地人也不以葡萄酿酒。元好问在《蒲萄酒赋并序》中有“安邑（今山西运城）多蒲桃，而人不知有酿酒法”。不过，盛产葡萄的山西很快便以其原材料优势，发展成为元代宫廷的葡萄酒供应地，安邑县的葡萄酒作为御贡见于官方记录。据《元史・世祖纪一》记载，元世祖中统二年 (1261) 六月，“敕平阳路安邑县蒲萄酒自今毋贡”。忽思慧在《饮膳正要》中也记载平阳、太原盛

1 ［明］李时珍：《本草纲目》谷部，第二十五卷，谷之四。
2 ［明］宋濂：《饮馔服食笺》，商务印书馆，2015 年，第 877 页。

产葡萄酒，“葡萄酒益气调中，耐饥强志。酒有数等，有西番者（吐蕃）[1]、有哈剌火者（高昌地区）[2]，有平阳、太原者”；叶子奇的《草木子》也记载元统治者在大都、太原、南京、扬州等地设立了官方葡萄园，并在扬州路（今扬州）、抚州路（今江西抚州）、嘉兴路（今浙江嘉兴）等多处开坊酿造葡萄酒。至明代，太原、南京等地仍然是葡萄酒的主要出产地。《明实录》记载，洪武初年“太原岁进蒲萄酒”，虽然在明代统治者“屡却蒲桃酒之贡”的影响下，明中后期太原不再作为宫廷葡萄酒的主要供应地，不过山西地区仍然保持了一定的葡萄种植和酿造规模，成为明代北方的葡萄酒主要产地之一。

二、明代葡萄酒的饮用

早在唐代，葡萄已被发现除了可用于鲜食、酿酒还有更多用途，例如酿造果醋、制糖，甚至入药。经历了元代葡萄酒的辉煌发展期，人们对于葡萄酒的饮用已有了十分丰富的经验。对于葡萄酒的药用价值，李时珍在《本草纲目》中指出，葡萄酒具有较高的医疗保健效果，“能暖腰肾，驻颜色，耐寒”，且推测“北人多肥健耐寒，盖食斯乎？”[3]王肯堂在《续医说》中引《周氏日钞》，说葡萄酒有解毒之效：“回纥有虫如蛛，毒中人则烦渴，饮水立死，惟醉葡萄酒一吐则解。”《饮馔服食笺》载：“行功导饮之时，饮一二杯，百脉流畅，气运无滞，助道所当无愧。”[4]时人认为饮用葡萄酒可活血补气，有助循环。《食物本草》中也介绍葡萄酒性热可补气血，但易上火，所以其饮用在北方比南方更为流行：“葡萄酒补气调中，然性热，北人宜，南人多不宜也。”[5]

葡萄在明代社会是深受喜爱的果品，《菽园杂记》中盛赞葡萄从枝干、藤蔓到果实皆佳，夸赞其果实甘美、可入药，赞扬枝干、藤蔓屈伸得度，颇有“德行”：“其干臞者廉也，节坚者刚也，枝弱者谦也，叶多荫者仁也，蔓而不附者和也，实中果可啖者才也，味甘平无毒入药力胜者用也，屈伸以时者道也。其德之全有如此者。”明谢肇淛以美女与葡萄互比：

1 “西番”在元明时期一般指“吐蕃”：“西番，即古吐蕃地……包括乌斯藏、河、湟、江（或作洮）、岷等地。”参见方泽，赵心愚：《明初西番地区统治策略研究》，载《西南民族大学学报（人文社科版）》2017年第1期第235页。
2 高昌故城，元代又译作“哈剌火者”“哈剌霍州”“哈剌火州”“火州”等。
3 ［明］李时珍：《本草纲目》谷部，第二十五卷，谷之五。
4 ［明］宋濂：《饮馔服食笺》，商务印书馆，2015年，第878页。
5 ［明］卢和：《食物本草》钱塘胡文焕校刻本，第82页。

"上苑之苹婆[1]，西凉之蒲萄，吴下之杨梅，美矣。苹婆如佳妇，蒲萄如美女，杨梅如名妓。"《明清内阁大库史料集刊》中记载，朱批朝鲜贡使谢恩表中有"葡萄一袋"的官方赏赐记录，足可见其受欢迎程度。

明代的统治者不喜饮用葡萄酒，加之葡萄酒酿造耗费人力物力，远不及粮食酒量大价廉，自明太祖始，官方屡次下令停止使用葡萄酒作贡品。明代初期，战火兵燹以及自然灾害导致民生凋敝，粮食短缺，出于养民的目的，统治者颁布了严格的禁酒政策，不仅屡次下令禁止官员饮酒，取消了元时多处官方酿酒坊，也不再允许民间酿酒。《明太祖实录・卷六》记载，1358年，为避免民间酿酒使用大量粮食，朱元璋颁布了禁酒令。1366年二月，又下令禁种糯米："曩以民间造酒醴，糜费米麦，故行禁酒之令。今春米麦价稍平，予以为颇有益于民。然，不塞其源而欲遏其流不可也。其令农民今岁无得种糯，以塞造酒之源。欲使五谷丰积而价平，吾民得所养，以乐其生，庶几养民之实也。"洪武六年（1373），朱元璋谕群臣："太原岁进葡萄酒，自今亦令其勿进。国家以养民为务，岂以口腹累人哉！尝闻宋太祖家法，子孙不得于远方取珍味，甚得贻谋之道也。"洪武七年（1374）七月，西番进献葡萄酒，朱元璋又谓中书省臣曰："昔元时造葡萄酒使者相继于途，劳民甚矣岂宜效之，且朕性素不喜饮。况中国自有秫米供酿，何用以此劳民。遂令之使无复进。"

明初严格的禁酒政策，使得包括葡萄酒在内的一切酒类发展几乎停滞。不过停滞期并没有持续太久，当国家不再为粮食问题所困扰时，禁酒令也日益松弛。顾炎武在《日知录・卷二十八》中言："至今代，则既不榷缗，而亦无禁令，民间遂以酒为日用之需，比于饔飧之不可阙，若水之流，滔滔皆是，而厚生正德之论莫有起而持之者矣。"明代的酒业在短暂的停滞后，又逐渐恢复了繁荣。

明代蓬勃发展的酒类主要是白酒和黄酒。随着制曲和蒸馏技术日臻成熟，明代名酒层出，葡萄酒虽然也通过蒸馏提纯技术大大提升了口感和纯度，但其"果酒"属性并没有发生改变。明人爱酒，以"淡、苦、清、冽"者为上品，《鄱阳为酒赋》曰："清者为酒，浊

1 此处"苹婆"非现在所说的"苹婆果"（*Sterculia monosperma* Vent.），实为"苹果"（*Malus pumila* Mill.）。苹婆果喜温暖湿润气候，主要分布在热带、亚热带地区，中国多在南部沿海地区种植，而此处所说"上苑"在今陕西，属于温带季风气候区，无法种植苹婆果。《西京杂记》中记载，汉代上林苑（上苑）栽培有紫柰、白柰和绿柰3种柰。"柰"即是中国本土原产的绵苹果。后西域苹果传入内地，时人借用佛经中的"频婆果"为其名，到明代后期才正式出现了"苹果"这一名称。参见罗桂环：《苹果源流考》，载《北京林业大学学报（社会科学版）》2014年第2期第15-25页。

者为醴；清者圣明，浊者顽騃。”葡萄酒虽然经过过滤，但其色、其质地本身就较白酒、黄酒来得更加“深”“厚”，即使量少价贵，在明人眼中，葡萄酒仍然逊色于白酒和黄酒。《五杂俎·卷十一·物部三》中言酒：“甜酒，味之最下者也……酒以淡为上，苦冽次之，甘者最下。”认为以水果酿酒，“作时，酒则甘，而易败……初出亦自馨烈奇绝，而亦不耐藏……如饮汤然，果腹而已。”因此，葡萄酒在明代着实算不得流行，仅有“太原葡萄酒”以其“由来久、产量少、价格贵、色佳味美”而被列为“名酒”之一。

古人云：“非酒器无以饮酒，饮酒之器大小有度。”酒器不仅在形制上体现着美观性和功能性，在中国的酒文化中同样发挥着重要的作用，体现着非常广泛的社会功能。中国的传统酒器不只包含酒瓶、酒杯等饮用工具，还包含一切酿酒和饮酒过程中用于盛放、贮存、加热、斟取和饮用的器皿[1]。此外，酒具同样是一种礼器，可以作为人们社会地位的标志和等级层次的载体。虽然明太祖鉴于元朝奢侈亡国的教训，政策一向尚俭，屡却各地葡萄酒之贡，但根据考古发掘，永乐、宣德的御窑产品中各种釉彩的高足杯从未断绝，到成化时期，饮用葡萄酒的高足杯和细长颈瓶数量更是不断增加。王光尧在《古代葡萄酒酿造技术的东来及变化——海外考古调查札记（八）》中，以考古发掘的葡萄酒酒器，分析了明代宫廷葡萄酒的饮用情况[2]：

> 从永乐、宣德时期开始，御窑产品中各种釉彩的高足杯又开始多见，到成化时期，瓷高足杯无论是传世品还是考古发掘品更是数以百计。诚若高足杯体现的是明代宫廷文化对元代饮用葡萄酒习俗的延续，则知明代宫廷内葡萄酒的流行程度。景德镇明代御窑遗址的考古发掘表明，成化时期的御窑瓷器中可能和葡萄酒有关的器物，除了高足杯外，还有一种青花细长颈瓶。瓶小口、有盖（塞）、颈细而长、球腹、平底。这种造型在此前的御窑瓷器和民窑瓷器中均无先例。考其源头，此种作为醒酒和分酒器的细长颈瓶，与成化时期御窑产品中的青花长颈瓶外形相同，可能与波斯葡萄酒瓶有关。从永乐、宣德时期开始，明代御窑瓷器无论是器物类别、造型，还是纹样均多见伊斯兰文化元素。

可以推测，明代宫廷饮用葡萄酒的习惯并未因为统治者的喜好和禁令而停止，仍然保

1 明代之前，中国的饮用酒以低度酿造酒为主，酿造酒加热后口感会更加绵适可口，因此温酒器成为饮酒不可或缺的酒器之一。明代以后，随着蒸馏技术的应用、推广，蒸馏酒成为主要的饮用酒品，由于蒸馏提纯后的酒度数更高，不再适合加热饮用，温酒器也逐渐趋于没落。参见桑颖新：《试论中国酒具的发展及特色》，载《文博》2008 年第 5 期。
2 王光尧：《古代葡萄酒酿造技术的东来及变化——海外考古调查札记（八）》，载《故宫博物院刊》2022 年第 6 期第 27-30 页。

持了一定的发展。

明代葡萄酒的饮用酒器可谓种类丰富，千姿百态。随着明代商品经济的繁荣发展，明代的酒器作为兼具装饰性和使用性的日常器具，在中国酒器发展史上独树一帜。除去奢华的装饰性需求，明人选择酒器时，也十分注重其实用性。由于葡萄酒的沉淀物较多，保存不当很容易串味或变质发酸，从而影响口感，所以葡萄酒的储酒器大多为长颈瓶，颈长肚宽，斜肩高身的设计，比其他形状的酒器更加适合醒酒和储存酒香；葡萄酒的盛酒器则大多以可以映透出酒色的材质，或者以可以衬托酒色的材质制作而成，常见材质有水晶、犀角、玉石、玻璃、陶瓷等，形状则以“宽口薄沿”“高足圆底”为主要特征。

明代初期，由于统治者厉行节俭之风，严格的禁奢管制之下，“贵家巨族，非有大故不张筵。”随着商品经济的发展，明中后期社会风气逐渐转向奢侈浮华，酒器作为身份地位的象征，在造型装饰上极尽巧工，各种名贵、珍奇的材质和装饰屡见不鲜。葡萄酒作为奢侈饮品，其酒器自然更加奢华。金银作为贵金属在酒器制作中最为常见，此外，玉石也是常见的葡萄酒酒器材料，文学作品中关于葡萄酒以玉质酒器盛放的描述多如牛毛，“太平嘉瑞溢坤元，甘醴流来岂偶然。曲蘖香浮金井水，葡萄色映玉壶天”，“飞鞭騕褭明珠勒，击剑葡萄醉玉壶”，“正消磨暑气秋光，捧玉觞葡萄醸，酒友诗朋齐歌唱”[1]。除玉石外，犀角也是葡萄酒器中奢侈的独特存在。“古今无匹者，美玉也……古犀次之。”古来历有“犀角有香”之说，而酒传说可发犀之香，于是，“犀盏波浮琥珀光”，犀杯也成为上流社会流行的酒器。李渔在《闲情偶寄》中说：“酒具……富贵之家，犀则不妨常设……且美酒入犀杯，另是一种香气。……玉能显色，犀能助香，二物之于酒，皆功臣也。”文人王世贞曾记叙人们为了饮用葡萄酒，而特意珍藏犀角杯：“旧藏两犀杯……取紫酡酥点西京葡萄于此杯，对进之，当不恶。”

瓷器由于气孔率小、吸水率低，密封性能更好，其光滑的壁面不利于病菌的黏附和繁殖，能够保证食物的卫生清洁，从而十分适合盛装酒液[2]。《二酉委谭》中记录：“有明一代，至精至美之瓷，莫不出于景德镇。”

1 [明]郭勋：《四部丛刊·集部·雍熙乐府》，北平图书馆藏嘉靖刊本，卷二，第84页。
2 中国硅酸盐学会：《中国陶瓷史》，文物出版社，2004年，第41页。

明初，明太祖下旨沿用景德镇窑场为皇家御窑，承担宫廷御器及政府对内对外赐赠和交换的全部官窑器皿的烧造，据此推测，明代御用的葡萄酒酒器应该出自景德镇窑场。玻璃器，在明代也称其为“料器”，明代使用玻璃器饮用葡萄酒也较常见，浓郁的葡萄酒色与剔透的玻璃酒具相得益彰，明代诗词中对此多有赞美：“邻里老翁怪我红颜未凋歇，前劝葡萄美酒玻璃觞。”[1]“驰归梦、入户庭三径，葡萄满泛玻璃净。”[2] 相较于青铜、陶、瓷、漆、金银、玉石等材料来说，中国掌握玻璃工艺的时间较晚，虽然春秋战国时期中国就出现了玻璃制品，不过囿于工艺技术，其产量和普遍程度都十分有限。新疆若羌瓦石硖元代玻璃作坊遗址、山东博山元末明初玻璃作坊遗址[3]，是中国迄今为止发现最早的玻璃作坊[4]。明嘉靖《青州府志》载：“琉璃器出（山东博山）颜神镇。”《重修颜山孙氏族谱序》载：“洪武三年……应内官监青帘匠，业琉璃……供应内廷。”明代时，山东博山已经成为明代宫廷玻璃器的供应地，根据明代宫廷文化对元代饮用葡萄酒习俗的延续，供应明代宫廷玻璃器，用作盛放葡萄酒的酒器是极有可能的。

明代民间普遍饮用的酒类为白酒和黄酒，葡萄酒仍然属于奢侈饮品。以《金瓶梅》为例，《金瓶梅》全书共一百回，有关饮酒场景的描写多达 389 次，其中有具体名称的酒，品类共有 20 余种。其中，除了西门庆最为喜爱的“金华酒（南酒）”[5] 和民间最常见的“烧酒”外，“葡萄酒”出现的次数最多，多达 9 次。根据书中的描写，达官贵人们极少饮用“烧酒”，明代“烧酒”的饮用受众主要是帮闲、盗贼、地痞、恶霸、懒僧、妓女等社会下层人士。第三十八回中，西门庆冒雪参加酒席，返家后对李瓶儿道：“还有那葡萄酒，你筛来我吃。今日他家吃的是造的菊花酒，我嫌他香淆气的，我没好生吃。”酒席待客使用的菊花酒应该是当时较好的酒，西门庆仍然嫌弃其酒劣而香气淆，不肯饮用，返家后又特意筛葡萄酒

1 ［明］王世贞：《弇州山人四部稿》，第十九卷，七言古体五十四首，《罢官杂言则鲍明远体十章》。
2 ［明］常伦撰，李正民点校：《常评事写情集》，卷一，乐府《节节高》。
3 于加方：《淄博元末明初玻璃作坊遗址》，载《考古》1985 年第 6 期第 539 页。
4 袁晓红，潜伟：《新疆若羌瓦石峡遗址出土冶金遗物的科学研究》，载《中国国家博物馆馆刊》2012 年第 2 期。
5 “浙酒”即“金华酒”。《金瓶梅》中亦有多处提及“南酒”，“南酒”明清时是以南方江浙为核心出产的黄酒的统称，参见邵则遂的《读“金瓶梅词典”札记》，“南酒”在《金瓶梅》中指“金华酒”，所以此处将“南酒”“金华酒”作同一酒，提及共计十余次。据《金瓶梅》例七十二回：“只见安拿帖儿进来问春梅：爹起身不曾？安老爹差人送分资来了，又抬了两坛金华酒，四盆花树进来。”同一回，在描写西门庆察看安忱送来的礼物时：“西门庆见四盆花草：一盆红梅，一盆白梅，一盆茉莉，一盆辛夷；两坛南酒。”其中“两坛酒”是同一物，可知“金华酒”“南酒”所指相同；王利器先生主编的《金瓶梅词典》在释“金华酒”时，引了张远芬的观点，认为“金华酒”即是“兰陵酒”。参见张远芬：《金瓶梅考证》，济南：齐鲁书社，1984 年，第 19 页。根据李时珍《本草纲目》卷二十五：“东阳酒即金华酒古兰陵也。”由此认定“金华酒”为“兰陵酒”。此外，安忱随酒送来的拜帖上写：“外具时花四盆，以供清玩；浙酒二樽，少助待客之需。”“浙酒”即“金华酒”，也可为证。

来吃，可见葡萄酒的价值和认可度远在菊花酒之上。第六十一回中，西门庆“旋教开库房，拿出一坛夏提刑家送的菊花酒来。打开碧靛清，喷鼻香，未曾筛，先搀一瓶凉水，以去其蓼辣之性，然后贮于布甑内，筛出来醇厚好吃，又不说葡萄酒。叫王经用小金钟儿斟一杯儿，先与吴大舅尝了，然后，伯爵等每人都尝讫，极口称羡不已。”此处，西门庆家中库房收藏有他人送礼的菊花酒，通过对其性状、香气、口感的描述以及众人尝后赞不绝口的状态，可以判断出此坛菊花酒应该属于极上等的酒。文中用“又不说葡萄酒”来赞叹其品质，通过极品菊花酒之“醇厚好吃”程度不亚于葡萄酒的描述，更能看出其时葡萄酒的名气与认可度。

除《金瓶梅》外，很多明代小说、传奇中对于葡萄酒的饮用描写，大都出现在上层社会人士的生活场景中，在高门贵胄飨宾宴客的描述中最为常见。汤显祖在《紫萧记》第七折中描写霍王酌宫臣的盛大宴会时，便有“太平朝，千秋人日，开宴酌葡萄”之语。顾起元的《客座赘语》、汪砢玉的《珊瑚纲》等书中，也有富人饮用葡萄酒的描写。由此看来，葡萄酒在明代社会中仍然属于奢侈饮品，不过早已打破皇室和贵族的受众局限，普遍进入了中上层社会的酒类选择。

明代的葡萄酒饮用情况在地域上呈现北多南少的情况。卢和在《食物本草》中解释葡萄酒的饮用之所以“北多南少”，主要原因是葡萄酒性热，南方人饮用容易燥热上火，所以主要饮用受众分布在北方，“葡萄酒补气调中，然性热，北人宜，南人多不宜也。”《殊域周咨录》中记载明代南北方常见酒类：“北方有葡萄酒、梨酒、枣酒、马奶酒，南方有蜜酒、树汁酒、椰浆酒……”[1]，也可看出葡萄酒饮用受众的分布情况。

明人饮用的葡萄酒多为中国本土自产，虽不及西洋葡萄酒名贵少见，也是有钱人才可享用的珍贵酒品。“城门不闭，无他心也……宪宗悦赐葡萄酒”[2]“御酒葡萄宴琼晚，宫袍杨柳玉阶春”[3]，官员和富豪只有在接受赏赐，或参加盛大宴会时，才有机会饮用葡萄酒，“上悦赐葡萄酒，饮之后，每赐饮辄醉”[4]。大臣和贵族都以得赐葡萄酒为荣。时人有诗《南宫

1 ［明］严从简：《殊域周咨录》，明万历刻本，卷二十四，第 438 页。
2 ［明］赵廷瑞：《陕西通志》，嘉靖二十一年刊本，第 2046 页。
3 ［明］朱存理：《历代书画文集》《送倪得中赴春阁》，珊瑚木难卷，第 46 页。
4 ［明］宋濂：《宋学士文集》，景侯官李氏观槿斋藏明正德刊本，卷二十，第 31 页。

今去考功名》，描述进京赶考时，看到帝都宴会饮用葡萄酒的奢华景象："南宫今去考功名，迢递河山入帝京。丹荔高堆玛瑙盘，玉壶满载葡萄酒。"而在南方，从达官贵人到平民百姓都很少饮用葡萄酒，许伯旅在朋友家观赏葡萄时，写道："忆我携书客淮右（今河南省东南，光山、固始一带），大官都送葡萄酒。寒香压露春瓮深，风味江南未曾有。"[1] 葡萄酒作为北方常见的送礼佳品，其风味在江南地区竟然十分少见，这与当时葡萄的种植区域有很大关系。

事实上，元代南北各地的葡萄种植虽然已经有"遍种"的记载，但分布情况仍然是"北多南少"。相对北方普遍种植葡萄作为农业生产和酿造原料而言，南方地区的葡萄种植则主要限于观赏和鲜食，很少出于经济目的进行大面积种植，更没有形成规模化的酿造产业。一些特殊情况除外，例如，葡萄酒被用于宗教活动时，才会需要酿制葡萄酒以特供宗教需求，"看开樽，(酌葡萄酒者）元分品献，耶稣经言训人表"[2]。除此之外，南方民众饮用葡萄酒的情况记录可谓寥寥。

第二节　清代葡萄酒酿造与饮用

一、清代的葡萄酒酿造

清代葡萄种类丰富，尤其在康熙平定新疆后，与西域贸易、交流之路更加畅通，西域的葡萄品种不断传入中国。《清稗类钞》中记载葡萄品种："葡萄种类不一，自康熙时，哈密等地咸隶版章，因悉得其种，植诸苑籞。其实之色或白或紫，有长如马乳者，又有一种大中间有小者，名公领孙；又有一种小者，名琐琐葡萄，味极甘美；又有一种曰奇石蜜良者，回语琐琐葡萄也，本布哈尔种西域，平后遂移植于禁中。"[3]《中外农学合编》中记载清代塞外葡萄种类："今塞外有十种葡萄，曰：伏地公领孙、哈蜜公领孙、哈蜜红葡萄、哈蜜绿葡萄、哈蜜白葡萄、哈蜜黑葡萄、哈蜜琐琐葡萄、马乳葡萄、伏地黑葡萄、伏地玛瑙

1 ［清］钱谦益撰，许逸民、林淑敏校：《列朝诗集・乙集》，乙集第二《题林盘所学民家藏温日观葡萄》，中华书局，2007 年，第 2270 页。
2 谢伯阳：《全明散曲》，《天乐正音谱・弥撒乐音》，齐鲁书社，1994 年，第 5407 页。
3 ［清］徐珂：《清稗类钞》，中华书局，2010 年，第 7462 页。

葡萄……附野葡萄蔓生，苗叶花实与葡萄相似，但实小而圆色不甚紫亦堪为酒同。"[1] 此外，清人吴霭宸整理西域诗词时，对西域[2] 传入的葡萄种类进行了注释，记载了清代常见的葡萄种类，详细描述了品类特点[3]：

> "自古盛称,《群芳谱》所推异品也。有数种，藤蔓须叶相若，开黄白细花，结实累累，尺许之藤，坠重二三斤不等。一为白黄萄，即汉时所进之绿葡萄也[4]，大逾蚕豆，滴溜珠圆，色在碧白绿之间，宝光晶莹，与玉无辨，其甜足倍子蜜，无核而多肉，因干后色白，故名。又有俗呼牛奶，籍称马乳者，取其形似而名之，较白葡萄更大而长，分青紫黑三色，皮稍序，有核，妹甜而微酸，食之亦嘉，于即为葡枣也。又一种名琐琐葡萄，史称锁子葡萄者，轻圆最小，裁如椒粒，其色紫，甜中有酸，亦无核。此种甚稀，故熟时多不鲜食，阴干以为药，凡小儿痘颗迟淹，煎服即壮大，干后其细如果，每斤需银一两数钱，市者常争之。葡萄产于山南，自土鲁番起至南路各城，到处皆多。喀什、叶尔羌者，交纳备贡。"

从中可见，葡萄种类以颜色分青、白、紫、黑四色种类，又各自以有无果核、酸甜程度、果皮薄厚、果实大小、果实形状进行区别分类。"阴干以为药"的具体使用方式不同于《本草纲目》等书所记载的药用用途，清人对葡萄的食用方式和药用方式有了新的发展，药食同源，"治小儿痘"的特殊药用价值，使得琐琐葡萄在当时成为"市者常争之"的昂贵药材。吴霭宸还记载了新疆葡萄的具体产地——山南（天山山脉以南，今新疆塔里木盆地区域）各城普遍大量种植葡萄，其中喀什、叶尔羌地区出产的精品葡萄则作为贡品输往内地。元宫廷医生忽思慧言葡萄酒时，称"哈剌火者田地最佳"[5]，"哈剌火"便是今新疆吐鲁番市。清代满文档案中关于新疆贸易货物的记载中，葡萄作为果品类货物，不仅输往内地，也对外贸易[6]。瓦森 (Watheh) 回忆："浩罕商人和布哈拉商人在一起，组成商队，从塔什干出发，经过突厥斯坦，前去鄂木斯克、奥伦堡，把中国的产品——生丝、羽纱、棉线等带

1 [清] 杨巩:《中外农学合编》，清光绪三十四年刻本第十二卷，第 300 页。
2 此处西域为狭义概念，即昆仑山以北、敦煌以西、帕米尔以东的今新疆天山南北地区。
3 [清] 吴霭宸撰辑:《历代西域诗抄》，瓜果篇，新疆人民出版社，2001 年，第 252 页。
4《史记・大宛列传》载："(大)宛左右以蒲陶为酒，富人藏酒至万余石，久者数十岁不败。俗嗜酒，马嗜苜蓿。汉使取其实来，于是天子始种苜蓿、蒲陶肥饶地。"
5 [元] 忽思慧，黄斌校注:《饮膳正要・卷三・果品・酒》，中国书店出版社，1993 年。
6 中国第一历史档案馆藏满文朱批奏折、月折档，转引自日本佐口透著《18至19世纪新疆社会史研究》，新疆人民出版社，1984 年，第 440 页。

到俄罗斯地区，回来时携带毛皮、枪身、刀剑、熟皮子和俄罗斯的手工业品。”[1]

清代的葡萄种植地区分布，从时人的作品中可以看出，其主要产地和明代基本重合。《酒城其四》中记有：“羊羔产汾州，葡萄釀安邑（今山西运城）。”[2] 洪亮吉的诗中道：“关中红荔支，凉土（今甘肃省武威市）黄葡萄。南州设寒具，北地致冷淘。”[3]《湖海楼诗集》中有“君不见，易州（今河北省保定市）釀胜葡萄醕，滦河鲫□鲈腮□”[4]，“香醪徧（遍）长安，美者葡萄醴”[5] 的记述，河西和关中在当时就以盛产葡萄和葡萄酒而闻名。“苍藤蔓架覆檐前，满缀明珠络索圆。赛过荔支三百颗，大宛风味汉家烟。”虽然葡萄的品种日益丰富，但清代的葡萄酒并没有随着原料的增加而扩大生产规模，中原地区的葡萄种植和葡萄酿酒业规模基本延续着明代的局面。

清代，对于西域葡萄酿酒的方法，曾见三处记载。《西域闻见录》卷七描述吐鲁番葡萄酒的生产时说：“秋深葡萄熟，酿酒极佳，饶有风味，其酿法：纳果于瓮，覆盖数日，待果烂发后，取以烧酒。”清同治年间随军西行的萧雄有诗《西域杂述诗》：“新酿葡萄燕始开，全家高会满擎杯。还看马乳融成未，吩咐央哥再取来。”生动地描绘了当地人民饮酒欢聚时的情景，对当时新疆饮酒之风及酒的品种和酿造之法，亦曾有具体记述[6]：

> 男女皆好伙而多量，消有数种，呼为阿拉克。究竟网拉克，系言沙本所酿者，因以此为常酒，故专其名。又有用稻米大麦糜子，磨细酿成，不除精粕，如关内贫酒者，味淡而甜，名曰巴克逊。最上之品，莫如葡萄所酸。初酿成时，色绿味醇，若再燕再酿，则色白而猛烈矣。性甚热，饮之可除寒积之症。《汉书》谓俗嗜酒，大宛左右，以葡萄为酒，盘人藏酒至万余石，久者至数十岁不败，亦未必热，皆极言多且久也。又马乳可作酒，名曰七噶。以乳盛皮袋中，手揉良久，伏于热处，逾夜即成。其性温补，久饮不间，能返少颜。又闻柔堪亦可酿酒。回匾桑椹，大者长寸余，待其熟后自落，拾取晒于为之。《张风翼谈略》云，有桑落酒，相传熟于桑落之辰，因以为名。又云，论者不知地有桑落河，出马乳酒，羌人兼葡萄压之。是桑落乃地名，非时也。余谓桑落之名，威

---

1 [清]《新疆国界图志》宣统元年活字印刷本，第八卷，第 220 页。
2 [清] 钱谦益：《牧斋初学集》，景上海涵芬楼藏崇祯癸未刊本，第七卷，第 5 页。
3 [清] 洪亮吉：《洪北江诗文集》，景上海涵芬楼藏北江遗书刊本，《更生斋詩》第三卷，第 4 页。
4 [清] 陈维崧：《湖海楼诗集》，景上海涵芬楼藏患立堂刊本，第六卷，第 57 页。
5 [清] 陈维崧：《湖海楼诗集》，景上海涵芬楼藏患立堂刊本，第八卷，第 10 页。
6 [清] 吴藹宸撰辑：《历代西域诗抄》，饮食篇注，新疆人民出版社，2001 年，第 252 页。

因俟桑子落下，取以酿酒亦可，至马乳需萄，两种不能兼压者，恐说有未确。

《回疆志》中则言[1]：

酒最上品者，惟葡萄酒，系用葡萄入器内罨久□过，酿成色微绿，味虽醇而淡，再以造烧酒法重蒸，则色白味辣而烈，有力能醉人，为性甚热，能治腹中寒疾。

清末，随着鸦片战争的爆发，中国市场上的葡萄品种和输入的葡萄酒类也有所增加。《清稗类钞》中记载了外国葡萄酒输入情况，以及时人如何使用不同品类的外国葡萄酒："葡萄酒为葡萄汁所制，外国输入甚多，有数种。不去皮者色赤，为赤葡萄酒，能除肠中障害。去皮者色白微黄，为白葡萄酒，能助肠之运动。别有一种葡萄，西班牙，糖分极多，其酒无色透明，谓之甜葡萄酒。最宜病人，能令精神速复。"[2] 中国葡萄酒酿造公司的创始人张弼士在《奉旨创办酿酒公司》道："盛公谓亦曾试过，并查悉近地所产葡萄甚多，每担百斤，仅售价三元，惜无酿师可靠，不果办。而勋（张弼士别名张振勋）独以酒樽（酒瓶）一物为虑。盛公曰：上海有玻璃厂，无虑也。"[3]

1897 年，酒厂正式开工，又建玻璃厂自制酒瓶，用以贮存所酿葡萄酒。烟台本地的葡萄达不到酿造优质葡萄酒的标准，"本地所产葡萄，种植未得法，故力量不足，酿酒不佳；且泰西葡萄可酿酒者数十种，而本地所产仅一种，惟可酿白酒"[3]，于是张裕葡萄酒厂从国外陆续引进了 124 种酿酒葡萄品种[4]，并聘请法国专家进行技术指导，"其栽种葡萄之法，中西并用，不拘苗种，不泥成法，惟随其性之所宜"[5]，将本土葡萄与外国葡萄进行嫁接、培育，最终培育出多种优质酿酒葡萄品种。如今耳熟能详的葡萄品种赤霞珠、玫瑰香、雷司令等大多是当时被引入中国并命名的。

二、清代葡萄酒的饮用

清代宫廷饮用的葡萄酒主要来自外国的进献。"康熙二十五年六月，国王耀汉连氏、

1 ［清］永贵，固世衡：《回疆志》清乾隆间抄本，第 36 页。
2 ［清］徐珂：《清稗类钞》，中华书局，2010 年，第 7952 页。
3 杨家骆：《洋务运动文献汇编》，世界书局，1963 年，第 582 页。
4 王恭堂：《走向世界的烟台葡萄酒》，载《葡萄栽培与酿酒》1988 年第 1 期第 29-30 页。
5 吴承洛：《今世中国实业通志》，上海商务印书馆，1933 年，第 56 页。

甘勃氏遣使宾先吧芝表献方物：丁香油、蔷薇花油、檀香油、桂皮油各一罐，葡萄酒二桶……”“雍正五年，又遣使贡方物：各品衣香、巴斯地理葡萄红露酒、葡萄黄露酒、白葡萄酒、红葡萄酒、咖石仑、各色珐琅料。”[1] 康熙四十八年至四十九年 (1709—1710) 两广总督赵弘璨、广东巡抚范时崇奏西洋教士贡葡萄酒摺五件。其中《赵弘璨、范时崇奏西洋人沙圃安等进葡萄酒折》：“本年七月初拾日，臣等接到住澳西洋人沙圃安等信壹封，内开：多皇上利用真葡萄酒。特托人采寄来，计开加纳列国葡萄酒一箱，七十小瓶；伯兰西亚国葡萄酒两箱，共二十大圆瓶；波兰图噶国葡萄酒两箱，共二十四方瓶。臣等因为请圣示，不敢遂行赍送。应否进呈，伏候圣旨。”康熙帝于四十九年七月十四日朱批：“随便带来。”[2]

除了外国葡萄酒，贵族饮用的葡萄酒也有部分来自国内新疆、山西等地。作为奢侈饮品，清代进口葡萄酒主要流行于上层阶级，民间饮用葡萄酒则多为本地酿造。康熙四十七年（1708）九月，康熙帝最喜爱的十八阿哥胤祄病薨，同月太子胤礽因不法祖德而被废，“九月不幸事出多端，朕深怀愧愤，惟日增郁结以致心神耗损，形容憔悴，势难必愈”。康熙帝身心疲惫，忧思竭虑，不久就患上了严重的心悸症，整日心神不宁，不思饭食。法国传教士罗德先（Bernard Bodes）配制了胭脂红酒让皇帝服用，止住了康熙帝的心悸症，随后又建议他服用产自加那利群岛（Canaries）的葡萄酒。当时的耶稣会传教士南怀仁等也跪奏劝他喝葡萄酒以活跃血液、振奋精神，康熙帝遂每日饮用葡萄酒，觉得十分有效，不仅食欲大涨，精力也恢复了不少。据康熙四十八年（1709）正月的上谕：“前者朕体违和，伊等跪奏：西洋上品葡萄酒，乃大补之物，高年饮此，如婴童服人乳之力。谆谆泣陈，求朕进此，必然有益。朕鉴其诚，即准所奏，每日进葡萄酒几次，甚觉有益，饮膳亦加，每日竟进数次。朕体已经大安，伊等爱君之心，不可不晓谕朕意。”

此后康熙帝特下谕各省，征求进献西洋葡萄酒。康熙四十八年短短一个多月的时间，仅江浙的传教士就向康熙皇帝进献了100多瓶葡萄酒[3]。上行下必有效，葡萄酒因此迅速在当时的达官贵人群体中风靡起来，葡萄酒的“大补”之效被康熙皇帝本人认证后，引起了效仿效应，一时间葡萄酒成为炙手可热的珍贵之物。据《雍正帝起居注》记载，雍正十一年（1733）七月初六，意大利传教士罗怀中（Giuseppe Da Costa）呈献给雍正皇帝三张“西

1 ［清］梁廷枏撰，袁钟仁校编：《粤海关志》，广东人民出版社，2014年，第445-449页。
2 何新华：《清代贡物制度研究》，社会科学文献出版社，2012年。
3 关雪玲：《康熙朝宫中西洋医学活动》，载《故宫博物院十年论文选 1995—2004》，紫禁城出版社，2005年，第166页。

洋葡萄药酒”的配方，其上详细说明了“罗斯马丽诺葡萄药酒”“肉桂葡萄药酒”“桃仁葡萄药酒”三种葡萄药酒的酿造原料、酿造方法以及用法用量[1]。

清末，随着与洋人的交往越来越频繁，西方饮酒礼仪也逐渐包含在了晚清宫廷的日常生活和礼仪之中。为慈禧画像的美国女画家凯瑟琳·卡尔，在其回忆录中记述了宫中为她举办欢迎宴席时准备了数种西洋葡萄酒，“预备香槟酒、红葡萄酒及盘根丹酒等多种低度酒”。她还提到慈禧会在宫外有新葡萄酒进呈时进行品尝[2]。

鸦片战争前，英国曾在1793年和1816年派遣马戛尔尼（George Macartney）外交使节团和阿美士德（William Pitt Amherst）外交使节团来中国访问，马戛尔尼在回忆录中记录了当时的中国虽然葡萄种植遍及各省，且葡萄的品质也十分不错，但葡萄酒却并不常见：“在各省，甚至远至北方，如北京，葡萄都生长良好，但看来并未鼓励种植，除了首都的传教士外，没有人拿葡萄汁酿酒。”[3]在北京居住的法国神父罗广祥（Nicolas Joseph Raux）前去看望使团时，带去了他种植的无核白葡萄和自酿的葡萄酒，并告诉使团：“自从在北京发现了在葡萄汁里加一定量的糖可酿成高质量的葡萄酒以后，我们就再也不为没有欧洲葡萄酒发愁了。欧洲葡萄酒在中国卖得不便宜。”[4]1844年法国派遣使团访问中国，广州十三行的巨商潘仕成专门以一瓶玛尔戈名酒待客，并对使团成员们说：“所有欧洲的酒类之中，这是我最喜欢的。我已经完全习惯了喝它。喝这种酒时，我能在家里的每个角落都闻到比蜡梅还要香的香味，它使得整个香山都香了起来！”[5]清朝著名外交家张德彝，在其著作中向国人介绍了欧洲的葡萄酒品种和酿造情况。1866年张德彝随斌椿出使欧洲，见到欧洲种植葡萄与国内不同，遂记下：“（法国）盛植葡萄，高皆二尺许，每株每岁只结实四五枚，色红味酸。”[6]并介绍说欧洲人酿制的“番鲁石”葡萄酒与国内葡萄酒之“味淡”大不相同，味极酸，必须以一半量的凉水勾兑后才可以饮用。此外，张德彝还介绍了欧洲葡萄酒酒窖和饮酒风俗，他的文字为当时国人了解西洋葡萄酒的真实情况提供了第一手的

1 陈可冀：《清宫医案研究》，《雍正朝医案辑录》，中医古籍出版社，2003年。
2 [美]凯瑟琳·卡尔著，张宽整理：《慈禧与美国女画家》，春风文艺出版社，1993年，第14、22、53、147页。
3 [英]乔治·马戛尔尼、[英]约翰·巴罗著，何高济、何毓宁译：《马戛尔尼使团使华观感》，商务印书馆，2017年，第176、226、296页。
4 [法]阿兰·佩雷菲特：《停滞的帝国：两个世界的撞击》，生活·读书·新知三联书店，2007年，第138-139页。
5 [法]伊凡著，张小贵、杨向艳译：《广州城内：法国公使随员1840年代广州见闻录》，广东人民出版社，2008年，第54-57页。
6 [清]张德彝著，钟叔河校点：《航海述奇》，湖南人民出版社，1981年，第38、68、121页。

资料。

光绪二十九年（1903），清政府为了平息义和团捣毁传教士墓地一事，在重新修整的墓地旁修建了一座法国圣母天主教堂，名为马尾沟教堂。《感咏圣会真理》其四中："天国丰宴备，傅呼起侧微。麦膏餐不素，萄酒醉未归。"记录了清代天主教的宗教活动在圣会聚集之时，每宴必备葡萄酒。千里迢迢从国外运输来的葡萄酒数量，无法满足教堂日常宗教活动对葡萄酒的大量消耗。况且清代对于进口酒类的税率并不算低，清末进口洋酒需缴纳的进口税税率约为 7.5%（5% 关税加 2.5% 子口税），随后洋酒进口税也多有增长，郑观音在《盛世危言》中提出，"若外洋进口之烟酒，亦宜加重其税，如纸烟、雪茄烟、麦酒、葡萄酒之类。"[1] 迫于进口葡萄酒的昂贵价格，法国的传教士不得不从法国引进了优质葡萄苗，在滕公栅栏墓地周边开辟了一片葡萄园专门种植酿酒葡萄，并尝试自行酿造宗教活动需要的葡萄酒。宣统二年（1910），法国修士沈蕴璞在马尾沟教堂建立了葡萄酒坊，专门聘请了法国葡萄酒酿造师，采用法国工艺和工具，大量生产葡萄酒，以供应全北京的教堂进行弥撒、祭祀和圣餐的使用需求[2]。

有清一代，葡萄酒的饮用受众逐渐下移，饮用既无人群之分，也无饮用场合的限制，不再是社会精英阶层的限定饮品，葡萄酒饮用真正走向了大众，流溢着鲜明的生活气息。"百里之会，非酒不行，无酒不成礼。"从宫廷到民间，敬天祭神、庆典聚会、婚丧嫁娶的种种活动中，酒必不可少。《子虚记》中的喜宴用酒，便有葡萄酒的身影，"我等不须重等候，宴完诸位好求亲。兆彝点首言称是，左右家人酒席呈。一共十人分两桌，良朋相聚喜知心。金杯满泛葡萄酒，海味山珍色色新。"[3] 作为婚宴用酒，葡萄酒喜庆的颜色烘托着热闹、吉庆的气氛，葡萄所蕴含的"多子"寓意，也体现着对新人"早生贵子"的美好祝愿。

在清代，葡萄酒的价格和档次作为礼物是十分拿得出手的，"君今寄我五言诗，道我葡萄酒甚美"。清代诗词作品中常见文人之间互相赠送葡萄酒作为礼物的记述。徐珂在《清稗类钞》中记载，嘉庆某年冬至前二日，"仁和胡书农学士敬设席宴客，钱塘汪小米中翰远孙亦与焉，饮鬼子酒。翌日，严沤盟以二瓶饷小米，小米赋诗四十韵为谢。鬼子酒为舶

1 [清] 郑观应著，夏东元编：《盛世危言》，中华书局，2013 年，《禁烟上》，第 176 页。
2 葛承雍：《"胡人岁献葡萄酒"的艺术考古与文物印证》，载《故宫博物院院刊》2008 年第 6 期第 81-98 页。
3 [清] 汪藕裳：《子虚记》，中华书局，2014 年，第 2698 页。

来品，当为白兰地、惠司格、口里酥之类。当时识西文者少，呼西人为鬼子，因强名之曰鬼子酒也”[1]。《左宗棠全集》中收录左宗棠在受到友人赠礼后，回复的信件中特意提到了其所赠葡萄酒，“又承惠赠帐房一顶及路上所用零碎东西、果子、葡萄酒等物，具见情谊周挚。”[2]待客迎宾需用好酒，酒的选择更要切合客人口味，清人与洋人交往，往往会随客饮用葡萄酒，《官场现形记》第七回中，抚州宴洋官时，便准备了“勃兰地、魏司格、红酒、巴德、香槟”五种西洋葡萄酒[3]。

朋酒斯飨，葡萄酒是清人的酬客佳品，“西斋宴张，葡萄酒香，尘谈尘虑胥忘，怪金乌太忙”。作为闺房消遣，葡萄酒的醇美成为闺阁女子叙情言意的佐伴，“为我破愁城，酌我葡萄酒”“消间且酌葡萄酒，世事由来似奕棋”[4]，所谓“一酌千忧散，三杯万事空”，酽然醉意中，愁绪悄然随酒流逝。时人寿宴时，也常使用葡萄酒款待亲朋好友，《乞寿诗》中描述了寿宴时主人用葡萄酒盛情款待宾客的热闹场景，盛赞葡萄酒的汁液犹如“琥珀光”般醇厚、温润：“葡萄汁滓储千斛……寿筵设醴愁为客，琥珀光浮庶可观。”[5]每逢佳节相聚，好酒必不可少，赏心乐事，节日相酌，葡萄酒表达着人们特殊的情感，“客中忽忽又重阳，满酌葡萄当菊觞。”[6]“方入小寒寒气增，天时人事岁相仍。砍柴驴子怕驮雪，取水鱼儿惊凿冰。土碓晨炊煎乳酪，琳宫夜梵点酥灯。主人馈我葡萄酒，闲对残花饮一升。”

“安得西国葡萄酒，满酌南海鹦鵡螺。”[7]进口葡萄酒不但量少难求，其昂贵的价格也难以为普通百姓所承担，民间饮用的葡萄酒，大多还是来源于本土自酿。《恒山南道》中描述了普通百姓购买本土葡萄酒的场景，“前村定买葡萄酒，醒眼将如属景何”[8]，“夜醉葡萄酒，朝开蹋鞠场”[9]，闲暇自酌，人们饮用葡萄酒已属稀松平常。“谁报凶哭酋发塚冤，宝刀饮血月黄昏。要携十斛葡萄酒，来酹秋原壮士魂”[10]，祭奠用酒中也有使用葡萄酒的记载。此外，葡萄酒还因其御寒活血的功效颇受北方边塞官兵的喜爱，严绳孙的《倦寻

1 [清]徐珂：《清稗类钞》，中华书局，2010年，第6290-6291页。
2 [清]左宗棠：《左宗棠全集・书信卷三》，岳麓书社，1996年，第6页。
3 [清]李宝嘉：《官场现形记》(上册)，天津古籍出版社，2004年，第59-61页。
4 [清]李雷：《清代闺阁诗集萃编》，中华书局，2014年，第947、4971页。
5 [清]徐波撰，严志雄、谢正光辑释：《落木菴诗集辑笺》，上海古籍出版社，2020年，第319页。
6 [清]钱谦益：《牧斋初学集》，景上海涵芬楼藏崇祯癸未刊本，第四十八卷，第6页。
7 [清]张应昌：《烟波渔唱》，清同治二年西昌旅舍刻增修版，第5页。
8 [清]邓汉仪撰，陆林、王卓华辑：《慎墨堂诗话》，中华书局，2017年，卷一，第7页，王铎：《恒山南道》。
9 钱仲联：《清诗纪事》，凤凰出版社，2003年，第215页。
10 钱仲联：《清诗纪事》，凤凰出版社，2003年，第3640页。

芳・送成容若扈从北行》"笑回头，有葡萄酒暖，当妒如月"[1]，张雪君的《伊江竹枝词》"上巳清明都过了，雪花犹扑倚楼人。戎装半卸聚间庭，快饮葡萄酒未停"[2]，中均记有边塞之地饮用葡萄酒以御寒的习惯。

酒器作为酒的物质载体，以其独特的方式传承和表达着酒文化。清代作为中国古代工艺水平发展的高峰时期，随着各种工艺奇艺骈罗，酒器的制作也更加精致，不仅种类丰富，在材质、形状、功能上也推陈出新，百花齐放。金盏玉杯自不必说："葡萄酒暖看金盏，豆蔻香销倚碧笼。""墙头梅蕊疏窗白，瓮面葡萄玉盏红。""蹀骏金台迅，葡萄玉盏清。"清代诗词作品中以金玉酒器酌葡萄酒的记载屡见不鲜，其他材质的酒器也较前朝发展出了更多种类。

不同时期的酒器记录、体现着当时的社会文化和审美，由于对外交往的频繁，酒器制作也不断吸收、借鉴外来文化，出现了很多具有异国特征的西洋酒器。康熙三十五年（1696），康熙帝请来德国传教士兼技师纪理安作技术指导，建立了清宫玻璃厂，从此开始了宫廷御用玻璃器的制作，一直生产到清代末年[3]。《清宫内务府造办处档案》中明确记载有玻璃酒具的烧造，如雍正十年 (1732) 二月："初二日交玻璃厂常禄抄去，内大臣海望奉旨：葡萄色玻璃与香色玻璃如何不烧造茶房应用的酒圆？嗣后烧造些。钦此。"[4] 由此可见，玻璃酒具在雍正时期不但由清宫玻璃厂专门负责，还是雍正皇帝亲自下旨烧造的。故宫博物院藏清人画《胤禛行乐图像册》之一，上绘雍正侧靠溪边的山石，呈半躺状，身边石头上放置着一个玻璃酒瓶。根据清代皇帝的饮食起居记录，康熙帝、雍正帝都曾饮用葡萄酒，画中的玻璃酒瓶极有可能是清宫玻璃厂御制的玻璃酒器。

彭孙贻的《客舍偶闻》中记有："（汤若望）取西洋蒲桃（葡萄）酒相酌，启一匣锦囊，又一匣出玻璃瓶，高可半尺，大于碗，取小玉杯二，莹白无瑕，工巧无匹，谓吏部范公曰：闻公大量，可半杯。"可看出当时人们有使用"玻璃瓶"藏葡萄酒的习惯，"葡萄酒注琉璃钟，狂歌起舞欢兴浓"。欧阳厚均的《有方游草》中，"狂饮"葡萄酒时所用的酒器就

1 [清] 纳兰性德著，严迪昌点校：《纳兰词选》，中华书局，2011 年，第 105 页。
2 钱仲联：《清诗纪事》，凤凰出版社，2003 年，第 3640 页。
3 [美] E.B. 库尔提斯著，米辰峰译：《清朝的玻璃制造与耶稣会士在蚕池口的作坊》，载《故宫博物院院刊》2003 年第 1 期第 62-64 页。
4 中国第一历史档案馆，香港中文大学文物馆编：《清宫内务府造办处档案总汇》第五册，人民出版社，2005 年，第 218 页。

是“琉璃（玻璃）钟”。清代著名画家吴历在其《墨井画跋外卷》中，也提到了自己日常饮葡萄酒时，使用玻璃杯：“饭后以玻璃杯饮葡萄酒，每客数升，不用酒政。”[1]

到明清时期，葡萄酒的酿造技艺已经达到中国古代巅峰时期，不但发展出多种种类，口感和纯度也大大提升。民间饮用经验十分丰富，人们对于其药用方式和健体功效也有了不少新的认识。明清时期的进口葡萄酒主要来自进贡和贸易，由于数量少、价格昂贵，一直属于奢侈饮品；本土葡萄酒的发展比较缓慢，在前代自然发酵法、加曲发酵法和蒸馏提纯法的基础之上不断改良，各地技术又略有不同。由明至清，人们对葡萄酒的认知日益丰富，葡萄酒的受众也逐渐从上层阶级扩展到民间。到清代后期，除了白酒、黄酒等日常酒品之外，本土葡萄酒也成为人们的饮酒选择之一。

1 ［清］吴历：《墨井画跋外卷》，第 15 页。

第六章
民国时期葡萄酒的近代酿造与文化贡献

葡萄酒的酿制在中国有着悠久的历史，但其近代工业体系的建立和国有品牌的创建均开启于清末民国初期。清代末年，西方率先完成了世界的探索，走上了引领时代之路。随着世界商业圈的扩展，西洋货物渐渐在中国市场中崭露头角。我国的葡萄酒产业裹挟在这股世界浪潮之中，开启了近代化的发展征程。

第一节　第一家葡萄酿酒公司的诞生与发展

清代中国各地便均有葡萄酒的生产记载，山西首府太原自古便是盛产葡萄的地区，雍正年间，山西太谷、文水、清源三县均有葡萄酒的产出记录[1]；晚清的陕西是村寨普遍种植葡萄之地，宣统年间，天主教徒华国文与陕西省议员合股创办了美利酿造公司，采用意大利酿造技术生产共和牌葡萄酒[2]。东北黑龙江等地常年野果生长繁茂，每逢丰年压榨的山葡萄酒销路极好[3]，吉林、通化等盛产桨果地早有山葡萄酒坊的建立……但这些均属于酿酒小作坊，工业生产线皆未成体系，产量普遍偏小，加之洋人的投资又极受限制，生产技术不甚成熟，还不能称作葡萄酒工业。但自外国入侵的一系列战争之后，陆续签订的各项不平等条约迫使清朝政府开放大量港口作为商埠，国外资本随之大量涌入，外国企业家们在内陆大量投资设厂，其中不乏果酒及葡萄酒酿制工厂。加之清政府急于恢复统治权威，大力引入西方技术与观念，鼓励国内人士“实业兴邦”。如此一来，一方面，海禁废止，贸易通畅，大量外国酒商得以进驻中国，酒的品种增多、品质升高；另一方面，政府为招揽人才鼓励兴办实业，各大爱国华侨开始兴办产业，践行实业救国的口号，其中就包括一位久誉盛名的富商贾股——张弼士。

1 衡翼汤:《山西轻工业志》，山西省轻工业厅省志编写组，第 83-84 页。
2 陕西省地方志编纂委员会:《陕西省・轻工业志》，三秦出版社，第 263 页。
3 金士儒:《黑龙江省志・轻工业志》，黑龙江省地方志编纂委员会，第 173-174 页。

一、近代中国葡萄酒之父——张弼士

张弼士，号肇燮，后自改字为振勋，1841 年生于广东省梅州县客家村，其父是清道光年间的落魄秀才，靠教授学生及为人医病谋生，落寞贫穷的家境使他只随父亲读了三年的私塾，便辍学到姑父家放牛。

说来有趣，似乎能成大事者，在儿时总会显得有些与众不同。据说，十三岁的张弼士由于人小拉不住牛，放牛时难免会破坏他人的作物，而姑父又为人小气，每每遇到人家找来总会闹得沸沸扬扬。终于有一次，姑父因为张弼士看丢了牛导致别家失了种好的禾苗，对其又打又骂，口不择言以死人作比："死人都能看住棺材板，你却连头牛都看不住！"张弼士一听这话无法再忍，当即便反驳起来，扬言有天若是自己发了财，看姑父还如何说。在当时的情境里，此话在他人看来就是异想天开、白日做梦，自然被姑父斥责道："若是你有天能发财，我便将门口的灯笼倒吊。"[1] 老话说"宁欺白须公，莫欺少年穷"，人可穷但志不可短，也许我们无法亲自体会张弼士年少时的生活处境，但在他一声声不避讳的言辞中，在他一桩桩勇无畏的举动中，都可以看到这位少年志气通天的气概。当后人疑惑一位农家放牛郎何以在十几年后屡开先例，得朝廷无数人士赏识，乃至成为中国近代葡萄酒之父时，我们追本溯源，会发现答案也许很简单。

满山竹子背虾虾，莫笑穷人戴笠麻。
慢得几年天地转，洋布伞子有得擎。
满山竹子笔笔直，莫笑穷人无饭食。
慢得几年天地转，饭箩端出任你食[2]。

少年张弼士带着这样一股不认贫穷、剑指前路的锋芒，从姑父处归家后，转而去学编织箩筐，立志谋富，直到他离乡的那一年，张弼士的编织手艺已炉火纯青。"破万里浪，建树遐方，创兴实业，为外国华侨生色，为祖国人增辉。"[3] 客家人开拓进取的鲜明精神，使得世界终将为他打开一道窗口，指引他走向远方。

1 广东历史学会张弼士研究专业委员会：《张弼士研究资料》第 1 辑《张弼士君生平略等》，2006 年，第 37 页。
2 王恭堂：《百年张裕传奇（上）》，团结出版社，2015 年，第 4-5 页。
3 郑官应：《张弼士君生平事略》，沈云龙主编：《近代中国史料集刊》（第 75 辑），文海出版社，1972 年，第 5 页。

1858年，梅州遭遇严重灾荒，家乡无处谋生，多数人选择远跨南洋寻求出路。两广之地濒临南海，鸦片战争之后，该地区是清政府统治下最早取得对外自由通商权的口岸。因此，生活在这片广袤土地的人民并不完全像内地的封建传统家族，秉持正统，排斥外道。于是当时17岁[1]的张弼士只身南下，与背井离乡的有志青年一起，远赴荷属东印度谋生。张弼士在巴达维亚（今雅加达）谋生期间，做过学徒，当过食客，也尝试过各种杂活。

历经一段时间的积累后，在同乡的引荐下投身于福建陈姓人创办的纸行中做帮工。当时的纸行帮工主要负责商品的包装和运输，因其在家乡练就的扎笼手艺，张弼士扎制的包裹结实精美，从此赢得了老板的赏识[2]。加之其为人诚恳真挚，当地人赞扬张弼士的德行，老板更是欣赏他的真诚守信，认为这是作为一个商人最珍贵的品德，坚信其将来定有一番作为。因此，即便有闻张弼士早有结发妻子，纸行老板还是毅然决然地将独生女儿托付给张弼士做偏房，弼士先生为人处世的独特之道由此亦可见一斑。陈氏病逝后，张弼士继承了其全部家产，逐渐开始在巴城崭露头角。就这样，张弼士在印度多年，精明勤苦，在历经数行谋生职业后初得资金，开始独自经营一家酒行。而这一经历，也为他之后营造葡萄酒酿制公司积累了经验。身处异国他乡，若想在事业上有所突破，观察四方制度、处理人情世故的谨慎精明必为其行事之所需。秉持着这样的原则，张弼士积极了解当地经济发展状况，努力与荷兰殖民当局领事搞好关系，得以免除多种税务，几年经营收益颇丰。1866年，张弼士成功创办裕和垦殖公司，随着其规模不断扩大，张弼士随即跨越行业开办公司，从银行业、航运业到矿业，其生意运营范围横跨东南亚多国，成为当时中国乃至南洋华侨首屈一指的富商[3]。

在南洋漂泊的日子里，虽生意渐起，声名日盛，但毕竟身处异国他乡，看着远方货运的船只渐行渐远，也许父亲的教导如沉暮之钟骤响于耳边，又或许是海风过岸裹挟着梦里的乡音，这些飘缈的声音跨越山壑海峡，环绕在张先生的心间，这团热爱着祖国的锦绣如

1 关于少年张弼士外出南洋的时间始终未有统一的说法，此处取自汪敬虞在《中国近代工业史资料》（第二辑，下册）中引《星洲十年》的说法是咸丰六年（1856），年十七。

2 关于张弼士所投之处究竟是米行还是纸行始终未有统一的说法，《梅州市志》中记载其“初到印尼巴城（今雅加达市）寄食于大埔会馆，后在姓温的米行做工。”《大埔县志》中记载“张弼士最初在一家姓温老板开办的纸行当杂工”，各类文献与其店铺售卖为何及老板姓氏均有不同。鉴于转述人关系，此处取自李松庵：《“金奖白兰地”创始人张弼士事略》（载《文史春秋》1994年第2期第46页）中引自《广州文史资料》第十辑的说法是于姓陈老板的纸行充当杂工。

3 广东历史学会张弼士研究专业委员会：《张弼士研究资料》第1辑《张弼士君生平略等》，2006年，第19页。

此沉寂着、积攒着，在 19 世纪末迸发出了能够照耀至今的光芒。那时的中国发生了很多事，对于一个国家整体的发展意义来说，有战火、失地和东渐的西学新知，而对于一个小小的葡萄酒行业来说，是其里程碑般的新生之端。葡萄在中国并不是什么稀奇物种，但葡萄真正作为酿酒原料的工业化和标准化则开创于张裕葡萄酿酒公司的建立。时至今日，被人们铭记于心的不仅仅是那醇香浓郁的张裕葡萄酒，还有胸怀“十万之富豪，则胜于有百万之劲卒”的爱国实业家张振勋。

二、张裕葡萄酿酒公司起源

葡萄酒与中国的关系，早在西汉便连接起来，但起初由于葡萄酒的享用者有限，加之古代中国民众的饮食主要以粗粮为主而非肉类，葡萄酒的酿制便没能以一种产业的形式发展起来。自鸦片战争之后，中国市场逐渐开放，随着外国商人、传教士来华，各类洋酒也纷纷涌入了尘封百年的国内市场。由于清代中国酒类品种较洋酒而言相对单一，其消费群体只限于国人，且我国酒类自汉代便收归国营，国营制酒无个体经营盈利丰厚，故专员多敷衍滥造，制作出来的酒水大部分气味劣质，饮之又易醉，多为下层百姓所用。而西方舶来之葡萄酒性质平和，气味香浓舒适，且洋人皆称其有益于身体康健之效，故中上层人家皆愿购买其产品，届时无论是商界邀请贵宾，还是政界国人宴席，动辄以洋酒白兰地、威士忌招待客人[1]。洋商借此获利甚多，循环往复便使得国内酿酒行业的权利均为外国人所斩获，逐渐形成了洋酒垄断国内市场之势，“其利权已半为外人所攘夺矣”[2]。张裕葡萄酿酒公司正是立足于这样的背景之下，萌生于清同治十年（1871）夏夜里的一场酒会之中。

1871 年，张弼士任清政府驻巴城（今雅加达）商务领事，其间应荷兰友人之邀，赴法国领事署座谈[3]。法国领事道出，若以烟台的葡萄精心酿制，所产出的葡萄酒香醇程度毫不逊色于法国波尔多。在张弼士的追问下，领事告知他缘由：咸丰年间他曾跟随法军驻扎中国烟台，发现那里有漫山遍野的野葡萄，扎营期间士兵们将它们采摘下来，用小机器试

1 郭崇阶，朱嘉骥：《商品调查（烟、酒、糖之部）》，财政部驻沪调查货价处，第 35-46 页。
2 杨大金：《现代中国实业志》（上），商务印书馆，1938 年，第 732 页。
3 白眉初：《山东省志》卷七，泰州新华书店古旧部，1984 年，第 112-114 页。省志记载原文：“前清同治辛未年张君载噶啰吧偕嗬友拉辖往晤法领事谈次，法领事出葡萄酒盛之细酌之下，不觉味甜而美知为贵品，询其所值云，来自法京，每瓶值英金一磅。既又云，贵国北方天津烟台等地土产葡萄可酿此酒，问何以知，则曰，咸丰之役曾随法兵至天津，见有西人用小机器试验，正疑在该处设立公司种植造酒，适兵事寝，将地交还遂不果行。”

酿成陈酒，杯觥交错间竟发现其口味不输于法国本土所产的葡萄酒。这般惊奇地发现使得士兵们立即注意起烟台的气候及地理状况，观察后发现该地区有着媲美法国红酒之乡的气候环境，故而苦于征战的士兵们便设想战后留在此地开设葡萄酒的经营生意，但由于战事结束，未能如愿以偿。那时众人正值微醺之际，谁也没有想到这微小如尘的一番谈话却悄然附着在张弼士的心中，点燃了其对中国葡萄酒的商业畅想。

早在南洋发展时期，张弼士便时常关注国内经济的发展状况，看到各大洋商、洋行盘踞中国市场，张弼士一度为国家的权益丧失、白银外流而感到忧心忡忡，立志有朝一日定要为国效力。其实早在张弼士之前，国内便不乏西洋酒类的仿制者，但均由于酿造品质、技法落后，无力扭转洋酒攻占国内市场的局面。民国图书曾记载：“国人果能悉心研究其酿造之方法与发酵变化之手续，以精其家属，并选择原料，加以药品。从根本上改良其色香味，则此项既失之利权，或尚有挽回之希望。”[1] 因而，当清末各省长官招揽南洋富商回国兴办实业之时，正愁报国无门的张弼士毫不犹豫地决定回归祖国创业。1891 年，张弼士到达广州，即时受到了时任汉阳铁厂督办、前东海关道盛宣怀的接待，两人在谈论间偶尔提到在烟台创办葡萄酒酿造厂的可行性时，盛宣怀便表现出支持之意，并积极与他讨论如何制造盛酒的玻璃瓶等问题。有了国内业界人士的肯定，张弼士对葡萄酿酒公司的策划正式提上日程。

山东烟台在明朝时期只是个军用哨所，几乎无人知晓，但因该地常设墩台狼烟，便有烟台一称。正因其被开为商埠时无烟台这一称呼，洋人便借附近之地“罘”来代指，故通商往来皆称此地为“芝罘”。烟台地区濒临渤海，其体感上略带海洋气候的性质，多雨、一年四季温度变化平稳，相对于北方各地来说最为温和，寒暑适宜，彼时外国人均称其为“health part”，意为养生口岸。张弼士等人经过考察发现，烟台此地不单单气候条件良好，且地形多以丘陵为主，多为沙质土壤，透气存水；又位于黄河冲积而成的黄河三角洲，境内河网密布。光照时间一年能够达到2 698.4小时[2]，又由于临近海洋，受暖流与北方气流变化的影响，昼夜温差较大。这与盛产优质葡萄的法国红酒之乡波尔多有着异曲同工之妙，二者几乎处于同一纬度，气候地形条件极为相似，堪称中国葡萄酒产

1 刘精一：《烟台概览》，复兴印刷书局，1937 年，第 133 页。
2 白眉初：《山东省志》卷二，泰州新华书店古旧部，1984 年，第 34-35 页。

业起步的完美之地。

然而，坐拥如此理想的葡萄酒“起家之地”的张弼士，却没有立即向朝廷上书申报设厂，而是加快了聘请酿酒师的步伐，前来试酿。回国后的第二年，张弼士便通过其欧洲朋友之手查获了一位自喻酿酒技术精湛的酒司——俄奔，弼士先生立即与其签订雇佣合同，并约定一年后前往烟台开展试验，但遗憾的是这位酒司在乘船远渡之时，由于水土不服患上牙疾，没能得到及时医诊而亡。当时远在新加坡的张弼士听到消息万分悲痛，而恰在这时一位自称为荷兰皇家酿制学校毕业的酿酒师找上门来。此人名叫雷德勿，张弼士在得到其确有酿酒师资质的消息后，决定将聘其到烟台试酿葡萄酒。1895 年，雷德勿在烟台葡萄酒试产地酿造的第一瓶葡萄酒运送到新加坡，张弼士立刻将其送到英、荷两国的化学师处进行试验，试验结果印证了两年来对烟台葡萄的考察与期待。确定品质无偏差后，张弼士才正式放心地将开办公司之事提上日程，开始上报官府、购买土地建厂。如今看来，也许正是张弼士对各种微小之事的反复斟酌与筹谋，这才使得今日的我们有幸一饮葡萄国酒之韵。张弼士对于“裕”字情有独钟，其在南洋及两广一带的公司及铺面也有冠以裕和、裕昌等宝号，实则取自“丰裕兴隆”之意。但在“裕”前挂“张”却是绝无仅有的第一次，由此可见张裕葡萄酿酒公司（简称张裕公司）对张弼士来说，具有里程碑式的历史意义。“尽管我国葡萄种植、酿酒的历史，可以上溯到汉代，但葡萄酒工业生产实以张裕公司为开端。”[1]《张裕公司志》序言里的这段话，概括了张裕公司的地位，也许弼士先生在“裕”字停笔定墨时便想到了张裕葡萄酒横贯古今中外的那一天。

张裕公司创办的准确年份，不同书中皆有记载。《张裕往事》《张裕公司志》均记载其开创日期为 1892 年，公司对外一直宣称其为开办日期。但张弼士自记时间为“于光绪二十一年八月初四日奉旨开办”[2]，也就是于1895年才正式接到政府批文准许开办公司。《盛宣怀年谱长编》中提到盛宣怀呈给时任北洋大臣王文韶有关公司审批事宜奏书的时间是清光绪二十一年四月（1895 年 5 月）[3]，文中亦记载该奏书不久便被批准了。这则史料与张弼士自己所记述的时间相同。再者，《烟台张裕酿酒有限公司节略》中记载向美国采买葡萄

1 兰振民：《张裕公司志》，人民日报出版社，1998 年，前言部分。
2 张振勋：《创办张裕酿酒有限公司缘起》，载《商务官报》光绪三十三年正月二十五日（1907 年 3 月 9 日）丁未第一期第 34 页。
3 夏东元：《盛宣怀年谱长编》（上册），上海交通大学出版社，2004，第 497 页。

秧苗试种之事始于光绪二十二年（1896），先前的购地是为试验之地[1]。故由此可推断，公司正式开办时间为1895年。

张弼士在《奉旨创办酿酒公司》道："盛公谓亦曾试过，并查悉近地所产葡萄甚多，每担百斤，仅售价三元，惜无酿师可靠，不果办。而勋（张弼士别名张振勋）独以酒樽（酒瓶）一物为虑。盛公曰：上海有玻璃厂，无虑也。"1897年，酒厂正式开工，又建玻璃厂自制酒瓶，用以贮存所酿葡萄酒[2]。

三、张裕葡萄酿酒公司建立与发展

张裕公司创办初期，烟台本地的葡萄达不到酿造优质葡萄酒的标准，"本地所产葡萄，种植未得法，故力量不足，酿酒不佳；且泰西葡萄可酿酒者数十种，而本地所产仅一种，惟可酿白酒"[2]。光绪三十三年（1907）《商务官报》中对张裕公司选种动向进行如下记载：在先前的计划中，张弼士准备直接用烟台本地的葡萄，若有不足再从天津、营口等地就近采集，这种方式在当时看来省时省力，又能够充分利用国内的葡萄品种，可谓上乘之选[3]。但时任第三任酿酒师哇务在考察并试酿后，提出这些葡萄虽品质优良，但其种类不多，只可酿制葡萄酒中的一两个品种，且呈现出酒力不足的现象。自购土地引种西方葡萄，方可填补国内葡萄品种空缺。但引进何种葡萄又要如何栽培，便成了张裕公司建立之初所遇的第一道难题。

（一）葡萄品种的引进及栽培

放眼当时的中国，近代域外引进葡萄品种并成片栽培的最早记录为1871年美国传教士约翰·倪维斯引进的12个美洲葡萄品种[4]。1896年，张弼士引进美国葡萄2 000株，经过两次试种发现其容易受到伏汛期的影响，结果状况不稳定，多数未到收获季节便过早腐烂[5]。在第二次大批量购进时，张弼士听取了酿酒师拔保的建议，从葡萄优质种类繁多的欧

1《烟台张裕酿酒有限公司节略》，载《商务官报》光绪三十三年二月十五日（1907年3月28日）丁未第三期第30-31页。
2 杨家骆：《洋务运动文献汇编》，世界书局，1963年，第582页。
3 张振勋：《创办张裕酿酒有限公司缘起》，载《商务官报》光绪三十三年正月二十五日（1907年3月9日）丁未第一期第34页。
4 陈冬生：《近代山东经济作物的引种与发展》，载《古今农业》1999年第2期第67-78页。
5 白眉初：《山东省志》卷七，泰州新华书店古旧部，1984年，第113页。省志记载原文："于是自美国采办有根之葡萄秧五千本试种之。"

洲引入新品种。1896 年冬，张弼士专门寄信给奥地利的友人，让其帮忙购入了 40 万株葡萄秧苗入地栽培。但这些品种不同的秧苗，在翌年夏季仅存活 30% 左右。1897 年和 1898 年冬，再度购 60 余万株无根葡萄秧，由于码头运输方面的疏忽，导致秧苗为热气所伤，大面积枯萎，成活下来的依旧是少数。因此，如何改善引进品种的成活率成为张弼士彻夜思索的问题。又经历几番试验后，张弼士等人发现外来葡萄根系易遭受病虫害，唯有利用中国本土葡萄的根作为砧木才能培育出更适应中国土壤的葡萄品种[1]。遂自创中西葡萄相互嫁接之法，直至 1906 年研制出与东北觅回苦味山葡萄嫁接成功的“混血儿”，展现出了更好的种植与酿造品质，至此每年陆续更换、拔除有毛病或长势不旺的葡萄秧，在 1907 年后的几年内，培植成活的葡萄秧苗达到 24 株。此后，公司又分别从奥地利、法国、德国、意大利购进并培育了雷司令、玫瑰香等品种，建立了近代中国第一个商业化酿酒葡萄园，同时利用烟台本土山葡萄为砧木尝试嫁接，不断筛选出适合烟台自然条件的独特优良的酿酒葡萄品种，并邀请了 20 多位当时有名的文人墨客来为这些葡萄品种命名中文名称。其中诞生了很多兼具美雅和形意的名字，当中一些至今仍在广泛使用，如赤霞珠、品丽珠、蛇龙珠、贵人香、白玉霓、雷司令、长相思、琼瑶浆等。目前，国内种植的葡萄品种 90% 以上都是由张裕公司引入国内并选育的[2]，因此，张裕公司的建立是我国近代酿酒葡萄栽培的开端，使中国得以告别优质酿酒葡萄品种缺乏的状况，成功实现了酿酒葡萄培育史上一次里程碑式的飞跃。

在最初试酿葡萄酒之时，张弼士便买下了烟台东、西两座荒山作为葡萄种植基地，建立了大规模的新式葡萄园。《烟台张裕酿酒有限公司节略》对这一行径有详细的记载：“自光绪二十二年（1896）起，到光绪三十一年（1905）止，总共买到七百余亩种植葡萄之地，这其中有六百余亩已种植葡萄，未种植或不能种之地一百余亩。”[3] 由此可见，有过开办大新垦殖公司经验的张弼士，对土地的选择、管理和应用方面颇具门道。葡萄作为一种喜阳光又对湿度颇有要求的植物，有沙砾土壤的顺风坡是其最优选择。合适的生长环境使得葡萄能够在较为自然的状态下达到根深藤粗、果实着色的状态，为其酿酒提供质量保障。而葡萄酒酿造对其酒精度数的要求极其苛刻，只有达到足够的度数和力量，饮用时的口感才能

1 效铭：《尘封百年的佳酿传奇：品重醴泉双甲子 人间敢为天下先》，载《中国酒》2012 年第 7 期第 44-47 页。
2“烟台市葡萄与葡萄酒产业发展服务中心”编辑委员会：《东方荣耀·烟台葡萄酒产区》，2022 年，第 6 页。
3《烟台张裕酿酒有限公司节略》，载《商务官报》光绪三十三年二月十五日（1907 年 3 月 28 日）丁未第三期第 30 页。

达到最佳。因此，张裕公司对葡萄园进行了系统的科学化管理。首先，是对具体人员的分配，葡萄园中有负责“看守工头”的监察人员，另有工人二十负责管理院内葡萄的施肥、采摘和运输。除去管理人员，酒师也可随意进出观察葡萄的长势和结果情况，对其结粒的大小进行人工控制。另配有相关记录人员，对不同品种的生长及收获状况进行监控，并对葡萄果实进行化验检测。这种近代化的人员配置，为国内葡萄种植研究提供了相当丰富的一手史料和借鉴经验。其次，将葡萄栽培园艺的各项程序系统化、科学化。由于中国缺乏对葡萄栽培技术理性的认识，其培育技术多靠经验支撑，缺少对葡萄生长规律等方面的认识和把握。因此建园之初，园区中葡萄的嫁接、栽培等工作，都在酒师拔保的指导下进行。《今世中国实业通志》中提及其方法为：“其栽培葡萄之法，中西并用，不拘苗种，不泥成法，惟随其性之所宜。”[1] 在许多重要环节采取中西并用之法，针对种类不同、种植土质差异的葡萄秧苗进行科学培育，例如施肥的肥料有时使用蚕蛹、豆饼等中国本土肥料，有时则使用奥地利化肥。在预防虫害方面，以喷药机集中于离地尺许的潮湿处定期喷洒药液，且其药液的配方由英国进口蓝矾与中国石灰兑水混合而成，既能够灭杀中国本土的幼虫，又能够起到预防外来葡萄品种的虫害。另外，为适应不同品种葡萄植株的生长特点，张弼士等人对葡萄藤的爬架大加调整，主要分为木杆和铁线横牵。如此张弼士等人在实践中寻找出路，直到 1915 年才正式完成了葡萄园的建设，彼时葡萄园中已栽培 97 个葡萄品种，选育出适用于当地栽培的优良品种 21 个，占地面积达到 700 亩[2]，已然在世界上小有名气，成为远东地区规模最大的、具有近代化意义的葡萄种植园。

（二）厂房及酒窖建设

据《商务官报》记载，张弼士于光绪二十一年（1895）到三十年（1904），总计购入土地 61 亩[3]。与葡萄园建设同时开展的还有酿酒公司的建设，张裕葡萄酿酒公司最初选址于临海余百米处的一片荒凉地，而公司厂区则选在烟台条件较为优越的地段，向南面山，向北临海，既方便工业污水的排放，又占据商业经营之要处。酿酒厂区选定后，张弼士便着手开始酒窖的筹建。在正式引进葡萄酒贮藏技术之前，中国古代只有关于食用葡萄贮藏的记载，贾思勰于《齐民要术》中提到：“藏葡萄法：极熟时，全房折取。于屋下做阴坑，

1 吴承洛：《今世中国实业通志（下册）》，商务印书馆，中华民国十八年（1929），第 56 页。
2 亩为非法定计量单位，1 亩 =1/15 公顷。——编者注
3《烟台张裕酿酒有限公司节略》，载《商务官报》光绪三十三年二月十五日（1907 年 3 月 28 日）丁未第三期第 30 页。

坑内近地，凿壁为孔，插枝于孔中，还筑孔使坚。屋中置土覆之，经冬不异也。”[1] 这说明我国人民对贮藏中控温、控湿有着颇为丰富的经验。建立在此基础上的张裕地下酒窖，改图数次，筹划 6 年，正式开放之时使得各国前来参观的工程师俱为惊叹。张裕早期产品说明书对其做了记载：“酒窖方广百余丈，纯以坚石拱成，佥称颇具大观，即西人来阅者亦惊叹为结构宏观。”[2]

1894 年正式动工的张裕葡萄酒窖是由张裕公司首任经理张成卿和首任酿酒师拔保设计而成的。《百年张裕传奇》一书中对三次动工与修缮做了详细的记载：初次建设时，由于酒窖的选址过于接近海边，在下挖的过程中渗水速度远远大于排水速度，因技术受限，首次施工便因海水倒灌而宣告失败。随后二者对酒窖建造方式进行修改，采用半入地式，有效解决了海水倒灌难题。但在建造素材的选取上发现钢筋水泥易受海水腐蚀，二次施工又因无法保证工程质量而终止。在几番集思广益下，最终决定采用“以石头和水泥修砌墙体，其内部再用乱石填充”[3] 之办法。《近代山东城市变迁史》中描述这半地下大酒窖深 7 米，其上与海平面的落差达到 100 多米，占地 1 976 平方米，窖内巧妙利用空间既安置了良好的排水系统，又建设了八个交错相连的拱洞，可贮藏 500 余只橡木酒桶，室内温度可恒定在 11℃[4]。张裕葡萄酒窖被称为同时期亚洲最大的地下酒窖，其建设为葡萄酒的酿造创设出的理想环境，也为中国近代葡萄酒的研制开辟了广阔的道路[5]。

（三）酒液酿造技术引进与改良

对于彼时新兴的张裕葡萄酿酒公司而言，产品口感等方面的品质保证是其立足根本，而酿酒师的专业程度是其品质把控的指向标。张弼士经营过酒馆，比谁都更懂这个道理，如何聘请到一位合格的酿酒师成为其费尽心力想解决的一大难题。上文中所提及的两位酿酒师，一位遗憾地永驻海上，另一位被其叔父揭穿了骗人的把戏。直到 1895 年，酿酒师的人选依旧没有着落。正当一筹莫展的张弼士敲定厂房选地之时，机遇便戏剧般地出现在眼前。烟台作为中国东海岸的一座沿海城市，首当其冲地成为列强扎堆驻足之地，

1 ［北魏］贾思勰：《齐民要术》卷四《种桃柰（一）第三十四》，引自《古今酒事》，世界书局，1939 年，第 5 页。
2 烟台张裕葡萄酿酒公司：《代理与顾客须知》，1939 年，第 1-10 页。
3 王恭堂：《百年张裕传奇》（上），团结出版社，第 12-14 页。
4 王守中，郭大松：《近代山东城市变迁史》，山东教育出版社，2001 年，第 126 页。
5 Michael R. Godley：“Bacchus in the East: the Chinese Grape Wine Industry,1892—1983”，载《The Business History Review》1986 年第 3 期第 392 页。

当时的烟台山上共坐落着二十多家领事馆，据《张裕公司志》记载，彼时公司筹建的厂房就在烟台山以东，与奥地利领事馆比肩而立[1]。而时任奥地利驻烟台领事的拔保，正是一位出身于葡萄酒酿造世家的贵族子弟。他的父亲便是一位葡萄酒酿造界的专家，曾研制出世称“拔保糖度计”的葡萄糖度测定比重表，拔保自小便与父亲学习葡萄酿酒技术，在当地已小有名气，听说张弼士诚求酒师，便上门自荐。张弼士见来人衣着举止风度翩翩，谈吐之间尽是文雅内秀之度，旋即敲定了拔保为公司首任酿酒师。而后续的历史也证明，拔保的确是一位难得的天才酿酒师，他为张裕公司的建设和中国葡萄酒酿造技术的发展做出了巨大贡献。

葡萄酒的酿制于我国而言并不陌生，成书于宋代的《北山酒经》就曾记载民间酿制葡萄酒的秘方，清时《西域闻见录》中也出现有关葡萄酒蒸馏法的记载，但彼时的葡萄酿制法较为朴素，仪器简单，耗时良多，且出酒量较为低下，故酿制工厂多数为小型手工作坊，仅供本地及少数富贵人家消耗，生产量和制造水准无法像西方葡萄酒成熟生产线一般支持大批人群的售饮。但自张裕葡萄酿酒公司建立后，中国葡萄酒生产正式开启了近代葡萄酒工业化酿制的纪元。公司采用西方葡萄酒酿制工艺，引进葡萄压榨、过滤器械，以机器代替人工压榨；购置酒桶，配置装瓶，基本实现了半机械生产模式。有关张裕公司葡萄酒酿制方法，据《山东省志・轻工业》中的描述，其高级葡萄酒传统工艺大致可分为八步：分选、除枝、压榨、蒸馏与发酵、过滤、贮藏、沉淀、装瓶[2]。分选指将葡萄种类及其品质优劣进行分级挑选，剔除未成熟的青粒、霉粒和干粒等。除枝和压榨是指将分选出的合格葡萄先经绞机去其枝、蒂和梗，再经人工或机器按压榨取汁液。其后将果汁注入蒸汽机，进行蒸馏，蒸气上升遇冷凝结成酒，杂汁与水分下降形成浊物。随后将葡萄汁注入桶内进行发酵，在这个过程中需要对其成分、糖度等多方面进行调控。入地窖木桶贮存，中途要 8 次换桶以去其沉淀结晶体，储存 5 年以上，方可装瓶出厂，其酒液在整个过程中要经数次过滤，以加强酒的稳定性。而不同种类的葡萄酒酿制方式稍有异同，在白兰地的制作上须先去其果皮，以免酿制的酒液中携带色素。白兰地酒液盛在桶中，储存的时间越长，其色愈发通透澄清，其酒味道愈发醇芳，因此，此酒有存放 30 年以上者。故其酒精成分含量在 40%~50%，酒精度稍高于红葡萄酒。而至于红葡萄酒之制作，则不去皮，等到相当时期，

1 兰振民:《张裕公司志》，人民日报出版社，1998 年，第 29 页。
2《山东省志・轻工业》(第三辑) 卷三《酿酒业・果露酒与黄酒》，转自山东省省情资料库。

直接经由人工或机器按压榨汁去皮脱核。故其酒液呈微红色，酒精成分含量在 18%~30%。但若要使其保持良好的品质，也需要经过 6 个月以上的保藏，才得以出售[1]。

因前期葡萄培育和酿制结果欠佳，当 1896 年第一批葡萄酒酿制好后，张弼士等人并没有急于将其投入市场，而是收入酒窖静置，贮藏 18 年之久。直至 1914 年，张裕公司已成功酿制可雅、金星高月、红星高月等白兰地，玫瑰香、解百纳等红葡萄酒，大宛香、雷司令等白葡萄酒，共十几个品种，经上海大医院英国人士柯医生的化验[2]，确认酒质均达到“香醇浓郁，呈色良好”之时，方才申请商标注册，其产品正式进入中国葡萄酒市场。

四、张裕葡萄酿酒公司产品价值与动向

在当时洋货盛行的大都市，除葡萄酒外还有多种进口酒类，例如日本清酒、俄国未沃得咯酒，但因其口味与国人口味相斥，除部分海外华人华侨常饮外，几乎无人问津。而葡萄酒原料朴实、酒质温和，在养生之息盛行的中国大陆，国内外酒商宣传葡萄酒皆称其能除肠中之害、富强身健体之用，“赤葡萄酒，能除肠中障害；白葡萄酒，能助肠之运动；甜葡萄酒，最宜病人，能令精神速复”[2]，故时人最爱葡萄酒。

如此看来，张裕公司正可谓是建立在国内实业发展的黄金时期，一方面于封建官僚处颇得青睐，其公司之门头牌匾“张裕酿酒公司”，便是出自清朝帝师翁同龢之手，可见时任户部尚书兼军机大臣的翁大人对其酒业的重视程度；另一方面于知识分子心头也多得欢欣，为报答张弼士捐助之恩，1912 年，彼时为中华民国总统的孙中山亲临公司参观，沁着白兰地的清冽幽香，叹于实业兴邦之志向，即刻挥墨之下“品重醴泉”[3]四字，后续的两任中华民国总统袁世凯与黎元洪也对其颇为嘉赏，分别为张裕葡萄酿酒公司题词“瀛洲玉体”“酝酿太和”[4]；康有为亦下榻张裕公司，并为其赋诗：“浅饮张裕葡萄酒，移植丰台芍药花。更复法华写新句，欣于所遇即为家。”甚至是实景不顺的张裕葡萄酿酒公司四周年庆典之际，依旧有众多国家要员为其留下墨书佳誉。如此可见，从文人官客的清词文墨到总统为企业题词的罕见之举，虽文书不全，墨笔难辞，但这份跨越朝代、跨越层级的嘉奖美

1 郭崇阶，朱嘉骥：《商品调查（烟、酒、糖之部）》，财政部驻沪调查货价处，1926 年，第 46 页。
2 郑千里：《烟台要览（一）》，烟台要览编纂局，1923 年，扉页部分第 2 页。
3 烟台张裕葡萄酿酒有限公司：《烟台张裕酿酒公司四十周年纪念册》，1932 年，第 3-4 页。
4 兰振民，孙平：《张裕往事》，人民日报出版社，1999 年，第 36 页。

誉仍能够使如今的我们窥得彼时张裕公司及其创始团体的丰功伟绩。

除去宛如冉冉新星般升起的张裕公司，彼时的中国陆续也有几家葡萄酒厂的建立，均有一定的产出和销量。“华商若宣化葡萄酒公司、北京汇中果酒公司、烟台张裕公司及无锡中国昆仑公司之出品若红白葡萄酒等。声誉甚佳。惜出货无多，不敷行销。”[1] 正如引文作者所说，虽初步构成了葡萄酒行业，但相较产线完整的其他轻工业而言仍旧未成体系，且其中的大部分都由外国人主要经营，如德国人经营的青岛美口酒厂；专供法国天主教弥撒的北京上义酒厂；俄国人主持的天津立达酒厂；日本人经营的满洲麦酒株式会社等[2]。面对如此境况，张裕葡萄酿酒公司也正所谓是开创了中国葡萄酒市场销售的先河，那么当时的张裕葡萄酒定价如何呢？1924 年出版的《东方杂志》上刊登了一篇《烟台调查》，其中报道：“张裕葡萄酿酒公司所酿之葡萄酒分红白两种。白葡萄酒分七种，以白兰地为最佳，每打价格二十五元，红葡萄酒分七种，以品骊珠为最贵，每打价格十五元，红白葡萄酒价格最低者，每打洋九元。”这里提到的“元”，指的便是民国时期的通用货币计量单位——银圆。刘精一的《烟台概览》中有记载仿制葡萄酒一打的数量为十二瓶，据此可推算出，张裕葡萄酒的价位在 0.8~2 银圆。1920 年 5 月 1 日，《新青年》推出的劳动节纪念号中可以直观地看到无锡丝厂工人每日工资最多三角五分，最少八分，大城市里普通工厂工人每月工资约为 20 银圆，约等于 10 瓶张裕白兰地，而工厂里的女工、童工的收入则低一些，大概 10 银圆，约等于 5 瓶张裕白兰地；佣人的收入则更低了，普通包吃包住的保姆每月工资约 2 银圆，约等于 1 瓶张裕白兰地。由此可见，民国时期发售的张裕葡萄酒不太可能广泛地进入农民和工人的生活之中，此类常年劳动的人群也不会有大篇的闲暇时间去品味酒的优劣。另外，大量受过高等教育的知识阶层其收入一般能够维持在较高的水平，例如 1917 年陈独秀在写给胡适的北大教师聘任邀请信中就曾这样写道：“北大学长三百圆，重要教授亦有此数。”从这一点便可得知，单单大学学长的月收入能够达到 200~300 银圆，教授的聘值更甚。对于物质生活条件相对优越的民国时期知识分子与中产阶级，优雅的西式生活方式成了诸多人的追求，他们热衷于西式餐食与美酒，这便使得葡萄酒逐渐成为该时代最为时尚的饮品。鲁迅在与妻子许广平的书信中便有对葡萄酒的提及[3]：

1 郭崇阶，朱嘉骥：《商品调查（烟、酒、糖之部）》，财政部驻沪调查货价处，1926 年，第 42 页。
2 轻工业编写组：《葡萄酒生产工艺》，轻工业出版社，1988 年，第 2 页。
3 鲁迅，景宋：《两地书（鲁迅与景宋的通信）》，鲁迅全集出版社，1941 年，第 841 页。

“D.H.ET D.L.，我是好的，很能睡，饭量和在上海时一样，酒喝得极少，不过一小杯蒲陶酒而已。”

田汉于1922年发表的独幕话剧《咖啡店之一夜》中描绘了这样一段对话：

“饮客甲：白姑娘，再替我斟一杯，你也再陪我喝一口儿吧。
白秋英：我不能再喝了。威士忌怪辣的，我只能喝一点葡萄酒。
饮客丙：我也爱喝葡萄酒。”

由此可知，至少在当时知识分子的社交场合，葡萄酒作为一种宴会公用或日常消遣的饮品，已经在各种意义上普及开来。安徽省为葡萄酒专门设置公卖，“酒类以绍酒为最多。直隶山西等处之高粱烧酒及玫瑰葡萄酒次之”[1]。山西省产销酒类的记载中也有关于葡萄酒的提及，“榆次清源之葡萄酒”，其酒市价、公卖费、厘金等都有明确的规定，其间还不乏涨价的记录，“从每斤一角三分至一角五分三厘”[1]等，均显示出葡萄酒于民国时期已基本在国内占据稳定的产销市场。而张裕葡萄酒便在这股浪潮之中，逐渐被推广到中国的大部，广东省有关烟酒税的记载中便出现了大量有关张裕葡萄酿酒公司葡萄酒产品的批发价格和税收的记载，详见下表。

广东省洋酒批发价格及现征税税率表[2]

酒名称	出品方	类每樽批发价格	每樽税率
樱桃红	张裕公司	六七	二〇
大宛香	张裕公司	六七	二〇
佐谈经	张裕公司	六七	二〇
红玫瑰	张裕公司	六七	二〇
白玫瑰	张裕公司	六七	二〇

《烟酒税史》一书在对山东省洋酒类税进行盘点时谈道：“鲁省当机酒税制。未颁布以前。行销洋酒，向未征税。惟烟台张裕酿酒公司，所出葡萄酒等，每年包缴公卖费三千六百元。该公司制销各种洋酒。财部为提倡国货起见，曾经核准免税。嗣开办公卖，该公司迭请免纳。当经前烟酒署核准，该公司每年制销酒类，无论多寡，全年认缴公卖费

1 程叔度，秦景阜：《烟酒税史（上册）》，财政部烟酒税处，1929年，第4页。
2 余启中：《广东烟酒税沿革》，国立中山大学出版部，1933年，第158-159页。

三千六百元。以示体恤十八年六月。国民政府财政部，修订洋酒类税暂行章程。规定洋酒税税率。从价征收百分之三十。”再依据《烟台概览》中穿插的光华酿酒公司广告词[1]，上海、广州、西安、四川、香港、大连等经理处与专卖处的设立，大致可判断出彼时的张裕葡萄酿酒公司无论是免税之声誉，还是开办专卖之实力，都已达到作为葡萄酒工业龙头应该具备的品质、产量与商业水准。

故时人有以法国白兰地与之产出相比拟：“法国五星金叶、三星金叶、三星海内斯、三星赫退尔等白兰地皆为市场上销行最广之货。我国仿制者尚不甚多，烟台张裕公司所出之三星牌白兰地，销量行京津沪一代颇着声誉。”其仿制的外国酒已有如此好评，可想而知，张裕葡萄酿酒公司自研葡萄酒之品质必定无差。

张裕葡萄酒在上市初期便在各方面获得国内外一致好评，频频出现在各省年度核算的专卖与税收当中，可以称得上是中国酒业发展史上最光辉的奇迹。虽褒奖满身，但依据对时人评价语录的节选和历史的走向，张裕葡萄酿酒公司葡萄酒之产量依旧无法满足国内中产及以上阶层对于葡萄酒的大量需求，极大一部分洋酒市场仍掌握在外商及进口商的手中；此后的民国历史在很大程度上改变甚至摧毁了中国葡萄酒已有的工业体系，也正是这一时期，中国葡萄酒近代工业生产真正步上艰难前行的正轨，从葡萄培育、酒液酿造、人员选聘、技术改良及运营宣传等方面积累的经验，为新中国成立后葡萄酒的恢复生产和推动中国葡萄酒走向国际舞台奠定了深厚的基础。

第二节 近代葡萄酒工业的演化与发展

一、葡萄酒工业化之起源地——山东烟台

近代中国，是一个处于社会巨变的时代。西方的坚船利炮打开了中国的大门，使中国延续几千年的传统自然经济出现了裂缝甚至逐步瓦解，中国的民族工商业随之产生并发展起来。在“挽回利权”“实业救国”的号召下，一大批爱国商人投身于兴办实业、救亡图

1 光华酿酒公司是埠内名医刘福民等合资创办。所聘技师是张裕公司的老技师，是张裕公司分出的子部。刘精一：《烟台概览》，复兴印刷书局，1970 年，第 274 页。

存的事业当中，创办了如继昌隆缫丝厂、张裕葡萄酿酒公司、大生纱厂、保兴面粉厂等一批近代工业企业，从此，各种新式工业开始在中国兴办起来，诸多传统行业领域内也都开始了工业化生产。中国的葡萄和葡萄酒业便是从这个时候开始酝酿，逐渐开启其工业化生产历程。

当时，由于中国门户洞开，大量洋人逐利而来，在华外国侨民逐渐增多。据记载，“19世纪末20世纪初，在沪各国侨民总数已达1.5万余人，1936年外侨人口数达6.2万人，1942年达到最高峰8.6万人”[1]，这还仅是上海租界内的外侨人数。当时中国多个口岸都已被迫通商，放眼全国，在华商人和侨民的数量更是不在少数，洋人饮洋酒，对葡萄酒的需求量自然加大。加之当时外国传教士已经取得了在中国自由传教的权利，导致来华传教士越来越多，他们日常生活和宗教活动中，对葡萄酒的需求量都很大。此外，大量洋货和洋文化的输入，也在有意或无意间使得中国社会以及社会中一部分人的生活习惯有所西化。

英国汉学学者吴思芳通过搜集整理大量在华侨民的回忆录、书信、日记以及一些公开出版的游记，写成《口岸往事：海外侨民在中国的迷梦与生活（1843—1943）》一书。书中有关当时中国社会中人们饮用葡萄酒的事例多有记载，如据供职于汉口的工程师约翰·加文回忆：“应邀前往领事官邸共进早餐的当地官员……在宴会结束之前，我如期看到他们喝得醉醺醺。他们喝了葡萄酒、啤酒、茶，最后是松子酒。”[2]说明当时清政府官员在应酬时会饮用葡萄酒。再如据供职于大清海关的包腊所言：“食堂里实行共享制伙食，只需花很少的钱就可以品尝2~3种葡萄酒。”供职于汕头口岸的庆丕也言：“正餐时间很迟……雪莉酒、红葡萄酒以及瓶装啤酒摆在桌子上，大方供应。”[2]这都说明了在一些政府部门的食堂里，不仅供应葡萄酒，而且还是“大方供应”，葡萄酒已然成为官僚阶层中较为普遍的日常饮品。

以上诸多原因，使中国葡萄酒拥有较为可观的市场。张弼士在他上奏给清廷的奏折中也明确提到：“尝考法兰西国葡萄制酒之利，岁合华银数万万两，为全国出口货物之大宗。而法之国用，多资酒税，岁入甚巨。如此大利，实堪惊骇。我国倘能仿而行之，讲求种植

1《上海租界志》编纂委员会：《上海租界志》，上海社会科学院出版社，2001年，第111页。
2［英］吴芳思著，柯卉译：《口岸往事：海外侨民在中国的迷梦与生活(1843—1943)》，新星出版社，2018年，第137、140、151页。

制造之法，既塞漏卮，兼能富国，是亦开辟利源之一道乎！”[1] 他敏锐地意识到开办葡萄酒工厂定能获利，是一项能够利国救国的好举措，便决定回国创办属于中国人自己的葡萄酒工厂。加之当时晚清政府也为广筹资金发展洋务民用企业积极吸引各路资本投资，有意梳拢有一定经济实力的华侨群体，这也为张弼士回国办厂提供了政治保障。于是在政府广泛号召力下，张弼士在山东烟台创办了张裕葡萄酿酒公司。

张弼士积极从海外引进优质葡萄品种，并创新性地将其与烟台本土山葡萄进行嫁接，培育出适合酿酒的新品种。“这种自我繁殖的葡萄比较西来的葡萄在烟台生长得更加良好，质地更佳，此后他们便开始自己接种而不再向西方购买。”[2] 张弼士还引进了西方先进的葡萄酿造工艺和一大批机械设备。如 1910 年从意大利购进的 6 500 千克 / 时的葡萄破碎机（时称绞斗机）以及榨葡萄机等；20 世纪 20 年代从奥地利购进的以蒸汽为间接动力的大小两台蒸酒机，从意大利进口的棉饼过滤机；1930 年又从德国引进以煤火为直接动力的轻便蒸酒机等。30 年代初，引进压榨葡萄机 8 部，以人力摇转，每机容量 200 升；制酒机 2 台；瓶塞机和泌酒机各 1 台[3]。可以说，张裕葡萄酿酒公司拥有当时世界上一流的葡萄酒酿造设备。

然而，从无到有的过程，注定要经历风霜，困难重重。引种失败、三易酒师、酒窖坍塌等诸多变故曾一度阻碍了张裕葡萄酿酒公司的发展进程，但所幸有张弼士在南洋的雄厚资本作为支持，才能一次次化解危机。正如张弼士自己所说：“然自甲午开办以来，所有广购地亩，续购机器，设立工厂，建筑地窖，一切资本，振勋等先行垫用。而今规模渐臻完备，将可陆续出酒，夫以振勋屡岁考求，备历艰阻，然后制造渐得其法，经理渐得其人，掷无数之金钱，耗无量之时日，乃能不负初志。”[4]

张裕葡萄酿酒公司是中国第一个工业化生产葡萄酒的厂家，它结束了中国自西汉以来的 2 000 余年只有手工或小规模酿造葡萄酒的历史，真正成为中国近代葡萄酒工业的开

1 张振勋：《创办张裕酿酒有限公司缘起》，载《商务官报》光绪三十三年正月二十五日（1907 年 3 月 9 日）丁未第一期第 34 页。
2 魏明枢：“张弼士创办张裕酿酒公司述论”，见房学嘉，冷剑波主编：《客家商人与企业家的社会责任研究》，华南理工大学出版社，2012 年，第 433 页。
3 兰振民：《张裕公司志》，人民日报出版社，1998 年，第 65 页。
4 张振勋：《创办张裕酿酒有限公司缘起》，载《商务官报》光绪三十三年正月二十五日（1907 年 3 月 9 日）丁未第一期第 35 页。

端，开启了中国工业化科学酿造葡萄酒的新阶段。

二、新式葡萄酒厂建立

继张裕葡萄酿酒公司成立之后，中国葡萄酿酒生产活动开始发展起来，各地陆续出现一些新式葡萄酒厂，如北京的上谷果酒公司、上义葡萄酒厂、大喜葡萄酿酒公司；山东的青岛葡萄酒厂（原美口酒厂）；吉林的长白山葡萄酒厂、通化葡萄酒公司；山西的新记益华酿酒公司等。这些厂的规模或大或小，但都已经开始使用近代机器生产葡萄酒，中国的葡萄酒工业从张裕葡萄酿酒公司“一枝独秀”逐渐发展到在北方各地燃起了“星星之火”，可以说，民国年间，中国葡萄酒工业发展已初步形成体系。

1910 年，法国天主教会在北京创立了上义葡萄酒厂。当时，法国圣母会总院的法籍修士沈蕴璞向圣母会借了 6 000 银元，在北京西山黑山邑村购买前山和后山 705 亩土地，开始种植葡萄，葡萄苗均自法国引进，有福勒多、赛必尔、法国兰等 10 余个品种。并聘请法国人里格拉为酿酒师，开始建厂酿造葡萄酒。当时共建厂房 34 间，并修建了地下酒窖以及发酵水泥池和贮酒池 16 个，购置橡木桶 500 余个。更为重要的是，上义葡萄酒厂购置了破碎机、压榨机、蒸馏塔、蒸皮锅、香槟机等一整套完备的机器生产设备，葡萄酒酿造完全使用工业化生产。上义葡萄酒厂所产的葡萄酒品种十分丰富，有干红、甜红、香槟酒等十余种，其中最负盛名的要数法国风格的“楼头牌”葡萄酒。不过，当时的产品专供天主教圣母文学会总院及全国各地天主教堂作弥撒、祭祀礼用和教徒饮用酒，年产量仅 5~6 吨[1]。一直到 1933 年，上义葡萄酒厂的部分产品才开始对外销售于各国大使馆、全国的天主教堂以及天津、青岛、上海等各大商埠。在天主教教徒看来，“面包是神的身体，葡萄酒是神的血液”[2]，葡萄酒被赋予了宗教意义，教会的每一次弥撒、祭祀活动都必须要有葡萄酒，很多传教士都懂得葡萄种植和葡萄酒酿造。因此这也是当时天主教会在中国创办葡萄酒厂，并且小有规模的原因，同时也是上义葡萄酒厂所产葡萄酒品质优良得以畅销的一大原因。

1《龙徽葡萄酒》，载《时代经贸》2015 年第 16 期第 81-82 页。
2《圣经》记载，耶稣在最后的晚餐上掰开面包说：“这是我的身体，为你们舍的，你们也应当如此行，为的是纪念我。”拿起葡萄酒说：“这杯是用我血所立的新约，是为你们流出来的。”因此后世基督徒便把面包视为耶稣之肉，把葡萄酒视为耶稣之血。

民国年间，北京除上义葡萄酒厂，还有两家葡萄酒厂也有了一定生产规模和社会影响。1890 年，上谷果酒公司成立，开始正式生产葡萄酒。1915 年携所产葡萄酒参加巴拿马万国博览会并获得金牌、银牌各 1 枚[1]，可见当时中国酿造的葡萄酒在国际上还是有一定认可度的。到 1939 年，爱国将领杨虎城将军的秘书长耿寿伯集资兴建了大喜葡萄酿酒公司。公司拥有较为完备的新式葡萄酒酿造机器设备，葡萄酒产品达十余种，并在天津和河北都建立了分厂，在渤海大楼还建有营业部[2]。渤海大楼是当时天津最高大、最新式的建筑，大喜葡萄酿酒公司能够在那个寸土寸金的商业大楼里设立营业部，可以想见，其实力也不容小觑。此时距离上义葡萄酒厂创办已经过去将近 30 年时间，显然，北京的葡萄酒工业已有一定发展。

在中国葡萄酒工业化生产最早开始的山东，1897 年德国侵占了胶州湾，大量外国士兵和商人涌进青岛，由于外国人不习惯饮用中国的本土烧酒，于是便从外国运来洋酒，久而久之，便积下不少葡萄酒桶和酒瓶。许是因为看到商机，当时“一经营杂货的德国人，于葡萄上市季节，从小商贩手中收购部分鲜葡萄，破碎后，利用旧橡木桶在家中发酵、勾兑，装瓶上柜出售，颇受欢迎。后值第一次世界大战爆发，海上运输困难，便增加酒桶个数以扩大经营，但最大酒桶容量不过 600 升。此系青岛地区第一家葡萄酒作坊”[3]。数年后，该葡萄酒作坊被一德商福昌洋行的老板克劳克收购，并扩大了生产规模。此时作坊亦没有正式的厂名，并且葡萄酒酿造几乎全靠克劳克一人，只有在葡萄榨汁时会雇佣少数中国工人，所有工序皆利用人力，还未采用近代机器设备。1930 年，福昌洋行为筹集资金，遂将该葡萄酒作坊再次出售给了德商美最时洋行。美最时洋行根据其英文 Melco 的音译，正式将酒厂命名为“美口酒厂”，青岛葡萄酒也正式开始了真正意义上的工业化生产。

美最时洋行经营时期，美口酒厂曾几度扩大葡萄酒生产规模。在接手初期，投资添置了五个大容量酒桶，并制作了冷冻机、木制笼式葡萄压榨机等简易设备。1941 年前后，由于第二次世界大战，外国酒进口困难，美口酒厂再次扩大生产。“制作 2 吨酒桶十余个，使木桶总数达 158 个，葡萄汁贮存量达 100 000 公升。”[4] 并购置了水压葡萄压榨机、过滤

1 张世远，李建民:《红星酒志》，北京红星酿酒集团公司，1999 年，第 4 页。
2 陈玉庆:《葡萄酒六十年的发展》，载《酿酒科技》2001 年第 3 期 104 页。
3 吴大立:《青岛葡萄酒厂志》，青岛葡萄酒厂出品，第 5 页。
4 吴大立:《青岛葡萄酒厂志》，青岛葡萄酒厂出品，第 6 页。

机、蒸馏机、风车、葡萄酒装罐机、洗瓶机、压塞机等机器设备。所产葡萄酒除在青岛当地的洋行、酒吧、商店销售，还在上海、天津以及东南亚等地区设立代理店，大量外销。当时，美口酒厂没有自己的葡萄种植园，他们一直采取原料外购模式，酿酒葡萄多来自青岛崂山和平度等地，这也从侧面反映出，当时在葡萄酿酒原料需求的刺激下，青岛地区的葡萄种植业也有所发展。

民国时期，东北地区的葡萄酒业也有所发展[1]。1936 年，日本商人饭岛庆三在吉林省蛟河县新站成功创办老爷岭葡萄酒厂，即长白山葡萄酒厂。这是吉林省内，也是东北地区首家葡萄酒生产企业。1937 年，饭岛庆三为扩大生产，又与日本人筒井南江等集资，在吉林市设立制造所，利用老爷岭葡萄酒厂酿造的葡萄汁灌装葡萄酒。为了更好地储存葡萄酒，饭岛庆三还曾驱使大批中国劳民进入深山老林找寻优质橡木，建造橡木桶。1938 年，又有日商在通化县城开办通化葡萄酒公司，由日本人木下溪出任经理。建厂初期，只有五名工人，主要是通过收购葡萄酿造散装葡萄酒，年产量也只有 30~40 千升。1941 年，公司与大连福昌公司合作，双方各投资 100 万元（伪满洲币）以扩大规模。翌年通化葡萄酒公司更名为通化葡萄酒株式会社，社内雇工增加到 30 人，并且结束了散装葡萄酒阶段，正式开始生产瓶装葡萄酒，年产量可达 70~80 千升。

相较于其他地区，东北的葡萄酿酒业有其自身特色。长白山气候适宜，水源充足，昼夜温差大，且土壤富含腐殖质和矿物质，这些得天独厚的自然条件孕育出了漫山遍野的山葡萄。据《通化县志》中记载：“园产者大而味佳，有紫白圆长之别，山产者实小味酸，有黑白二种，本境产者以山葡萄为最多。”[2] 同样的内容在《长春县志》中也有提及：“园圃中亦不多有，每家间有栽植三四架者，有紫碧圆长之别，又一种山产，实小味酸，分黑白二色，其小而黑者即诗之奥也。”[3] 这都说明了至少在新中国成立以前，东北地区的人工栽培葡萄不甚发达，一直是以出产野生山葡萄居多。在《吉林新志》中则记载：“实圆形，径约二分，秋熟皮紫绿色、黑紫色，味甘美，制酒最佳，俗称山葡萄……若家葡萄则圆果矣，本省不

1 该部分有关东北各葡萄酒厂的创建时间及人物等基本史实主要参照吉林省地方志编纂委员会：《吉林省志・轻工业志・一轻工业》，吉林人民出版社，1997 年。
2 李春雨等：《通化县志》卷一，民国十六年铅印本，1927 年，第 99 页。
3 赵述云，金毓黻等：《长春县志》卷三，1941 年，第 157 页。

多有。"[1] 明确指出了野生山葡萄是十分适合酿酒的。上述两家葡萄酒公司，都是以酿造山葡萄酒为主。东北地区在优越的自然条件之下，真正做到了因地制宜，给民国时期的中国葡萄酒工业添上了独具一格的一笔，也为当代中国葡萄酒业产区特色化发展树立了典范。

在历史上，山西也是葡萄种植重镇，尤其是山西的清徐县还素有"葡萄之乡"的美称，民间也流传着"清源有葡萄，相传自汉朝"的说法[2]。这些都得益于"清徐县西边山一带，地处吕梁山前沿，背风向阳，光照充足，昼夜温差大，土质肥沃，排灌方便，形成非常适宜葡萄生长的自然条件"[3]，因此到清末民国初，清源葡萄栽培依然十分兴盛。据光绪年间的《清源乡志》记载，当时清源葡萄"有数种，惟一脆葡萄为佳"[4]，不仅葡萄种类较多，并且在该县志中果属类记载的第一个就是葡萄，这也说明了当时清源的葡萄种植面积是比较大的。尽管山西的葡萄种植十分广泛，但在葡萄酒酿造上，却一直处于手工小作坊生产阶段，并未形成较大规模。一直到民国十年 (1921)，郝允济、郭德昌、范克仁、孟瑞锦、李枚臣等 5 人组成董事会，集资 5 万元，在山西省清源县创办了新记益华酿酒公司，主要生产葡萄酒。公司购置了蒸馏机、贮酒桶以及水泵胶管等生产设备，年产量可达 350~400 千升[5]，开启了山西省规模化机器生产葡萄酒的新阶段。在此之前，由于清源葡萄产量大、品种多，本地消化不了，加之鲜葡萄不易保存和运输，葡萄酒的生产规模和消费市场也不大，因此当地果农通常会将葡萄制作成葡萄干，称之为"熏葡萄"，这在《清源乡志》货属类中有明确记载。熏葡萄体积小、重量轻、可长期贮存，一直是清源葡萄的主要加工方式。即使民国时期山西葡萄酒产业有所发展，饮用葡萄酒风尚有所时兴，但熏葡萄产量依然很大，"民国二十四年（1935）销售葡萄干 369.75 吨，民国二十七年，销售 200 吨"[6]。这也反映出民国年间山西的葡萄酒工业虽然有所发展，但还未形成大范围的生产规模。

需特别指出的是，在张裕葡萄酿酒公司建立之后，民国葡萄酒生产出现了一个沉寂期。张裕葡萄酒 1915 年在巴拿马万国博览会上获奖后就名声大振了，而上述主要葡萄酒

1 刘爽:《吉林新志》，1930 年印行，转引自《长春市志·农业志》，吉林文史出版社，1993 年，第 188 页。
2 此处"清源"即清源县，1952 年与徐沟县合并而成清徐县。
3 王保玉，陈应梅，袁建民等:《清徐县志》，山西古籍出版社，1999 年，第 170 页。
4《清源乡志》卷十，光绪八年梗阳书院刊本，第 8 页。
5 衡翼汤:《山西轻工业志》，中国轻工业出版社，1991 年，第 83 页。
6 王保玉，陈应梅，袁建民等:《清徐县志》，山西古籍出版社，1999 年，第 178 页。

厂则是在 1930 年以后才普遍有所发展，即张弼士开创中国葡萄酒工业化之先河并未马上刺激到民国葡萄酒业的发展，而是在经过了 20 年之久的漫长沉寂期之后才有所回响，这也说明了民国初期中国葡萄酒工业的发展还缺少一定基础。此外，葡萄酒虽然在中国有悠久的历史，但它却是近代随着西方文化的大量涌入而普遍活跃于世人眼前的。在大多数人眼中，葡萄酒是西方舶来品，是所谓的“洋酒”，依靠西方先进生产设备发展起来的民国葡萄酒工业自然也无法避免西方列强侵略所带来的影响，其主要表现大致有二：其一，体现在民国年间主要葡萄酒厂的地域分布上，上述几个葡萄酒厂基本分布于开放时间较早、与外国接触较多的东部沿海地区和内陆大城市；其二，体现在主要葡萄酒厂的创办者上，上述酒厂中规模较大的北京上义葡萄酒厂创办者为法国传教士，青岛葡萄酒厂创办者为德国商人，东北的长白山葡萄酒厂和通化葡萄酒公司创办者为日本资本家，创办者无一不是外国人，这都反映了民国葡萄酒业发展在很大程度上还是有所依赖于和受制于外国。

然而，民国时期的 38 年间，中国社会深陷泥泞，正在黎明到来之前的黑暗中苦苦挣扎。军阀连年混战，再加上帝国主义的摧残和官僚资本的掠夺，都使得原本就起步晚的中国葡萄酒工业发展更加举步维艰。就连业内翘楚张裕葡萄酿酒公司都在“二十年代中后期，公司即进入由盛而衰的时期，特别是 1927 年其营业开始严重亏损，标志着公司的全面衰败。至 1930 年，亏损额高达 30 余万元，公司濒临破产倒闭”[1]，从此经历了租赁、中国银行监管、日军监管、北海银行监督经营和人民政府接管阶段，可见其发展并不顺利。民国年间，酒税政策也是影响葡萄酒业发展的重要因素之一。北京国民政府时期开办机制类酒税，南京国民政府时期改为洋酒类税，其征税对象都包含国产葡萄酒。国民党政权北伐成功以后更加积极开展与列强谈判，逐渐争取到了关税自主权，提高了洋酒的进口关税，很大程度上减少了西方葡萄酒的市场份额，客观上有利于中国葡萄酒业的发展[2]。

概而观之，民国时期，中国社会混乱、政权更替频繁、制度变迁急速，这当中固然有诸多不稳定的因素制约了葡萄酒业的进一步发展，但我们也应该看到，其间也不乏一些发展机遇的出现。民国时期中国葡萄酒工业就是在这样的社会环境下缓慢地波浪式前进，虽未形成燎原之势，但已然有了遍地星火之态。较之以往的手工小作坊生产，此时的葡萄酒

1 兰振民：《张裕公司志》，人民日报出版社，1998 年，第 31 页。
2 郭旭，张云峰：《国民政府时期新式酒类与进口酒类税收管理探析》，载《贵州商学院学报》2016 年第 29 卷第 3 期第 50 页。

酿造原理和理论有了进步，酿造设备和酿造工艺也发生了根本改变，借陈旭麓先生之言，那便是中国的葡萄酒在动荡的民国年间也成功迈出了“近代化一小步”。

三、葡萄酒的近代酿造

到了民国时期，源自西方国家的更加先进科学的酿造理论与技术大量涌入中国，促使中国的葡萄酒酿造较之以往有了极大的变化，并开启了真正意义上的近代酿造阶段。

（一）酿酒葡萄品种改进

中国葡萄种植的历史极为悠久，到了近代，随着西方列强经济侵略的不断加深，一些开明之士注意到了这种植物的价值，开始将葡萄种植与葡萄制酒上升到了开辟利源、挽回利权的高度。但由于时人对葡萄种植之法掌握不精，以及时局动荡导致农民种植葡萄的不稳定性增强，因此单就葡萄种植规模来说，民国年间较之以往依然没有形成规模，多是零星种植[1]。只不过伴随着葡萄酒的广泛传播和葡萄酒业的发展，葡萄的用途有所变化，用于鲜食和制作果干的葡萄减少，而用于酿酒的葡萄则得以增加。如山西在民国二十四年(1935) 销售葡萄干 369.75 吨，到了民国二十七年，减少到了 200 吨，这在很大程度上就是由酿酒葡萄用量增加所导致。

民国时期，中国葡萄虽然在种植规模上变化不大，但在品种上却有了极大改进。18 世纪以后，一些传教士来到中国后，“曾引入了一批葡萄，但品种不多，数量不大”[2]。张裕葡萄酿酒公司创建之初，采用了本土葡萄酿酒，但最终成品质量不佳，经英国、荷兰的化验师检验后，得出的结论是本土葡萄品种并不适合酿酒。于是张裕公司便开始从德、法、意、美等国引入了一百多个酿酒葡萄品种，通过烟台土生葡萄植株嫁接培育之后，这些优质的外国葡萄品种得以在中国大地上落地生根。上文中提到青岛葡萄酒厂所用的酿酒葡萄均购自崂山等地，崂山原本种植的葡萄品种是中国本土的“龙眼”，后来被 20 世纪初传入的更适用于酿酒的“玫瑰香”所取代，间接地促进了酒厂的发展。所以接上文所谈，应该说中国的葡萄种植业与葡萄制酒业之间是一种相互促进的纽带关系。

1 郭旭：《中国近代酒业发展与社会文化变迁研究》，江南大学博士论文，2015 年。
2 朱梅，李文庵，郭其昌：《葡萄酒工艺学》，轻工业出版社，1965 年，第 2 页。

（二）葡萄酿酒实践与理论探索

1. 葡萄酒酿造工艺与方法

在古代，葡萄酒的酿制技术大体可分为两种，一种是自然发酵法，另一种是加曲发酵法。就近代葡萄酿酒技术来看，显然前者要更加科学，但是受中国古代酿酒必须加酒曲的传统观念影响，后者在实际应用中更多。加之在古代，中国对葡萄酒酿造并无过多深入研究，并且酿造设备落后，饮用群体也并未普及，因此就更谈不上科学酿造了。到了近代，特别是民国年间，国人逐渐认识到“葡萄酒之制造，不若麦酒之复杂，且亦不必藉酵母之作用，乃仅仅压榨以取葡萄之汁液，使其自然发酵而酿成之也，其制似较简便，惟於鉴别果实之生熟，检定液汁糖分之多少，酸味成分之有无，与夫酒液保存之手续，甚为一大难事”[1]，注意到了诸多以往被忽视了的细节，才开启了具有近代化意义的酿造历程。

张裕葡萄酿酒公司作为民国时期葡萄酒行业的标杆，它的酿造工艺是比较具有时代性和代表性的。张裕葡萄酿酒公司的葡萄酿酒工艺一直以“西法”为基础，并在此基础上不断改进。在创办之初，张裕葡萄酿酒公司推行的是由奥匈帝国酿酒师拔保制定的酿制工艺，工艺大略要点包括[2]：

> 将葡萄逐穗洗净，粗分优劣，分置葡萄绞斗机破碎，再过压榨机，旨在提高出汁率。后入发酵桶中行自然发酵，发透后，吸入地窖最宜藏酒的样桶内。一年后开始换桶，淘去酒中沉淀的结晶体——酒石酸，使酒液澄清，一年换桶一次。葡萄酒一般五周年后，可装瓶出售。

发酵桶一年一换，可以分离酒液和酒脚（葡萄皮碎片、果梗等固体杂质以及酵母和其他微生物的细胞，这些杂质中含有大量细菌，可能会导致葡萄酒变质），也可以给葡萄酒通气，促进酵母的最终发酵过程结束，从而改善葡萄酒的风味。从换桶工艺中也能看出这个时期的酿酒工艺已逐渐体现出了精细化的特点。到 20 世纪 20 年代，张裕葡萄酿酒公司为酿造出更加适合华人口味的葡萄酒，在酿酒工艺上做了一些改变，并且更加讲求科学化。酿酒之前先检测葡萄果实的成熟度，葡萄酒入窖之前先检测其含酒精度，达到 11°~14°才能入窖盛贮，并且入窖和换桶的时间都有详细的记录，所有工序都按照标准

1 杨大金：《现代中国实业志》（上），商务印书馆，1938 年，第 748 页。
2 兰振民：《张裕公司志》，人民日报出版社，1998 年，第 98-99 页。

严格执行。到 30 年代，每个葡萄酒品种都有一套自己的专门酿造方法，酿造工艺更加精细。但同样也必须指出的一点是，当时张裕公司葡萄酒酿造几乎完全依赖外国酿酒师，而其他的葡萄酒厂大部分本身就是由外国人所创办，他们的酿造技术自然也来自外国。所以说，民国葡萄酒虽已开始进行近代化酿造，但是关键技术仍主要掌握在外国人手中，中国还未实现真正意义上的自主酿造。

2. 葡萄酿酒理论的初步探索

古代中国虽酿酒业发达，但是起步较晚的葡萄酿酒却始终只是小规模的局部酿造活动，时人对其认识也十分有限，因此，古代葡萄酒酿造多靠以往的传统酿酒经验来进行，并未形成专门的酿造理论。民国时期，由于近代科学技术在中国的不断传播，国人对葡萄酒酿造有了进一步的认识，“他们学习到了醇、酵母、酵素、发酵等概念，认识到发酵的时间长短以及温度对于酒精度数的影响，对于酿造的研究更加深入”[1]。民国时期留学热潮迭起，一批批中国学生留学国外，最终学成后又选择归国发展，这当中就包括了一些葡萄酒酿造人才，他们对中国近代葡萄酒酿造理论的发展起到了一定的促进作用。如留法勤工俭学的化学家方乘就对葡萄酒酿造工艺颇为娴熟，并撰写了数篇相关文章在国内刊物上发表。他明确指出酿制葡萄酒的酵母存在于葡萄的表皮上，不需要另外加入酵母也能实现发酵作用，他还详细介绍了葡萄种类、酿造前的准备、酿造场所等各环节的知识，这是对古代传统酿造法认识的进步[2]。稍晚一些的留学比利时的方心芳，则从微生物学层面对葡萄制酒的认识再次提升了一个高度，他在发表的文章中对微生物的作用、酶的作用以及葡萄酒的杀菌方法等都做了详细论述[3]。他们接触了西方先进的酿造知识后，结合中国传统酿造观念中的不足，作出了科学的论述，填补了中国历史上专门研究葡萄酒酿造理论的空白。

同时，民国年间还出现了不少涉及葡萄酒酿造知识的论著，如吴承洛编著的《酿造》、金培松编撰的《酿造工业》、陈隆璋编著的《农产工业品制造法》等。此外，少数专门论述葡萄酒的书籍也已出现，如日本人下濑川一郎编著的《葡萄酒及果酒酿造法》，经过曹沉思

1 杜锦凡：《民国时期的酒政研究》，山东师范大学硕士论文，2013 年。
2 方乘：《法国的葡萄酒》，载《中法大学月刊》1932 年第 2 卷第 2 期第 65-93 页。引自郭旭：《中国近代酒业发展与社会文化变迁研究》，江南大学博士论文，2015 年。
3 方心芳：《微生物与葡萄酒（续）》，载《黄海发酵与菌学特辑》1947 年第 9 卷第 3 期第 57-69 页。引自郭旭：《中国近代酒业发展与社会文化变迁研究》，江南大学博士论文，2015 年。

译述，谭勤余校订后流传于中国[1]。书中对葡萄酒的成分、酿造工序以及红葡萄酒、白葡萄酒、家酿葡萄酒、混成葡萄酒的酿造方法均进行了详细的论述，为尚处于不甚发达阶段的中国葡萄酒酿造业提供了科学的理论依据和指导。

（三）葡萄酿酒设备发展

中国古代葡萄酿酒不甚发达，元代周权在他的诗中曾描述酿造葡萄酒需要“累累千斛昼夜舂，列瓮满浸秋泉红”[2]。清代萧雄也在其《听园西疆杂述诗》有云：“新酿葡萄瓮始开，全家高会敬擎杯。”[3]从两首诗中可以看出中国古代葡萄酿酒用手工舂、用瓮发酵，酿造设备是比较简陋的。到了近代，中国人开眼看世界的程度逐渐提高，有人认识到了“欧美酿葡萄酒，源自罗马时代，沿袭至今，斯风未衰。不独酿法益精，酿具益备，而其藏酒澄酒之法，亦日称良善，至葡萄种植，亦与时俱进，皆可取法者也”[4]，客观地看到了中国在酿造工艺、酿造设备、葡萄种植等方面与世界的差距。

当时西方国家的葡萄酒生产已逐渐精细化和科学化，一般包括葡萄分选—破碎—除梗—果汁分离—澄清分离—倒池—过滤—热加工—冷冻—兑酒—过滤—装瓶等流程，每个步骤都可以通过相应的机械设备来完成。因此清末至民国年间，中国的葡萄酒酿造设备也开始更新换代，一部分先进设备从国外购买，少部分则由国人自己仿制。如张裕公司就购进了破碎机、压榨机、过滤机、蒸酒机、洗瓶机、瓶塞机等一套完整的机械酿酒设备。由于橡木桶通气性好，更有助于酒体成熟和风味的改善，能使酒品更加陈香、醇厚、柔和[5]，张裕公司便斥巨资将贮酒容器由以往的瓮全部换成了进口橡木桶。张裕公司作为业内翘楚，首先在酿造设备上做出了种种改变，力求科学生产，酿造出高品质葡萄酒。对于刚刚起步的中国葡萄酒工业来说，离实现完全机械化生产尚有很长一段距离，当时的大部分工厂和作坊还处于新旧交替阶段，在生产过程中传统手工工具和新式机械设备兼有采用。然而酿造设备的更新就意味着效率的提高和产品质量的优化，因而较之以往的完全手工化，民国时期的“半机械化”已然算是葡萄酒工业的一大进步。

1 傅金泉：《民国时期酿造科技文献史料》，载《酿酒科技》2010 年第 9 期第 93-94 页。
2 [元] 周权：《此山诗集》卷四《蒲萄酒》，四库全书本，第 48 页。
3 [清] 萧雄：《听园西疆杂述诗》卷三。引自王赛时：《中国酒史》，山东大学出版社，2010 年，第 256 页。
4 罗世嶷：《葡萄圃之建设》，载《农学杂志》1918 年第 2 卷第 4 期第 3 页。
5 兰振民：《张裕公司志》，人民日报出版社，1998 年，第 62 页。

任何新事物的诞生都必然伴随着阵痛，民国时期，中国葡萄酒经历了历史性转折，从几千年以来的小规模手工生产转向了工业化生产，从张裕公司“一枝独秀”到北方各地“竞相开放”，这当中经历的磨难与挑战不计其数。虽然在此期间，中国的葡萄酒业在酿造工艺、酿造设备以及销售市场等诸多方面还受制于外国，但我们也应该看到它的进步。在动荡的民国岁月里，中国葡萄酒能够实现转型，已然算是时代创举，也正是因为葡萄酒近代化酿造的出现与发展，中国的葡萄酒才得以走出国门，并得到国际上的认可。

第三节 民国时期葡萄酒的文化贡献

一、葡萄酒商业文化探索

1914年5月1日，山东张裕公司酿制的精品葡萄酒与白兰地正式在上海发售。上海《申报》正式刊登了张裕公司的一则广告[1]：

> 本公司经前北洋大臣准奏，在山东烟台酿造各种葡萄酒，历选各国佳种，均照西法培植接种换根，以期原料优美。特聘奥国著名头等酿酒师、现任烟台奥国领事官名哇务[2]男爵驻厂监制，白酒、红酒、白兰地、三宾（起泡酒）各种名酒窖藏十有余载。气味醇厚，尤能滋补身体，有益卫生，饮者咸赞足与泰西佳酿颉颃。宣统已酉陈列江南劝业会，得奖超等文凭。现呈明农商部税务处注册，定于本年阳历五月一日开售。

同年，陕西省亦在其编印的讲案中刊登了一篇题为《葡萄酒》的文章，全文除了论述葡萄种植技术与葡萄酒酿造方法，还涉及对于葡萄酒产业前景的预测[3]：

> 这个利源一经开辟，我们中国的酒税，断没有西洋各国那样重。酒既增美，价必倍廉。海外各国的人民，势必要购买我们中国的酒。各国的酒税又关乎国家行政的费用，就是想减一减税来敌我们，也是万万做不到的事体。大家想想，这个利源将来还有限量么？

由此可见，据处于当时情景下的人们推断，民国时期的葡萄酒于国内乃至国外市场之

1 广东历史学会张弼士研究专业委员会：《张弼士研究资料 第1辑 张弼士君生平史略》，2006年，第59页。
2 “哇务”即德文姓名 Baron Max von Babo 中 von 的音译，除此之外也常将 Babo 译作“巴保”或“拔宝”。
3 陕西巡按使署教育科审定，陕西省设模范巡行宣讲团编印：《葡萄酒》，载《讲案（第十一集）》，民国三年（1914）十二月第一册第四篇。

中具有相当的优势。但事实并非如此，产品销售市场成了最大的问题。“上层社会人物，以饮洋酒为阔绰，饮茅台、汾酒为体面；而下层市民又以饮高粱烧酒为习惯。”[1] 人们不选择洋商进口酒，就是因为习惯了白干喝不惯葡萄酒。基于如此状况，张弼士开启了两条商路，在国内宣发的同时，向南洋推销以扩大影响。《烟台概览》中便有关于南洋销量的记载：“葡萄酒产品会销至新加坡、暹罗、缅甸各地，在极盛时期，年中出品六万余箱，销卖达三十余万元。”[2]

随着国外精印宣传小册，仿单、名人题词等宣传的进行，葡萄酒产品终于在国际上打出销路。自 1914 年以来张裕公司所生产的葡萄酒，先后在山东物品展览会、南洋赛会获得多项优等奖项，而 1915 年这一年，中国葡萄酒迎来了它走向国际的第一个高峰——巴拿马太平洋万国博览会。当年中国政府组织了阵容庞大的观光团前去助阵，在委派赴美商业报聘团中，张弼士担任团长，秘书钦定为黄炎培。在此次博览会中，张裕公司一举夺得四项金奖，两项最优奖，其产品（可雅）白兰地、红玫瑰红葡萄酒、琼瑶浆味味美思与雷司令白葡萄酒一夜成名，成为各国人民竞相购买的佳品，来自美国等地的媒体也争相报道此事[3]。

其实早在清末，山西榆次县城内由绅士王联甲、马穆之创办的豫慎、豫茂两家葡萄酒专酿公司产出的红白葡萄酒产品，便拥有极高的酿造水准，其产品也在此次博览会中斩获一等奖。外加北京上谷果酒公司，其生产的葡萄酒亦获得金牌、银牌各一枚。一时之间中国葡萄酒产品成为世界公认的甘露佳酿，由此第一次打开了中国葡萄酒在世界的知名度。但获奖企业中，除了张裕公司，其他都在获奖后的不久，无甚发展至垮台。但即便是在陆续有葡萄酒厂倒闭的情境下，国产葡萄酒仍旧保持一定强度的输出，民国十年总计出口葡萄酒烧酒 15.693 打，值关平两 90.247，民国十一年总计出口 8.447 打，值关平两 53.667。单就张裕与光华两公司的葡萄酒产品在烟台市的特产出口统计中，便能够达到葡萄酒全年产量及输出 5 200 箱，白兰地酒产量及输出 7 000 箱，总计价值 218 000 元的惊人成绩，且出口地区已不限于华南华北、新加坡及菲律宾，甚至囊括了美国、加拿大等北美洲的华侨集中区，连苏俄酒商每年都有订货[4]。

1 谭锡山：《烟台轻工业一志》，烟台市一轻局志室，第 101 页。
2 刘精一：《烟台概览》，复兴印刷书局，第 134 页。
3 广东历史学会张弼士研究专业委员会：《张弼士研究资料 第 1 辑 张弼士君生平史略》，2006 年，第 60 页。
4 烟台市公署建设局：《工作合刊（民国二十七年九月至二十八年十二月底）》，1940 年，第 183 页。

张裕公司葡萄酒获奖产品[1]

品名	获奖年份	获优级别
金奖白兰地	1915	巴拿马万国博览会金质奖章
烟台红葡萄酒	1914	山东物品展览会金质奖章
烟台红葡萄酒	1914	南洋赛会最优奖状
烟台红葡萄酒	1915	巴拿马万国博览会金质奖章
烟台味美思	1915	巴拿马万国博览会金质奖章和最优奖状
雷司令干白葡萄酒	1915	巴拿马万国博览会金质奖章和最优奖状

这正映衬了张弼士于光绪三十三年在《商务官报》中立下的豪言壮志："尝考法兰西国葡萄制酒之利，岁合华银数万万两，为全国出口货物之大宗。而法之国用，多资酒税，岁入甚巨。如此大利，实堪惊骇。我国倘能仿而行之，讲求种植制造之法，既塞漏卮，兼能富国，是亦开辟利源之一道乎！"[2]横贯南北的愿景最终成为现实，张裕公司出品的小册子《代理与顾客须知》中最后一页写道："凡游历烟地（烟台）中外人士，参观敝厂者莫不极口赞扬，盖事实使然，不讬空言，倘阁下过烟，不妨请往参观。"其中的一句"不妨请往参观"分明显示出了当时中国葡萄酒的国际声誉与知名度，其中也隐隐暗含了一份葡萄酒工业旅游的萌芽。虽然此时的中国葡萄酒工业近代化进展十分曲折缓慢，其中不乏资本主义经济环境缺失的影响，但不可否认，中国葡萄酒正在依靠着本土商人们的"实业救国"之理念，逐步接轨世界，走向开放化的商业道路。

二、西方葡萄酒品饮观念的吸纳

随着人类对外部世界的探索，海外殖民体系的不断扩张，经济政治贸易往来渐密，文化思想与宗教理念的传播，东西方世界逐渐连成一体，葡萄酒也随之进入不同的人类文明并与之相交融，但东西文明的根本差异使得葡萄酒文化在发展的过程中相互间糅合在了两种不同的酒文化中并得以广泛传播。

1 谭锡山：《烟台一轻工业志》，中国轻工业出版社，1991 年，第 102 页。
2 张振勋：《创办张裕酿酒有限公司缘起》，载《商务官报》光绪三十三年正月二十五日（1907 年 3 月 9 日）丁未第一期第 34 页。

从广义上来讲，葡萄酒文化包括几千年来不断改进和提高的葡萄栽培管理技术、葡萄酒酿造技术、法律法规制度、酒俗酒礼、饮酒器皿以及文人墨客所创作的与葡萄酒相关的书画、诗文词句等，狭义上的葡萄酒文化则仅指葡萄酒品饮的礼节、风俗、逸闻等[1]。总体来说，葡萄酒文化包括与葡萄酒相关的一切事物，而在东西方同时期文学作品中有关葡萄酒的相关描述，则清晰地展示出葡萄酒在两种截然不同的文明中的作用，使我们更为直观地感受到暗藏于这段交锋下的品饮文化萌芽。

好酒必然要配下酒菜才能喝得畅快，这便涉及饮食结构相关问题。西方国家提倡个性开放与自由，加之其独特地理位置所创造的海洋文化与商业传统，其饮食结构与习惯深深根植于葡萄酒文化发展之中。而中国地理风貌与饮食习惯与西方差异巨大，地大物博的中华大地孕育着广阔的山川平原、长河湖泊，丰富的物产资源使人们自古过着规律的农耕生活，拥有大量自给自足的粮食产物，基于此中国诞生了灿烂的白酒文化。而葡萄酒虽然自汉朝时期便长久存在，却碍于中国丰富的饮食结构和对粮食酿造酒的偏好，一直未能形成广泛的饮用群体，但不乏富贵人家好为品尝，留下了大部头的文人辞墨，例如元代王翰的《葡萄酒赋》，“洪武辛酉。谒禹朝。有以葡萄酒见饷者。其甘寒清冽。虽金柈之露。玉杵之霜不能过也。饮讫。颓然而醉。”[2]如此文豪墨笔均为民国时期的葡萄酒宣传提供了坚实的文化基底。

西方人对酒的品用感不同于东方人，“在欧洲，我们一般会认为葡萄酒是一种像食物一样健康且普通的饮品，它也是幸福、健康与欢愉的源泉。饮葡萄酒就像吃饭一样，对我来说难以或缺。我无法想象同时没有葡萄酒、雪茄和啤酒的一餐饭到底怎样才能下肚。只要不是甜味的葡萄酒，所有类型的葡萄酒我都喜欢”[3]。欧洲数以百计的作家亦如海明威这般唯葡萄酒是从，他们将其比作爱情、视作生命，是饮食起居均不可或缺的存在。此等西方人崇为圣饮的佳酿，却被封闭多年的中国人弃置一旁，正是东西饮食文化产生差异的滥觞。由于中国的饮食结构较为丰富，故酒时常只作为助兴之物，并不像西方人对酒的搭配要求严格，时常品味，每餐必备。中国价值观念常年受到家国一体的影响，诞生于其中的家族、宗族观念则具体表现在了酒文化上——讲究集会饮酒，正如自周持续到清的乡饮酒

1 吴粤汕，战吉宬：《中西方葡萄酒文化的差异与融合》，载《中国食品》2006 年第 14 期第 44 页。
2 ［元］王翰：《葡萄酒赋》，元洪武辛酉，引自胡山源：《古今酒事》，世界书局，1939 年，第 287 页。
3 ［美］厄尼斯特・海明威著，汤永宽译：《流动的盛宴》，上海译文出版社，2009 年，第 201-202 页。

礼制度。因此，相对于西方惯常独自享用葡萄酒的人们而言，看到如耶稣血液般的葡萄酒出现在中国大范围的饮食场景中时，那可谓是震古摅今。梅娘曾在其自传中描绘了父亲在每逢年间邀请登门之客品饮葡萄酒的场景：“当姑娘们进入小客厅，婀娜地向红彤彤的福字下拜时，父亲也从大客厅赶了过来，他请姑娘们喝红葡萄酒，那是张裕公司送给他的年礼，刚刚启箱。他祝愿姑娘们好运，朗声说：诸位是我的客人，千万不要拘泥，请畅饮一杯！”[1]在西方文化中，葡萄酒通常寄托着人们飘缈的浪漫之心，正如苏联作家笔下对于自然之气的比拟，“太阳所蒸发的泥土的馥郁的香气，风从野外和家里吹来的粪便的气息，葡萄酒一般汹涌了人们的血，快活酒一般攻击了人们的头”[2]。代表绅士的礼节与情感的奔放，其常常反映为文学作品中独饮的形式，托尔斯泰对独身男子厄韦底奇的塑造正基于此：“早前的日子，每逢例假期间，他惯喜到俱乐部去，喝一盏茶或醉少许白兰地酒。”[3]西方人对葡萄酒的饮用往往以品鉴著称，这也许来自中世纪的皇家贵族文化，而中国历史上的所谓贵族早已泯灭在春秋战国末统一的狼烟之中，更不要说清末帝制的终结，贯彻整个帝制的儒家文化对酒的态度也仅仅是必要的祭祀用品，西方所谓的品饮一词也许只部分存在于某朝皇帝和高官之间。与中国葡萄酒常年相伴的便只有权贵之人，如此我们看到，其文化更多地显现为一种高雅与孤傲，这些不太相容的气质和氛围都影响了葡萄酒文化在中国的传播与发展。

随着科举制的没落与帝制的凋零，新生的中国孕育了一批崭新的群体——知识分子，年轻的留洋团体们引领着中国社会的走向，也承载着中国文化变革的力量。“他们喝了一些汽水和葡萄酒，又吃了几种西点，沉沉的夜，便已过了四分之三模样，窗外银色的月光，却由模糊渐渐消灭了！”[4]伴随着文学表达的飞速转变，葡萄酒越来越成为文作场景中少男少女必不可少的时尚代表，成为一种新生活、新文化的标志。由于葡萄酒酿制原料的特殊性，其一般被归为果酒乃至饮料行类，且酒精浓度相较于烧酒、威士忌、白兰地等烈性酒要低，更加柔和，品饮葡萄酒逐渐开始被国人们所接受并上升为一种雅致。“——吃杯吧，这是威士忌太利害吧？那么换葡萄酒好了，葡萄酒是象征爱情的，如芳，吃杯

1 梅娘：《我的青年时期》，载《作家》杂志 1996 年第 9 期。
2 鲁迅编译：《苏联作家二十人集》，上海良友图书印刷公司，1936 年，第 321 页。
3 [俄] 托尔斯泰著，美道会文字部译：《爱与上帝同在》，华英书局（1932—1949），第 10 页。
4 汪放庵：《紫葡萄》，南方书店，1932 年，第 15 页。

吧！”[1] 西方文学中热烈的葡萄酒情感随之渗入了中国的文学表达中，从民国时代流传的西方文学作品中，从比比皆是的葡萄酒拟喻中，均能够深刻体会到西方葡萄酒文化对国民生活的浸润。例如著名短篇小说家莫泊桑，在著作《爱情的火焰》中对于诗歌之美的描述："‘小东西，坐在这里，’他接着说，‘拿着这本诗集。看一看三百三十六页，在这一页上你会看到一篇名〈贫苦的人们〉的诗歌。像最好的葡萄酒似的，一字一句慢慢地饮着它，让它使你陶醉，使你感动。其次合上你的书，抬起你的眼睛，思索着，眼前我去准备我的书笔。’”[2] 诗歌是艺术界顶级的幻想曲调，将现实的生活转化为诗的语言需要极度的想象力和创造力，因此诗歌往往代表着一个作家最缥缈、梦幻的感触，莫泊桑以葡萄酒的品位之感，抒发读诗的陶醉之意，无疑能够代表西方对于葡萄酒品饮之趣的高级褒奖。

因西方发达的畜牧业与潮湿寒冷的温度，其民众的饮食结构更多偏向于动物性食品，肉、蛋、奶等类食品在日常饮食中占绝大部分比率，而中国则主要以杂粮米面为食，对牛、羊肉的需求远比不上畜牧业发达的西方国家。而随着西方文化的大量内流及知识分子群体的缓冲过渡，西方饮食文化潜移默化地浸泡着中国大地，促进着文化江河的汇聚，其中便承载着葡萄酒文化的注入与吸收。例如民国作家张资平屡次在著作中写到这样的场景："但是伯良不一刻就回来了。他原来是出去买菜的。他买了牛肉，买了鸡蛋，买了葡萄酒回来，大概是准备款待我。"[3] "一天下午他们三个踏雪由学校回来，买了两瓶罐头牛肉，喝了两瓶葡萄酒。"[4] 两本书的两个片段都提到了葡萄酒与牛肉的餐饮组合，再结合文中对于天气情况的铺设，不难看出，在严寒天气中食用肉类与葡萄酒易取暖的认知已刻在彼时人们的思维之中，亦呈现出西方葡萄酒文化对民国时期国民饮食结构观念的影响。但中国于饮食文化之上却又是个东西南北四向各异的国家，食俗地域性差异极大，在此基础之上，各地的中国人民逐渐发展出地方性的葡萄酒饮食文化。诸如建子之月的"葡萄美酒佐羊羔"[5]，民国时期广东地区的"叉烧、一鸡三味"配葡萄酒[6]，梅娘日记中典型北方菜系"酱茄子"与葡萄酒的组合[7] 等，如此丰富的菜系搭配，不仅隐隐孕育出民国年间葡萄酒文化

1 孟超：《爱的映照》，泰东图书局，1930 年，第 132 页。
2 [法] 莫泊桑著，索夫译：《爱情的火焰》，国际文化服务社，1946 年，第 228 页。
3 张资平：《爱力圈外》，乐华图书公司，1929 年，第 271 页。
4 张资平：《爱之焦点》，泰东图书局，1930 年，第 6 页。
5 许瘦蝶：《蝶衣金粉》，新声杂志社，1922 年，第 22 页。
6 陈穆如：《爱的跳舞》，人生研究社，1933 年，第 107-108 页。
7 吕明辉：《梅娘日记》，时代文艺出版社，1995 年，第 296-297 页。

传播的广泛性，更为关键地烘托出中国葡萄酒文化所独有的融合性与丰富度，系统地展现了其从无到有的搭建过程。

西方饮食除对畜产品有大量需求外，其烹饪方式也常常以煎炸为主，易导致脂肪蛋白堆积过多，引发高血压、高血脂等疾病。而随着两次工业革命对科学技术的推进，人们逐渐发现，葡萄酒中含有诸多能够分解此类物质的微量元素，适量饮用可以有效降低食肉及油炸品引起的高血压、高血脂等一系列健康隐患，故葡萄酒成为西方佐餐的一种必需品。如民国时期翻译出版的法国小说《酒窟》之中，便多次提及法国人古波在葡萄酒和烧酒之间选用的习惯及偏好原因，“但是他拍一拍胸膛，说他只肯喝葡萄酒，始终只喝葡萄酒，不喝烧酒。葡萄酒延迟人的生命，不令人不舒服，也不醉人”。“始终只是葡萄酒不要烧酒”[1]。正因如此，西方葡萄酒在最初进入中国市场之时，诸多广告语中必然出现饮用葡萄酒有助于身体健康等方面的词句，这也证实了西方葡萄酒文化的普及得益于“饮酒健康”观念的流行。我国著名经济学家于光远先生在《马克思恩格斯论喝酒》中谈到马克思长年患病，他的医生便建议他饮葡萄酒疗疾。民国年间，由上海基督教复临安息日会所建立的时兆报馆出版过一篇名为《健康生活》的文章，其中亦写道：“各种饮料，如茶、咖啡、啤酒、葡萄酒以及醇酒等，是否与清水统一功效。”[2] 而作者在其中先是否定了茶与咖啡的有益论，又提出完备之饮料应为适应人体所需者，而葡萄酒则正属于这个范畴。由此可见，西方人对葡萄酒的有益健康乃至医用理念在生活与文化传输上的呈现，而此时的中国正处于包罗万象的吸收年代，文化的收纳也许就在一夕之间悄然而至。出版于1929年的文学著作《爱的爱》中设计了这样一个场景：“‘啊！是个女人，好好一个女人，怎么会睡到雪里来的？啊！女人。’他把她放在床上，替她外面的长衣脱掉，盖好在被窝里，生起炭炉，灌了一杯葡萄酒给她喝，在她头上手上又摩擦了一回，她渐渐地清醒了过来。”[3] 东方杂志中亦彰显了葡萄酒的此等妙用：“就在这里休息一会不好吗？脸色不是很好啊。吃点葡萄酒怎么样？”[4] 在随后十年间出版的饮食调养类书籍中，国人更是增进了对葡萄及其酒液的药用认识，“五味子汤——代葡萄酒饮。生津止渴。暖精益气”。“葡萄酒益气调中。

1 ［法］佐拉著，王了一译：《酒窟（上）》，商务印书馆，1937年，第180页。
2 ［美］米勒耳：《健康生活》，时兆报馆，1932年，第24页。
3 姜豪：《爱的爱》，革新书店，1929年，第96页。
4 商务印书馆：《不幸的男子》，载《东方杂志（小说选订）》第二十二卷第十三号第141页。

耐饥强志。酒有数等"[1]。无论是文学作家对场景的设置，还是调理身体的药方中频频出现的葡萄酒，都能够清晰地展示出彼时的国人对葡萄酒医用效果的普遍认可，更侧映出中国饮食文化对葡萄酒的接纳，以及社会各方面对西方葡萄酒文化的一种再建构与生成。

正因饮食文化上的本质差距，为打开中国葡萄酒市场，洋商抓住中国传统文化对养生之道的关注，大力弘扬葡萄酒于健康之益处，如井上兼雄在其养生之书中写道，葡萄酒、茶、咖啡等植物性东西，属于碱性食物，可预防食入过量蛋白质而造成的酸性中毒[2]。"酒精如适量饮用，能促进消化液的分泌，使食欲旺盛；所以在进食以前，喝一杯葡萄酒，是很相宜的。"[3]外国酒商将身体康健与饮用葡萄酒相联系，逐渐打破了两种文化间的壁垒，为张裕等葡萄酒公司的产品宣传提供了良好的理论支撑。随着国内政局的进一步变化和人们观念的逐渐开放，知识分子群体一马当先地将西式餐饮观念结合到了传统文化之中，促进中国葡萄酒品饮文化走上成形之路。

三、葡萄酒品牌文化的萌芽

中国葡萄和葡萄酒历经上千年的发展，于清末至民国年间经过转型之后终于走上了近代化之路，吸引了更多人群的青睐，也正是在这一时期，中国葡萄酒的品牌文化开始萌芽。那么何为品牌文化呢？"品牌文化是在品牌建设过程中不断发展而积淀起来的，由品牌精神文化、品牌物质文化和品牌行为文化三部分构成。"[4]品牌精神文化即有关品牌精神和品牌价值等方面的内容；品牌物质文化指品牌的名称、标识、包装等能够反映品牌文化内核的内容；品牌行为文化则是指品牌在传播和营销过程中所展现的文化。这种文化的形成与发展，不仅反映了一个品牌的理念和价值观，也成为消费者识别和选择该品牌的重要因素。民国时期，知名度最高的国产葡萄酒品牌当属张裕。然而张裕公司最开始只是张弼士创办的众多企业当中的一个，从严格意义上来说，还不能称之为一个正式的葡萄酒品牌，在经过张裕公司几代人的不断努力和经营之后，一个品牌的完整面貌才得以逐渐显现。

对于一个品牌而言，商标是其与其他同类品牌区分的重要标志，也是展现其产品特点

1 王山阴：《饮食调养指南》，上海学生书局，1937 年，第 21 页，第 49 页。
2 [日]井上兼雄著，朱建霞译：《养生学要论》，商务印书馆，1946 年，第 23 页。
3 [日]井上兼雄著，朱建霞译：《养生学要论》，商务印书馆，1946 年，第 58-59 页。
4 朱立：《品牌文化战略研究》，中南财经政法大学博士论文，2005 年。

和优势的重要标志，一个独特的商标是品牌建设的开始，是品牌文化的重要载体。张裕公司于1892年创办，直到1914年才正式注册了第一个商标——“双麒麟”。商标画面中，两只麒麟共同托举着带有篆体“张裕”的圆球，“张裕”之下，是枝繁叶茂的两串葡萄。麒麟是中国古代神话传说中的一种神兽，寓意着吉祥，常常被用来表达对国家繁荣、人民安康的祝愿。相传麒麟能活2 000年之久，并且据典籍记载：“麟者，仁兽也，状如麋，一角而戴肉，设武备而不为害，所以为仁也。”[1]因此它也常常被视为是长寿、仁爱的象征。以两只麒麟入商标，自然是寓意着张裕公司未来将有双倍的好运、双倍的发展，张裕公司此举还颇有一番“文化自信”的意味在里面。实际上，无论是两只麒麟还是篆体“张裕”，无非是想要展现出中华民族和中华文化的特色，而枝繁叶茂的两串葡萄则突出了张裕公司的产品特征，同时也象征着张裕公司葡萄酒事业的蓬勃发展。从“双麒麟”商标中也能看出当时的中国葡萄酒并非完全借鉴西方，其实也是或多或少有一些东方因素融汇于其间的。同年，带有“双麒麟”商标的张裕公司的葡萄酒和白兰地便开始正式发售，1915年，在巴拿马太平洋万国博览会上斩获金奖，这是张裕公司发展史上的又一里程碑式的事件。此后，张裕公司“开始在商标的背景上印刻奖章的图案，将张裕公司在1910年南洋劝业会、1914年山东物品展览会、1915年巴拿马太平洋万国博览会荣获的奖牌的正面和背面印在商标之上。商标图案元素开始增多，不再单纯地以葡萄元素为主”[2]。在“双麒麟”之后，为了“扩大企业影响，有利于广告宣传，并能够保证产品质量、赢得荣誉，增强竞争能力”[3]，张裕公司又注册了“星盾”“麟球”“至宝”等商标。这些带有鲜明张裕公司特色的葡萄酒商标，伴随着葡萄酒一起传播到了世界各地，对张裕葡萄酒的品牌打造起到了至关重要的作用。

民国时期，由于西方文化的影响和社会风气的开放，品饮葡萄酒成为一种时尚。然而，尽管国内品饮者数量增多，但是他们往往更偏爱西方进口的葡萄酒，对国产葡萄酒的兴趣则略显淡薄。面对当时许多品质优良的外国葡萄酒，中国的葡萄酒显然并不具备过多竞争力。因此，对于刚刚起步的民国葡萄酒工业企业来说，如何打开产品销路成为他们亟待思考和解决的问题。在这样的社会背景下，各种“摩登”的葡萄酒营销策略应运而生，

1《春秋公羊传》，明代永怀堂本，第341页。
2 贺俊花：《张裕葡萄酒酒标百年变迁的视觉传播研究》，鲁东大学硕士论文，2022年。
3 兰振民：《张裕公司志》，人民日报出版社，1998年，第161页。

张裕公司作为当时的业内翘楚，他们所采取的一系列营销方式便极具代表性，这也成为他们在品牌建设过程中极为重要的一环。

首先就是在报纸、画册上刊印宣传广告。“1914 年 5 月 1 日，公司第一个售酒广告在上海《申报》刊出，至 1916 年，公司广告在《申报》频繁刊出。”[1] 当时广告词的内容颇具趣味，如 1932 年《北平晨报》上刊登了“张裕公司葡萄酒有红白六种，以红玫瑰、白玫瑰两种为最清香……以上均有补血益气、滋肠润肺之功”[2]，宣传葡萄酒是一种有治病养生功效的特殊饮品。在一些宣传小册子里，也多宣传葡萄酒能补血益气、强志耐饥、驻颜悦色、滋肠润肺。更有甚者将葡萄酒与人参、鹿茸媲美，宣称妇女胎前产后，和鸡子牛肉汁饮之，尤能滋补气血，增多乳汁[3]。这些广告词虽然将葡萄酒说得神乎其神，具有一定的夸张成分，但是其间也确实蕴含了一些传统中医理论。在庞大的中医理论系统当中，气血理论是其中一个重要组成部分，《黄帝内经·素问》中有载：“人之所有者，血与气耳。”[4] 从中医角度来看，气与血是构成人体的基本物质，也是人体生命活动的动力和源泉。从科学的角度看，葡萄酒中富含矿物质、维生素等生物活性物质，以及柠檬酸、苹果酸等有机酸成分，能够有效促进新陈代谢、舒筋活血，因此将葡萄酒与传统的中医气血理论相联系有其科学性[5]。

除了广告词，张裕公司在广告画报上也下了一番功夫。例如：“在车站、码头书画巨幅广告做宣传。每逢节日，大型卡车载着装潢精美的巨型酒樽走街过市，沿途分赠一两装的小瓶白兰地，以招揽顾客，扩大销路。”[6] 又如 1918 年，张裕公司在《小说月报》杂志上刊登了一幅由当时上海名画家丁云先所画的广告画报，画面中一位巧笑倩兮的女子梳着中国传统发髻，穿着中式绣花鞋，手执高脚杯在餐桌前悠闲地跷着二郎腿，举手投足间既有着东方女性的知性与优雅，又有着西方女性的自信与开放，实在是一场传统与摩登的邂逅。

此外，在张裕公司的品牌推广方式中，最值得一提的当数充分利用名人效应来为其产

1 兰振民：《张裕公司志》，人民日报出版社，1998 年，第 149 页。
2《北平晨报》(第四八七号) 1932 年 4 月 28 日。
3 烟台市政协文史资料研究委员会：《烟台文史资料》，1982 年，第 117 页。
4《黄帝内经·素问》，清康熙九年刻本，第 242 页。
5 张文慧等：《葡萄酒与健康关系的研究新进展》，载《中国酿造》2019 年第 38 卷第 2 期第 11 页。
6 兰振民：《张裕公司志》，人民日报出版社，1998 年，第 149 页。

品“代言”。张裕公司最初成立时门楼上的公司名称便是请时任户部尚书、军机大臣兼光绪帝老师的翁同龢题写的。在1932年张裕公司创办40周年之际，公司又举行了宣传纪念活动，并发行了宣传纪念册，当时国民党中央政府和地方政府的诸多要员都为其题词留念。如宋子文为张裕公司题赠“芳冽驰誉”，赞许张裕公司葡萄酒驰名天下、誉满全国；张学良为其题词“圭顿贻谋”，勉励张裕公司要汲取战国巨富白圭和猗顿的经营谋略；孔祥熙更是洋洋洒洒地作了一首四言诗：“蒲桃佳酿，来自西域。挹我漏卮，岁输万亿。爰有哲人，明烛几光。海隅青州，关兹酒泉。艰难百折，历载四十。以醺万汇，声誉大集。杯酒劝劳，猗欤休哉。益励不懈，敢诏方来。”[1] 充分肯定了张裕公司的创办及发展。由于张裕公司擅用名人效应，还在海外精印一些名人题词以作宣传，便使得这些名人题词不仅具备了荣誉价值，也具备了商业价值。在20世纪30年代，张裕公司还“特邀《申报》记者黄寄萍兼做宣传顾问。在上海静安寺路20号租用了一个门市平房，陈列张裕酒和醴泉啤酒，由于橱窗和内厅装潢别致，故吸引不少过往行人驻足观赏。30年代著名喜剧演员王献斋、关宏达、吴茵及王人美也应邀为公司做宣传”[2]。经过这些民国时期的名人、明星的助力以及各种摩登的品牌营销方式，“产品销路逐渐扩及菲律宾、加拿大和中、南美洲各地的华侨地区。影响所及，连俄国酒商每年都多有订货”[3]。国内的“一般家庭用餐或者三五知己小酌也多会喝张裕公司的酒”[4]。张裕公司葡萄酒的品牌知名度、民众认可度和产品销售量都得到了明显提高。

民国时期，中国葡萄酒迎来了它的新发展时期。尽管当时国内葡萄酒生产尚未形成规模，但一些先行者，例如张裕公司，已然看到了葡萄酒作为一种生活方式的商业潜力，并且进行积极地探索和实践，最终成功推动了中国葡萄酒的转型，也催生了中国葡萄酒品牌文化的萌芽，这不仅是商业实践的探索，更是中西合璧文化交融的历史见证。民国时期的葡萄酒品牌虽然尚处于初创阶段，但它们对于品质的追求、文化的塑造以及市场的开拓，无疑为后来中国葡萄酒文化的发展奠定了重要的基础。

1 烟台张裕葡萄酿酒有限公司：《烟台张裕酿酒公司四十周年纪念册》，1932年，第13页。
2 兰振民：《张裕公司志》，人民日报出版社，1998年，第150页。
3 烟台市政协文史资料研究委员会：《烟台文史资料》，1982年，第116-117页。
4 张绪谔：《乱世风华——20世纪40年代上海生活与娱乐的回忆》，上海人民出版社，2009年，第57页。

中国葡萄酒历史文化研究

中篇
当代中国葡萄酒业发展历程

第七章
中国葡萄酒业复苏

中国葡萄酒工业化生产始于张裕公司。之后，外国资本家、洋教徒、民营资本家等在吉林、北京、天津、河南、山西、云南等地也陆续创办过几家规模较小的葡萄酿酒公司。但由于清末国运衰败，西方列强入侵，民国和抗战时期战火纷飞、时局动荡、民不聊生，工业生产和商业经济活动被迫停滞，几家葡萄酿酒公司在动荡的环境下苟延残喘。

新中国成立后，气息奄奄的几家葡萄酒企业在政府帮助下恢复生产，新中国的曙光照亮了中国葡萄酒业的复兴之路。就当时来说，酿造新中国第一瓶葡萄酒，不仅具有积极恢复农业和工业生产、完善新中国产业体系、创造外汇收入的经济意义，同时对于弘扬“自力更生、艰苦奋斗、丰衣足食、自给自足”的民族团结奋斗精神，改变西方列强眼中“一穷二白”的羸弱形象，提高新中国国际外交地位具有划时代的历史意义。

第一节　葡萄酒恢复生产

一、新中国成立初期对葡萄酒生产的重视

1949 年粮食总产量 11 320 万吨，人均仅 209 千克[1]。为了节约粮食，国家提倡利用水果酿酒。1953 年全国税法会议上提出了“限制高度酒、提倡低度酒、压缩粮食酒、发展葡萄酒”的政策，还规定了葡萄酒可享受免税待遇。“一五”期间，葡萄酒被列为国家 156 个重点生产建设项目之一。1956 年 3 月召开的第一届全国糖酒食品工业汇报会上，毛泽东同志做出重要指示“要大力发展葡萄和葡萄酒生产，让人民多喝一些葡萄酒”[2]。在新中国成立初期国民经济非常困难的情况下，周恩来总理特批 65 万元，专项支持葡萄酒产业，用于提高名酒质量、改进科研和工艺流程。之后，我国酒业生产加大了向非粮食

1 翟凤英:《中国营养工作回顾》，中国轻工业出版社，2005 年，第 199 页。
2 朱梅:《古今酒事（一）》，载《酿酒》1982 年第 3 期第 62、88 页。

酿酒原料发展的力度。

新中国成立初期国内主要生产葡萄汁调配酒，国宴用的高品质干红、干白葡萄酒一直依赖进口，因此，当时来访的国外政要时常会携带自己国家生产的干红葡萄酒。1972 年 2 月中美关系破冰，尼克松总统访华时特意从美国带了一批葡萄酒，并开玩笑道："中国很大，但缺少葡萄酒和时尚女性。" 1977 年，中国生产的半汁葡萄酒出口到法国后全部被退回，理由是："贵国这种酒精饮料既不是葡萄酒，也不是开胃酒，不符合欧洲共同市场标准，禁止进口。"[1] 国产葡萄酒在国际外交场合和出口国外市场时所遭遇的尴尬，令我国意识到，葡萄酒不仅是一种国际流行的含酒精饮品，它的质量也是衡量一个国家经济发展水平和人民生活水平的体现。随着外交活动的增多，为了提高我国葡萄酒的品质与国际地位，国家把自己酿造具有国际标准的葡萄酒作为政治任务提上了日程，国家立项规划葡萄酒酿造技术重点科技攻关，并鼓励引入国外优质葡萄苗木和先进的葡萄酿酒技术。

1978 年 4 月，轻工业部在河北沙城主持召开了"全国啤酒、葡萄酒工业发展规划会议"，提出"高速度、高质量发展啤酒和葡萄酒工业，逐步满足国内市场的需要，并尽量多出口、多换外汇、多做贡献"的发展目标[2]。会议指出葡萄酒是果酒，不用粮食，葡萄酒生产既可以出口换取外汇，又可以满足外交特需，不仅具有经济意义，还具有重要的政治意义，要大力发展葡萄酒生产并且尽快实现与西方接轨。此次会议之后，我国葡萄酒业发展速度加快，葡萄酒产量及市场销售量都开始呈现逐年递增趋势。

1979 年，轻工业部首次组织了由葡萄酒专业技术人员组成的赴法考察学习团，技术人员们从酿酒原料生产、葡萄酒酿造工艺流程及机械设备到葡萄酒储存与品鉴等方面都进行了深入学习与交流。专家团出国访问形成的《赴法葡萄酒白兰地技术考察报告》介绍了法国葡萄酒产业的历史、发展情况，让中国人首次了解了法国葡萄酒产区。此次考察推开了葡萄酒酿造技术合作和东西方葡萄酒文化交流对话的大门，对中国葡萄酒酿造新工艺的研究起到了极大的促进作用，也成为葡萄酒科研工作全面走上正轨的起点。

1 刘耀宏：《国宴酒话（7）：解密葡萄酒成为国宴用酒的故事（下）》，载"七彩酒业网"2020 年 10 月 6 日，https://www.sohu.com。
2《全国啤酒、葡萄酒工业规划会议在河北沙城召开》，载《葡萄科技》1978 年第 2 期第 22 页。

二、新建扩建的第一批葡萄酒厂

新中国成立初期，我国葡萄、葡萄酒生产基础比较薄弱，1949年葡萄总产量仅3.9万吨，葡萄酒产量只有84.3吨[1]。为了尽快恢复葡萄酒生产，政府接管了新中国成立前由西方传教士、国外资本家、民营资本家创办的，解放初期尚有生产能力的吉林通化、山东张裕、陕西丹凤、青岛葡萄酒厂和山西清徐露酒厂，并投资进行了改扩建，使中国葡萄酒工业生产逐渐走上正轨。

张裕公司从晚清创办开始，历经军阀割据和抗战时期，几近停业。1949年烟台解放，张裕葡萄酿酒公司被新成立的政府接管，葡萄酒生产得以恢复。1949年9月30日，在中国人民政治协商会议第一届全体会议闭幕晚宴上，张裕葡萄酿酒公司生产的葡萄酒成为新中国首场国宴用酒。1952年，在新中国第一届全国评酒会上，张裕金奖白兰地、张裕红葡萄酒、张裕味美思入选“中国名酒”之列。1954年4月，周恩来总理把张裕金奖白兰地带到了日内瓦。1972年2月21日，美国总统尼克松访华，烟台葡萄酒公司（张裕葡萄酿酒公司于1966年更名为烟台葡萄酿酒公司）生产的葡萄酒成为人民大会堂宴会厅欢迎宴会上的“和平祝酒”。第二、第三届国家名酒评比会上，张裕公司的产品连续获得“中国名酒”称号。

由德商开设的美口酒厂在新中国成立时尚有4.5吨的生产能力。1954年，郭其昌[2]在美口酒厂主持工作期间，应中央有关部门要求，为中国政府代表团参加日内瓦国际和平会议定制了一批起泡葡萄酒，受到表彰。1959年4月3日，青岛市政府将美口酒厂改名为青岛葡萄酒厂，将原来的美口菱形商标改为灯塔牌黑色商标。1963年，青岛葡萄酒厂葵花牌白葡萄酒在全国第二届评酒会上被评为中国名酒之一。之后，青岛葡萄酒厂共有12个产品荣获省级优质、优良产品奖，部级优质、银质奖，以及国家级金质、银质奖。

人称“关东第四宝”的通化葡萄酒以长白山野生山葡萄为主要原料，采用独特的传统

1《热烈祝贺第四届全国葡萄学术研讨会召开：真诚希望中国葡萄、葡萄酒生产健康发展——农业部副部长路明在第四届全国葡萄学术研讨会上的讲话》，载《葡萄栽培与酿酒》1997年第3期第3-4页。

2 2000年2月23日，国际葡萄和葡萄酒组织（OIV）授予郭其昌OIV金质奖章，中国葡萄酒界泰斗郭其昌先生成为我国第一位获此殊荣的葡萄酒专家。另见陈思：《葡萄酒，我把一生献给你——记郭其昌的佳酿春秋》，载《中外食品（酒尚）》2006年第1期第132-135页。

工艺精制而成，是我国最早以地名命名和注册的葡萄酒商标之一。被誉为“红色国酒”的通化葡萄酒在新中国成立初期的重大庆典和外交活动中扮演了非常重要的角色，如通化葡萄酒曾作为专用酒见证了新中国成立开国大典；抗美援朝期间，通化葡萄酒是慰问和庆功酒；1954 年通化葡萄酒是周恩来出席日内瓦会议时的国礼用酒，受到外宾一致好评并于当年开始出口国外；1957 年的莫斯科世界青年联欢节将通化葡萄酒作为专用酒。新中国成立十周年之际，周总理特将通化葡萄酒（精制版）命名为“国庆酒”。1972 年，通化葡萄酒成为中国驻联合国代表北京—纽约首次通航招待会专用酒，并于同年接待了尼克松总统和日本首相田中角荣。

成立于 1921 年的山西第一家葡萄酒厂——清源益华酿酒公司，曾经是当时全国少数几家采用国外机械设备大规模生产葡萄酒的酒厂之一，生产高红酒、炼白葡萄酒、白兰地、葡萄纯汁、葡萄烧酒等[1]。抗战时期清源沦陷，公司遭受严重损失。1949 年 5 月，清源益华酿酒公司更名为华北露酒公司清源制造厂，成为太原地区第一家国营企业，同年 7 月生产出供中国政治协商会议第一届全体会议和开国大典专用的红葡萄酒和炼白葡萄酒。1950 年国家提倡节约、反对浪费，因为炼白葡萄酒工艺复杂、出酒率低，被停止生产。当年 9 月该厂更名为清源露酒厂[2]。1952 年酒厂交山西省专卖事业公司管理，更名为山西省地方国营清徐露酒厂。1954 年注册“曙光”牌商标，生产红葡萄酒、白葡萄酒、玫瑰葡萄酒、玫瑰酒等 20 多个品种，葡萄酒受市场欢迎。1960 年商标改为“锦杯”牌，芳香浓郁、味甜微酸、细致柔和、爽净利口、回味悠长等特色鲜明，获“太原市优质产品”称号。该厂生产的另一品牌——山西红葡萄酒曾获“山西省优质产品”称号。1975 年试制成出口外销的鲜葡萄汁[2]。

丹凤葡萄酒是陕西最古老的葡萄酒品牌，也是与张裕齐名的两个百年葡萄酒品牌之一[3]。陕西丹凤葡萄酒厂的前身为成立于 1911 年的“陕西省龙驹寨协记美利葡萄酒酿造公司”[4]，曾是当时西北最早、陕西产量最多且品质最好的葡萄酒生产厂家，但在国民党统治

1 鲍明镜：《清徐葡萄酒产业的历史与未来》，载《农产品加工》2008 年第 10 期第 26-27 页。
2 樊晋铁，乔建彬：《清徐葡萄酒何日再飘香？》，载《山西经济日报》2007 年 9 月 27 日。
3 王晟，郑战伟，付成程等：《丹凤葡萄酒历史回顾及未来展望》，载《农产品加工学刊》2010 年第 12 期第 89-90 页、第 98 页。
4 后曾更名“西北葡萄酒股份有限公司”“大芳葡萄酒酿造公司”。

时期，被毁掉的葡萄园一直没有得到恢复，只能依靠野葡萄和其他野果维持生产。1952年，丹凤葡萄酒厂开始扩大规模，从国内外引进优良品种 300 万株，建立了千吨水泥发酵池[1]，葡萄酒的产量和品质开始不断提高，丹凤葡萄酒不仅成为在国内深受欢迎的畅销产品，在 20 世纪 60 年代也开始走出国门并获得国际大奖。

政府重视与支持极大地调动了葡萄酒的生产积极性，各地兴建扩建了一批葡萄酒厂，葡萄酒生产规模进一步扩大。江苏省连云港、徐州、宿迁和丰县葡萄酒厂，安徽省萧县、砀山、界首葡萄酒厂，东北一面坡葡萄酒厂，新疆天山葡萄酒厂，湖南宁乡、湖北枣阳、广西永福葡萄酒厂等都得到新建或扩建。上海也开始自己培植葡萄，并逐渐扩大基地，自己发酵生产葡萄酒，南方葡萄酒产区得以范围扩大[2]。到 1978 年，我国县级以上葡萄酒国营企业已经发展到了 100 多家[3]。

三、葡萄酒产量和品质的提升

葡萄栽培及其酿酒技术的发展促进了葡萄酒产量的增加。1950 年我国葡萄酒产量仅为 260 吨[4]，新中国成立后 30 年间，葡萄酒产量以每年 20% 的速度递增，经过四个“五年计划”的发展，至 1976 年产量达到 2.67 万吨，较新中国成立初期增长了近 100 倍。1978 年，我国葡萄酒产量增加到 6.4 万吨，比新中国成立初期增长了约 319 倍[6]。在葡萄酒产量增加的同时，在各项评酒大赛上，有不少葡萄酒品牌表现优异。1952 年首届全国评酒会上，山东烟台金奖白兰地、味美思（加药葡萄酒）、玫瑰香红葡萄酒三个产品被评为国家名酒[5]。1963 年全国第二届评酒会上，山东青岛白葡萄酒、山东烟台味美思、山东烟台玫瑰香红葡萄酒、北京中国红葡萄酒、北京特制白兰地、山东烟台金奖白兰地被评为国家名酒[6]。吉林新站长白山葡萄酒、吉林通化葡萄酒、河南民权红葡萄酒被评为国家优质酒[7]。1979 年第三届全国评酒会上，烟台红葡萄酒（甜）、北京中国红葡萄酒（甜）、河北沙

1 李世轩，杨和财，王海燕：《基于能级——联动下丹凤葡萄酒产业发展规划研究》，载《中国酿造》2022 年第 8 期第 252-256 页。
2 王秋芳：《神州大地葡酒香（上）——葡萄酒光辉的三十五年》，载《酿酒科技》1984 年第 4 期第 2-6 页。
3 王磊：《谈谈中国葡萄酒的教育与发展》，载《中国科教创新导刊》2010 年第 14 期第 119 页。
4 孙雪梅：《中国的葡萄酒生产与消费》，载《中国酒》1998 年第 6 期第 41 页。
5《第一、二、三届全国评酒会结果》，载《酿酒科技》1980 年第 1 期第 36 页。
6 徐广涛：《调整政策　优化结构　促进我国葡萄酒工业快速发展》，载《中国酒》1996 年第 2 期第 22-25 页。
7 高月明：《历届国家评酒会召开的时间、地点和评选出的名酒、优质酒》，载《酿酒》1987 年第 1 期第 48-50 页。

城白葡萄酒（干）、河南民权白葡萄酒（甜）、烟台味美思、烟台金奖白兰地被评为国家名酒。北京干白葡萄酒、河南民权干红葡萄酒、河北沙城白葡萄酒（半干）、江苏丰县白葡萄酒（半干）、青岛白葡萄酒（甜）、吉林长白山葡萄酒、吉林通化人参葡萄酒被评为国家优质酒。在第四届、第五届全国评酒会上又有 13 个葡萄酒获国家金、银奖，涌现出一批干白、干红、半干葡萄酒和单一品酿造的优质葡萄酒，在国内和国际市场上获得较好的声誉。

受当时中国消费者喜爱的葡萄酒品牌也逐渐增加。由北京酿酒厂生产葡萄酒的果露酒车间扩建而成的北京东郊葡萄酒厂[1]酿造的“红星牌”红葡萄酒颇受市场欢迎；北京葡萄酒厂[2]生产的“中华牌”桂花陈、莲花白和中国红等产品，非常适合当时中国人的消费水准和消费需求，在当时的市场竞争中处领先地位。多种葡萄酒产品出口，为国家赚取了外汇。如 20 世纪 50—60 年代，通化葡萄酒在国内市场占据半壁江山的同时，“红梅”牌中国通化葡萄酒产品还远销美国、澳大利亚等 30 多个国家和地区，产品供不应求；昌黎葡萄酒厂[3]的特色葡萄酒产品——鼋鱼酒（元鱼酒）出口日本及东南亚市场；沙城葡萄酒厂的绝干和半甜白葡萄酒远销美国、英国、德国、日本、新加坡等国和我国香港地区，葡萄汽酒也销往东南亚及港澳地区；以“滋味醇厚、酸甜适口、果香浓郁、酒味悠长”著称的丹凤葡萄酒除行销全国大部分省、自治区、直辖市外，还远销日本、法国、瑞典等国家。

第二节 酿酒葡萄栽培及葡萄酒酿造技术的突破

一、早期酿酒葡萄品种选育

（一）山葡萄品种优化

山葡萄（*Vitis amurensis* Rupr.）也称东北山葡萄，原产于我国东北、华北及朝鲜、苏联远东地区[4]，是葡萄属中最抗寒的一个品种[5]。东北地区冬季严寒，山葡萄杂交繁育品种因抗寒力极强，一直是这里的主栽品种，尤其是长白山和小兴安岭一带的野生山葡萄资源极为丰富，是东北酿造葡萄酒的主要原料，其酒为宝石红，鲜艳透明，具有独特风味，很受国

1 1991 年更名为北京夜光杯葡萄酒厂。
2 原北京上义洋酒厂。
3 后更名为昌黎地王酿酒有限公司。
4 吴耕民:《中国温带果树分类学》，农业出版社，1984 年，第 224-225 页。
5 王军，葛玉香，包怡红等:《山葡萄种质 RAPD 研究》，载《东北林业大学学报》2003 年第 1 期第 19-21 页。

内外消费者欢迎[1]。新中国成立初期，当地葡萄酒厂主要以收购野生山葡萄浆果为生产原料，随着生产需求逐年增加，加上放牧、掠夺采摘等原因，野生山葡萄资源遭受严重破坏。

为了解决山葡萄原料紧缺的困难，中国农业科学院特产研究所[2]、黑龙江省长白山酒业公司科研中心、通化葡萄酒股份有限公司等单位积极开展了山葡萄资源的分布普查、特性分析与开发推广研究，不断优化山葡萄品种。1952 年，东北农业科学研究所园艺系将本土品种山葡萄与欧洲品种进行杂交试验，培育出了我国第一代抗寒品种公酿 1 号，在吉林通化一带无须埋土过冬，所酿酒呈宝石红色、青草味、酸度高，主要用于勾兑[3]。1954年中国科学院北京植物园利用玫瑰香与山葡萄杂交育出北玫、北红、北酿新品种，既有抗寒、抗病、色泽鲜艳浓厚的山葡萄特性，又有玫瑰香葡萄的优点，适用于酿制红葡萄酒[4]。1961 年，东北农业科学研究所园艺系培育出抗寒品种公酿 2 号[4]，该品种除了具有抗寒特性之外，还具有长势旺盛、抗旱、丰产特性，酿酒浅宝石红色、淡青草味、爽口，被东北各酿酒厂用作甜酒或普通餐用酒酿造原料。1963 年，在吉林省蛟河县进行山葡萄驯化过程中首次发现具有两性花的山葡萄，1975 年将其定名为“双庆”，采用该两性花品种作为授粉树进行大面积生产栽培，改变了以往山葡萄雌雄配套种植的方式，大幅度提高了山葡萄人工栽培产量[5]。另外还选育出了雌能花优良品系“长白九”“通化 3 号”等可酿造甜红山葡萄酒的优良品种[6]。

我国早期针对山葡萄的研究主要立足于本土气候和土壤条件，虽然有助于发挥自然优势和特色，但也造成了整个东北地区酿酒葡萄品种单一的发展局限。为了改变这一状况，中国农业科学院特产研究所利用山葡萄抗寒种质资源与世界各地的著名酿酒葡萄品种进行杂交试验，不断培育出新品种。1973 年成功选育出产量高、品质优的左山一、左山二[7]；两年后又以两性花、穗粒大和产量高为育种目标，进行山葡萄种内杂交新品种选育，先后

1 周恩，印永民，代宝合等：《寒地果树栽培学》，上海科技出版社，1982 年，第 156-158 页。
2 1956 年，全国唯一的专门从事特种经济动植物资源保护、开发与利用的国家级综合性农业科研机构——吉林省特产试验站自成立，1957 年更名为吉林省特产研究所，1981 年定名为中国农业科学院特产研究所。
3 陈玉庆：《中国葡萄酒五十年的成就（二）》，载《酿酒》2000 年第 2 期第 22-24 页。
4 刘崇怀，姜建福，樊秀彩，张颖：《中国野生葡萄资源在生产和育种中利用的概况》，载《植物遗传资源学报》2014 年第 4 期第 720-727 页。
5 张宝香，张庆田，路文鹏等：《酿酒山葡萄品种选育的研究》，载《第九届国际葡萄与葡萄酒学术研讨会论文集》2015 年第 80-87 页。
6 林兴桂：《我国酿酒葡萄抗寒育种的回顾与展望》，载《果树学报》2007 年第 1 期第 89-93 页。
7 罗光武：《从山葡萄的利用历程展望广西毛葡萄的发展方向》，载《落叶果树》2011 年第 2 期第 23、25 页。

从杂交后代中选育出双丰、双优和双红三个两性花品种，每公顷产量稳定在 14.3~16.2 吨，平均比双庆增产 67.8%[1]。

1975 年，通化葡萄酒厂通过不断试验，也选育出通化 1 号、2 号、3 号、7 号、10 号、12号等优良单株[2]。之后，中国农业科学院特产研究所又在防寒措施、抗寒葡萄品种选育方面不断取得技术突破，不断推出适宜东北严寒气候、具备简易防寒特性或无须采取防寒措施可陆地越冬的酿酒葡萄新品种，尤其是糖度高、酸度低等特征明显的左优红，逐渐成为山葡萄酿造干红葡萄酒的重要品种；另外，具有抗寒丰产特点的“北冰红”，作为我国自主培育的可以酿造红色冰葡萄酒的山葡萄品种，也表现出了较强的竞争力。

（二）其他品种选育

1975 年，烟台葡萄酿酒公司（张裕公司）以紫北塞为母本、玫瑰香为父本杂交培育出烟 73 号和烟 74 号染色葡萄品种，解决了红葡萄酒因年份、品种差异而导致的颜色不一致问题，在全国葡萄产区广泛栽培，成为我国葡萄酒的主要染色品种[3]。山东省葡萄试验站（现山东省酿酒葡萄科学研究所）、中国农业科学院郑州果树研究所等单位育成梅醇、泉玉、黑佳酿等品种，亲本多为西欧品种群的著名品种，酒质、色泽、丰产性均表现良好[4]。另外，梅郁、梅浓、红汁露、泉白等品种先后培育成功，极大地丰富了中国酿酒葡萄的品种。

二、酿酒葡萄品种引入与葡萄种质资源圃建设

（一）酿酒葡萄品种引入

新中国成立初期，全国各地酿酒葡萄主要以玫瑰香、龙眼、佳利酿为主。为增加酿酒葡萄品种和扩大葡萄酒原料生产，各地农业研究所对全国葡萄种植区域进行系统调研和分析评价，确认一批酿酒葡萄优良品种和珍稀品种的引入成果，在酿酒葡萄引种试验及优良品种推广方面取得一系列突破进展。1958 年“酿酒葡萄品种的实验”课题组开始在师姑庄、

1 张宝香，张庆田，路文鹏等：《酿酒山葡萄品种选育的研究》，载《第九届国际葡萄与葡萄酒学术研讨会论文集》2015 年第 80-87 页。
2 刘崇怀，姜建福，樊秀彩，张颖：《中国野生葡萄资源在生产和育种中利用的概况》，载《植物遗传资源学报》2014 年第 4 期第 720-727 页。
3 李记明，李超：《张裕 70 年——传承、创新和国际化》，载《中外葡萄与葡萄酒》2020 年第 1 期第 15-21 页。
4 吕庆峰：《近现代中国葡萄酒产业发展研究》，西北农林科技大学博士论文，2013 年，第 59 页。

沙城、昌黎、武威、永宁和鄯善等地开展酿酒葡萄引种试验。翌年，北京农业大学引入葡萄品种——巨峰[1]。由于巨峰具有明显的大穗、大粒、抗逆性强、适应性强的特点，很快在我国各地推广栽培[2]，并在之后多年，一直是位居中国栽培面积之首的葡萄品种。1960 年，为了发展黄河故道产区，农业部从保加利亚引进季米亚特、巴米特品种葡萄，从苏联引进白羽、白雅等品种葡萄[3]，在黄河故道等数十个地区进行栽植[4]。1979年以河北为中心开展的酿酒葡萄品种选育工作中，自德国、美国引种的既适合单一酿造，也可用于混合调配的霞多丽、长相思、米勒、琼瑶浆、赛美蓉等白葡萄酒酿造葡萄品种表现优良，后来在许多产区得以推广。之后，山东烟台、青岛，河北怀来、涿鹿、秦皇岛又陆续引进许多国际酿酒葡萄品种。20 世纪 80 年代，宁夏、甘肃、新疆和吉林、辽宁等地都开始引种国际酿酒葡萄名种，尤其是中国西部地区，逐渐发展成为中国优秀的酿酒葡萄原料生产基地。

（二）葡萄种质资源圃建设

农业部门从新疆、甘肃、河北、山东等地挑选出十余个葡萄种植区，确立为首批葡萄栽培及改良试验区，并遴选出了一些中国原产的葡萄属植物，在河南郑州、山西太谷建立了两个国家级葡萄种质资源圃[5]。“国家种质资源太谷葡萄圃”是我国“六五”期间建立的第一批国家级果树种质资源圃之一[6]，设在山西省晋中市太谷区山西农业大学（山西省农业科学院）果树研究所内，承担葡萄种质资源的收集保存、鉴定评价与共享利用等任务，并对种质资源的遗传多样性、亲缘关系、遗传结构及优异种质资源挖掘和种质创新问题进行深入研究[7]。中国农业科学院郑州果树所于1960年建成[8]，其下属的郑州葡萄圃是国内保存葡萄种质资源较多，也是世界上保存葡萄品种资源丰富的圃地之一，主要开展葡萄品种资源的收集、保存、鉴定、评价和创新工作[9]。该圃向科研院所提供了大量的基础资料，为各地

1 修德仁:《对目前巨峰葡萄发展的商榷》，载《山西果树》1990 年第 4 期第 16-18 页。
2 晁无疾:《重视巨峰系品种充分发挥巨峰系品种优势》，载《果农之友》2006 年第 9 期第 4-6 页。
3 陈玉庆:《中国葡萄酒五十年的成就（二）》，载《酿酒》2000 年第 2 期第 22-24 页。
4 郭其昌，郭松源，郭松泉:《我国酿酒葡萄发展展望》，载《葡萄栽培与酿酒》1989 年第 1 期第 12-24 页。
5 任国慧，吴伟民，房经贵，宋长年:《我国葡萄国家级种质资源圃的建设现状》，载《江西农业学报》2012 年第 7 期第 10-13 页。
6 1987 年，太谷葡萄圃升级为国家级资源圃，2006 年建立了葡萄国家野外科学观测研究站，2010 年底保存葡萄种质资源 430 份，为种质资源创新利用做出了突出贡献。
7《国家果树种质资源圃太谷葡萄圃》，载《果树资源学报》2021 年第 2 期第 2 页。
8 郑州葡萄圃 1989 年升级为国家级资源圃，2010 年底保存葡萄种质资源 1 400 余份。
9 朱梅，李文庵，郭其昌:《葡萄酒工艺学》，轻工业出版社，1965 年，第 82-90 页。

葡萄酒生产单位设计了多个大型葡萄建园基地并提供技术指导服务，同时培育出了大量优秀葡萄品种[1]。

三、葡萄酿酒技术突破

20 世纪 50—60 年代，各地主要生产部分发酵和部分勾兑的甜型、半甜型葡萄酒，著名的有吉林通化山葡萄酒，河北怀来龙眼果露酒，河北昌黎的玫瑰香葡萄酒、龙眼葡萄酒、鼋鱼葡萄酒，清徐炼白葡萄酒，陕西丹凤葡萄酒等。当时的陈酿葡萄酒在自然条件下需要 2~3 年时间形成，占用酒窖的基建面积较大，使设备的利用率下降，资金的周转延长，更重要的是满足不了广大群众对葡萄酒需求日益增长的需要。因此，葡萄酒的人工老熟就成了生产上亟待解决的问题[1]。1962—1963 年，郭其昌负责“葡萄酒人工老熟”项目研究，使原工艺三年酒龄缩短到新工艺一年并延长了产品保存期，1964 年该项研究成果获国家科委三等奖[2]。“葡萄酒稳定性研究”是国家十年（1963—1972）科学技术发展规划项目之一，致力于提高葡萄酒质量的工艺措施，研究成果的应用解决了酒早期浑浊沉淀的问题，有力地确保了葡萄酒质量[3]。

1972 年，轻工业部组织开展“优质白兰地和威士忌的研究”，该课题也是国家科技发展规划项目之一，参加单位有原轻工业部发酵研究所、吉林师范大学、上海日化四厂、烟台葡萄酿酒公司（张裕公司）、青岛葡萄酒厂、北京夜光杯葡萄酒厂和北京葡萄酒厂[4]。课题组从选择葡萄原料品种入手，对发酵方式、蒸馏设备形式、贮存容器的材质及贮存条件等各方面进行了近 5 年的试验，最终研制的白兰地达到国际同类产品水平，在设备建设和工艺完善方面取得了重大突破。

四、葡萄酿酒专业人才培养与技术交流

新中国成立初期，酿酒工业设备和技术落后、专业人才缺乏，有的葡萄酿酒厂甚至没有专门的技术人员。为了改变当时人才紧缺的状况，加快干型葡萄酒的生产，轻工业部要

1 朱梅，李文庵，郭其昌：《葡萄酒工艺学》，轻工业出版社，1965 年，第 82-90 页。
2 赵爱民：《当代中国酒界人物志》，中国轻工业出版社，2009 年，第 785-787 页。
3 陈思：《葡萄酒，我把一生献给你——记郭其昌的佳酿春秋》，载《中外食品（酒尚）》2006 年第 1 期第 132-135 页。
4 吕庆峰：《近现代中国葡萄酒产业发展研究》，西北农林科技大学博士论文，2013 年，第 74 页。

求在全国范围内大力推广干型葡萄酒的生产工艺和技术，积极培养企业的技术骨干，提高葡萄酒生产企业的技术水平。1958 年，轻工业部委托张裕公司创办新中国第一所酿酒大学——张裕酿酒大学[1]，系统开设了“干红葡萄酒生产工艺”“干白葡萄酒生产工艺”等课程，为新中国培养了第一批 40 余名葡萄酒专业酿酒人才，他们后来成长为许多新建葡萄酒厂的技术骨干。

1965 年，朱梅、李文庵、郭其昌编著的《葡萄酒工艺学》出版发行，该书全面系统地讲述了葡萄酒的生产工艺，对葡萄酒酿造专业人才培养和技术传授产生了重要影响。为推进葡萄栽培和葡萄酒酿造科技交流。山东省葡萄试验站、中国科学院植物研究所先后成立，郑州果树研究所、中国农业科学院特产研究所也都开设了葡萄研究室，专业研究人员为我国葡萄栽培技术的普及、葡萄品种的引进推广、葡萄病虫害的防治等做了大量工作。1974 年，中国酒业第一个专业期刊——《酿酒》杂志创刊。1976 年，中国首个刊载葡萄与葡萄酒专业知识的科技期刊——《中外葡萄与葡萄酒》创刊，为中国葡萄栽培技术的提高、酿酒工艺的改进、科学技术的普及和葡萄酒市场的繁荣做了大量卓有成效的工作。

为了促进栽培和葡萄酒酿造技术交流合作，1974 年 12 月在山东烟台召开了“葡萄酒和酿酒葡萄品种研究技术协作会”，会议交流了新中国成立以来各地在葡萄酒生产和葡萄栽培上的经验，分析了存在的问题，成立了“全国性葡萄栽培和葡萄酿酒研究技术协作组”[2]。会议商定形成了《葡萄酒暂行管理办法（初稿）》，对干葡萄酒、半干葡萄酒、半甜葡萄酒、甜葡萄酒的理化指标做出了明确规定，梳理了涵盖全汁、半汁、30% 汁的葡萄酒在内的工艺流程。这次会议为各地葡萄栽培和葡萄酿酒技术的规范化发展，打下了坚实的基础。

1975 年南方区葡萄酿酒与葡萄栽培技术协作组成立，为解决当时长江以南各省葡萄栽植零散问题做出了很大的贡献。在协作组的努力推广之下，北醇成为适应南方高温多湿气候条件的主栽酿酒用葡萄品种，南方区葡萄酒的产量也大大提升，上海、广西永福、湖北枣阳、云南昆明等酒厂酿制的葡萄酒还被评为地方优质酒[3]。

1 李记明，李超：《张裕 70 年——传承、创新和国际化》，载《中外葡萄与葡萄酒》2020 年第 1 期第 15-21 页。
2 王磊：《谈谈中国葡萄酒的教育与发展》，载《中国科教创新导刊》2010 年第 14 期第 119 页。
3 修德仁：《南方区召开第三次葡萄酿酒和葡萄栽培技术协作会》，载《中国果树》1981 年第 4 期第 64 页。

第三节 中国葡萄酒产区的形成

1974 年 12 月，烟台召开的第一届葡萄酒和酿酒葡萄品种研究技术协作会上，将当时我国的产区划分为：北部严寒地区、渤海湾地区、黄河故道地区、西北黄土高原地区、新疆及河西走廊干旱地区、长江流域及其以南地区[1]。

一、北部严寒地区

东北是我国工业化酿造葡萄酒历史较早地区之一，同时也是我国山葡萄酒的起源地[2]。山葡萄酒是以野生或人工栽培的东北山葡萄、刺葡萄、秋葡萄及其杂交品种等为原料，经发酵酿制而成的饮料酒[3]。自酿山葡萄酒在东北地区普及度高，当地人将山葡萄去梗、破碎（皮破籽不破），利用果皮酵母进行自然发酵，再利用冬季自然冷冻进行澄清、净化[4]，整个过程简便、易行，生产的山葡萄酒果香扑鼻、醇和协调。工业化酿制山葡萄酒始于 20 世纪 30 年代。老爷岭葡萄酒厂和吉林通化葡萄酒厂[5]都有生产山葡萄酒的车间，黑龙江省一面坡葡萄酒厂利用山葡萄酿酒也有多年历史。新中国成立初期，东北山葡萄酒在当时的中国葡萄酒工业生产中占据了非常重要的位置。

1974 年 3 月 29—31 日，“东北地区酿酒葡萄品种和栽培技术协作会议”在吉林市长白山葡萄酒厂召开。东北三省有关业务部门和生产、科研等 19 个单位的 34 名代表参加会议。会议认真学习了毛主席关于“没有原料，光搞加工工业，就是搞‘无米之炊’”等一系列指示，传达了轻工业部“1973 年全国酿酒葡萄品种研究工作交流会”的会议精神[6]。会议结合东北地区的具体情况，通过研究协商，确定了山葡萄栽培技术、酿酒葡萄新品种选育等六个协作项目，并制定了研究工作规划，统一了“加强领导，统一规划，搞好生产、科研、使用三结合，加速酿酒原料基地建设”的思想，为东北地区葡萄生产和酿酒工业发展明确了路线。

1《全国葡萄酒和酿酒葡萄品种研究技术协作会议简况》，载《食品与发酵工业》1975 年第 4 期第 54-58 页。
2 王江松：《东北葡萄酒市场调查》，载《中国酒》2009 年第 7 期第 50-51 页。
3 于江深：《山葡萄酿酒产业发展浅析》，载《华夏酒报》2010 年 8 月 13 日。
4 田晓明：《山葡萄争酿中国美酒》，载《市场报》2002 年 8 月 16 日第 5 版。
5 徐兴利：《我国葡萄酒产区的发展（上）》，载《中国食品》2008 年第 18 期第 54-55 页。
6《东北地区酿酒葡萄品种和栽培技术协作会议》，载《特产科学实验》1974 年第 1 期第 31 页。

在我国社会主义建设和开拓新中国外交事业初级阶段，东北山葡萄特色产业发挥了重要的作用。20 世纪 70 年代，吉林通化的山葡萄酒不仅是国宴用酒，而且因为其适应当时中国人的口感需求，在国内市场上颇受欢迎。1974 年，山葡萄酒的总产量就突破过 1 万吨[1]。

二、渤海湾地区

山东烟台被誉为中国葡萄酒工业的摇篮。20 世纪 60 年代，白羽、白雅、红玫瑰等一大批苏联、保加利亚酿酒葡萄品种被引入烟台，并进行了种植推广。到 70 年代初，这些品种在葡萄酒酿造产业发展形势下显示出一定优势。1974 年轻工业部在烟台召开了“全国葡萄酒和酿酒葡萄品种研究技术协作会”，会上推广了这些品种[2]，为各地进一步丰富酿酒葡萄品种做出了极大贡献。张裕公司是山东产区酿酒葡萄品种培育的第一块基石，张裕公司不仅通过引种、杂交育种等试验，从引进品种中遴选出 20 多个适合山东的优良葡萄品种，也为宁夏、新疆、甘肃等地提供了优良酿酒葡萄品种，支撑了山东乃至整个中国的酿酒葡萄种植业。尤其是经过多年嫁接改良，选育出的一个独具地域特点并被国际广泛认可的优秀酿酒葡萄品种——蛇龙珠[3]，为国际著名酿酒葡萄品种本地特色化发展做出了表率。

位于燕山山脉以北的沙城地区葡萄种植历史悠久，怀来龙眼葡萄自明代起就是朝廷贡品，新中国成立后还是国宴上的佳品。1973 年，国家轻工业部、农业部等五部委组织，中国农林科学院果树试验站科研生产科科长费开伟牵头对全国葡萄种植区进行实地考察之后，提出“沙城产区（怀涿盆地）是我国东部种植酿酒葡萄最好的地方”这一观点。之后在《张家口地区葡萄考察报告》中，他进一步指出“全世界最好的干白葡萄酒都产在河谷沙地，如多瑙河、莱茵河、卢瓦河等，怀来涿鹿非常适合发展白葡萄酒”[4]。该报告为后来在沙城大面积开展酿酒葡萄种植试验和干白葡萄酒酿造技术研究起到了重要的理论支撑作用。1973 年 6 月，王震同志视察怀来，指示要大力发展葡萄种植和葡萄酒生产，在

1 姜自军，龙妍:《我国山葡萄酒产业现状及发展策略》，载《监督与选择》2008 年第 5 期第 22-23 页。
2 朱林，温秀云，陈谦等:《世界优良酿酒葡萄品种引种栽培的历史回顾与展望（纪念烟台张裕葡萄酿酒公司成立一百周年）》，载《烟台果树》1992 年第 2 期第 13-15 页。
3 2016 年 5 月 25 日，由张裕公司倡导发起的“世界蛇龙珠日”（World Cabernet Gernischt Day）正式启动，中国首次有了一个以葡萄品种命名的节日。
4《长城葡萄酒：风起改革路，创新领国潮》，载“海报新闻网”2021 年 6 月 1 日，https：//www.163.com。

党中央的号召下，国内顶尖的葡萄栽培和葡萄酒酿造专家迅速汇聚沙城。1975 年 9 月底在张家口召开的“华北地区葡萄酿酒葡萄栽培技术协作会”确定了“发挥地区优势，做大葡萄酒产业”的目标。1976 年，怀来被定为国家葡萄酒原料基地，当时沙城主栽龙眼葡萄 8 000 亩左右，但由于传统的独龙架栽培模式产量非常低，引进国际酿酒专用葡萄品种、建设优质葡萄酒原料基地势在必行。因此，张家口地委提出建设 10 万亩酿酒葡萄基地的目标。1979 年，沙城葡萄母本园基地建设规划完成，翌年春，从法国、美国、德国引进 13 个品种共 5.4 万株葡萄苗木，通过葡萄种植专家的精心研究，采用适合当地气候的种植方法，苗木成活率超过 90%[1]。沙城第一瓶干白葡萄酒采用的原料是被郭沫若赞为“北国明珠”的我国特有的龙眼葡萄，该项研究取得的科技突破成为利用本土品种酿造区域特色明显的葡萄酒的范例，沙城也成为当时全国各产区和葡萄酒企业学习模仿的对象，为推动中国葡萄酒产业区域特色化发展奠定了良好的基础。

三、黄河故道地区

20 世纪 50 年代，为改变黄河故道的贫困面貌，在中央部委支持下，河南省国营民权农场开始在大片沙荒地上种葡萄，逐渐成为北京葡萄酒厂的原料基地。当时由于交通物流运输落后，新鲜葡萄在运输途中因霉变而造成大量损失，轻工业部随即决定在民权农厂建葡萄酒厂。1958 年 3 月，民权县委成立了筹建葡萄酒厂领导小组并下达了“就是用拳头揣，也得把葡萄收起来，把酒造出来”的政治任务。在新中国第一代葡萄酿酒专家的指导下，去北京东郊葡萄酒厂学习酿酒归来的技术人员，在当时民权县水电等基础设施极其落后的情况下，用一部手摇破碎机和两部手摇压榨机生产出了第一瓶民权葡萄酒，他们也逐渐成长为我国自己培养的第一代葡萄酿酒现代产业工人。

1958 年国家加大黄河故道地区开发力度，推出免税 3 年的扶植政策，鼓励葡萄酒厂新开发酿酒基地，引进赤霞珠等品种[2]。河南省通过不断改进栽培技术，葡萄品质得到改善，并陆续在河南民权、仪封、黄泛区农场、民权农林场、兰考和郑州建成酒厂，包括河南的兰考、民权，安徽的萧县以及苏北部分地区在内的黄河故道葡萄酒产区形成初步轮廓，民

1《长城葡萄酒：风起改革路，创新领国潮》，载“海报新闻网”2021 年 6 月 1 日，https：//www.163.com。
2 徐兴利：《我国葡萄酒产区的发展（上）》，载《中国食品》2008 年第 18 期第 54-55 页。

权逐渐发展成为全国四大葡萄生产基地之一。1960 年，轻工业部、商业部、外贸部联合在民权召开“黄河流域八省十四市水果加工处理现场会”，推广了民权葡萄酒厂艰苦创业、高速度、高效益建成投产的经验[1]。

民权葡萄酒厂是新中国成立后，由国家投资建设、从设计到建成投产均自主完成的第一个葡萄酒厂，无论是建筑、设施还是产品，该厂都深刻地记载了当时中国葡萄酒酿造科技自力更生、从无到有的发展历程。作为长城葡萄酒品牌的创始者，民权葡萄酒厂取得的科技发明和技术改造，对推动中国葡萄酿酒产业发展起到了积极作用，书写了中国葡萄酒发展史上重要的一页[2]。

四、西北黄土高原地区

山西清徐是我国最早种植葡萄的地区之一，素有“葡萄之乡”美称。清徐马峪地区为边山冲积扇区，由于北部有山可阻挡冷空气入侵，山坡地日照强烈，而山谷又不易散出热量，故温度较高。其土质为沙质或砾质土壤，pH 中性微偏碱性，一般病虫害较少，地下水资源丰富，这些得天独厚的自然条件加上 2 000 多年积累的栽培经验为清徐地区的葡萄种植业奠定了良好的基础。20 世纪 60 年代末，马峪地区引进了 160 个葡萄品种[3]，其中有些酿酒优良品种得以推广，成为葡萄酒工业化生产的重要原料基地。

20 世纪 50 年代，内蒙古东部呼伦贝尔辖区的牙克石市和西南部呼和浩特市的托克托县兴建了一些以生产白酒、果酒为主的酒厂，贺兰山北麓的乌海市和黄河西岸的阿拉善盟集中了内蒙古的一些葡萄酒生产企业。乌海市位于中纬度大陆深处的荒漠化草原、草原化荒漠过渡带[4]，光照充足、昼夜温差大、无霜期长、干旱少雨、空气湿度低，非常适宜葡萄生长，并且具有生产绿色食品的良好条件，因此被国内葡萄专家誉为“中国很有发展前途的葡萄栽培区”[5]。乌海葡萄种植历史最早可追溯至 20 世纪 50 年代，由当地农户移植成活了第一株葡萄。20 世纪 60 年代初期，刚成立的海勃湾市吸引了一批年轻的农林人在大漠

1 杨振起，吕尽善：《民权葡萄酒厂诞生琐记》，载《协商论坛》2019 年第 8 期第 53-55 页。
2 迟惠玲，闫惠民：《“民权模式”的开拓者——记河南民权葡萄酒厂厂长潘好友》，载《企业管理》1988 年第 11 期第 26-28 页。
3 鲍明镜：《清徐葡萄酒产业的历史与未来》，载《农产品加工》2008 年第 10 期第 26-27 页。
4 韩建慧：《大河书沧桑慷慨歌未央》，载《乌海日报》2022 年 5 月 20 日。
5《乌海：葡萄特色种植业大有作为》，载《中国特产报》2010 年 5 月 26 日 第 A2 版。

试种葡萄[1]。1966 年，市政府将国营海勃湾苗圃改为海勃湾市果树试验站，从此，果树种植成为当地农业的一部分逐步发展起来。1966—1970 年，果树试验站先后培育了多棵葡萄幼苗，尽管存活数量不多，但为后来的葡萄苗木繁育积累了重要的经验。1967 年，从新疆引进的一批无核白葡萄苗在多个农场定植试种，生长旺盛，成为乌海最早大规模种植的鲜食酿酒两用葡萄苗。1976 年海勃湾市与乌达市合并为乌海市，提出大面积种植葡萄的发展战略，并从吐鲁番引进优质苗木，在原乌达矿务局园艺场建成 60 亩无核白葡萄园，成为乌海市第一个葡萄种植园[2]。20 世纪 70 年代后期开始的品种选育、种植方式和管理、棚架及丰产技术等方面的广泛试验[3]，大大提高了葡萄栽培技术和病虫害防治水平，提高了葡萄产量和品质，为优质葡萄酒酿造提供了原料保障。

陕西仅丹凤的茶房、陇县的神泉有小面积葡萄栽培，其他各地多为零星分布，以龙眼、玫瑰香为主。1955 年起，陕西果树研究所从保加利亚等国引入红玫瑰、巴米特、季米亚特等酿酒葡萄品种，在泾阳、眉县、三原、绥德、周至等地试验栽种[4]。1958 年在周至、眉县、泾阳等地新栽了大面积的酿酒用葡萄，但这些地方却没有一处建立葡萄酒厂，成熟的葡萄无处收购，群众只好手提肩挑，四处沿街零售，挫伤了农民栽培葡萄的积极性[5]。有的地方如眉县把葡萄全部挖掉了[4]，但是泾阳从上海引进的保加利亚葡萄品种——红玫瑰和小白玫瑰得以幸存，为当地留下了适宜的葡萄品种和珍贵的自然文化遗产。如今，陕西最老的葡萄园位于泾阳县口镇，这里有 60 年以上树龄的葡萄树，是由贺普超于 20 世纪 50 年代从保加利亚引进的小白玫瑰品种[6]。1960 年，沿长城风沙区六县的 45 万多亩[7]葡萄带工程开始建设，陕西葡萄栽培进入了一个全面高涨的新时期[8]。1973年陕西开始大抓葡萄生产，先后在原棣花、茶坊、大峪等 8 个乡镇[9]建立了 17 790 亩葡萄基地。之后，在渭北高原、关中盆地和秦岭山区，新建了一批葡萄基地。但由于种种原因，陕西发展葡萄的有利形势维持时间不长，随之而来的是挖葡萄种粮或改种苹果。尽管有些地方也还新栽了

1 王丰:《出伏润秋，内蒙古的沙漠葡萄正当时》，载《内蒙古商报》2023 年 8 月 20 日。
2 王江宇:《葡萄之乡结硕果产业融合促发展》，载《乌海日报》2023 年 9 月 20 日。
3 刘丽洁:《浅谈乌海市葡萄产业化发展》，载《内蒙古科技与经济》2002 年第 7 期第 2 页。
4 陕西省葡萄产业体系:《陕西葡萄产业发展历史（一）》，载“葡萄研究公众号”2020 年 4 月 16 日。
5 贺普超:《陕西葡萄的过去和未来》，载《果树科学》1984 年第 2 期第 41-44 页。
6 陕西省葡萄产业体系:《陕西葡萄产业发展历史（二）》，载“葡萄研究公众号”2020 年 4 月 18 日。
7 原文为“沿长城风沙区六县的 3 万多公顷葡萄带工程”，为行文方便，本文将计量单位统一为“亩”。
8 贺普超:《陕西葡萄的过去和未来》，载《葡萄研究论文选集》2003 年第 4 页。
9 即现今龙驹、商镇、棣花。

一些葡萄，但到 20 世纪 70 年代后期，陕西葡萄面积仍基本上保持在 50 年代末的水平[1]。

五、新疆及河西走廊干旱地区

新疆风土气候条件适宜葡萄生长，葡萄栽培历史悠久，是中国最早酿造葡萄酒的地区之一。1949—1950 年，吐鲁番葡萄栽培面积占全国总面积的 1/5，已是全国第一大葡萄产区[2]。1955—1959 年，鄯善和吐鲁番红柳河两个以葡萄为主的大型园艺场建成，使新疆葡萄生产规模进一步扩大到 3.89 万亩[1]。新疆当代葡萄酒工业化生产发轫于 1959 年，由二二一团在吐鲁番建成了兵团最早的葡萄酒厂。1964 年，兵团第四师在伊犁河谷开疆拓土，建成当地第一家葡萄酒企业——七十团葡萄酒厂(现为新疆伊珠酒业)[3]。到 20 世纪 70 年代末，新疆葡萄酒厂（含生产车间）发展到 10 个，其中属于工业系统管理的有鄯善园艺场、红柳河园艺场、巴颜喀喇州果酒厂、阿克苏酒厂；商业系统管理的有乌鲁木齐酿酒厂、伊犁酒厂、吐鲁番供销社酒厂；农业系统管理的有巴颜喀喇州二九团、石河子一四二团、套顿酒厂。此外，尚有些年产量2~3千升的小作坊，大都是农场和公社所有[4]。经国家重点投资建设，鄯善县园艺场果酒厂发展为当时西北规模最大的葡萄酒厂——鄯善葡萄酒厂[5]，引种了西拉、赤霞珠、柔丁香、美乐、歌海娜、白羽、贵人香等40个酿酒葡萄品种，生产出了红、白葡萄酒和白兰地等，新疆葡萄酒进入规模化生产阶段。

甘肃省河西走廊是古丝绸之路的黄金通道，是中国最早栽培葡萄和酿造葡萄酒的地区之一。当地气候干燥，光热资源极其丰富，昼夜温差大，灌溉条件优越。尤其是河西走廊广大沿沙漠地区，位于世界葡萄酒原料的最佳产区——北纬 36°~40°，具有适合多品种栽培的生态气候条件[6]。新中国成立初期，甘肃葡萄呈小规模零散种植状态，葡萄栽培面积不足万亩，产量 20.3 万千克[7]。为推进葡萄种植，甘肃从 20 世纪 50 年代末开始进行葡萄

1 贺普超：《陕西葡萄的过去和未来》，载《葡萄研究论文选集》2003 年第 4 页。
2 吾尔尼沙·卡得尔，古亚汗·沙塔尔，武云龙：《浅谈吐鲁番葡萄提质增效生产技术措施》，载《农民致富之友》2020 年第 23 期第 107 页。
3 卢丕超，刘宗昭，王晓军，谈明东，许伟：《新疆伊犁河谷葡萄酒产业发展现状、存在的问题与对策》，载《新疆农垦科技》2023 年第 3 期第 46-49 页。
4 朱梅，齐志道：《新疆酿酒工业情况》，载《黑龙江发酵》1980 年第 3 期第 43-45 页。
5 2007 年，浙江商源集团收购鄯善葡萄酒厂成立吐鲁番楼兰酒业有限公司，并于 2016 年 6 月将其更名为吐鲁番楼兰酒庄股份有限公司，简称“楼兰酒庄”。
6 白耀栋：《甘肃河西走廊地区酿酒葡萄发展的优劣势分析》，载《中外葡萄与葡萄酒》2016 年第 2 期第 60-62 页。
7 李睿，张延东，滕保琴等：《浅议甘肃葡萄产业的发展现状及存在问题》，载《甘肃林业科技》2010 年第 1 期第 38-41 页。

资源调查。1964 年原甘肃省农业科学院园艺研究所结合品种选育开展了压条繁殖试验和插条温床催根试验，在葡萄繁殖方法上取得重大革新成果，提高了苗木质量。在栽培技术方面，甘肃农业大学园艺系开展了试管苗的模拟工厂化生产，完善了工艺流程，大大加速了育苗和品种推广的进程[1]。20 世纪 80 年代初通过引种试验，在河西走廊地区推广了 14 个品种[1]。

六、长江流域及其以南地区

四川和云南因为独特的气候和土壤条件，成为长江流域及其以南酿酒葡萄的重要产区。四川西部高山地区是处于世界高海拔地带的不埋土防寒高山酿酒葡萄产区。攀西地区是四川省仅有的亚热带生态区，也是西南酿酒葡萄最佳生长带之一。金沙江、雅砻江、安宁河流经该区域，造就了许多适宜酿酒葡萄发展的生态小区[2]。甘孜藏族自治州的丹巴县和阿坝藏族羌族自治州的小金县以及金川县多山地、高原、丘陵，葡萄园的海拔较高，跨度也比较大，气候的区域性差异非常明显。随海拔高度的变化，土壤不同，气候迥异，葡萄表现截然不同，葡萄酒风味各异。小金县酿酒葡萄种植地主要集中在海拔 2 300~3 000 米之间，被称为“离阳光最近的葡萄园”[3]。20 世纪 60 年代，攀枝花市平地镇从云南楚雄引进 10 余个品种（以鲜食为主）进行试种，经过长时间栽培摸索，逐步形成了以“黑虎香”为主的栽培管理模式，采用篱架中小扇形整形，至 80 年代末其发展规模达 2 850 亩[4]。

云南葡萄酒产区历史悠久，是中国境内现代酿酒葡萄种植和葡萄酒酿造工艺发展较早的地区之一[5]，其历史可以追溯至1848年法国传教士们开始在燕门、云岭、升平镇阿东村、盐井村等地种植葡萄的时期，他们修建了茨中和盐井教堂，并用法国酿酒术酿造葡萄酒以满足弥撒和圣餐之需。1951 年，传教士们回国，法国葡萄酒栽培及其酿酒技术濒临绝迹，

1 康天兰，郑平生，王艳玲：《甘肃葡萄栽培的历史、现状与未来发展趋势》，载《中外葡萄与葡萄酒》2009 年第 5 期第 77-79 页。
2 李洪文：《四川攀西地区酿酒葡萄发展现状及趋势》，载《宁夏科技》2001 年第 1 期第 24 页。
3 姜国春：《小金县下马厂村“小葡萄”串起富民“大产业”》，载《阿坝日报》2023 年 10 月 27 日。
4 田维鑫，文勇，起永智等：《攀西地区酿酒葡萄适应性发展初探》，载《中外葡萄与葡萄酒》2000 年第 2 期第 36-37 页。原文为“至 80 年代末其发展规模达 190 公顷”，为行文方便，本文将计量单位统一为“亩”。
5 毛如志，杨宽，鲁茸定主等：《中国葡萄酒产区——西南产区》，载《农业与技术》2019 年第 12 期第 175-177 页。

后通过当地藏民的回忆和传承，技术得以留存[1]。1958年弥勒东风农场引入黑葡萄、水晶等品种试种，黑葡萄后来经过权威植物学家鉴定，证实了是法国最古老的酿酒名种之一——玫瑰蜜[2]。在云贵高原干热河谷，肥沃的红土地和昼夜温差，使玫瑰蜜葡萄生长茂盛、硕果累累，在法国本土经历了生态灾难而灭绝的玫瑰蜜，在弥勒这片葡萄园得以保存。20世纪50年代起，玫瑰蜜葡萄就成为云南当地的特色产业。1963年云南弥勒产区开始较大规模地引种试种酿酒葡萄[3]。

新中国成立至改革开放30年间，我国葡萄酒产业发展主要以扩大生产、培育和建设葡萄酒行业生产经营主体为主要任务。在农业部、轻工业部引导下，各地农业科研机构以及恢复生产的主要葡萄酒企业积极开展酿酒葡萄引种、品种选育及本地化栽培推广等试验。新中国第一代葡萄栽培专家们对全国葡萄种植区域进行了认真的调研和考察，选出河北沙城、山东渤海湾、黄河故道、新疆等适宜的酿酒葡萄栽培区，建成了最早的酿酒葡萄母本园和试验基地，奠定了中国葡萄酒产区和产业的发展基础。

1 毛如志，鲁茸定主：《香格里拉葡萄和葡萄酒产业发展历程及发展对策》，载《现代农业科技》2019年第3期第71-72页、第74页。
2 李金成：《弥勒葡萄》，载《中国果业信息》2011年第7期第54-55页。
3 毛如志，杨宽，鲁茸定主等：《中国葡萄酒产区——西南产区》，载《农业与技术》2019年第12期第175-177页。

第八章
中国葡萄酒业全面成长

1978年召开的十一届三中全会开启了中国改革开放的历史新时期[1]，中国经济开始快速发展，各行各业都呈现出一派欣欣向荣的发展景象。伴随着改革开放和经济腾飞，中国葡萄酒业也进入了一个全面发展阶段。人们生活水平开始逐渐提高，生活必需品供给能力逐渐提升，葡萄酒生产也由最初的满足接待外交需求转为满足人民群众日益增长的物质文化和精神文化的需求。在新中国成立30年葡萄酒产业积极恢复、初步发展的基础上，国外优良酿酒葡萄品种被引进，葡萄酒酿造技术逐渐与国际接轨，葡萄酒产量、销量提升，中国人对葡萄酒的认知态度以及餐饮礼仪也发生了巨大的变化。

第一节　葡萄酒企业的发展

一、鼓励葡萄酒生产与消费的政策

十一届三中全会以来，全国各地掀起了发展葡萄酒生产的热潮。国民经济发展“六五”计划中特别针对葡萄酒、黄酒、名牌优质白酒等提出了“各地要根据资源条件和市场需要，积极加以发展”的政策[2]。此项政策出台有两个原因：一是随着人们生活水平逐渐提高，饮食生活习惯有所变化，葡萄酒在人民生活消费品中的地位有所提升；二是由于我国人均粮食耕地面积缩小，保证粮食供给是当时国家经济工作的重点。在此背景下，中央有关负责同志曾多次提出：维护人民身体健康，减少烈性酒生产，控制白酒产量，降低白酒浓度，同时大力提倡利用水果酿酒，减少酿酒用粮。与此同时，国务院23个部委、总会、院、局等国家机关号召全民节约粮食，少喝白酒，并发出公务宴请不喝白酒的倡议[3]。

在国际宴会餐酒搭配礼仪中，葡萄酒一般是佐餐饮品的主角。1984年11月，外交部

1 刘世松：《中国当代葡萄酒产业发展阶段研究》，载《酿酒》2015年第3期第5-9页。
2 王秋芳：《神州大地葡萄酒香（下）——葡萄酒光辉的三十五年》，载《酿酒科技》1985年第1期第7-9页。
3 王秋芳：《改变烈性酒结构，大力倡导生产以水果资源为原料的蒸馏酒——白兰地》，载《酿酒》1996年第3期第31-33页。

根据国务院指示对国宴用酒做出改革——不再配烈性白酒。宴会礼仪实现了与国际接轨的标志就是葡萄酒成为接待外宾的主要饮品。涉外宴会餐桌上，通常摆放红葡萄酒杯、白葡萄酒杯和水杯各一只。葡萄酒和郁金香形的高脚杯如同西装和领带，成为改革开放初期中国打开国门、走向世界的标志性符号，也成为引领中国百姓日常生活餐饮消费的时尚流行元素，葡萄酒也为中国人打开了一扇了解西方文化的窗口。

1987年3月22—26日，国家经济贸易委员会、轻工业部、商业部、农牧渔业部在贵州省贵阳市联合召开"全国酿酒工业增产节约工作会议"(即"贵阳会议")，会议上提出：我国酿酒行业必须坚持"优质、低度、多品种、低消耗"的发展方向，逐步实现"四个转变"，即"高度酒向低度酒转变，蒸馏酒向酿造酒转变，粮食酒向果类酒转变，普通酒向优质酒转变"[1]。这是葡萄酒行业长远发展的一次重要规划决策会议，成为葡萄酒产业发展转折的标志[2]。

1992年，中国食品科技学会和中国轻工业企业管理协会共同召开了"全国葡萄酒、果酒发展对策研讨会"，代表们一致认为，在我国的酒类产品中，葡萄酒、果酒是不用粮或用粮少且味优美、营养丰富的低度优良酒种，应当提倡和扶植发展[3]。为了合理调整酒类产品结构，会议提出了在"八五"计划期间，增加葡萄酒、果酒等低度酒的生产以适应社会消费需求增长的建议，并提出了"到1995年使葡萄酒、果酒的产量达到80万~100万吨，占饮料酒总产量的比例由当时的2%提高到5%~8%"的发展目标[3]。国家提倡饮用果酒，社会舆论导向偏重葡萄酒，给葡萄酒产业的发展创造了前所未有的机遇[4]。20世纪90年代中期以来，中国葡萄酒市场一直保持高速增长态势，成为亚洲葡萄酒最大的市场之一。

二、葡萄酒骨干企业的成长

新中国初期恢复生产的第一批葡萄酒企业，如山东青岛、河南民权、安徽萧县、山西清徐、吉林通化等葡萄酒厂继续扩大生产，葡萄酒生产出现了改革开放以来的一次小高

1 李维青:《"四个转变"新解读》，载《中国酒》2004年第1期第32-33页。
2 王秋芳:《酿酒行业的战略决策——回顾1987年一委三部全国酿酒工作会议》，载《中国酒》2005年第5期第74-75页。
3《关于加快葡萄酒、果酒发展的建议》，载《葡萄栽培与酿酒》1992年第4期第25-26页。
4 赫晓辉:《消费需求变动对葡萄酒产业发展的影响》，载《宁夏科技》2002年第3期第35页。

潮[1]。20 世纪 80 年代，丹凤葡萄酒在市场上与张裕、长城齐名。1985—1986 年，该厂从阿根廷引进 3 台葡萄粉碎机，从法国引进 2 台卧式葡萄发酵罐和 1 台葡萄粉碎除梗机，同时建成 1 条自动装酒线，大大提高了葡萄酒产量和品质。1986—1989 年，丹凤葡萄酒厂有 6 个产品荣获首届中国食品博览会金奖 1 枚、银奖 3 枚、铜奖 2 枚，是当时获奖最多的厂家[2]。1988 年，丹凤葡萄酒厂传统、五味香、干红 3 种酒获全国保健食品“金鹤奖”。1991 年，产品销往法国、瑞典、比利时，成为商洛地区重点企业。

20 世纪 80 年代中期是民权葡萄酒的辉煌时期，民权县葡萄种植面积曾达到 10 万亩，占当时全国葡萄种植面积的四分之一，成为全国第一葡萄种植大县。1982 年，民权葡萄酒被评为“国家优质酒”[3]，产品出口到日本、美国等国家和地区。1986 年，民权葡萄酒实现全国销量第一的最好成绩，翌年获“中国出口名特产品金奖”。1987 年，民权全县利税 1 700 万元，仅民权葡萄酒厂带动的葡萄相关产业利税即达 1 214 万元，占比超过七成。这一惊人的贡献，被曾经三下民权的中国社会学泰斗费孝通先生誉为“民权”模式[4]并为其题词“葡萄美酒、富国利民”。1991 年 3 月，民权葡萄酒厂被列为中国重点发展的四个葡萄酒生产厂家之一，1993 年 5 月被国家对外经济贸易部授予产品进出口自主权。20 世纪 90 年代中期以后，民权葡萄酒厂不仅是民权县和商丘市的名片，更是河南省的一张名片，李长春同志曾经视察民权万亩葡萄园，吴仪同志曾多次用民权葡萄酒宴请外宾。

20 世纪 80 年代，清徐露酒厂生产的葡萄酒在畅销国内 10 多个省市的同时，远销英美等国。与山西省食品研究所协作制成的“大香槟酒”（高压起泡酒）获太原市科技成果四等奖。山西清徐“锦杯”牌葡萄酒获 1980 年、1984 年、1988 年山西省优质产品奖。1995 年，清徐露酒厂的“锦杯”牌和“李华”牌半干白葡萄酒双双获得国家食品工业协会颁发的“行业名牌产品”荣誉证书及金杯奖，两年后又获得法国巴黎国际名优新产品（技术）博览会最高金奖的荣誉称号[5]。

1 陈玉庆:《中国葡萄酒五十年的成就》，载《酿酒》1999 年第 5 期第 28-30 页。
2 杜世德:《山区盛开科技花扶贫兴农富万家——西北农业大学科技扶贫三年成效显著》，载《高等农业教育》1990 年第 3 期第 44 页、第 52-53 页。
3 迟惠玲，闫惠民:《“民权模式”的开拓者——记河南民权葡萄酒厂厂长潘好友》，载《企业管理》1988 年第 1 期第 26-28 页。
4 杨秋意，卞瑞鹤，朱和平:《演绎民权葡萄酒新时代》，载《农村·农业·农民（A 版）》2011 年第 12 期第 20-23 页。
5 鲍明镜:《清徐葡萄酒产业的历史与未来》，载《农产品加工》2008 年第 10 期第 26-27 页。

东北地区的山葡萄酒在国内深受消费者欢迎的同时，也得到了国际认可。1987 年，吉林长白山葡萄酒参加在美国华盛顿州举办的美国葡萄酒节，荣获特别荣誉奖，是我国山葡萄酒第一次在国际上获奖[1]。通化葡萄酒长期成为外交部及驻外机构宴请用酒，销往苏联、朝鲜、罗马尼亚等 36 个国家和地区，接待了英国首相撒切尔夫人。胡耀邦、彭真、杨尚昆等党和国家领导人先后到通化葡萄酒厂视察。1991 年，江泽民同志视察通化葡萄酒厂时，题词“加强管理，提高效益，发挥优势，精益求精”[2]。通化葡萄酒走上国际舞台的同时,“红梅”牌、“国庆”牌葡萄酒更是当时国内消费者逢年过节、走亲访友的时尚礼品。

三、葡萄酒龙头企业的发展

1980 年，法国人头马集团亚太有限公司和天津市国营农场管理局合作成立中法合营王朝葡萄酿酒有限公司（以下简称王朝公司）[3]，这是改革开放以来中国第二家、天津第一家中外合资企业，使我国市场上有了较大批量的不含糖或略含糖的干型、半干型、半甜型的白葡萄酒。20 世纪 80 年代，王朝葡萄酒不仅是国宴用酒，还是我国 231 个驻外使领馆的接待用酒，年产 10 万瓶左右的不含添加剂的高档半干葡萄酒，90% 以上外销欧美市场。1983 年，王朝葡萄酒更是成为全国葡萄酒出口中换汇率最高的产品，远销美国、加拿大、英国、法国、日本、澳大利亚等 20 多个国家和地区。1992 年布鲁塞尔国际评酒会上，王朝葡萄酒荣获三连冠和“国际最高质量奖”[4]，王朝公司也获准加入世界酒业权威机构——国际葡萄酒局[5]。1993 年，长城干白葡萄酒在伦敦、马德里、巴黎、北京、香港和曼谷举行的国际名酒大赛和食品博览会上获得“五金一银”大奖，并被国际评酒专家誉为“典型的东方美酒”[6]。20 世纪 90 年代中期，王朝公司在全国干酒市场中所占的比例接近 50%，成为亚洲现代化高档全汁干型葡萄酒的生产酿造基地之一[7]。作为我国第一家专业化生产干型葡萄酒的中外合资葡萄酒企业，王朝公司的成立极大地促进了我国葡萄酒行

1《千年酒业大事记》，载《中国酒》1999 年第 6 期第 132-133 页。
2《中国通化葡萄酒城》，载《吉林日报》2008 年 8 月 31 日第 6 版。
3 刘世松：《中国当代葡萄酒产业发展阶段研究》，载《酿酒》2015 年第 3 期第 5-9 页。
4 肖荻：《葡萄美酒看“王朝”——天津中法王朝酿酒公司纪事》，载《经营与管理》1993 第 11 期第 35-41 页。
5 天津市名牌企业与产品研究会：《王朝：中国葡萄酒业的骄傲——中法合营王朝葡萄酿酒有限公司建设国际知名品牌的调查》，载《产权导刊》2011 年第 6 期第 66-68 页。
6 敦树森，王勤：《沙城美酒今古芳——记中国长城葡萄酒有限公司的档案工作》，载《档案工作》1993 第 11 期第 18-19 页。
7 曲东杰：《酿造中华经典酒的王朝——记天津中法合营王朝葡萄酒有限公司开创的辉煌业绩》，载《中国食品工业》1998 年第 2 期第 52-54 页。

业的技术进步，对加速我国葡萄酒行业规范化、开放化、国际化发展发挥了极为重要的作用[1]。他们的经验还证明，兴办中外合资企业，是一条取得技术进步，振兴农垦经济的重要途径[2]。以此为开端，我国在河北沙城、天津、烟台、青岛等省市相继成立了规模较大的中外合资的葡萄酒厂，成为我国改革开放的窗口[3]。

十一届三中全会后，张裕公司的酿酒原料基地得到迅速发展[4]，相继在蓬莱、黄县、招远等县建立了大面积的葡萄园。1987 年，在布鲁塞尔举行的世界葡萄酒质量评比赛中，张裕公司以及其与日本甲州园株式会社合资生产的葡萄酒，获得 3 枚金牌、1 枚银牌[5]。1979 年、1980 年、1983 年张裕白兰地、张裕红葡萄酒、张裕味美思又相继荣获国家优质产品金质奖[6]。1989 年，张裕公司协助山东省酿酒葡萄研究所完成“国际名种酿酒葡萄栽培技术”“优良酿酒葡萄技术开发试验”两项山东省重大课题[4]。1992 年，中国第一座世界级葡萄酒博物馆——张裕酒文化博物馆开始接待游客[7]，成为中国葡萄酒文化传播的重要平台，也是中国第一家世界级葡萄酒专业博物馆[8]。1992 年 7 月 24 日张裕公司百年大庆前夕，江泽民同志亲临张裕公司参观，并亲笔题词“沧浪欲有诗味，酝酿才能芬芳”[9]。1994 年 10 月 28 日，张裕公司组建成立烟台市第一家国有独资有限责任公司——张裕集团有限公司[10]，生产白兰地、葡萄酒、保健酒和香槟酒四大系列葡萄酒产品。于1995年巴拿马太平洋万国博览会上荣获甲等大奖章及最优等奖，张裕白兰地、张裕红葡萄酒、张裕味美思连续被评为国家名酒。

中国长城葡萄酒有限公司于 1983 年 8 月由河北省长城酿酒公司、中国粮油食品进出口总公司和香港远大公司合资兴办[11]。长城干白葡萄酒曾在伦敦、马德里、巴黎、北京、香

1 刘世松：《中国当代葡萄酒产业发展阶段研究》，载《酿酒》2015 年第 3 期第 5-9 页。
2 秦鹏祖：《一个成功的中外合资企业》，载《中国农垦》1984 年第 5 期第 18 页。
3 朱林：《发展我国酿酒葡萄品种的前景》，载《葡萄栽培与酿酒》1989 年第 1 期第 24-28 页。
4 朱林，温秀云，陈谦等：《世界优良酿酒葡萄品种引种栽培试验的历史回顾与展望（纪念烟台张裕葡萄酿酒公司成立一百周年）》，载《葡萄栽培与酿酒》1992 年第 1 期第 12-19 页。
5《我国葡萄酒荣获国际大奖》，载《山西果树》1988 年第 2 期第 51 页。
6 王吉：《走向世界的张裕葡萄酒》，载《企业管理》1996 年第 12 期第 33 页。
7 现为国家 AAAA 级旅游景区、中国侨联爱国主义教育基地、国家二级博物馆，并入选首批“国家工业旅游示范基地”。
8“烟台市葡萄酒产业发展服务中心”编辑委员会：《东方荣耀·烟台葡萄酒产区》，2022 年，第 50 页。
9 该句出自严羽《沧浪诗话》，指水的颜色。也指用心造酒的过程。
10 王铭浩：《闪光的足迹——记张裕集团有限公司总经理孙利强》，载《中外企业文化》1999 年第 2 期第 40-43 页。
11《发挥财务管理作用提高企业经济效益》，载《财务与会计》1993 年第 1 期第 24-27 页。

港和曼谷举行的国际名酒大赛和食品博览会上获得“五金一银”大奖，并被国际评酒专家誉为“典型的东方美酒”[1]，产品远销欧洲、美洲、亚洲、大洋洲17个国家和地区，占全国白葡萄酒出口量的1/4，国内畅销26个省（自治区、直辖市），在1993年全国市场产品竞争力调查中，获实际购买品牌第一位，同时被中国社会调查事务所调查结果确认为中国公认名牌产品[2]。之后，长城葡萄酒率先通过了中国方圆标志认证委员会质量认证中心ISO9002的质量认证和产品认证，并得到国际上17个国家的互认，使长城葡萄酒成为国际葡萄酒品牌的佼佼者[3]。

20世纪90年代中期，王朝、长城和张裕三家葡萄酒公司在我国葡萄酒行业形成了三足鼎立的局面，他们不仅占领了全国50%以上的葡萄酒市场，也使中国的葡萄酒工业在国际舞台上有了一席之地[4]。

四、葡萄酒厂在各地快速新建

20世纪80年代初期外资开始进入我国葡萄酒行业，起初主要是港澳台的一些小资本市场，利用我国低廉的劳动力和优惠的政策，从事葡萄酒原料加工贸易[5]。随着改革开放的不断深入，大量海外投资进入中国葡萄酒产业。1985年，由英国人投资的青岛第一座欧式葡萄酒庄园——青岛华东葡萄酿酒有限公司创建成立，这是中国较早按国际酒典标准生产单品种、产地、年份葡萄酒的企业。1987年3月17日中法合资北京龙徽酿酒有限公司成立[6]；1988年，中粮酒饮料食品进出口公司、法国鹏利股份有限公司和昌黎葡萄酒厂合作，在昌黎建成全程与国际标准接轨的生产干红葡萄酒的专业型企业——中粮华夏长城葡萄酒有限公司。

在吸引外资的同时，改革开放政策也极大地鼓舞了各地生产葡萄酒的积极性，中国葡萄酒企业呈快速增长之势。以20世纪80年代中国葡萄酒第一大省山东为例，1981年原

1 敦树森，王勤：《沙城美酒今古芳——记中国长城葡萄酒有限公司的档案工作》，载《档案工作》1993第11期第18-19页。
2 铁璀：《阔步四十年——记中国长城葡萄酒有限公司总经理何琇》，载《乡音》1994年第6期第45-46页。
3 程鲲：《华夏“长城”——中国干红的一面旗帜》，载《中外葡萄与葡萄酒》2000年第1期第54-55页。
4 陈玉庆：《中国葡萄酒五十年的成就》，载《酿酒》1999年第5期第28-30页。
5 韩永奇：《中外葡萄酒企业经营与战略方面的比较（中）》，载《中外食品》2007年第1期第22-24页、第26页。
6 原“北京葡萄酒厂”。

烟台轻工业局就批准成立了黄县葡萄酒厂[1]、蓬莱县葡萄酒厂、招远县葡萄酒厂、福山县葡萄酒厂和莱西黄海葡萄酒厂5家葡萄酒企业。1987年，烟台成为代表中国加入国际葡萄与葡萄酒组织的首个观察员城市[2]，1992年烟台市被国际葡萄酒组织命名为亚洲唯一一座“国际葡萄·葡萄酒城”[3]，促进烟台快速发展成为中国葡萄酒产业的典范产区。到1995年，山东葡萄酒企业增至200多家[4]，其中很多都发展成为国内外知名企业，为山东领军产区地位奠定了重要的基石，同时也带动了中国葡萄酒产业的发展。其他产地也陆续建立了一些新的葡萄酒厂，代表性企业有新疆鄯善（吐鲁番楼兰酒庄前身）、河北沙城长城葡萄酒公司、甘肃武威葡萄酒厂（后更名为甘肃凉州葡萄酒厂、甘肃莫高实业发展有限公司）、宁夏玉泉葡萄酒厂（宁夏西夏王葡萄酒业有限公司前身）、北京龙徽葡萄酒公司、丰收葡萄酒有限公司、上海中国酿酒厂等。

据全国第五次工业普查结果显示，1995年底我国共有葡萄酒企业240多家[5]。仅县以上独立核算的企业就有150多家，生产规模在万吨以上的企业占总企业数量的10%。短短十几年，从国外引进数十套先进的酿酒设备，建立了一批拥有世界先进水平的葡萄酒厂，达到近百万吨的生产能力，造就了一批生产高档葡萄酒的科技队伍，形成了我国葡萄酒业发展的可喜局面[6]。这时期，长城、王朝、华东、莫高、西夏王等一大批企业逐渐与国际接轨，基本上以生产全汁的干酒、半干酒为主[7]，并形成了具有一定市场影响力的中国葡萄酒民族品牌。

第二节　葡萄品种增加和葡萄酒酿造技术发展

一、酿酒葡萄品种增加

1980年轻工业部开始启动《优良酿酒葡萄品种选育》科研项目。项目组挑选出300多个葡萄品种，在北京通县、河北沙城、山东禹城和曲阜等地建立酿酒葡萄名种园（即母

1 1994年黄县葡萄酒厂改制并更名为烟台威龙葡萄酒股份有限公司。
2 烟台市葡萄酒产业发展服务中心:《东方荣耀·烟台葡萄酒产区》，2022年，第63页。
3 鲁新华:《烟台葡萄酒形成“三国”势》，载《中国食品质量报》2000年1月6日。
4 华凌，丁正国:《我国葡萄酒工业目前面临的困境及其对策》，载《食品工业》1995年第5期第37-39页。
5 刘小菲:《中国葡萄酒业：三十载沧桑酝佳酿》，载《中国特产报》2008年12月12日。
6 林克强:《二十一世纪中国葡萄酒发展战略的探讨》，载《葡萄栽培与酿酒》1997年第1期第21-22页。
7 李焕锐:《中国葡萄酒产业的第三个“拐点”》，载《新食品》2005年第17期第12-15页。

本园）。通过大量实验筛选出的赤霞珠、美乐、歌海娜、西拉、柔丁香和白羽等40多个酿酒葡萄品种，成为后来在全国推广的优秀酿酒葡萄品种，这些母本园后来被誉为“中国现代酿酒葡萄之根”，为我国葡萄酒酿造工业发展奠定了良好的原料基础。项目组在大量研究的基础上出版的《优良酿酒葡萄品种》一书，为我国酿酒葡萄品种选育和推广工作做出了巨大的贡献。

为进一步增加优良酿酒葡萄品种、扩大酿酒葡萄种植区域，1982年，轻工部选址新疆鄯善、河北昌黎和山东蓬莱等5个地区，种植欧洲引进的葡萄苗，扩建酿酒葡萄母本园。当年，鄯善葡萄基地从法国引入10个国际名种苗木500株，从山东、北京、安徽等地引入20多个酿酒品种1万多株，建成了占地81亩的良种园，选出了佳美、白诗南、歌海娜、神索、霞多丽、西拉、赛美蓉、白羽等葡萄品种，这些品种生长势强、产量较高、酒质好，非常适合作为鄯善地区优良葡萄酒的生产原料。1984年，新疆、山东禹城、河北昌黎等地将引自法国、意大利的12个品种共3.3万株葡萄苗木培育成功后，将良种枝条推广到甘肃黄羊河、宁夏玉泉营、湖北枣阳，翌年就用于这些地方的小批量种植。之后，沈阳农业大学和中国农业科学院郑州果树研究所等单位又相继从美国引入了一批优质欧亚种葡萄，经过反复试验，在适宜的种植区成功定植[1]。到20世纪80年代末，世界公认的用以酿造高档红葡萄酒的赤霞珠、蛇龙珠、品丽珠、美乐，酿造白葡萄酒的雷司令、白诗南，以及鸽笼白、赛美蓉、白福尔等优良品种均已在我国各产区安家落户，生长良好，为发展葡萄酒产业奠定了优良的原料基础。昌黎、天津蓟州区丘陵山地和滨海区、包括山东半岛北部丘陵和大泽山在内的渤海湾产区，成为我国酿酒葡萄种植面积大且品种优良的酿酒葡萄产地，产量占全国总产量的半壁江山。

各地的葡萄酒厂为了满足生产需要，引进了大量著名酿酒葡萄品种。昌黎、长城、青岛华东、北京龙徽、新疆鄯善等葡萄酒生产企业都为酿酒葡萄品种优选和推广及优质酿酒葡萄基地建设做出了巨大贡献。如1986年，华东葡萄酿酒有限公司从法国引进13个世界著名酿酒葡萄品种[2]4.2万株苗木，经过5年试验和观察对比选出霞多丽、贵人香、赤霞珠、品丽珠、美乐、西拉、佳美等适应性较好的品种用于生产推广[3]；1986年，昌黎葡萄酒

1 柴帆：《窥探我国葡萄产业的发展现状》，载《中国农村科技》2016年第11期第72-75页。
2 祝尚东：《世界优良酿酒葡萄品种在崂山地区的栽培试验》，载《葡萄栽培与酿酒》1993年第3期第17-19页。
3 王恭堂：《我国葡萄酒发展的新形势与新思维》，载《葡萄栽培与酿酒》1997年第3期第6-13页。

厂以 1 美元 1 株的价格，从法国波尔多引进了赤霞珠、品丽珠、霞多丽、黑比诺等 5 万株国际名品嫁接葡萄苗，建成了国内重要酿酒葡萄种植基地[1]。

1991—1992 年，在轻工业部的支持下，我国从法国、德国、美国引进的霞多丽、白诗南、赛美蓉等数十种国际葡萄名种分别在北京通县宋家庄乡和河北沙城葡萄酿酒厂葡萄基地试种，后推广至全国。到 20 世纪 90 年代中期，烟台、青岛、沙城、天津等地广泛引进扩种了龙眼、玫瑰香、蛇龙珠、贵人香、白雷司令、白诗南、白羽、宝石等酿酒专用品种[2]。以沙城的龙眼、天津的玫瑰香、烟台的雷司令、青岛的贵人香等优良葡萄品种为原料生产的长城干白、王朝干白、雷司令干白、薏丝琳干白等中高档葡萄酒，在国内、国际市场上均受到赞赏，并在国际评酒会上屡屡获奖[2]。

二、葡萄酒酿造技术发展

葡萄酒是国际性酒饮料，世界上盛产葡萄酒的国家均以干型酒为主体产品。改革开放以来，国家和各产区加强了提高葡萄酒质量的技术研发投入，促使干型红、白葡萄酒相继得以研制成功，突破了我国多年以传统甜型葡萄酒为主的产业格局，使中国葡萄酒工业进入与国际标准接轨的发展阶段。

（一）干白葡萄酒酿造技术发展

轻工业部在 1978 年将“干白葡萄酒新工艺的研究”列为重点科研项目[3]。为了完成国内葡萄酿酒由甜型转干型的科研攻关任务，项目组首先从德国、美国引种了白葡萄品种，同时引进先进的生产设备进行反复试验，研制生产出新中国成立以来第一瓶按照国际标准工业化生产的干白葡萄酒。该酒选用优质龙眼葡萄，经破碎、压榨取自流汁，并经澄清处理，接入纯种酵母发酵后贮存 2 年以上，再勾兑、过滤而成[4]，具有色淡清亮、果香悦人、滋味柔和、细致爽口等特点。经过与国外同类高档酒进行对比品尝，专家们一致认为，此项科研成果达到了国际水平。同年，按照新工艺生产的长城干白葡萄酒在 1983 年英国伦

1 宋雅静：《河北省昌黎县葡萄酒产业调查：从第一瓶到全产业链》，载《经济日报》2017 年 8 月 17 日。
2 徐广涛：《调整政策 优化结构 促进我国葡萄酒工业快速发展》，载《中国酒》1996 年第 2 期第 22-25 页。
3 孙志军：《中国葡萄酒业三十年 1978—2008》，中国轻工业出版社，2009 年，第 3 页。
4 黄殿杰：《干白葡萄酒》，载《食品与发酵工业》1980 年第 2 期第 13 页。

敦第 14 届国际评酒会上获得银奖[1]。

1983 年 12 月,“干白葡萄酒新工艺的研究”通过了国家科学技术委员会的鉴定，获得河北省、轻工业部科技进步一等奖[2]。1987 年，该项科研成果又获得国家科技进步二等奖，成果向全国葡萄酒行业推广，为我国民族葡萄酒产业发展奠定了坚实的基础，成为中国现代葡萄酒业教科书中的重要篇章。干白葡萄酒新工艺的研究成功，改变了我国葡萄酒产品以甜型配制酒为主的生产状况[3]，打破了国内半汁、甜型为主导的葡萄酒市场消费格局，引领中国逐渐走上干型葡萄酒工业化、标准化、国际化的生产道路，成为我国葡萄酒产业发展与国际接轨的重要标志。

（二）干红葡萄酒生产新技术试验成功

1980 年，轻工业部在“七五星火计划”中列出高档干红葡萄酒研制开发专项，项目组对山东、河北、新疆、甘肃、吉林等地进行实地考察和综合分析评价后，选定风土、技术和区位条件优越的昌黎作为试验基地。同年，昌黎葡萄酒厂开始筹建葡萄酒新工艺生产车间并开始进行干红葡萄酒酿造的小型试验。

1983 年，昌黎葡萄酒厂以热浸法新工艺酿制干红葡萄酒的试验工作获得成功，北戴河牌赤霞珠干红葡萄酒于当年 5 月 20 日在昌黎葡萄酒厂顺利诞生，首批生产 200 吨并于当年夏天开始在北京友谊商店和北京饭店等涉外服务单位试销，结束了中国市场上无国产干红葡萄酒批量销售的历史。该创新工艺后来帮助新疆鄯善、甘肃武威、宁夏玉泉、山东禹城、湖北枣阳、山东胶南的华澳等葡萄酒厂酿造出了符合国际标准的干型葡萄酒。1984 年，昌黎葡萄酒厂和轻工业部发酵研究所的科技人员继续密切协作，接连研制出北戴河牌佳醴酿半干桃红葡萄酒、北戴河牌麝香半甜白葡萄酒等国际流行的半干型高档葡萄酒。同年，北戴河牌干红葡萄酒在“全国开发新产品经验交流表彰会议”上获得新产品奖，在轻工业部举办的酒类质量大赛上获得金杯奖[4]。

“葡萄酒生产新技术工业性实验”在引进、吸收国外先进技术的基础上，结合国内葡

1 王磊:《谈谈中国葡萄酒的教育与发展》，载《中国科教创新导刊》2010 第 14 期第 119 页。
2 晓角:《中葡公司崛起之源》，载《华夏星火》1999 年第 5 期第 19 页。
3 程鲲:《华夏“长城”——中国干红的一面旗帜》，载《中外葡萄与葡萄酒》2000 年第 1 期第 54-55 页。
4 马洪超，雷汉发:《从“第一瓶”到全产业链》，载《经济日报》2017 年 8 月 17 日第 12 版。

萄酒生产实际，推进了葡萄酒生产科技化。该项技术的突破极大地提高了葡萄酒的产量，1985 年我国葡萄酒产量达到 23.3 万吨，是 1979 年的 4 倍。1986 年 11 月，轻工业部对该项成果的鉴定意见中提出，该科研项目在组织上实现了科研设计、制造设备和葡萄酒生产三个结合，在研究内容上实现了原料、工艺、设备三个结合，在“洋为中用”上实现了国外技术的引进、消化吸收和科研创新三个结合[1]。

（三）香槟法起泡葡萄酒酿造技术突破

20 世纪 80 年代中期，国内市场流行的“小香槟”或“大香槟”，都是经过人工添加二氧化碳而酿成的，并非国际传统意义上的瓶内二次发酵香槟酒，高档香槟几乎全部依赖进口。1986 年，中国长城葡萄酒有限公司承担国家科委“七五·星火计划”——“香槟法起泡葡萄酒生产技术开发”项目研发任务，经过 4 年的努力，终于结束了我国没有香槟法起泡葡萄酒的历史。

1990 年长城牌香槟法起泡葡萄酒获轻工业部颁发的全国优秀新产品二等奖、首届全国轻工业博览会银质奖和河北省轻工优质产品称号。1991 年香槟法起泡葡萄酒生产技术开发项目在“七五·星火计划”成果博览会上获金奖[2]。之后，葡萄汽酒、半干白、半甜白、桃红、甜白葡萄酒等产品相继研发成功，为中国葡萄酒业探索出了一条崭新的自主创新发展之路。

第三节　葡萄酒生产标准的制定与实施

一、我国首部葡萄酒国标出台

在东北地区，完全使用山葡萄酿的酒外观几近黑色，酸度很高，籽大汁浓，破碎后非常黏稠，因此必须加糖掺水才能使其成为呈现宝石红色、酸甜合适、容易入口的产品，因此，山葡萄酒中纯汁量在 50% 左右，称为折全汁。按照国际惯例，这种经稀释、调配、勾兑而成的半汁葡萄酒并不是严格意义上的葡萄酒。郭其昌先生也曾建议“可以考虑低于

1 郭其昌：《新中国葡萄酒业五十年》，天津人民出版社，1998 年，第 148 页。
2 邹美丽：《中国葡萄酒业的崛起——从华夏葡萄酿酒有限公司看中国干红酒的发展》，载《中外葡萄与葡萄酒》2002 年第 2 期第 6-8 页。

一定百分比（比如 60%）葡萄原酒的配制酒另起一个名字，不要叫葡萄酒”[1]。但它作为中国葡萄酒业发展历史上一段特殊时期的产物，在国内市场合法存在了多年。

早期的生产商将葡萄汁、水和糖等添加物混合在一起，因其口感香甜，价格低廉，甚至被处于低水平温饱生活时期的人们误以为是正宗红酒，这种饮料葡萄酒在中国葡萄酒产业起步阶段对消费者起到了启蒙作用[2]，在一定程度上推动了中国葡萄酒业的发展。20 世纪 60 年代初，我国遭遇了三年自然灾害，当时含葡萄汁的甜型葡萄酒含糖量在 12% 以上，这种含酒精饮料可以帮助人们通过吸收糖分提供热源，为身体补充能量，甚至在一些人看来其口感、味道比纯正的葡萄酒更适合中国人，因而很受欢迎。甚至直到改革开放初期，人们对葡萄酒的认识，也只是停留在“甜酒”和“带汽酒（小香槟）”这样的产品上[3]，许多人都是在“葡萄酒 + 雪碧”“葡萄酒 + 可乐”中被启蒙了葡萄酒文化，对于酸而涩的干型葡萄酒很难接受。因而在 1984 年 1 月 26 日，由轻工业部颁布并于当年 4 月 1 日开始实施的《葡萄酒及其试验方法》（QB 921—84）中[4]，出于保护市场的目的，只是提出“葡萄汁含量在 30%~70%”的这一要求。

二、执行中的问题

从 1988—1993 年，我国葡萄酒年产量保持在 25 万吨左右的水平，但是，这些葡萄酒大部分含汁量在 50% 以下[5]。另据 1989 年对全国 20 家主要制酒厂的统计，葡萄原汁含量低于 50% 的低档萄酒产量约占总产量的 70%[6]。后来由于酿酒葡萄原料供应不足，加上受到利益驱使，一些酒厂用原汁调配（加糖、酒精等）来增加酒的产量，葡萄酒中的纯汁量越调越低，有葡萄原汁含量 30% 的葡萄酒、20% 的葡萄酒，还出现了完全配制、不含葡萄汁的葡萄酒。更有甚者，有些葡萄酒企业使用酒精、香精、糖精和色素来勾兑葡萄酒，产品标注的含汁量与实际不符，甚至以“精制葡萄酒”或“特制葡萄酒”的标签愚弄消费者。

1 郭其昌：《新中国葡萄酒业五十年》，天津人民出版社，1998 年，第 13 页。
2 李华，王华：《葡萄酒产业发展的新模式——小酒庄，大产业》，载《酿酒科技》2010 年第 12 期第 99-101 页。
3 李记明：《葡萄酒产业 30 年发展回顾》，载《中外葡萄与葡萄酒》2009 年第 3 期第 61-66 页。
4 杨和财，陶永胜，张予林：《我国葡萄酒标准及相关规章建设现状与发展趋势》，载《中国酿造》2009 年第 8 期第 181-183 页。
5 李华，李甲贵，杨和财：《改革开放 30 年中国葡萄与葡萄酒产业发展回顾》，载《现代食品科技》2009 年第 4 期第 341-347 页。
6 王恭堂：《论我国葡萄酒工业的困境及其导向》，载《葡萄栽培与酿酒》1990 年 Z1 期第 48-51 页。

当时市场上的勾兑葡萄酒通常还会添加一定量的合成色素、防腐剂等，对人体健康有害无益。1992 年“中国质量万里行”系列新闻披露了长白山葡萄酒等产品的质量问题。对于“三精一水”（酒精、糖精、香精加水）勾兑葡萄酒泛滥的现象，杰西斯·罗宾逊（Jancis Robinson）曾这样写道：“1949 年，这些酒厂由政府扩建，出于经济上的原因，往葡萄酒里勾兑水，发酵的粮食（酒）和色素等。”[1]

劣质的三精一水葡萄酒充斥市场，正规生产的企业因产品成本相对较高而无法正常生产，大片葡萄遭砍伐，酒厂停产、倒闭或被兼并，严重影响了行业发展[2]。1988 年我国葡萄酒产量达到 30.85 万吨（约是新中国成立初期的 2 000 倍）的一个历史小高峰之后，从 1989 年开始葡萄酒产量不断下降，1994 年葡萄酒产量为 23.62 万吨，仅占饮料酒总产量的0.8%[3]。葡萄种植面积骤减，葡萄酒企业纷纷倒闭，只有少数企业勉强维持[4]。当时连张裕公司和通化葡萄酒厂都出现严重亏损[4]。

在此期间，我国葡萄酒市场上还曾出现过短暂的“干白比干红受欢迎”的现象，其原因是当时流行的消费观念——“干白葡萄酒才是真正的葡萄酒”，甚至有人误认为干红葡萄酒的颜色是人工添加的[5]。之所以会出现此类观念，正是因为“半汁酒”的生产允许政策，而当时白葡萄酒的畅销与干红滞销形成的巨大反差也曾使大片酿造红葡萄酒的品种被砍伐，对后来的葡萄酒生产原料供应也产生了极为不利的影响。

针对当时葡萄酒质量问题，郭其昌在其《对（农垦）葡萄和葡萄酒开发的几点意见》一文中曾写道：“如何保护消费者的利益和保护人民身体健康，我想在没有酒法的情况下，我们农垦葡萄酒协会的会员们能不能先行一步，首先做到：

①原汁不少于 30%，并逐步提高；②在葡萄酒内不加糖和人工色素；③不使用未经精制蒸馏处理的酒精。并强调：“只有树立质量第一，才能生产出出口有竞争能力的产品，才

1 Jancis Robinson ：《The Oxford Companion to Wine》，牛津大学出版社，1994 年，第 233-235 页。
2 唐文龙：《中国葡萄酒质量管理的变迁与反思》，载《中国食品工业》2006 年第 6 期第 32-33 页。
3 王秋芳：《果酒飘香进万家》，载《中国酒》1996 年第 3 期第 33 页。
4 李华，李甲贵，杨和财：《改革开放 30 年中国葡萄与葡萄酒产业发展回顾》，载《现代食品科技》2009 年第 4 期第 341-347 页。
5 杨丽萍：《白葡萄酒：还我河山》，载《酒世界》2009 年第 9 期第 32-33 页。

能符合消费者的要求。”[1]

1994 年，轻工业部废除了《葡萄酒及其试验方法》标准（QB 921—84），同年国家质量技术监督局颁布了《葡萄酒》（GB/T 15037—1994）国家标准并规定从 1994 年 9 月 1 日开始生效。该标准规定了葡萄酒专用术语、技术要求、检验规则和葡萄酒的标签、包装、运输和储藏，适用于经过发酵的新鲜葡萄或葡萄浓缩汁，其产品的定义及指标规定都与国际标准接轨。但是考虑到大部分厂家在当时达到这个标准很困难，于是中国酿酒工业协会又出台了《半汁葡萄酒》（QB/T 1980—1994）和《山葡萄酒》（QB/T 1982—1994）。

《半汁葡萄酒》规定葡萄汁液含量不能少于 50%，这是我国特定历史时期内制定的一项过渡性标准。把葡萄酒分为全汁酒和非全汁酒，虽然避免了部分企业的停产风险，但因为非全汁酒的含汁量测定需要精密仪器，而一般质量监测机构无法准确测定，这就给不法商家以次充好留了后路，更为消费者的利益被侵害埋下了隐患[2]。由于国家标准和两个行业标准均属推荐性标准，很多企业又制定了各自的企业标准，于是就出现了质量要求不同的多级标准并存的特殊阶段，导致当时市场上产品质量差距巨大，优劣真假难辨，勾兑酒以次充好，葡萄酒品质良莠不齐，一些无良商企在制定企业标准时无原则地降低质量要求，有的甚至降低国家强制的卫生安全标准要求，扰乱了市场秩序，一度对我国葡萄酒市场造成了极大伤害，给中国葡萄酒业带来了深刻的教训。

第四节　葡萄酒教育与科技文化交流活动的兴起

一、葡萄酒专业人才培养体系的建立

1985 年，西北农业大学在园艺系创建了中国第一个葡萄栽培与酿酒专业。1994 年 4 月 20 日，西北农业大学在葡萄与葡萄酒专业的基础上，联合全国 13 家葡萄酒企业，正式创办了亚洲第一所专门从事葡萄与葡萄酒科学研究、人才培养与技术服务的葡萄酒学院，开启了我国葡萄与葡萄酒高等教育的先河[3]。北京农业大学、山东农学院等高等院校相继开

1 郭其昌：《对（农垦）葡萄和葡萄酒开发的几点意见》，载《酿酒》1986 年第 1 期第 10-13 页。
2 黄冠：《中国葡萄酒业：缺失统一标准》，载《新华每日电讯》2002 年 10 月 5 日。
3 鲁达：《西北农林科技大学葡萄酒学院举行隆重院庆》，载《中国酒》2014 年第 5 期第 36-38 页。

设了葡萄和葡萄酒专业课程，山东轻工学院、无锡轻工学院、天津轻工学院等院校把葡萄酒列入发酵专业课程的一部分，为国家培养了大批酿造葡萄酒的工程技术人员。葡萄酒专业教学和科研也得到迅速发展，葡萄酒专业教材大量出版，具有代表性的有：《葡萄酒酿造工艺学》（戴仁泽，1985）、《葡萄酒生产工艺》（王秋芳，1988）、《葡萄酒微生物学》（宋尔康，1989）、《葡萄酒酿造与质量控制》（李华，1990）、《现代葡萄酒酿造技术》（刘玉田，1990）、《葡萄酒分析化学》（秦含章，1991）、《葡萄酒科学与工艺》（朱宝镛，1992）、《葡萄酒品尝学》（李华，1992）、《葡萄学》（贺普超、罗国光，1994）、《葡萄酒工业手册》（朱宝镛，1995）、《葡萄酒酿造技术概论》（彭德华，1995）、《现代葡萄酒工艺学》（李华，1995年）等。

二、葡萄酒技术协作与文化交流活动的开展

（一）专业学术会议的开展

葡萄栽培及其酿酒技术的突破推动了葡萄酒工业化进程，葡萄酒行业技术交流与专业学术研讨活动也呈现出欣欣向荣的发展态势。1980年7月5—12日，“第二次全国葡萄酿酒和葡萄栽培技术协作会议”在吉林通化召开，会议讨论了轻工业部提出的《葡萄酒质量管理办法》《葡萄酒工业生产统一计算方法》《葡萄酒产品标准》《葡萄酒试验方法》四个试行草案，并提出了供研究参考的修改意见[1]，对推动我国葡萄酒产品质量规范体系建设和提高葡萄酒产品质量标准起到了积极的作用。1981年7月，“第三次南方区葡萄酒和葡萄栽培技术协作会议”在福建厦门召开，湖南、广西、福建、浙江、上海等地有关单位交流了发展葡萄基地及葡萄引种、栽培方面的经验[2]，对我国南方葡萄酒业发展起到了积极的促进作用。1982年6月下旬，西北区第三次葡萄栽培与酿酒技术研究协作会议在石河子举行，会议品评了各协作单位提交的试验和生产酒样，交流了葡萄酿造的工艺，研究了发展葡萄酿酒技术的有关问题，对酿酒葡萄栽培与葡萄酒酿造技术的发展起到了积极的促进作用[3]。1984年5月，“全国葡萄区划座谈会”在郑州召开，讨论了全国不同生态区域的葡萄发展类型和品种[4]，同年6月，“全国果酒生产工艺学术讨论会”在烟台召开，大会重点围

1 平章：《第二次全国葡萄酿酒和葡萄栽培技术协作会议在通化召开》，载《黑龙江发酵》1980年第4期第41页。
2 修德仁：《南方区召开第三次葡萄酿酒和葡萄栽培技术协作会》，载《中国果树》1981年第4期第64页。
3 杨青：《西北区第三次葡萄栽培与酿酒技术研究协作会议在石河子举行》，载《新疆农业科学》1982年第4期第36页。
4 王保良：《全国葡萄区划座谈会在郑州召开》，载《葡萄栽培与酿酒》1984年第2期第56页。

绕葡萄酒、果酒产品质量管理，酿酒葡萄品种与葡萄原料基地建设，优良酵母菌种选育和果胶酶在果酒加工中的应用，葡萄酒酿造新工艺等问题进行了学术交流[1]。

1988 年 7 月 19—21 日，国际葡萄酒局在中国葡萄酒城烟台召开了“促进中国葡萄种植和葡萄酒事业发展学术讨论会”，其中“具有较强适应能力生产优质葡萄酒的酿造品种”“酿造起泡葡萄酒的葡萄品种”“葡萄酒精发酵研究的新进展”等报告对促进我国葡萄栽培与酿酒技术交流起到了积极的作用[2]。1989 年 3 月，“第二次全国葡萄科学学术讨论会”在郑州举行，会议总结交流了 1982 年第一次全国葡萄科技会议以来的科研和实践成果，围绕如何保证葡萄品种质量、开展品种区域化试验提出了很好的建议[3]。1990 年 10 月，“第六届南方区葡萄栽培与酿酒技术协作会议”举行，分析了当时葡萄酒产业面临的“多地葡萄树被砍，酿酒厂减产、停产”的严峻挑战，提出了向葡萄品种区域化方向努力，提高栽培水准、树立形象、加强宣传，制订法规、严禁劣酒，完善葡萄酒标签法规等行业发展新目标[4]。葡萄酒生产学术活动的广泛开展，对我国葡萄酒工业化生产起到了积极的促进作用。

（二）葡萄酒专刊和报纸的出版发行

1984 年，《葡萄栽培与酿酒》杂志正式出版，对葡萄、葡萄酒行业开展新技术、新品种、新工艺、新设备等交流起到了积极的推动作用[5]。1989 年 6 月 28 日，酒类行业全国公开发行的专业报纸《华夏酒报》创刊[6]，对加速葡萄酒行业信息交流、促进葡萄酒文化传播起到了重要的作用。

三、葡萄酒协会成立与专业评比活动的开展

（一）葡萄酒专业协会的成立

1984 年 1 月，陕西省第一届葡萄、葡萄酒会议在丹凤县召开，代表们总结了新中国成立 35 年来发展葡萄生产的经验和教训，提出了全省葡萄品种区域化发展方案，并协商成立了“陕西省葡萄、葡萄酒协会”，负责统筹安排全省葡萄发展规划，协调和加强农业

1《全国果酒生产工艺学术会在烟台召开》，载《葡萄栽培与酿酒》1984 年第 3 期第 48 页。
2《葡萄栽培与酿酒》编辑部：《会议简报》，载《葡萄栽培与酿酒》1988 年第 3 期第 62 页。
3《中国果树》编辑部：《第二次全国葡萄科学学术讨论会》，载《中国果树》1989 年第 2 期第 15 页。
4 陈靖显：《第六届南方区葡萄酿酒与栽培协作会议纪要》，载《酿酒》1991 年第 2 期第 48-49 页。
5 郭其昌，李翊远：《祝贺〈葡萄栽培与酿酒〉的诞生》，载《葡萄栽培与酿酒》1984 年第 1 期第 2 页。
6 孙志军：《中国葡萄酒业三十年 1978—2008》，中国轻工业出版社，2009 年，第 25-26 页。

和轻工业、科研和生产之间的关系，培养人才，传递信息，从而提高全省的葡萄栽培和葡萄酒酿造技术水平[1]。1987 年 3 月，黑龙江省食品工业协会酿酒专业协会成立，选举产生了第一届理事会和第一届常务理事会[2]。1988 年 9 月，山东省葡萄酒工业协会成立，对全省乃至全国葡萄酒工业的发展起到了积极的推动作用[3]。1992 年 6 月，"中国酿酒工业协会"成立[4]，其下设的葡萄酒专业委员会对我国葡萄酒行业的信息交流、行业管理、技术研究与开发起到了积极的推动作用[5]。

（二）葡萄酒专业评比活动的开展

1982 年 3 月 30 至 4 月 6 日，由轻工业部食品工业局主持召开的全国葡萄酒、果露酒质量检评会在西安召开[6]，对各地选送的105个样酒做了感官质量检评，会议进一步明确了"根据国情迅速把葡萄酒发展起来"的思想，对葡萄酒生产提出了"重视产品结构改革和质量管理工作，生产风味好、档级高的产品；主动在原料上做力所能及的工作；重视科研和生产试验工作；勇于采取新技术和进行技术改造；及时进行市场调查，不断了解消费趋向"等方面的工作重点[7]。

1983 年 6 月，第四届全国评酒会举行，葵花牌烟台红葡萄酒、丰收牌中国红葡萄酒、葵花牌烟台味美思、长城牌干白葡萄酒、王朝牌半干白葡萄酒荣获金质奖。1985 年 7 月，全国农垦葡萄和葡萄酒协会第二届大会在郑州召开，专家评委对农垦 21 家葡萄酒厂报送的 47 个样品进行了品评，评委会一致认为同 1982 年农垦葡萄酒协作组"天津会议"和 1984 年"全南会议"相比，农垦葡萄酒无论是质量、产量还是花色品种，都有了明显提高和增长，干葡萄酒的工艺有了明显进步，葡萄酒的花色品种有了显著增加。这次会议同时提出了"不要再做含汁量很低的葡萄酒"的希望，认为我国葡萄酒发展要在品种结构上继续做基础工作，彻底改善葡萄栽培和酿酒的现状，要以做酒种区域化为主，找出各地区适宜的国际葡

1 晁无疾：《陕西省第一届葡萄、葡萄酒会议召开——陕西省葡萄、葡萄酒协会成立》，载《葡萄栽培与酿酒》1984 年第 4 期第 45 页。
2 晓东：《黑龙江省酿酒专业协会成立》，载《酿酒》1987 年第 3 期第 64 页。
3 刘庆和：《祝〈葡萄栽培与酿酒〉越办越好》，载《葡萄栽培与酿酒》1989 年第 1 期第 1 页。
4 孙志军：《中国葡萄酒业三十年 1978—2008》，中国轻工业出版社，2009 年，第 14 页。
5《葡萄栽培与酿酒》编辑部：《"中国酿酒工业协会"成立大会即将召开》，载《葡萄栽培与酿酒》1992 年第 3 期第 45 页。
6 张平：《〈酿酒〉杂志琐忆（九）》，载《酿酒》1999 年第 3 期第 90-92 页。
7 平章：《国内酿酒工业动态》，载《酿酒》1982 第 3 期第 51 页。

萄品种[1]。

1986 年 12 月，山东省葡萄酒、果露酒、黄酒技术协作会在牟平召开。通过评尝样品，代表们认为，大多数产品的质量是比较好的，但有些半汁产品有酒精味，不协调。因此，在生产半汁酒、露酒时，应做好酒精的处理，提高基础酒的质量[2]。1988 年 5 月 28 日至 6 月 1 日，国家优质葡萄酒复查和优质果酒评议会在湖南省益阳市召开，国家评委和各部评委对第四届全国葡萄酒评比会上获得国家金牌、银牌奖的共 16 种葡萄酒进行了认真的复查，检测结果显示大多数果酒在质量上也有明显改进[3]。1989 年 5 月，中国食品工业协会（简称食协）在山东烟台召开了国家优质葡萄酒、果酒质量检评会。全国各地的葡萄酒、果酒国家评委及特邀专家、评委等 30 余人对已获得“国家优质葡萄酒、果酒”称号的产品进行质量复查，为食协考核优质产品质量提供了专业依据[4]。20 世纪 80—90 年代，葡萄酒（果酒）国家食品专家评委组根据国家质量奖评审标准，共评出了包括张裕、长城、王朝在内的 20 多个葡萄酒、果酒产品为国家金、银质奖，这些品牌的产品至今代表着行业领先水平[5]。

从 1980 年中国第一家葡萄酒中外合资企业成立开始，葡萄酒龙头企业规模不断壮大，各地葡萄酒企业数量猛增。此阶段，国际著名酿酒葡萄品种原料基地在多地建成，为中国葡萄酿酒工业奠定了坚实的基础。在轻工业部星火科技项目支持下，实现了干红、干白、起泡酒等葡萄酒种酿造的技术突破。干型葡萄酒酿造工艺逐渐与世界接轨，葡萄酒质量管理标准初步建立，葡萄酒种类不断增加，国产葡萄酒的市场地位也逐渐提升。葡萄酒专业评比活动日趋完善，为消费者提供了更加方便的选择依据。葡萄酒工程专业高等教育体系逐渐完善，葡萄酒科技教育、人才培养体系也逐渐成形，酿酒人才技术培训及葡萄酒文化交流活动也更加广泛，葡萄酒产业呈现全链条发展的良好局面。

1 王金山:《专家评农垦葡萄酒》，载《葡萄栽培与酿酒》1985 年第 3 期第 41 页。
2《山东省葡萄酒、果露酒、黄酒技术协作会议纪要》，载《葡萄栽培与酿酒》1987 年第 1 期第 32 页。
3 唐仁曼:《国家优质葡萄酒复查、优质果酒评议会》，载《食品机械》1988 年第 2 期第 18 页。
4 赵彤:《国家优质葡萄酒、果酒质量检评会在烟台召开》，载《酿酒》1989 年第 5 期第 56 页。
5 孙志军:《中国葡萄酒业三十年 1978—2008》，中国轻工业出版社，2009 年，第 15 页。

第九章
中国葡萄酒业快速发展

20 世纪 90 年代中期，随着人们生活水平的提高，加上葡萄酒有益健康的“法兰西悖论”这一观点传入中国，处于改革开放前沿的东南沿海兴起了葡萄酒消费的热潮。由于葡萄酒生产可以节约粮食，“多喝果酒”的政府倡导也刺激了葡萄酒消费观念的大流行。这次中国饮酒观念的大转变，促进了中国葡萄酒产量、进口量的快速增加，葡萄酒生产在全国各省呈现“遍地开花”的发展态势，中国葡萄酒业进入高速增长阶段。

第一节 葡萄酒产业高速增长

一、葡萄酒消费热潮的兴起

《“九五”期间饮料酒发展方向的报告》提出，葡萄酿酒可以节约粮食，且酒度低、营养高，有益人体健康，符合酒类发展方向[1]。1996 年 3 月 14 日，在第八届全国人大四次会议山东代表团会议上，从国家经济发展政策、关系国计民生的粮食问题及人民身体健康、社会风气等方面考虑[2]，时任国务院总理李鹏倡导全社会少喝点白酒并提出“大力提倡饮用果酒、葡萄酒，节约粮食”的号召。他说：“我国山林资源丰富，生产果酒的原料不成问题，喝点果酒不但比喝白酒对人的身体有益，还能减少粮食消耗，对社会风气的好转也有好处。”[3]1996 年 4 月，国家 19 个部委共同倡议宴会用酒改为葡萄酒。1998 年春节，李鹏总理到京郊延庆给老百姓拜年时，再次倡导人们多喝一点果酒。在国家的号召和倡议下，我国出现了一次历史性的饮酒习惯大转变。

“温饱喝白酒，小康喝啤酒，富裕喝葡萄酒”这句流行语道出了人民收入与饮酒消费

1 王秋芳：《全国葡萄酒发展生产、开拓市场研讨会在京召开》，载《酿酒》1996 年第 4 期第 10 页第 32-33 页。
2 王秋芳：《果酒飘香进万家》，载《中国酒》1996 年第 3 期第 3 页。
3 王恭堂：《我国葡萄酒发展的新形势与新思维》，载《葡萄栽培与酿酒》1997 年第 3 期第 6-13 页。

的关系[1]。20 世纪 90 年代中后期，由于有关干红葡萄酒具有预防心脑血管疾病之功能的说法在国内开始流行，国内葡萄酒市场迅猛升温，1996 年全国总销量同比增长 76%[2]。上海和广东开始兴起一场席卷中国大江南北的葡萄酒消费热潮，用干葡萄酒加可乐、雪碧、汽水、冰块或柠檬等调制的鸡尾酒更受到讲求情调的青年消费者的青睐，不仅成为一种时尚，也反映了人们适度享受生活的理念[3]。以深圳为例，1996 年，深圳葡萄酒销售总量达 53 万箱，比 1995 年约增长了 400%。20 世纪末兴起的这场“干红热”，被业内人士称为改革开放以来，继啤酒和白兰地之后中国人餐桌上的第三次改革浪潮[4]。红葡萄酒市场价格迅猛上涨，带动了国内厂家纷纷投产或增产干红葡萄酒，也诱发了国外干红葡萄酒的大举入境[3]。

二、葡萄酒产量、进口量及消费量的增加

（一）葡萄酒产量的增加

1997 年全国生产葡萄酒的省（自治区、直辖市）达到 26 个，其中山东、河北、天津、北京、安徽和河南产量超过万吨[5]。2002—2012 年，我国葡萄酒行业实现了十年快速增长，2002 年全国葡萄酒产量 28.79 万吨，2003 年达到 34.3 万吨，同比增长 13.56 %[6]。2007 年全国葡萄酒产量约 66.5 万吨[5]。至 2009 年，我国葡萄酒产量连续 7 年保持 18.8%的增长率。2011 年底全国葡萄酒总产量达 115.7 万吨，成为全球第六大葡萄酒生产国[7]。2012 年增长至 138.16 万吨[8]。

（二）葡萄酒进口量的增加

1995 年我国取消红酒进口许可证制度，各种限制日益减少，直接刺激了葡萄酒进口量的增长[9]。加入 WTO 之前，我国葡萄酒进口关税率为 65%，再加上消费税和增值税两项

1 刘荷清：《葡萄酒能热多久》，载《中国质量万里行》1998 年第 9 期第 46-50 页。
2 张目，张国政：《总量稳中有升市场仍需培育——1997 年葡萄酒市场动态》，载《中国酿造》1998 年第 6 期第 8-12 页。
3 童武：《关税下降红酒疯狂》，载《中外企业家》1997 年第 7 期第 47 页。
4 姚远生：《干红市场，欲喜还忧》，载《中国市场》1998 年第 11 期第 31-32 页。
5 刘小菲：《中国葡萄酒业：三十载沧桑酝佳酿》，载《中国特产报》2008 年 12 月 12 日。
6 马勇：《落实科学发展观，促进葡萄酒行业快速健康发展——在 2004 年全国葡萄酒、果酒年会上的发言》，载《酿酒科技》2004 年第 5 期第 30-31 页、第 34 页。
7 高锋：《走向世界宜早谋——思辨葡萄酒业面临的几个转变，呼唤葡萄酒革命》，载《中国酒》2000 年第 1 期第 20-23 页。
8 宋书玉：《集“中国葡萄酒城优势”，为美好生活助兴添彩》，载《中国酒业协会会刊》2018 年 7-8 月刊第 58 页。
9 童武：《疯狂红酒》，载《中国产业》1998 年第 4 期第 101 页。

综合税率一度高达150%[1]。加入WTO之后,2004年中国葡萄酒进口关税由44.6%下降到14%;2005年1月1日起,瓶装葡萄酒的进口关税率从43%下调至14%,散装葡萄酒的进口关税率由43%下调至20%[2];2006年7月1日起,葡萄酒实施新的《消费税管理办法(试行)》,进口葡萄酒消费税可用进口环节已纳消费税抵减[3];2010年3月起,香港和澳门地区相继对葡萄酒实行零关税。关税的降低,加上国外大都对酿酒葡萄种植给予一定的农业补贴,使进口葡萄酒生产成本大幅降低[4],加快了国外葡萄酒进入中国市场的速度。

国家统计局及中华人民共和国海关总署统计资料显示,1994年我国进口散装葡萄酒165吨,1995年上升为771吨,1996年来自意大利、西班牙、匈牙利、法国、澳大利亚、摩尔多瓦等国家100多个品牌的葡萄酒进入我国,进口葡萄酒量一跃高涨至4 646吨[5]。1997年,全国进口葡萄酒总量达37 550吨,较1996年激增708%,其中80%以上是干红葡萄酒。2011年,中国成为全球第八大葡萄酒进口国[6]。

中国成为WTO成员之后,国外葡萄酒进口呈现以下三个特点。第一,2003年开始,每年的葡萄酒进口增长率都远远高于全球平均增长率,2006年、2007年和2011年的进口增速均超过80%,即便是2009年世界葡萄酒贸易出现负增长,我国葡萄酒进口依然保持在20.23%的增速。2010年我国进口葡萄酒(含原酒)总量为30.5万吨,比上年增长62.8%,占我国葡萄酒产量的近1/3[7]。2011年葡萄酒进口总量为36.16万吨,同比增长27.6%[8]。第二,除了法国、意大利等传统葡萄酒生产国外,澳大利亚、新西兰、智利等新兴葡萄酒生产国的产品也加大了进入中国市场的力度。第三,中国葡萄酒进口额在世界葡萄酒进口额中的比重逐年提高,从2001年的0.18%提高至2011年的4.32%[9]。

在市场需求的刺激下,进出口贸易发达的上海成立了一批专门从事进口葡萄酒销售业务的公司。1993年,美国名特食品葡萄酒公司成立,成为上海最早经营进口葡萄酒的销

1 万鹏,金钜:《关税下调 行业影响几何?》,载《证券时报》2004年5月31日。
2 李甲贵,贾金荣,张静:《进口关税下调对我国葡萄酒市场的初步影响》,载《酿酒科技》2008年第1期第110-112页。
3 陈万钧,许教伍:《回望:入世十年的中国葡萄酒》,载《中外葡萄与葡萄酒》2012年第2期第66-69页。
4 刘世松:《进口葡萄酒对我国葡萄酒产业的影响及对策》,载《中国市场》2011年第45期第157-158页、第163页。
5 刘荷清:《葡萄酒能热多久》,载《中国质量万里行》1998年第9期第46-50页。
6《我国成世界第五大葡萄酒消费国》,载《中国包装》2012年第5期第35页。
7 刘世松:《进口葡萄酒对我国葡萄酒产业的影响及对策》,载《中国市场》2011年第45期第157-158页、第163页。
8 马福荣,吕迎新:《进口葡萄酒对国内葡萄酒产业的影响及对策》,载《科技信息》2012年第30期第443页。
9 姜书竹:《关税下调对中国葡萄酒进口的影响及对策》,载《当代经济管理》2013年第6期第26-30页。

售公司之一，之后，圣皮尔精品葡萄酒（上海）有限公司、上海夏朵葡萄酒专卖店、桃乐丝葡萄酒贸易有限公司、美夏国际贸易（上海）有限公司相继成立。在“干红热”兴起较早的广东地区，1996 年，成立了广州市富隆酒窖酒业有限公司，同年，吉马集团成立吉马酒业有限公司，与华夏长城、龙徽等中国葡萄酒品牌进行合作，成为国内较早的葡萄酒品牌运营商。

（三）葡萄酒消费量的增加

自 20 世纪 90 年代中期红酒热开始，到 2004 年进口关税大幅下降，中国葡萄酒销售量一直以超过 10% 的增长速度发展[1]。2003 年，葡萄酒生产成为饮料酒中增幅最大的一个酒种。2006 年中国的葡萄酒消费量已达到了 49.4 万吨，相比上年增长 13.5%[2]。2008 年葡萄酒消费量超过 68.4 万吨，居亚洲第一[2]。加入 WTO 的十年间，中国葡萄酒消费量增长 65.52%，比全球总增长速度快 6.5 倍[3]。到 2011 年中国的葡萄酒消费量已经达到 140.57 万吨，较 2002 年增长了 286.42%，超越英国成为全球第五大葡萄酒消费国[4]，中国也成为葡萄酒消费增长最快的国家之一。

在促进国内葡萄酒销售方面，作为中国历史最为悠久的大型专业展会之一的全国糖酒商品交易会起到了积极的市场沟通和产品推广作用。2009 年，成都春糖首设国际葡萄酒与烈酒专馆，自此成为中国葡萄酒业第一会。2014 年第 90 届全国糖酒商品交易会上，葡萄酒展馆面积首次超过白酒展馆面积，成为糖酒会主角[5]。

三、葡萄酒生产能力扩增

（一）葡萄酒生产企业数量猛增

20 世纪 90 年代，红酒热带来了巨大的利润和超常规高速发展的机遇。1996 年，生产规模、工艺水平、质量控制装备配置、检测手段、技术力量等方面条件较好的葡萄酒

1 萧玉华：《透视：进口葡萄酒中国市场》，载《中国酒》2007 年第 11 期第 31-36 页。

2 陈万钧，许教伍：《回望：入世十年的中国葡萄酒》，载《中外葡萄与葡萄酒》2012 年第 2 期第 66-69 页。原文“2008 年葡萄酒消费量超过 7200 万箱（9 升装）”，为行文方便，本文统一计量单位为“千升”。

3 陈惟：《葡萄酒消费量年增逾三成》，载《文汇报》2007 年 12 月 5 日。

4 刘世松：《进口葡萄酒对我国葡萄酒产业的影响及对策》，载《中国市场》2011 年第 45 期第 157-158 页、第 163 页。

5 1955 年，第一届全国糖酒会召开。1990 年秋举行的郑州秋季糖酒会上，正式更名为“全国糖酒商品交易会”并沿用至今。

企业不到200家[1]，到1998年，葡萄酒企业在高峰时期增加至近500家[2]。莫高、容辰庄园、怡园、新天国际葡萄酒业、波龙堡、朗格斯、昌黎长城庄园等风格各异的特色葡萄酒庄不断涌现。“东北地区建成了万达、通化、香雪兰山、梦思特、天池、奥马、盛大等酒庄（企）；华北地区除了昌黎为主的一些知名酒企之外，越千年、野力等新葡萄酒庄（企）也开始表现出良好的发展势头；新疆地区的新天、西域、和阗玫瑰、楼兰、哈密古道等酒庄逐渐引起消费者关注；云南、四川的葡萄酒企业也飞速发展，取得了相当部分的市场，个别品牌一举打开国内市场，如香格里拉、云南红、成都红等，而山东、广东等地的葡萄酒企业也以强力之势进入市场。”[3] 21 世纪初，我国几乎每个省（自治区、直辖市）都生产葡萄酒。2010 年全国获得生产许可证的葡萄酒企业有 940 家，其中规模以上企业 248 家[4]。

（二）龙头企业生产能力增长

1996 年烟台张裕集团有限公司干红葡萄酒的产量达到近 2 000 吨，是 1995 年的 3 倍多。1997 年 9 月，该公司将下属白兰地、葡萄酒公司等 9 个公司组建成立烟台张裕葡萄酒股份有限公司，成为我国第一家葡萄酒上市公司[5]。2005 年，该公司成为亚洲地区规模最大的全汁高档葡萄酒生产企业之一。2007 年 6 月张裕爱斐堡首次在国内推出“期酒”，同年，该公司成为进入世界十强的亚洲唯一葡萄酒企业，打破了长期以来由美国、欧洲国家、澳大利亚企业所把持的世界葡萄酒“三极格局”，使亚洲成为继美洲、欧洲、大洋洲之后的“第四极”[3]。2011 年，该公司发展为亚洲最大、世界第四的大型葡萄酒企业。

1996 年 3 月以来，中法合营王朝葡萄酿酒有限公司（简称王朝公司）干红葡萄酒产量增加了几倍[6]。1998 年，王朝公司建立了企业葡萄酒技术中心并于 2007 年晋升为第一个国家级葡萄酒技术中心[7]，为提升企业竞争力提供了强大的科技支撑。2000 年，王朝公

1 陈东：《酒类行业九五发展新框架》，载《经济工作月刊》1996 年第 1 期第 18 页。
2 申劲：《中国葡萄酒行业市场分析与企业营销策略研究》，贵州大学硕士论文，2007 年，第 7 页。
3 王聪，杨光：《中国葡萄酒掀起你的盖头来——写在中国加入 WTO 前夕》，载《酿酒》2001 年第 6 期第 112-113 页。
4 陈万钧，许教伍：《回望：入世十年的中国葡萄酒》，载《中外葡萄与葡萄酒》2012 年第 2 期第 66-69 页。
5 孙平：《营销中的企业文化》，载《中国乡镇企业》2004 年第 5 期第 54-56 页。
6 酒红：《喝葡萄酒餐桌上的第三次浪潮》，载《中国酒》1997 年第 3 期第 10-13 页。
7 王朝：《中国葡萄酒业的骄傲——中法合营王朝葡萄酿酒有限公司建设国际知名品牌的调查》，载《产权导刊》2011 年第 6 期第 66-68 页。

司成为中国葡萄酒行业第一家同时取得 ISO9001 质量体系和 ISO14000 环境管理体系双认证的企业[1],“DYNASTY 王朝”被国家工商行政管理总局认定为中国驰名商标。2001 年,“王朝高档干红葡萄酒酿造技术与原料设备保障体系的研制与开发”荣获国家科技进步二等奖。2002 年“DYNASTY 王朝”被国家质量监督检验检疫总局(简称国家质检总局)评定为中国名牌产品,同年王朝公司在宁夏与其他公司合资建立了天宫御马高档原酒加工基地,不但扩大了良种葡萄基地的种植规模,而且有效地带动了当地经济发展[2]。2005 年 1 月,王朝公司在香港主板成功上市,翌年 3 月又与法国吉赛福酒业集团签署战略合作协议。2009 年中国最有价值品牌评价中,“DYNASTY 王朝”的品牌价值已达 61.58 亿元人民币[3]。2010 年王朝公司葡萄酒的产销量增长至 1980 年的 600 多倍。2011 年,王朝葡萄酒在国内中高档葡萄酒销售中的市场份额已占到 40%。

1995 年,华夏葡萄酿酒有限公司生产的“长城”干红葡萄酒产量增加到 1 500 余吨。1997 年,中国长城葡萄酒有限公司成功研制出 V.S.O.P 白兰地,其技术在国内同行业中处领先水平[4]。2002 年,中粮葡萄酒产业股权整合完成,占据中国干红和干白葡萄酒市场最大的份额,成为中国主要的葡萄酒出口企业之一。2004 年,长城商标被国家工商总局认定为中国驰名商标,同年,在第五届中国布鲁塞尔国际葡萄酒及烈酒评酒会上,长城华夏葡园 A 区干红葡萄酒荣获唯一“特别金奖”。2006 年,长城葡萄酒成为北京 2008 年奥运会独家供应商并以 125.87 亿元的品牌价值荣登“2006 中国品牌 500 强”行业榜首。2008 年奥运会期间,长城桑干酒庄生产的酒被瑞士洛桑博物馆收藏并在奥运期间成为中国政府款待各国元首、政府首脑和国际奥委会委员的国宴用酒。2009 年,长城葡萄酒成为 2010 年上海世博会唯一指定葡萄酒[5]。

四、国内葡萄酒市场品牌竞争格局的形成

国内葡萄酒企业积极开拓市场,国产品牌市场占有率逐渐提升。据中华全国商业信息

1 田凤英:《王朝葡萄酒有限公司营销战略和营销模式研究》,天津大学硕士论文,2012 年,第 19-20 页。
2 李鹰,孙丽华:《农民的“王朝”——记国家创新型星火龙头企业、天津王朝葡萄酿酒有限公司》,载《华夏星火》2004 年第 1 期第 65-66 页。
3 田凤英:《王朝葡萄酒有限公司营销战略和营销模式研究》,天津大学硕士论文,2012 年,第 33 页。
4 康晓军:《长城葡萄酒陕西区域市场营销策略研究》,燕山大学硕士论文,2015 年,第 39 页。
5 康晓军:《长城葡萄酒陕西区域市场营销策略研究》,燕山大学硕士论文,2015 年,第 32 页。

中心统计，1998年1—12月，葡萄酒市场占有率前10名中全部为国产品牌[1]。张裕、长城、王朝分别以国内市场占有率19.35%、16.09%和15.57%位居前三[2]。三大龙头企业的发展奠定了东部产区的优势地位。

2002年9月张裕卡斯特酒庄建成，标志着中国葡萄酒开始进入原料种植、产品酿造、成品灌装都在酒庄独立进行的"酒庄酒品牌竞争时代"。华夏葡园、华东·百利酒庄（蓬莱）有限公司、北京张裕国际酒庄、爱斐堡酒庄、中粮南王山谷君顶酒庄等企业在生产能力、酿造工艺、酿酒设备等方面日趋成熟，接近世界发达国家葡萄酒生产水平，树立了新的质量标杆。

2006年，国内葡萄酒行业的品牌集中度进一步提高，张裕、王朝、长城、通化、威龙、华东6大品牌占据了市场总额的78.69%，剩余20%左右的份额被约500家中小型企业瓜分。葡萄酒行业前10家大企业的利润总额占行业利润总额的83.75%[3]。2008年，国产葡萄酒继续维持张裕、长城、威龙、王朝四大企业市场份额占70%以上及利润份额占70%以上的竞争格局。2009年，我国葡萄酒市场形成了以张裕、长城、王朝、威龙为龙头的第一品牌产业链条和以云南红、华东、龙徽、北京丰收、甘肃莫高、东北通化股份、长白山、新疆新天等为主的第二品牌产业链条。2010年，山东烟台、蓬莱，河北昌黎、怀来，东北通化，西北甘肃、宁夏、新疆，黄河故道地区以及西南地区的酒庄品牌集群也逐渐发展起来[4]。

五、葡萄酒生产投资热潮的兴起

20世纪90年代中期，国家相关政策进一步鼓励葡萄酒行业吸纳外资，开展国际合作。"九五"酒业发展计划指出："葡萄酒行业为适应我国当前葡萄酒消费起步阶段的现实，以高起点、中小型化、合资企业为主，扩展亚洲地区市场，带动国内消费，逐步发展整个葡萄酒工业。"[5]跨国公司看中了我国经济高速持续增长所带来的巨大潜力，大举进入中国葡

1 王绚，张黎：《国货何以赢得干红大战》，载《中国质量万里行》1999年第8期第51-52页。
2 施铮：《红酒市场究竟有多大》，载《中国商贸》1998年第16期第7-8页。
3 唐文龙：《面对国际化市场，中国葡萄酒欲"突出重围"》，载《中外葡萄与葡萄酒》2006年第4期第63-65页。
4 陈万钧，许教伍：《回望：入世十年的中国葡萄酒》，载《中外葡萄与葡萄酒》2012年第2期第66-69页。
5 陈东：《酒类行业九五发展新框架》，载《经济工作月刊》1996年第1期第18页。

萄酒行业，以合资建厂的方式，将品牌打入中国市场，来自法国、意大利、匈牙利、西班牙、澳大利亚、摩尔多瓦等 10 多个国家的 100 多个品牌进入广东和上海[1]。国际葡萄酒巨头企业不断进行全球范围内的收购兼并与合作合资，形成市场一体化的规模效应，并通过一定程度的垄断来提高竞争力[2]。

1997 年，国内较知名的企业及品牌有王朝、长城、张裕、龙徽、华东、华夏等 10 余个，但除山东张裕及位置较偏远的西部地区一些企业如陕西丹凤外，上规模的企业基本上都与外商合资[3]。1998 年，严格依照法国原产地葡萄酒酿造传统设计的中法庄园在河北怀来建成；1999 年，中法合资北京波龙堡葡萄酒业有限公司及奥地利独资兴建的朗格斯酒庄建成；2002 年，新疆葡萄酒行业第一家中外合资企业——中法合资新疆乡都酒业有限公司成立。对于当时兴起的投资热潮，世界知名烈酒葡萄酒展会 Vinexpo 主席罗伯特·贝纳特（Robert Beynat）认为，“中国葡萄酒市场近年发展迅猛，几乎所有葡萄酒商都想进军中国市场”[4]，他用“不管我走到哪里，人们的目光都停留在中国葡萄酒市场”[4] 来形容中国葡萄酒引起的国际市场关注热度。国外葡萄酒产业成熟、先进的营销与文化理念，推动了中国葡萄酒在生产技术、市场营销、文化建设等方面的快速成长[5]。

生产白酒的企业也纷纷推出干红葡萄酒生产项目，拓宽产品线、增加产品项目。1996 年，古井集团兼并萧县双喜葡萄酒公司和蓬莱葡萄酒厂，推出古井双喜葡萄酒。素以生产“二锅头”闻名的北京红星酿酒公司，也推出了葡萄酒产品[6]。1998 年，山东秦池酒厂、齐民思酒厂、四川五粮液等白酒厂纷纷增加葡萄酒生产[7]，并分别与法国、意大利等国家及我国香港地区的酒商开展合作。2002 年，茅台酒厂开始进入葡萄酒产业，成立了茅台（集团）昌黎葡萄酒业有限公司。2006 年，五粮液集团成立五粮液葡萄酒有限公司，重点打造旗下葡萄酒品牌——国邑，并与中国中化集团公司合作，把秦皇岛地王集团建成了年产 50 万吨干红葡萄酒的生产企业。

1 酒红：《喝葡萄酒餐桌上的第三次浪潮》，载《中国酒》1997 年第 3 期第 10-13 页。
2 韩永奇：《中外葡萄酒企业经营与战略方面的比较（中）》，载《中外食品》2007 年第 1 期第 22-26 页。
3 张目，张国政：《总量稳中有升市场仍需培育——1997 年葡萄酒市场动态》，载《中国酿造》1998 年第 6 期第 8-12 页。
4 李大千：《KEEP WINE 藏酒库：从“蓝海”到“蓝天”》，载《销售与市场》2011 年第 17 期第 61-63 页。
5 刘世松：《中国当代葡萄酒产业发展阶段研究》，载《酿酒》2015 年第 3 期第 5-9 页。
6 洪喻：《一切为顾客——红星的根本》，载《北京工商管理》1999 年第 7 期第 21-22 页。
7 侯保玉：《中国葡萄酒发展方向展望》，载《酿酒》1998 年第 3 期第 6-7 页。

国内葡萄酒领域的生产投资变得更为活跃，服装、房地产、矿产、药业及商贸百货等领域的资本开始大量投向葡萄酒生产。通化东宝药业公司收购了通化葡萄酒总公司；深圳三九药业集团在山东兼并了多个葡萄酒厂；经营饮料与餐饮业的长春野力集团与香港东盛发展公司一起在秦皇岛投资 1 亿元人民币，新建生产能力达 1 万吨的干红葡萄酒生产厂[1]。金利来、大连万达、深圳万利等知名企业也开始生产、经营中高档葡萄酒。无酿酒原料产地的广东、福建、浙江一带，靠进口葡萄原汁，也新增了近百家小灌装厂[2]。2012 年 3 月，北京汇源集团进入葡萄酒行业，在吉林柳河县建设集葡萄种植、葡萄酒庄及观光旅游于一体的现代化农业产业园及葡萄深加工项目[3]。

第二节 葡萄酒行业管理标准的统一与规范

一、葡萄酒业高速发展时期出现的问题与原因

（一）主要问题

1998—2002 年，东北地区的山葡萄酒红遍大江南北，年销售额超过 5 千万元的企业达10多户，其中长白山、通化、池之王等知名品牌年销售亿元以上[4]。到 2002年底，通化市葡萄酒生产能力达到 7 万吨，总产量达到 4.6 万吨[5]。然而盲目过度的发展，造成原料紧缺，一些不法经营者采用“三精一水”制作所谓的葡萄酒，以低价大肆冲击市场，造成全国葡萄酒市场混乱无序[6]，引起媒体的极大关注。2002 年 12 月 1 日，中央电视台《每周质量报告》曝光了通化 4 家葡萄酒企业“三精一水”山葡萄酒的内幕[7]，整个山葡萄酒行业遭遇重创，进入发展低谷。

2002 年开始，“九问张裕”“解百纳商标争议”“洋垃圾事件”“通化假酒案”“十问华

1 汪在满：《争霸中国中外名牌中国市场跨世纪争战风云录》，贵州人民出版社，2001 年，第 6 页。
2 唐人：《红酒，“虚火”正旺》，载《中国市场》1997 年第 12 期第 50-51 页。
3 衣大鹏：《汇源 5 亿布局山葡萄产业》，载《华夏酒报》2012 年 3 月 27 日。
4 赵禹：《东北葡萄酒产区调查报告》，载《华夏酒报》，2007 年 07 月 02 日。
5 赵禹：《东北地区葡萄与葡萄酒产业报告（2）》，载《中国酒业论坛》2015 年 4 月 19 日。
6 姜自军，龙妍：《我国山葡萄酒产业现状及发展策略》，载《监督与选择》2008 第 5 期第 22-23 页。
7 王新磊：《央视曝光，未能警醒民权葡萄酒》，载《经济视点报》2007 年 3 月 1 日。

夏”“王朝橡木桶事件”“年份酒丑闻”[1]等成分造假、年份造假、冒充名牌、商标侵权问题层出不穷。2007年2月3—4日，央视新闻及《每周质量报告》对民权葡萄酒业进行了曝光[2]，黄河故道产区形象严重受损。2010年12月23—24日，央视《焦点访谈》揭露了河北昌黎一些葡萄酒厂“柠檬酸用来调酸度，苋菜红色素用来调颜色，没有一点葡萄原汁，只用水、香精和色素等勾兑出来的假葡萄酒，也靠冒充名牌葡萄酒而大卖特卖”的造假问题[3]，对素有“中国酿酒葡萄之乡”“中国干红葡萄酒城”之称的昌黎酒产业造成极大影响。

事实上，当年只是个别不法企业生产劣质葡萄酒，但不幸的是整个产业都受到牵连，产区品牌蒙垢，成了快速成长时期的中国葡萄酒产业之痛。葡萄酒市场形象和信誉严重受损，导致葡萄酒销售迟滞、产量大幅回落，造成葡萄酒生产企业停业倒闭，继而引发农民种植酿酒葡萄积极性受挫、多地酿酒葡萄种植基地被毁等系列问题，市场快速扩张与葡萄酒行业质量管理之间的矛盾越来越尖锐[4]。

（二）主要原因

导致此阶段各种问题集中爆发的主要原因有如下几点。第一，1994—2004年6月30日，我国葡萄酒生产行业处于“三标”（国家标准、行业标准、企业标准）并存阶段[5]，导致执行标准不统一。第二，我国葡萄种植与葡萄酒加工及销售没有统一的管理部门，分属多头领导，造成归属关系不清、各行其是、管理秩序混乱的现象。葡萄种植属于农业生产，归农业部门或林业部门管辖；葡萄酒酿造属于工业生产，归轻工业部门管，造成了葡萄酒生产与原料供应脱节的现象。酒厂追求高品质的产品要求果农限产，而果农为了获得更高的收益，往往只追求数量不求质量，两者的矛盾无法得到有效解决。葡萄酒产品市场流通被许多部门交叉管理的现象更为严重，产品管理有质检和工信部门，流通有工商和商务部门，消费有卫生和食品药品监督部门等。虽然一些产区地方政府成立了葡萄酒管理机构，但由于缺乏统一有效的行政管理职能和政策支撑[6]，行业管理效果大打折扣。第三，缺乏针对国外进口葡萄酒的管理制度。国外红酒在进口后分装的过程中，由于设备不具专业

1 唐文龙：《中国葡萄酒企业，须树立营销伦理观念》，载《酿酒》2005年第5期第8-9页。
2 王新磊：《央视曝光，未能警醒民权葡萄酒》，载《经济视点报》2007年3月1日。
3《揭秘假葡萄酒市场》，载《共产党员（下半月）》2011年第2期第29页。
4 刘世松：《中国当代葡萄酒产业发展阶段研究》，载《酿酒》2015年第3期第5-9页。
5 申劲：《中国葡萄酒行业市场分析与企业营销策略研究》，贵州大学硕士论文，2007年，第22页。
6 刘世松：《中国葡萄酒产业面临的危机与对策》，载《酿酒》2011年第5期第80-83页。

条件而造成二次污染[1]，许多不法分子甚至用原酒兑水灌装，或用进口粉末勾兑红酒混入市场，使其质量良莠不齐，出现牌号杂乱不分等质量问题[2]。另外，诸如二氧化硫超标、超量使用防腐剂（山梨酸或山梨酸钾）和超范围使用甜味剂、进口酿酒葡萄原料被农药和化肥污染以及违禁使用杀虫剂等质量问题也层出不穷。

二、葡萄酒生产标准的统一与完善

（一）半汁葡萄酒生产废止

规范酿酒葡萄生产标准，是葡萄酒产业发展的制度保障，也是促进葡萄酒全产业链健康发展的关键。2000 年 12 月，《葡萄酒生产管理办法》（国轻行〔2000〕454 号）发布，第一章第三条中明确规定："葡萄酒是指用新鲜葡萄或葡萄汁为原料，经发酵、陈酿而成的饮料酒，质量标准应符合《葡萄酒》（GB/T 15037—1994）国家标准的规定。使用或掺用其他水果发酵酿制的酒，以及使用果汁、香精等未经发酵兑制或加水的饮料酒，不得称为葡萄酒"[3]。这一条是整个《葡萄酒生产管理办法》的核心，它重申了葡萄酒的定义，拒绝了半汁葡萄酒。该办法对酿酒葡萄种植、葡萄酒酿造、葡萄酒标签标识和葡萄酒贮存运输等进一步做了详细规定，有力地促进了我国葡萄酒行业走向规范化、法治化的发展轨道。

2002 年 11 月，《中国葡萄酿酒技术规范》（国家经贸委〔2002〕81 号）发布[4]，这是一部参照国际酿酒法规并结合我国葡萄酒生产国情制订的行业规范文件，对原料、辅料、工艺等都做了明确规定，自 2003 年 1 月 1 日起执行。该技术规范中定义的葡萄酒，必须是以新鲜葡萄和葡萄汁发酵成的饮料酒，进一步明确了凡不是由 100% 葡萄汁酿造的产品不得再称为葡萄酒，2003 年也因此被称为"中国葡萄酒行业发展规范年"[5]。

2003 年 3 月 17 日，国家经济贸易委员会发布第 35 号公告，为贯彻执行《中国葡萄酿酒技术规范》，规范和引导葡萄酒行业的发展，废止《半汁葡萄酒》（QB/T 1980—

1 刘荷清：《葡萄酒能热多久》，载《中国质量万里行》1998 年第 9 期第 46-50 页。
2 姚远生：《干红市场，欲喜还忧》，载《中国市场》1998 年第 11 期第 31-32 页。
3 王恭堂，徐瑞敏：《半汁葡萄酒终于寿终正寝了》，载《中外葡萄与葡萄酒》2003 年第 4 期第 8-10 页。
4 陈强强，邴芳，窦学诚等：《河西走廊葡萄酒产业链整合模式研究》，载《生产力研究》2019 年第 2 期第 89-96 页。
5 2004 年 1 月 1 日起，我国对酿酒产品的计量单位进行了修订，葡萄酒的计量单位统一由"吨"改为"千升"，葡萄酒计量单位实现国际统一。

1994）行业标准，到 2003 年 5 月 17 日，企业停止生产半汁葡萄酒[1]。为了给当时的葡萄酒企业提供一定的产品调整时间，规定市场上流通的半汁葡萄酒产品可以继续销售到 2004 年 6 月 30 日，之后一律按违规产品处理[2]。如果企业拟保留部分半汁葡萄酒，必须以露酒的标准进行生产，产品标签相应标注为露酒。国家取缔半汁葡萄酒，目的在于引导葡萄酒企业生产优质的全汁葡萄酒，促使我国葡萄酒企业进行产品结构的调整。

自此，半汁葡萄酒彻底退出了中国葡萄酒历史舞台。我国葡萄酒生产从符合中国国情的半汁葡萄酒标准到渐入全汁葡萄酒时代，葡萄酒标准与世界接轨，是葡萄酒业由不规范向规范、由混乱向有序发展的转折点[3]，中国葡萄酒产业发展实现了质的跨越。

（二）葡萄酒生产全面规范

2008 年 1 月 1 日起，新修订的国家标准《葡萄酒》（GB 15037—2006）和《葡萄酒、果酒通用分析方法》（GB 15038—2006）开始实施[4]。该项国标的强制实施，结束了之前国家标准、行业标准、企业标准并行的混乱局面，规范了我国葡萄酒行业的生产和经营，使我国葡萄酒质量标准体系结构更加合理，各类标准协调配套，标准水平普遍提高，标志着中国葡萄酒完成了产业标准体系的建立与国际统一，促进我国葡萄酒生产进入了全面规范的新阶段。

2009 年 4 月 14 日，国家质量监督检验检疫总局和国家标准化管理委员会联合发布了《葡萄酒企业良好生产规范》（GB/T 23543—2009）[5]，规定了葡萄酒企业的厂区环境、厂房与设施、设备与工器具、人员管理与培训、物料控制与管理、生产过程控制、质量管理、卫生管理、成品贮运与运输、文件和记录、投诉处理和产品召回、产品信息和宣传引导等方面的基本要求，进一步规范了葡萄酒企业的设计、建造（改扩建）、生产管理和质量管理活动。2009 年 12 月，《酒类及其他食品包装用软木塞》（GB/T 23778—2009）国家标准正式实施，对软木塞行业技术标准进行了规范和统一，为软木塞产品的出厂检验、型式

1 黄宏慧，覃民扬，覃喜阳等：《葡萄新品种酿酒试验初报》，载《广西轻工业》2004 年第 1 期第 13-15 页。
2 刘世松：《中国当代葡萄酒产业发展阶段研究》，载《酿酒》2015 年第 3 期第 5-9 页。
3 王恭堂，徐瑞敏：《半汁葡萄酒终于寿终正寝了》，载《中外葡萄与葡萄酒》2003 年第 4 期第 8-10 页。
4《葡萄酒、果酒通用分析方法》（GB 15038—2006）于 2017 年废止。
5 高俊峰：《如何解决葡萄酒国家标准 GB 15037—2006〈葡萄酒〉执行力不足的问题》，载《中外食品工业（下半月）》2014 年第 10 期第 65-66 页。

检验和用户的产品验收检验提供依据，对于稳定和提高葡萄酒产品生产的质量水平，推动软木塞行业标准化体系建设具有重要的意义[1]。2012年6月1日起，《推荐性国家标准山葡萄酒》（GB/T 27586—2011）开始实施，对山葡萄酒的生产、检验和销售等环节均提出了具体要求，对于进一步规范山葡萄酒生产起到了积极的作用[2]。

三、葡萄酒行业管理的规范

（一）葡萄酒生产许可制度的建立

2004年12月23日，国家质量监督检验检疫总局发布《关于印发糖果制品等13类食品生产许可证审查细则的通知》（国质检监〔2004〕557号），决定自2005年1月1日起，对“茶叶、糖果制品、葡萄酒及果酒、啤酒、黄酒”等13类食品实施食品质量安全市场准入制度。至此，我国将28大类食品纳入食品质量安全市场准入制度，也标志着中国葡萄酒行业从此进入生产许可证制度管理的新时期。

2005年1月1日起，《葡萄酒及果酒生产许可证审查细则》正式实施，成为葡萄酒企业质量安全市场准入制度之一。2006年12月，国家质量监督检验检疫总局将葡萄酒纳入质量安全市场准入发证管理，为葡萄酒行业的健康、持续发展提供了有利的契机，极大地促进了葡萄酒企业自觉更新设备、提高人员素质，提高管理水平、改善葡萄酒质量[3]。2012年5月，工信部发布《葡萄酒行业准入条件》（以下简称《准入条件》）[4]，规定新建的葡萄酒项目或企业必须在符合现有国家法律标准的前提下，达到一定产能规模，对原料有一定保障能力才能进入该行业。《准入条件》的出台进一步加强了葡萄酒生产加工行业管理，规范了行业投资行为，对引导产业合理布局、保障产品质量安全、促进葡萄酒行业健康有序发展起到了积极的作用[5]。

1 施建平：载《〈酒类及其他食品包装用软木塞〉国家标准实施》，载《中国食品报》2010年1月18日。
2 李冰，黄田玉，李艳华：《浅谈〈山葡萄酒〉国家标准 GB/T 27586—2011》，载《商品与质量（学术观察）》2013年第1期第262页。
3 张燕，朱济义：《中国葡萄酒质量状况及发展探讨》，载《酿酒科技》2011年第9期第132-134页。
4《葡萄酒行业准入条件》于2020年8月废止。
5《2012年国产葡萄酒十大事件》，载《葡萄酒》2013年第3期第47页。

（二）葡萄酒质量安全管理制度的完善

为了加强葡萄酒生产卫生及安全管理，相关部门先后出台了《食品添加剂使用卫生标准》（GB 2760—1996）、《发酵酒卫生标准的分析方法》（GB/T 5009.49—1996）[1]。2005 年，《发酵酒卫生标准》（GB 2758—2005）、《预包装饮料酒标签通则》（GB 10344—2005）开始实施，对葡萄原料的采购、运输、贮藏及酿酒设施、生产人员、生产工艺、葡萄酒包装和贮运等方面做了严格规定，要求各种酒类必须符合相应的卫生标准，酒类生产厂必须遵守相应的卫生规范，并要求食品卫生监督机构对生产经营者加强经常性卫生监督。

为了促进中国酒类行业质量安全水平的提高，创建中国酒类名牌产品和企业，国家认证认可监督管理委员会、商务部于 2005 年 9 月正式发布了《中国食品质量认证实施规则——酒类》，此规则采用了世界主要葡萄酒生产国对葡萄酒产品实行的分级管理方法，规范了葡萄酿酒企业的生产经营活动。2009 年 6 月，《中华人民共和国食品安全法》开始全面执行[2]，对于进一步提高我国葡萄酒行业的整体水平和葡萄酒质量起到了积极的推动作用。

（三）葡萄酒产品市场流通管理制度的规范

2005 年，商务部发布《酒类商品批发经营管理规范》（SB/T 10391—2005）和《酒类商品零售经营管理规范》（SB/T 10392—2005）两项行业标准，对提高酒类批发、零售企业的整体经营管理水平及诚信意识，有效防止假冒伪劣酒品流入市场起到了积极作用[3]。2006 年 1 月，《酒类流通管理办法》[4]开始实施，依据此办法，商务部在全国实行《酒类流通随附单》制度[5]，配套实施的经营者备案登记制度和溯源制度，对于加强酒类流通监督管理、严格规范酒类流通秩序、阻止假冒伪劣产品流入市场，促进酒类市场有序发展，维护葡萄酒生产者、经营者和消费者的合法权益起到了积极的推动作用。

2011 年底，商务部印发《关于“十二五”期间加强酒类流通管理的指导意见》（商运发〔2011〕459 号）[6]，这是我国酒类流通行业发展的首个中长期指导性文件，对于酒类流

1 杨和财，陶永胜，张予林：《我国葡萄酒标准及相关规章建设现状与发展趋势》，载《中国酿造》2009 年第 8 期第 181-183 页。
2 晁无疾：《建国 60 年中国葡萄产业发展历程与展望》，载《中外葡萄与葡萄酒》2009 年第 5 期第 56-60 页。
3《商务部发布酒类商品批发零售管理规范》，载《中国质量万里行》2005 年第 7 期第 5 页。
4《酒类流通管理办法》于 2016 年废止。
5《关于实施酒类流通随附单制度的通知》，载《公共商务信息导报》2006 年 3 月 10 日。
6 商务部：《“十二五”期间加强酒类流通管理的指导意见》，载《华夏酒报》2012 年 3 月 13 日。

通行业的规范运行提出了更高标准的要求，为进一步加强葡萄酒产品流通管理、促进行业健康发展起到了积极的推动作用。2012 年，中国首次将 GI（Geographic Indication）认可颁发给国外葡萄酒产区[1]，对于防止进口酒商标造假、保护中国葡萄酒消费者的利益、维持进口葡萄酒市场流通秩序起到了积极的作用。

（四）中国葡萄酒原产地域产品保护制度的确立

国家质量技术监督局于 1999 年 8 月 17 日颁布了《原产地域产品保护规定》。国家标准《原产地域产品通用要求》(GB 17924—1999) 于 2000 年 3 月 1 日起正式实施[2]，具有中国特色的原产地域产品保护制度正式确立，国内葡萄酒产区管理迈出了与国际惯例接轨的重要一步。2001 年 4 月，《原产地标记管理规定》《原产地标记管理规定实施办法》正式实施，在最新修订的《中华人民共和国商标法》《中华人民共和国商标法实施条例》中，国家工商行政管理总局（现国家市场监督管理总局）对产地和地理标志申请注册商标的问题进行了具体说明[3]。2001 年 12 月，我国加入 WTO 后，外国葡萄酒进入中国市场对我国葡萄酒产业发展带来了巨大冲击，建立并实施中国葡萄酒原产地域命名系统[4]成为确保我国葡萄酒产业健康发展的迫切任务。从 2002 年开始，昌黎葡萄酒、烟台葡萄酒、沙城葡萄酒、贺兰山东麓葡萄酒等相继经过国家质量监督检验检疫总局审核批准而获得原产地域产品保护。

获得原产地域保护产区的企业可以在商标上使用原产地标志，这项葡萄酒品质权威认证制度的实施对于落实以生产区域、葡萄品种与品质、酿造工艺、品尝检验等为主要内容的中国葡萄酒保护体系，保证不同产区葡萄酒的风格和多样性起到了积极的推动作用。

四、市场监督与行业协会监管制度的建立

早在 1989 年 7 月，国家质量技术监督局在烟台成立国家葡萄酒质量监督检验中心，就为加强葡萄酒产品质量监管提供了强有力保障。1991 年，国家开始实施葡萄酒质量抽

1 姜楠：《纳帕谷成中国首个获 GI 认可国外产区》，载《华夏酒报》2012 年 12 月 18 日。
2 孙春梅：《长城葡萄酒公司差异化营销策略研究》，北京交通大学硕士论文，2007 年，第 21 页。
3 李甲贵，沈忠勋，侯军岐等：《中国葡萄酒产业发展环境分析》，载《第三届国际葡萄与葡萄酒学术研讨会论文集》2003 年第 198-203 页。
4 李华：《我国的原产地域产品与葡萄酒的地理标志及其保护》，载《中外葡萄与葡萄酒》2001 年第 2 期第 12 页。

查制度，对维护正常生产秩序、促进行业健康发展起到了重要推动作用。1995 年开始，国家质量技术监督局每年下达葡萄酒监督抽查任务，国家葡萄酒中心针对每年市场变化，对葡萄酒产品的重要指标（包括总糖、酒精度、感官、食品添加剂等）进行检验，并公布抽查结果。通过监督抽查和媒体宣传以及后处理措施的落实，突出治理整顿了鱼龙混杂的山葡萄酒行业，使我国葡萄酒生产不断规范，产品质量逐年提高，整个葡萄酒行业迈上了健康、规范化的发展之路[1]。

2006 年，经国家质检总局批准，国家葡萄、葡萄酒质量监督检验中心在秦皇岛正式成立，为改进酿酒工艺、提高葡萄酒品质、维护葡萄酒市场秩序提供了可靠的技术支持和保障[2]。2021 年 1 月 15 日，中国酒类流通协会进口酒专业委员会成立，对健全进口酒市场监管体系，推动进口酒行业的自律和信用建设，加强国际合作与交流起到了积极的推动作用[3]。

2011 年 8 月，以华夏长城、茅台葡萄酒和朗格斯等葡萄酒企业为首的 16 家昌黎企业宣告成立“酒业联盟”，并联合发表《昌黎县葡萄酿酒企业诚信宣言》，明确表示，所有企业绝不使用违禁添加剂，不冒用他人注册商标，不虚假标注和宣传，不超范围生产，依法生产销售，坚决杜绝掺假、制假和售假行为。翌年，来自法国、德国、西班牙等世界主要葡萄酒生产国的十家大企业共同发布《品牌宣言》，发出进一步规范葡萄酒市场经营活动的倡议。与此同时，各地葡萄酒行业协会纷纷发起行业自律条约与诚信宣言，对加大行业内部监督管理、严厉打击假冒伪劣行为、确保各产区形象和企业品牌起到了积极的推动作用。

第三节　酿酒葡萄基地建设与西部产区的崛起

一、酿酒葡萄基地建设受到高度重视

（一）政府加大酿酒葡萄基地建设力度

葡萄酒酿造“七分靠原料，三分靠工艺”，原料是葡萄酿酒业的基础[4]。从 20 世纪 90

1 刘伊婷：《质量安全放在心上》，载《中国质量报》2005 年 12 月 9 日第 6 版。
2 李永利：《国家葡萄酒质检中心落户秦皇岛》，载《河北经济日报》2007 年 6 月 4 日。
3 仲玖：《推动中国进口酒行业规范发展中国酒类流通协会进口酒专业委员会成立》，载《中国酒》2013 年第 7 期第 45 页。
4 邵小杰，李玲，杨超：《酿酒葡萄新品系选育》，载《山东农业大学学报》（自然科学版）2003 年第 2 期第 101-103 页。

年代中期开始，各地将建设原料基地作为葡萄酒产业发展的基础，努力实现自采自酿、自给自足的目标。四川攀西，河北怀来、秦皇岛，宁夏玉泉营和甘肃黄羊河等地，都提出了建设数万亩甚至十几万亩大型酿酒葡萄种植基地的目标[1]。1996 年，昌黎开始实施"中国干红城"建设项目，将酒葡萄基地建设确立为农业产业化的经济增长点，鼓励发展酿酒葡萄种植。当年，秦皇岛地区栽种葡萄面积达 10 万亩，仅昌黎县境内就有近 7 万亩葡萄酒原料基地[2]。1997 年昌黎县葡萄基地由 1 万亩扩大到 4.3 万亩，面积跃居当年全国首位[3]。1998 年昌黎县专门成立了林业总公司，连续两年组织实施了两个 2 万亩酿酒葡萄种植基地项目，从法国引进优质无毒赤霞珠插条 100 万根，后又在当地自采、自育、自繁了一批赤霞珠葡萄苗[4]；1999 年该县再扩基地 3 万亩，使酿酒葡萄种植面积达到 7 万多亩[1]。

2002 年 12 月召开的"中国葡萄酒业前景研讨会"上提出了"重点发展葡萄酒、水果酒，积极发展黄酒，稳步发展啤酒，控制白酒总量，加快优质酿酒葡萄种植基地及啤酒大麦基地建设"的思路[5]，各地进一步加强了酿酒葡萄基地规模化、标准化建设，从东北三省到广东、广西和云南，从渤海湾的山东、河北到华北平原的天津、北京，再到西北陕、甘、宁、新等省，以及安徽、河南等中原地区，酿酒葡萄种植基地面积逐步扩展，生产区域分布于全国 26 个省（自治区、直辖市）。2006 年，全国酿酒葡萄种植面积达到 75 万亩[6]，形成了胶东半岛、燕山南麓、渤海海滨、怀涿盆地、贺兰山东麓、河西走廊、新疆等优质葡萄酒原料产区，以及云贵、东北等特色葡萄酒原料产区[7]。

2011 年，国内酿酒葡萄种植面积增加至 110 万亩，同年 12 月，国家发展和改革委员会（简称发改委）和工业和信息化部（简称工信部）发布《食品工业"十二五"发展规划》，特别强调"注重葡萄酒原料基地建设"[8]。2012 年 7 月 6 日，工信部、农业部联合制定的《葡萄酒行业"十二五"发展规划》中明确提出"加强原料保障能力建设，大力推动葡萄酒生产企业酿酒葡萄种植基地建设，积极推动中西部葡萄酒产区的种植基地建设，逐步形成分

1 刘荷清：《葡萄酒能热多久》，载《中国质量万里行》1998 年第 9 期第 46-50 页。
2 高锋：《走向世界宜早谋——思辨葡萄酒业面临的几个转变，呼唤葡萄酒革命》，载《中国酒》2000 年第 1 期第 20-23 页。
3 陈小平，周照，张毅等：《昌黎：干红葡萄酒之乡》，载《民营经济报》2006 年 9 月 22 日第 12 版。
4 邱凤霞，陈凤新，贺桂欣等：《昌黎县葡萄酒产业集群现状及存在问题》，载《网络财富》2008 年第 11 期第 77-78 页。
5 江艳：《中国葡萄酒进口贸易与产业发展研究》，南京农业大学硕士论文，2007 年，第 1 页。
6 唐文龙：《中国红酒：直面国际市场竞争》，载《中华商标》2006 年第 6 期第 50-52 页。原文为"2006 年，全国酿酒葡萄种植面积达到 5 万 hm^2"，为行文方便，本文将计量单位统一为"亩"。
7 唐文龙：《面对国际化市场，中国葡萄酒欲"突出重围"》，载《中外葡萄与葡萄酒》2006 年第 4 期第 63-65 页。
8《食品工业"十二五"发展规划》，载《中国食品安全报》2012 年 1 月 14 日。

布合理、特色鲜明的酿酒葡萄种植和葡萄酒生产企业区域布局"的方针，对促进优质酿酒葡萄原料基地建设起到了重要的指引作用。中国酿酒葡萄基地化建设、区域化布局、规范化种植及科技化管理，为葡萄酿酒提供了高品质的原料保证。2012 年，国内酿酒葡萄种植总面积突破 140 万亩[1]，同比增幅超过 27%。

（二）企业注重酿酒原料优质基地建设

1997 年，张裕公司在烟台完成了 5 万亩的葡萄原料基地建设[2]。王朝公司在河北、天津、山东等地开发了 3 万亩葡萄生产基地，其基地的无毒母本园也扩繁到新疆、山东、河北等地[3]，全面实现了原料基地化。与此同时，山西怡园酒庄有限公司从国外引进纯种的苗木，大面积在山西种植欧洲酿酒葡萄，并成功带动了山西葡萄酒产业的兴起和发展。

1998 年下半年开始，河北、山东等传统主产区扩建葡萄基地，使我国酿酒葡萄原料市场供求失衡的状况初步得到扭转。但在 2005 年，我国东部葡萄产区减产约 30%，一方面直接导致酿酒葡萄价格上涨 30%~50%，葡萄采购大战在各大企业之间不断发生，另一方面造成部分葡萄提前采收，影响了葡萄酒的质量。在饱受原料短缺之痛的折磨后，各大厂家纷纷开始扩大自有基地的建设。从 2006 年起，张裕公司先后在山东烟台、宁夏青铜峡、新疆石河子、陕西咸阳、辽宁桓仁、北京密云 6 大葡萄酒原料主产区完成优质酿酒葡萄原料基地建设和生产布局，国内葡萄基地扩大到 25 万亩，陆续建成了辽宁张裕黄金冰谷冰酒酒庄、北京张裕爱斐堡国际酒庄、宁夏龙谕酒庄、新疆张裕巴保男爵酒庄、陕西张裕瑞纳城堡酒庄、烟台张裕可雅白兰地酒庄和烟台张裕丁洛特酒庄[4]，成为国内葡萄基地最多、分布最广的企业。华夏长城、朗格斯、茅台等葡萄酒企业也积极引进和培育新的葡萄品种，努力经营酿酒葡萄种植基地，保证优质酿酒葡萄原料供应。

二、酿酒葡萄品种进一步优化

为了保证葡萄酒的优秀品质，各地鼓励企业加大葡萄品种良种化建设力度，提升企业和产区竞争力。1997 年，山东君顶酒庄从法国、意大利、德国引进优良嫁接葡萄苗木，

1 郭敏瑞：《基于十三师引种的梅鹿辄 / 赤霞珠葡萄酿酒特性研究》，石河子大学硕士论文，2017 年，第 2 页。
2 高锋：《走向世界宜早谋——思辨葡萄酒业面临的几个转变，呼唤葡萄酒革命》，载《中国酒》2000 年第 1 期第 20-23 页。
3 孙志军：《中国葡萄酒业三十年 1978—2008》，中国轻工业出版社，2009 年，第 94-96 页。
4 高少帅，王修齐：《厚重的根脉年轻的心》，载《烟台日报》2022 年 9 月 29 日第 1 版。

建立了当时亚洲最大的嫁接苗木葡萄园，不仅拥有赤霞珠、西拉、美乐、霞多丽、雷司令等国际优良酿酒葡萄品种，还引进了泰纳特、紫大夫、小芒森等特有葡萄品种。同年底，昌黎县从法国引进 100 万根无病毒赤霞珠扦插枝条，翌年春季全部定植田间[1]。1999 年，四川凉山州西昌从美国引进赤霞珠、增芳德、梅尔诺等酿酒葡萄良种 24 000 余枝条，在西昌大营农场扦插育苗，建立了母本园和示范基地。2000 年，中粮君顶酒庄有限公司从意大利、法国等地引进优良酿酒葡萄新品种 40 个、品系 70 个、砧木 10 种，筛选出泰纳特、紫大夫、泰姆彼罗、美乐 181、马瑟兰 980 等 5 个在烟台地区适应能力强、酿酒特性优越的酿酒葡萄新品种（系）[2]。2001 年，在桓仁满族自治县委、县政府的积极努力下，桓仁五女山绿色食品开发有限公司从加拿大引进威代尔冰葡萄种苗 5 000 株，在北甸子乡长春沟试栽成功，并迅速得到推广。2006 年，国际名种如赤霞珠、品丽珠、蛇龙珠、美乐、西拉、黑品乐、霞多丽、长相思、雷司令、贵人香、麝香类品种等已成为葡萄酒生产企业的主要原料品种[3]。2011 年，张裕公司等企业再次在新疆、宁夏等地开拓并发展葡萄酒原料种植基地，从国外引进了适宜酿制高档干红、干白的赤霞珠、美乐、蛇龙珠、品丽珠、霞多丽、雷司令等无病毒种苗，大面积推广栽培[4]，并于翌年完成“烟台产区优质特色葡萄品种‘蛇龙珠’新品系的选育研究与开发应用”项目，有力地推动了国际葡萄名种本土化发展进程。

世界酿酒葡萄名种、品系，开始在我国表现出较好的风格特色优良葡萄品种特别是国际名种，如赤霞珠、品丽珠、蛇龙珠、美乐、西拉、黑品乐、霞多丽、长相思、雷司令、贵人香、麝香类品种等已被广泛采用并成为葡萄酒生产企业的主要酿酒原料[5]。马瑟兰在怀来、新疆天山南麓以及贺兰山东麓葡萄产区实现成功种植和酿造，并成为这些产区的优质品种；西拉、黑比诺在甘肃产区、宁夏产区得到大面积推广，获得世界口碑。另外更有一些在中国鲜见的小众品种，如小味儿多、马尔贝克、小芒森等也被不少企业引种成功。这些优良酿酒葡萄品种的成功引种，为我国优质葡萄酒生产奠定了很好的基础。

1 陈小平，周照，张毅等：《昌黎：干红葡萄酒之乡》，载《民营经济报》2006 年 9 月 22 日第 12 版。
2 任玉华：《酿酒葡萄优良品种的繁育与开发》，山东省中粮君顶酒庄有限公司科研成果，2008 年 12 月 21 日。
3 唐文龙：《面对国际化市场，中国葡萄酒欲“突出重围”》，载《中外葡萄与葡萄酒》2006 年第 4 期第 63-65 页。
4 衣大鹏：《2011，国产葡萄酒“与狼共舞”》，载《华夏酒报》2012 年 1 月 16 日第 7 版。
5 李巍，田卫东，张福庆：《国内外葡萄酒产业发展状况与我国酒用葡萄种植业出路探讨》，载《河北林业科技》2004 年第 5 期第 103-106 页。

三、西部葡萄酒产区的崛起

葡萄酒的品质主要取决于品种及其适宜的栽培区。中国西北地区日照充足、昼夜温差大、气候干燥凉爽、病虫害少，具备酿酒葡萄生长所需的气候条件。但由于历史原因，过去我国葡萄栽培及葡萄酒生产主要集中在山东、河北、辽宁、吉林等东部及沿海一带。1996 年，著名葡萄酒专家欧阳寿如指出："中国的葡萄酒从长远安排和战略上看，一定要走向北部，特别是西北，这是我们国家很有前途的高档葡萄酒基地。"[1] 随着葡萄品种区域化研究的深入开展，加之西北地区的气候、土壤等自然条件以及土地的集约化和农产品的比较效益等原因，我国葡萄酒产业的重点逐步向西北转移，新疆、宁夏、甘肃、陕西等西北省区的葡萄栽培与葡萄酒生产开始得到重视，取到了快速发展[2]。

2000 年 1 月，国务院西部地区开发领导小组召开会议，研究加快西部地区发展的基本思路和战略任务，部署实施西部大开发的重点工作。之后，新天国际、香港梁氏集团、云南红等企业迅速投入西部葡萄酒产区开发。新天在新疆收购了近 15 万亩葡萄园；香港梁氏集团在甘肃武威收购优质葡萄园并利用市场销售优势资源，在广州成立了负责销售的百纳酒业；云南红在弥勒等地整合资源扩种葡萄并迅速发展成为当地的葡萄酒领军企业。三大企业携资本优势强势进入，成为葡萄酒行业西部大开发的重要推动力量。西部大开发战略使新疆、甘肃、云南、宁夏等优质葡萄产区脱颖而出，中国葡萄酒的产业格局发生了重大改变。世界葡萄酒大师杰西斯・罗宾逊在其著作《世界葡萄酒地图》中介绍中国产区时，说道："包括新疆在内的整个中国西部甚至往东到甘肃、宁夏一带，都在葡萄酒产业中占有愈来愈重要的位置，许多位于东部的酒厂也都在此拥有加工厂。"[3]

张裕公司等中国葡萄酒龙头企业把目光聚焦在葡萄种植历史悠久的新疆、宁夏、陕西等地，大规模建设优质酿酒葡萄生产基地[4]，致力于实现"原料基地化，基地品种化，品种

1 王宏：《将资源优势转换为产业竞争力》，载王华主编《第十七届全国葡萄学术研讨会论文集》，陕西人民出版社，2011 年，第 13 页。
2 李华，李甲贵，杨和财：《改革开放 30 年中国葡萄与葡萄酒产业发展回顾》，载《现代食品科技》2009 年第 4 期第 341-347 页。
3 [英] 休・约翰逊（Hugh Johnson）、[英] 杰西斯・罗宾逊（Jancis Robinson）著，王文佳、吕杨、朱简等译：《世界葡萄酒地图》（第八版），2021 年，中信出版社，第 388 页。
4 衣大鹏：《2011，国产葡萄酒"与狼共舞"》，载《华夏酒报》2012 年 1 月 16 日第 7 版。

区域化"[1]目标。2006年，王朝公司投资1亿元和原酒生产企业宁夏御马葡萄酒有限公司合作，成立了王朝御马酒庄[2]。华夏长城在宁夏建设云漠酒庄，并在西部建成多个酿酒葡萄原料加工厂和发酵站。东部企业在西部建立基地和酒庄，一方面为西部带去了充裕的资本，通过优势互补提升了葡萄酒酿造品质和西部产区的影响力，另一方面也进一步发挥了东部人口密集、消费能力强的优势，利用东部企业的销售网络促进了产品的销售。2007年，我国葡萄酒市场打破了"东高西低"的生产增长和市场需求规律，出现了东西部增长速度并驾齐驱的局面。

葡萄酒行业专家普遍认为，中国要酿造出世界顶级品质的葡萄酒，必须依靠西北地区的甘肃河西走廊、宁夏、新疆、内蒙古中西部等区域，西部葡萄酒产区表现出更大的发展空间。"十一五"时期，国家发改委把优质酿酒葡萄种植与葡萄酒酿造列入《西部地区鼓励类产业目录》，极大地刺激了葡萄酒产业投资向西部转移。2012年，工业和信息化部、农业部联合制定的《葡萄酒行业"十二五"发展规划》中，更是明确提出了"到2015年，西部地区葡萄酒产量占全国比重提高到20%"的发展目标。优质酿酒葡萄种植与葡萄酒酿造产业被列入新疆（含新疆生产建设兵团）、甘肃和宁夏三个地区的新增鼓励类产业目录中，三地政府都明确了要进一步发挥酿酒葡萄产业区位优势和葡萄酒生产黄金带自然优势的发展思路，积极出台葡萄酒产业发展扶持政策。西北地区发展葡萄酒产业，不仅充分利用当地的土地资源，而且能吸纳就业人口，有效转移农村富余劳动力，提高农民收入水平，对于促进西北地区生态保护、民族融合、社会稳定以及全面提高人民生活水平都具有重要作用。

（一）甘肃河西走廊葡萄酒产区的发展

20世纪90年代，甘肃葡萄种植面积和葡萄酒产量开始不断增加。90年代中期，已种植酿酒葡萄超过10万亩，其中面积最大的是甘肃武威，其次是酒泉、张掖、嘉峪关。从品种上来看，主栽品种是世界著名酿酒葡萄品种赤霞珠、美乐、品丽珠、蛇龙珠、黑比诺、霞多丽、薏丝琳等，其中红葡萄酒酿酒葡萄品种和白葡萄酒酿酒葡萄品种的比例约为

1 郑仙蓉:《葡萄酒业，开发西部正当时》，载《瞭望新闻周刊》2001年第24期第64页。
2 文静:《葡萄酒企打响西部圈地战》，载《21世纪经济报道》2010年5月12日。

游河西走廊，品葡萄美酒——甘肃 · 河西走廊
（甘肃省酒类流通产业促进中心　供图）

8：2[1]。1997 年，凉州葡萄酒业有限责任公司组建成立，翌年开始大面积种植酿酒葡萄，1999 年更名为甘肃莫高葡萄酒业有限责任公司，将“莫高”牌干红、干白葡萄酒推向了全国[2]。

1999 年 10 月，全国第五次葡萄科学讨论会在武威召开，全国 14 个省（自治区、直辖市）的 158 位专家学者参加了会议，葡萄、葡萄酒专家贺普超、罗国光、曹孜义、张大鹏、王跃进、刘效义等对全国葡萄发展现状进行了现场考察，特别是在对甘肃武威的葡萄与葡萄酒业发展进行了客观全面地分析探讨之后，提出了“以武威地区为代表的河西走廊，气候得天独厚，是我国发展葡萄酒业的最佳产区之一”的观点[3]，为甘肃河西走廊优质酿酒

1 康天兰，郑平生，王艳玲：《甘肃葡萄栽培的历史、现状与未来发展趋势》，载《中外葡萄与葡萄酒》2009 年第 5 期第 77-79 页。
2 安华庆，李松山：《从甘肃莫高酒业发展看西部葡萄产业开发之潜力》，载《宁夏科技》2002 年第 1 期第 9-11 页。
3 陈谦：《全国第五次葡萄科学讨论会召开》，载《中外葡萄与葡萄酒》1999 年第 4 期第 84 页。

新疆伊犁河谷产区丝路酒庄秘境葡萄园
（郭明浩　供图）

葡萄种植基地开发建设提供了重要的理论支撑。甘肃把武威葡萄种植基地建设列为“再造河西”农业产业化项目之一，进一步明确了建设优质酿酒葡萄种植基地的发展思路，并以莫高葡萄酒厂、武威酒厂、皇台实业集团等企业为依托，发展葡萄酿酒业[1]。

2004 年 6 月 23 日，武威市葡萄产业协会成立。2010 年，甘肃省成立了“甘肃省葡萄酒产业发展领导小组”并出台了《甘肃省葡萄酒产业发展规划（2010—2020）》，明确提出到 2020 年甘肃葡萄酒产业的四大发展目标。《甘肃省“十二五”规划（2011—2015）纲要》中也将“支持河西地区加快发展酿酒葡萄种植业，做大做强酿酒原料与加工基地建设”列为重点任务[2]。

2011 年 3 月，甘肃省成立“葡萄酒产业协会”“酿酒葡萄标准化技术委员会”“甘肃省葡萄酒质量监督检验中心”，同时，《河西走廊酿酒葡萄栽培技术规程》（DB62/T

1 高彦仪：《甘肃酿酒葡萄产业发展的思路》，载《甘肃农业科技》1998 年 12 月第 24-25 页。
2 刘世松，唐文龙：《甘肃省葡萄酒产业升级与发展战略研究》，载《酿酒科技》2015 年第 4 期第 124-129 页。

2186—2011）[1] 和《河西走廊酿酒葡萄》（DB62/T 2187—2011）相继发布[2]，对推进甘肃酿酒葡萄行业标准化工作，提高河西走廊葡萄酒品质和保证产区风格起到了重要作用。

（二）新疆葡萄酒产区的发展

20 世纪 90 年代中期，轻工业部在新疆鄯善地区建立酿酒葡萄基地，并派专家攻关小组，经过一年的努力，酿造出楼兰干白、干红等八个葡萄酒品种[3]。1997—2002 年，新疆葡萄酒产业规模扩大，形成了天山北麓、伊犁河谷、焉耆盆地、吐哈盆地四大葡萄酒产区，楼兰酒业、新天国际、西域酒业等公司（酒厂）先后投资建设葡萄种植基地与酒庄。1997 年，西域葡萄酒业有限公司在石河子市建设年产 2 万吨的葡萄酒加工项目；1998 年，新天国际葡萄酒业有限公司[4] 采用“公司 + 农户”订单农业模式，先后引进赤霞珠、蛇龙珠、美乐等酿酒葡萄品种，在霍城至霍尔果斯一带建设规模化酿酒葡萄种植基地约 1.2 万

1《河西走廊酿酒葡萄栽培技术规程》（DB62/T 2186—2011），后被《河西走廊酿酒葡萄栽培技术规程》（DB62/T 2186—2023）代替。

2 刘世松，唐文龙：《甘肃省葡萄酒产业升级与发展战略研究》，载《酿酒科技》2015 年第 4 期第 124-129 页。

3 徐广涛：《调整政策 优化结构 促进我国葡萄酒工业快速发展》，载《中国酒》1996 年第 2 期第 22-25 页。

4 2009 年 5 月 4 日，“新天国际葡萄酒业股份有限公司”变更为“中信国安葡萄酒业股份有限公司”。

亩；2000 年建成当时亚洲单体规模最大的葡萄酒厂，加工能力 5 000 吨，主要生产干红、干白原酒，其雷司令干白获得诸多国际大奖，得到市场及业内的一致好评[1]。2002 年，新疆葡萄酒厂增加至 14 家，年生产能力 4 万吨[2]。2009 年，威龙酒业在六十二团建设基地并建厂，基地规模达 1.65 万亩[3]，主要生产干红葡萄原酒，加工能力 1.5 万吨；其后，六十一团、六十二团、六十四团陆续建设御马酒厂、天伊酒业、晨成酒业、天轩酒业。21 世纪初，新疆已成为中国酿酒葡萄十大产区之一，酿酒葡萄种植面积逐年递增，2010 年种植面积为 28.65 万亩，产量 28.09 万吨。

“伊珠”“楼兰”“新天”“西域”“尼雅”等品牌逐渐发展成为西部葡萄酒业的主要产品。2006 年 4 月，新疆伊犁葡萄酒厂生产的“伊珠”冰红、冰白葡萄酒荣获第二届亚洲葡萄酒质量大赛金奖[4]。新天尼雅干红葡萄酒在“2007 法国波尔多国际葡萄酒及烈酒评酒会”中获金奖；尼雅霞多丽干白葡萄酒珍藏级、西域沙地 1997 赤霞珠干红葡萄酒及西域烈焰葡萄烈酒在 2009 年“伦敦中国国际评酒会”荣获 3 枚金奖；尼雅霞多丽干白珍藏级在法国勃艮第霞多丽葡萄酒国际评酒大赛中荣获铜奖[5]。2011 年 5 月 27 日，吐鲁番楼兰酒业有限公司的“楼兰”葡萄酒获中国驰名商标称号，作为中国葡萄酒行业第十八个获此殊荣的品牌，不仅在楼兰葡萄酒 3 000 年的酿造文明史上增添了浓墨重彩的一笔，也使新疆葡萄酒在中国乃至国际上的知名度有了更大幅度的提升[6]。

（三）宁夏葡萄酒产区的发展

“贺兰山东麓是葡萄酒的未来之乡。”20 世纪 80 年代，我国老一代葡萄种植和酿酒的泰斗级人物贺普超在考察宁夏的风土条件后，如此预言[7]。他赞誉贺兰山东麓是“宁夏人手

1 卢丕超，刘宗昭，王晓军等：《新疆伊犁河谷葡萄酒产业发展现状、存在的问题与对策》，载《新疆农垦科技》2023 第 3 期第 46-49 页。原文为“在霍城至霍尔果斯一带建设规模化酿酒葡萄基地约 0.08 万 hm^2”，为行文方便，本文统一计量单位为“亩”。
2 杨承时：《西部大开发与新疆葡萄产业的发展》，载《宁夏科技》2002 年第 1 期第 14-15 页。
3 蒲胜海，张计峰，丁峰等：《新疆葡萄产业发展现状及研究动态》，载《北方园艺》2013 年第 13 期第 200-203 页。原文为“2009 年，威龙酒业在六十二团建设基地并建厂，基地规模达 0.11 万 hm^2”，为行文方便，本文将计量单位统一为“亩”。
4 郑元元，姚志伟，张亚黎：《新疆冰葡萄酒产业发展对策研究》，载《中国酿造》2013 年第 2 期第 159-161 页。
5 唐菊莲，蒋凌云：《新疆玛纳斯酿酒葡萄产业发展经验》，载《果树实用技术与信息》2011 年第 11 期第 38 页。
6 小谭：《千年楼兰传奇再现——楼兰葡萄酒荣获中国驰名商标》，载《新食品》2011 年第 15 期第 123 页。
7 陈郁，毛文静，姜盼，石琪慧：《葡萄对根的情意——宁夏贺兰山东麓葡萄酒产区发展历程》，载《宁夏日报》2022 年 8 月 30 日。

碧云层叠 翠绿蔓枝——宁夏贺兰山东麓葡萄园美景
（宁夏贺兰山东麓葡萄酒产业园区管理委员会　供图）

里的金娃娃，挪不动，搬不走”[1]。中国葡萄酿酒业飞速发展阶段，在原料需求的刺激下，宁夏的葡萄种植基地发展引起了学术界的高度关注。1993 年初，李华教授明确指出“宁夏贺兰山东麓是中国最佳酿酒葡萄生长带之一”，并认为“贺兰山东麓适合生产高品质的葡萄酒，如此得天独厚的生态条件，在我国尚不多见，即使和世界著名产区法国的波尔多相比较，也有过之而无不及”。他说：“在我国西北，有若干地区我是看好的。但从气候和土壤条件来说，甘肃河西走廊的黄羊镇农场、陕西北部地区，还有贺兰山东麓在内的好多个地区，可以说都是全国极好的酿酒葡萄生长带。综合来看，贺兰山东麓是葡萄生长的最佳区域。”[2]1994 年，贺普超、罗国光等国内知名专家赴宁夏考察，基于严谨的分析和调查，提出了“宁夏是中国发展优质葡萄酒一个很好的基地”这一论断[3]。另外，中国葡萄酒界知名学者费开伟、晁无疾等也都在对宁夏及西部酿酒葡萄产业发展条件进行专业分析的基础上，提出了“中国葡萄酒的希望在西部”“宁夏是中国发展优质葡萄酒的一个很好的基地”等观点。

1996 年开始，宁夏贺兰山东麓吸引了区内外大量投资，掀起了承包土地、开荒种葡萄、建葡萄酒庄的热潮。2001 年，宁夏建成优质酿酒葡萄基地 6.5 万亩[4]，占全国总面积的

1 阳郭史苑：《中国葡萄学泰斗——贺普超》，载“葡萄研究”微信公众号 2020 年 4 月 25 日。
2 刘旭卓：《玉泉营酿造出“李华”牌葡萄酒》，载《银川晚报》2023 年 5 月 15 日。
3《贺兰山东麓的产区简介》，载《中国葡萄酒》2011 年第 5 期第 14 页。
4 刘旭卓：《2001 年，宁夏葡萄产业协会成立》，载《银川晚报》2023 年 8 月 28 日。

万亩荒地变成了葡萄绿洲
（源石酒庄　供图）

17%，跃居国内 9 大葡萄产地之一。2002 年，全区葡萄产量 2.23 万吨，占全国总产量的 11%，在全国十大葡萄产区中名列第四。2012 年，宁夏酿酒葡萄种植面积达到 44 万亩，已发展成为我国重要的高品质酿酒葡萄产区。

葡萄园和葡萄酒是人类与自然相互适应的产物。在西北地区，宁夏的葡萄园是建在干旱的荒漠上的，新疆的葡萄园主要是在干旱的戈壁滩上开辟出来的，新疆、宁夏、甘肃、陕西等地的葡萄园还有效地防止了水土流失[1]。2016 年 7 月，习近平总书记在宁夏考察时指出："宁夏生态环境有其脆弱的一面，生态环境保护建设要持之以恒。"同时，他还指出："综合开发酿酒葡萄产业，路子是对的，要坚持走下去。"在习近平生态文明思想的指引下，宁夏将贺兰山东麓酿酒葡萄基地建设纳入生态保护修复工程重点支持，集中建设 195 千米

1 李华：《葡萄和葡萄酒行业与环境保护》，载《安全与环境学报》2002 年第 2 期第 31-32 页。

酿酒葡萄种植长廊[1]。

2017 年，宁夏正式启动贺兰山东麓产区生态整治修复与全面保护工作，彻底关停自然保护区内所有煤矿、非煤矿山、洗煤储煤厂等，并把保护区及其外围保护地带作为一个整体进行保护和修复。宁夏各葡萄酒子产区严格贯彻保护条例，大力整治贺兰山生态环境问题，取得了巨大的成效。废弃矿坑变成了生态酒庄，35 万亩荒地变身葡萄园，加上酒庄绿化和种植防护林近 6 万亩，产区森林覆盖率大幅提高[2]。葡萄园还兼具防洪功能，构成产区园成方、林成网格局，既减少了水土流失，还可以防风固沙、涵养水源，成为贺兰山东麓亮丽的风景线和宁夏重要的生态屏障[3]。宁夏贺兰山东麓也成为资源利用与生态治理统筹协调、经济发展与环境保护共同促进的典型代表。对此成就，第六十三届联合国大会副主席、2018 联合国中国美食节执行主席亚历山大·库伊巴(Alexandru Cujba)先生[4]称赞说：

> 我曾经去过中国宁夏，我感到十分震惊，宁夏在农业领域尤其是葡萄种植和葡萄酒酿造方面硕果累累。近年来，宁夏通过发展葡萄酒产业，推动人们崇尚健康生活，12 万农民从事这一产业，使过去 60 万亩的戈壁荒滩变成今天的满眼绿色[5]。

2020 年 6 月习近平总书记考察宁夏时再次强调“宁夏要把发展葡萄酒产业同加强黄河滩区治理、加强生态恢复结合起来”，并指出“宁夏通过滩区整治，既发展了产业，又改善了生态，变废为宝，值得鼓励”。贺兰山东麓酿酒葡萄产业是在荒漠化、石漠化和沙漠化地区发展起来的，既对农业产业起到了辐射带动作用，同时也有利于生态修复和环境保护。宁夏始终坚持把突出生态修复功能作为发展葡萄酒产业的第一要素，严格遵循“先建防风林、再配水电路、后建葡萄园”的生态建设原则，葡萄酒与生态治理融合发展，探索出了一条“葡萄酒产业生态化”和“生态保护产业化”一体化发展的道路[6]。

1 刘紫凌，靳赫，任玮：《戈壁荒滩上打造“紫色奇迹”——宁夏葡萄酒产业发展新观察》，载“新华网”2023 年 6 月 10 日，http：//www.news.cn。
2 刘紫凌，靳赫，任玮：《戈壁荒滩上打造“紫色奇迹”》，载《新华每日电讯》2023 年 6 月 11 日第 1 版。
3 李晓芳：《转型发展看宁夏 塞上江南唱新歌》，载《山西日报》2018 年 9 月 5 日第 8 版。
4 吴宏林：《向联合国讲述宁夏“紫色梦想”》，载《宁夏日报》2018 年 11 月 28 日第 1 版。
5《突发，联合国多位大使提议设立“联合国葡萄酒日”》，载“凤凰网酒业”2018 年 11 月 10 日，https：//jiu.ifeng.com。原文为“使过去 4 万公顷的戈壁荒滩变成今天的满眼绿色。”为行文方便，本文将计量单位统一为“亩”。
6 赵新：《宁夏贺兰山东麓三十五万亩荒地变绿洲》，载《中国自然资源报》2022 年 8 月 29 日第 1 版。

经过多年发展，“小葡萄”在宁夏已厚植起“大生态”，经济发展与环境保护共同促进之路越走越宽。中国农业大学马会勤教授对宁夏葡萄酒产业发展与生态环保一体化发展模式评价道：“宁夏的葡萄酒产业发展模式能够最大化地创造经济、社会和生态价值，这种模式在中国葡萄酒产业发展过程中具有引领性和可复制性，前景看好。”[1]

以新疆、甘肃、宁夏为代表的西部葡萄酒产区虽然起步较晚，但是具有先天优越的地理气候条件，酿酒葡萄原料品质优越。李华团队在多年考察的基础上，确立了我国酿酒葡萄适生区，创立了适应我国实际的酿酒葡萄气候区划指标体系，推动形成了各具特色的11大葡萄酒产区，特别是确立了西部新兴酿酒葡萄产区——宁夏贺兰山东麓、新疆准噶尔盆地南缘和焉耆盆地、甘肃河西走廊的地位[2]，极大地扩展了中国葡萄酒产区的地理版图。西部优质酿酒葡萄基地的快速发展也极大地提升了中国葡萄酒的世界地位，续写了古丝绸之路葡萄酒文明的历史辉煌。

1 刘紫凌，靳赫，任玮：《戈壁荒滩上打造“紫色奇迹”——宁夏葡萄酒产业发展新观察》，载《中国产经》2023年第11期第46-51页。
2 李洁：《在亚洲第一所葡萄酒学院看我国葡萄酒产业发展》，载《光明日报》2024年4月23日。

第十章
中国葡萄酒业优化升级

经过 20 世纪初的十年高速增长期之后，中国葡萄酒产业发展遭遇一段迟滞与低迷时期。与此同时，国际资本加快了在中国开发酿酒葡萄原料基地的投入，国外葡萄酒企业也加大了对中国市场的出口。在国内宏观政策调整和国际竞争加剧的重重压力下，中国葡萄酒业全面调整发展战略，进入升级转型的高质量发展阶段。

第一节　葡萄酒龙头企业全球化发展战略的升级

一、发展战略调整的相关背景

（一）葡萄酒消费下降与进口葡萄酒的冲击

2012年下半年开始，国内外高端葡萄酒销量开始大幅下跌[1]，行业收入下降。葡萄酒市场销售低迷，2013 年中国葡萄酒消费量下降至 16.8 亿升，比 2012 年下降了 3.8%[2]，葡萄酒企业经营困难、效益下滑。中国酒业协会发布的数据显示，国内 64.7% 的酒庄在 2013 年呈亏损状态。葡萄酒产量开始负增长，导致酿酒葡萄原料销路受阻，个别地区甚至出现了拔葡萄树现象。

2012 年开始，新西兰、澳大利亚、格鲁吉亚等国家葡萄酒进口关税逐年降低，加上国内互联网行业的快速发展以及进口许可证政策宽松，葡萄酒进口量在国内市场暴增。由于国家宏观政策调整和进口葡萄酒的冲击，国内葡萄酒行业经过 2001—2012 年的加速发展阶段以后，增速开始放缓。2013 年全国葡萄酒产量 117.8 万千升，同比下降 14.6%；实现利润总额 43.81 亿元，同比下降 20.06%[3]。2015 年全国葡萄酒产量为 114.80 万千升，

1 于佳音:《葡萄酒进口步入下行轨道》，载《华夏酒报》2014 年 6 月 3 日。
2 晏澜菲:《大浪淘沙只剩“优”》，载《新农村商报》2014 年 5 月 28 日。
3 商务部酒类流通管理办公室:《中国酒类流通行业发展报告（2013）》，载《华夏酒报》2014 年 10 月 14 日第 C48 版。

同比下降 0.73%，但利润总额实现短暂上升[1]，之后，又整体呈现下滑之势。2016 年全国葡萄酒产量为 113.7 万千升，同比下降 2%；实现利润总额 48.7 亿元，同比下降 6.6%[2]；2017 年全国葡萄酒产量为 100.1 万千升，同比下降 5.3%；实现利润总额 42.3 亿元，同比下降 11.6%[3]；2018 年全国葡萄酒产量为 62.9 万千升，同比下降 7.4%；实现利润总额 30.6 亿元，同比下降 9.5%[4]。值得注意的是，该数据显示，2018 年比 2017 年葡萄酒总产量大幅减少了 37.2 万千升[5]。六年来，国产葡萄酒产量连续下滑，不断萎缩，葡萄酒行业发展进入深度调整期[6]。

（二）国际资本进入中国葡萄酒行业

中国葡萄酒生产区域广阔，特色鲜明，在世界范围内首屈一指，如澳大利亚葡萄栽培专家理查德·斯马特（Richard Smart）博士所言："上帝不再眷顾波尔多，未来 30 年，中国将成为葡萄培育的理想国家，最好的葡萄酒将产自中国。"优越的葡萄种植条件、潜力巨大的消费市场，吸引了国际著名葡萄酒企业进入中国建酒庄、建基地。2012 年 2 月 23 日，全球第一大奢侈品集团——酩悦·轩尼诗 - 路易·威登（LVMH）进入中国葡萄酒产业，在云南建成酩悦轩尼诗香格里拉（德钦）酒业有限公司，一个多月后，法国酩悦轩尼诗酒业集团在华投资的首个起泡酒酒庄——夏桐（宁夏）酒庄破土动工，一年后开始在中国本土生产高端起泡葡萄酒。

2012 年 9 月 15 日，保乐力加贺兰山（宁夏）葡萄酒业有限公司在银川高新技术开发区建成。2017 年 3 月，澳大利亚奔富酒庄与新疆沙地酒庄共同出资组建上海啸狮国际贸易有限公司。2019 年 3 月，占地 9 000 余平方米的中西合璧风格的瓏岱酒庄落户山东蓬莱，选址蓬莱酒庄集聚区——丘山山谷，由法国拉菲罗斯柴尔德男爵集团投资建设，精心培育

1 2015 年葡萄酒利润总额 51.3 亿元，同比上升 15.92%。见王延才：《中国酒业协会第五届理事会第三次（扩大）会议 2015 年中国酒业工作报告》，载《酿酒科技》2016 年第 5 期第 17-29 页。

2 中国酒业协会：《2016 中国酒业经济运行报告》，载"国家统计联网直报门户官网"2017 年 5 月 24 日，http://lwzb.stats.gov.cn。

3 中国酒业协会：《2017 中国酒业经济运行报告》，载"国家统计联网直报门户官网"2018 年 4 月 28 日，http://lwzb.stats.gov.cn。

4 中国酒业协会：《2018 中国酒业经济运行报告》，载"国家统计联网直报门户官网"2019 年 5 月 21 日，http://lwzb.stats.gov.cn。

5 江源：《中国葡萄酒未来 10 年消费量将突破 2000 亿元》，载《酿酒科技》2020 年第 2 期第 130 页。

6 葡萄酒分会：《国产葡萄酒发展热点与综述》，载《中国酒业协会会刊》2018 年 4 月刊第 56 页。

了 750 亩优质酿酒葡萄基地，拥有赤霞珠、马瑟兰、品丽珠、西拉、美乐 5 个葡萄品种，酿造以赤霞珠为主要原料的干红葡萄酒，年生产能力 300 吨。山东蓬莱成为继阿根廷、智利之后，全球第三、亚洲唯一的拉菲集团生产基地。国外葡萄酒企业着眼产区资源、产品资源和品牌资源实施全球扩张战略，进入中国抢占酿酒葡萄生产基地，带来了资金、先进技术、人才和管理经验。但与此同时，国际酒庄在中国开展本土化生产，很大程度上重新塑造中国了葡萄酒市场和中国人的消费口味[1]，因此也给国内葡萄酒企业带来了巨大的竞争压力和市场挑战。

二、头部企业加大全球化扩张力度

面对跨国公司通过“收购、控股、兼并、品牌输出”等形式掀起的一浪高过一浪的国际化浪潮冲击，张裕、华夏长城、王朝酒业等头部企业加速海外收购步伐、加大全球化扩张力度，以直接出口自有品牌、借助国际著名经销商的销售渠道、与国际知名葡萄酒生产厂家（酒庄）联合开发品牌等形式，实现全球调配原料、交流人才、共享技术和市场资源，以扩展产品线、提升产品品质、提升品牌国际影响力，提升抵抗市场冲击的综合实力。为了壮大自身实力和长远布局，一些国产葡萄酒企业也不断通过并购重组，整合国内或国际市场资源，抢占更多的市场份额，开启了国内外葡萄酒产区竞合新时代。

2011 年，中粮提出“全球酒庄群”概念。在国内，中粮集团围绕北纬 40° 葡萄黄金生长带，建设了覆盖河北沙城和昌黎、山东蓬莱以及宁夏贺兰山、新疆天山五大优质产区的酿酒葡萄基地，建成了以桑干酒庄、华夏酒庄、中粮君顶酒庄等为代表的精品酒庄，在国内市场占据一定竞争优势。在国外，2011 年 2 月，长城葡萄酒收购了位于法国波尔多右岸的拉郎德 - 波美侯产区[2]的雷沃堡酒庄，并通过收购位于智利安第斯中央山谷产区的比斯克酒庄为长城葡萄酒在新世界开疆拓土奠定了坚实的基础之后，又完成了在美国、新西兰、澳大利亚、南非等新世界著名葡萄酒生产国的战略并购，实现了融会东西方文化、链接葡萄酒新旧世界的“全球酒庄群”格局。

2013 年起，张裕公司一方面在国内扩张优质酿酒葡萄基地，另一方面扩大国际投

1 戴闻名：《国际酒庄在华掀起圈地运动》，载《中国中小企业》2012 年第 8 期第 64-67 页。
2 该产区创立于 15 世纪中期，其酒庄年份酒在波尔多右岸葡萄酒的历年品评记录中享有很高的声誉。

资，先后在法国波尔多、干邑和西班牙里奥哈等旧世界著名葡萄酒产地和智利卡萨布兰卡谷、迈坡和澳大利亚克莱尔等新世界产区购买优质葡萄园，收购海外知名酒庄，占领全球优质酿酒葡萄原料资源。至 2019 年，张裕公司实现了在澳大利亚、智利和法国、西班牙等全球葡萄酒主产国、知名产区的基地建设和品牌布局[1]。2022 年上半年，张裕股份营收为 19.53 亿元，占到了整个中国葡萄酒行业 50.69% 的份额。2023 年 7 月，张裕公司的全球化布局版图成型，成为拥有 14 座酒庄、近 25 万亩葡萄园的全球葡萄酒行业布局规模最大的中国企业，产品销往全球 77 个国家，旗下高端品牌出口至英国、德国、意大利、瑞士、丹麦、俄罗斯、加拿大等 45 个国家。

王朝公司代理香奈葡萄酒之后，也开启了收购酒庄的海外扩张，先后在保加利亚建立葡萄酒厂、在新西兰收购酒庄。三大龙头企业引领中国葡萄酒企业开辟了一条适合行业发展实情的国际化发展道路，在他们实施基地扩张竞争策略的影响下，国内葡萄酒生产商们一方面通过差异化获取竞争优势，另一方面也以并购、控股、投资、技术分享等方式加大了与国外葡萄酒生产商和经销商的合作，以提升中国葡萄酒业的国际综合竞争实力。2012—2013 年，茅台葡萄酒公司与法国酒庄合作开发两款庄园酒，收购两座法国酒庄并邀请著名酿酒大师米歇尔·罗兰（Michelle Rolland）作为酿酒顾问。威龙公司在中国酿酒葡萄的黄金种植带上从东到西建成了三大葡萄基地——山东龙湖威龙国际酒庄、甘肃沙漠绿洲有机葡萄庄园、新疆冰川雪山葡萄庄园的基础上，于 2017 年 12 月投资建设“澳大利亚 1 万亩有机酿酒葡萄种植项目”，为威龙公司旗下“澳大利亚 6 万吨优质葡萄原酒加工项目”提供优质酿酒原料保障。

国际化扩张促使中国葡萄酒企业从资源开发转变到深化品牌实力，极大地促进了国内葡萄酒企业在品牌、技术、品质等方面的不断提升和产业链的上下游延伸。

1 苗春雷，隋翔宇：《百年张裕驶入“全球化时代”》，载《烟台日报》2019 年 4 月 1 日第 3 版。

第二节　葡萄酒行业管理与制度保障的完善

一、葡萄酒行业管理的升级

（一）优化管理制度

2013年11月1日,《酒类行业流通服务规范》在全国颁布实施[1]，规定了酒类流通的术语和定义，界定了酒类流通的范围和流程，提出了销售全过程的质量控制重点，对宣传推介以及服务规范也提出了要求。该标准具有较强的可操作性，对促进酒类行业的健康发展起到了很好的推动作用[2]。同年12月，国家质检总局和中国食品工业协会联合开展名优真酒生产销售品牌渠道的“两公开”活动，进一步规范了进口酒在中国境内的生产经营行为。2014年6月，中国酒业协会召开“葡萄酒酒庄酒”证明商标新闻发布会，中国酒庄酒在《中华人民共和国商标法》等法律法规的保护下，走上了一条依法规范、协调有序的可持续发展之路[3]。“葡萄酒酒庄酒”证明商标是中国酒业协会在酒类行业中推出的第一个产品证明标识，是由协会在国家工商行政管理总局注册的用于证明酒庄酒的标识，对于促进中国葡萄酒行业的健康发展具有深远意义。对此，欣悦（2014）撰文指出[4]：

> 第一，从行业角度分析，“葡萄酒酒庄酒”证明商标的推出，是集行业的力量来建立中国酒庄及酒庄酒的规范，由所有参与酒庄共同推广、维护、监督，并通过商标法和备案的葡萄酒酒庄酒管理规则来规范酒庄酒生产，逐步建立我国酒庄酒产品质量体系，实现我国酒庄酒整体品牌形象的提升，从而提高我国葡萄酒在国内外市场上的竞争力。第二，从企业角度看，企业通过使用酒庄酒标识，将该标识的内在价值与企业的品牌文化有机结合，建立独特的酒庄酒品牌，同时酒庄酒标识也体现了使用企业对酒庄酒品质的一种承诺和凝聚在产品中的企业的信誉度。通过严格自律、企业间监督，资源、经验共享等措施，也会使得自身品牌进一步提升。第二，从消费者的角度看，酒庄酒标识是一种品质的象征，它表示相关产品不仅有着优秀的质量，同时有着良好的售后服务体系。

1 江源:《〈酒类行业流通服务规范〉2013年11月1日实施》，载《酿酒科技》2013年第12期第84页。
2 杜高孝:《2013中国・成都第五届国际葡萄酒节落下帷幕》，载《企业家日报》2013年12月6日。
3 侯峰:《酒庄酒商标为国产酒发展重新定调》，载《华夏酒报》2014年6月17日。
4 欣悦:《中国的酒庄酒踏上可持续发展之路——“葡萄酒酒庄酒证明商标（第5504363号）”正式出炉》，载《中国食品》2014年第12期第40页。

2017年，北京波龙堡葡萄酒业有限公司、和硕冠龙葡萄酿酒有限公司、河北马丁葡萄酿酒有限公司、怀来县贵族庄园葡萄酒业有限公司、怀来紫晶庄园葡萄酒有限公司、朗格斯酒庄（秦皇岛）有限公司、宁夏贺兰晴雪酒庄有限公司、宁夏贺兰山特产开发有限公司（阳阳国际酒庄）、宁夏迦南美地酒庄有限公司、宁夏类人首葡萄酒业有限公司、宁夏农垦玉泉国际葡萄酒庄有限公司、山东台依湖葡萄酒业股份有限公司、山西戎子酒庄有限公司、新疆瑞泰青林酒业有限责任公司（国菲酒庄）、新疆天塞酒庄有限责任公司、新疆中菲酿酒股份有限公司16家酒庄达到标准，获得葡萄酒酒庄酒证明商标标识的使用资格[1]，截至2022年，已有39家葡萄酒庄获得酒庄酒证明商标标识使用资格。

2017年，为进一步加强酒类流通管理、促进行业健康稳定发展，根据《国内贸易流通“十三五”发展规划》要求，商务部发布了《商务部关于“十三五”时期促进酒类流通健康发展的指导意见》（商运发〔2017〕47号）。意见中明确了我国酒类行业流通管理的主要任务，主要包括规范酒类流通秩序、优化酒类流通结构、创新酒类流通模式、引导科学健康消费、完善诚信体系建设、推进酒类溯源管理、积极开拓国际市场等方面。2018年5月1日起，按照财政部、国家税务总局印发的《财政局 税务总局关于调整增值税税率的通知》规定，葡萄酒的增值税率由17%调为16%，小规模纳税人的标准也予以调整，对葡萄酒行业带来诸多良性普惠影响。2020年12月31日，中华人民共和国海关总署发布《中华人民共和国海关进出口商品规范申报目录》（2021年版），对葡萄酒的多个申报要素做以调整，将原瓶进口、原酒进口保税区灌装以及原瓶进口的小标酒更好地区分开来，方便了进口葡萄酒的品牌区分。2022年初，国务院关税税则委员会发布了《2022年关税调整方案》，葡萄酒企业所需的酿酒用橡木桶进口税率由12%降至5%，有效降低了精品葡萄酒庄酒的生产成本。2023年6月国务院印发了《关于在有条件的自由贸易试验区和自由贸易港试点对接国际高标准推进制度型开放的若干措施》，允许试点地区在进口葡萄酒标签上标注如“精美的”“高贵的”“特藏”等具体描述葡萄酒特性的形容词，使标签包含的信息内容更清晰、透明，有利于扩大优质葡萄酒进口。

1《中酒协发布首批16家“国内葡萄酒庄酒证明商标”》，载《中国葡萄酒》2017年第3期第11页。

（二）强化行业自律

2020 年 2 月 5 日，市场监管总局启动了“保价格、保质量、保供应”系列行动，倡导广大优秀企业诚信自律，始终把责任挺在最前面。与此同时，中国酒类流通协会向所有会员单位及相关企业发出参加“三保”的行动倡议，承诺践行中国酒企责任与担当，承诺切实保障酒类产品价格不涨、质量不降、供应不断，规范酒类行业市场秩序。2020年8月，工业和信息化部宣布废止《浓缩果蔬汁（浆）加工行业准入条件》和《葡萄酒行业准入条件》，鼓励相关行业组织积极发挥作用，加强行业自律，维护市场秩序，引导企业健康发展。

二、葡萄酒生产标准的升级

2017 年 3 月，根据国务院办公厅印发的《强制性标准整合精简工作方案》，国家质量监督检验检疫总局、国家标准化管理委员会将《葡萄酒》由强制性国家标准转化为推荐性国家标准[1]，为整个产业的发展和产区特色的形成提供了管理和制度上的便利，有助于优秀产区和企业的发展[2]。

2019 年 10 月，《酿酒葡萄》（T/CBJ 4101—2019）、《橡木桶》（T/CBJ 4102—2019）两项团体标准相继发布[3]，《酿酒葡萄》规范统一了我国酿酒葡萄的技术指标和检验规范，明确了酿酒葡萄质量评价标准，制定了葡萄收购加工原料质量评价依据。《橡木桶》标准的制定为橡木桶产品的生产和选购以及质量管理与监测控制过程提供了标准和依据。两项标准的制定对于提高我国葡萄酒产品质量、保障我国葡萄酒产业科学、健康和可持续发展具有重要意义。

2019 年 11 月 26 日，在中国酒业协会国家级评酒委员年会上发布了《葡萄酒产区标准》，内容包括葡萄酒产区的术语、定义和分类、产区划分原则、划分条件、划分指标等。该标准的制定与推广实施，有效减少由于定义模糊带来的行业性问题，更好地明确了产区概念，对于指导产区建设、引导葡萄酒行业发展起到了重要的规范作用。

1《关于〈水泥包装袋〉等 1077 项强制性国家标准转化为推荐性国家标准的公告》，载《中国标准化》2017 年第 9 期第 142-173 页。

2 张建生：《葡萄酒市场新闻纪要 · 年度新闻》，载《中国葡萄酒市场年度发展报告（2016—2017）》第 17 页。

3 载《中国标准化》2019 年第 9 期（上）第 44 页。

2021 年 12 月 9 日，根据《中国酒业协会团体标准管理办法（试行）》的规定，中国酒业协会团体标准审查委员会发布《加香葡萄酒》（T/CBJ 4103—2021）和《利口葡萄酒》（T/CBJ 4104—2021）团体标准，自 2022 年 2 月 1 日起实施。对加香葡萄酒和利口葡萄酒的分类、生产加工过程卫生要求、检验规则及标志、包装、运输和贮存做了具体要求。两项标准均优于国际标准，对提升中国加香葡萄酒和利口葡萄酒的产品国际竞争力、促进葡萄酒产业健康、高质量、可持续发展具有重要意义。

三、葡萄酒产区保护制度的升级

（一）葡萄酒产区保护条例的陆续出台

产区自然风土条件对葡萄酒的品质、风格和个性有决定性影响，因此，产区自然资源保护是葡萄酒产业可持续发展的重中之重。2012 年 6 月，宁夏回族自治区人民政府办公厅印发了《自治区人民政府关于加强贺兰山东麓葡萄酒地理标志产品产地环境保护工作的意见》（宁政办发〔2012〕130 号）。2013 年 2 月 1 日，全国第一部葡萄酒产区保护条例——《宁夏回族自治区贺兰山东麓葡萄酒产区保护条例》出台，条例突出产区保护原则，对产业发展规模和行业技术标准做出规范性要求，还规定了企业违法行为应承担的法律责任。之后，新疆、甘肃、河北昌黎和山东烟台、山东蓬莱等地纷纷制定了加强产区保护的规章制度。2013 年，甘肃省人民政府办公厅颁布了《河西走廊葡萄酒地理标志产品保护管理办法》；2017 年 11 月 20 日，吐鲁番市人民政府办公室颁布了《吐鲁番葡萄酒地理标志产品保护管理办法》；2021 年 1 月 1 日，《烟台葡萄酒产区保护条例》开始实施，为科学编制烟台葡萄酒产业发展规划，加强酿酒葡萄种植区保护，打造烟台葡萄酒品牌，强化葡萄酒行业监督管理，擦亮“国际葡萄·葡萄酒城”名片提供了强有力的法律支撑。2023 年 9 月 1 日起，《秦皇岛市碣石山葡萄酒产区保护条例》正式实施，进一步明确了以昌黎县、卢龙县、抚宁区为核心的“碣石山产区”的概念，为保障产区葡萄酒品质、培育知名品牌、促进产业融合、推进葡萄酒产业高质量发展提供了立法规范。

（二）葡萄酒地理标志使用进一步规范

国际葡萄与葡萄酒组织对葡萄酒地理标志的定义是：“标识葡萄酒或以葡萄为原料酿造的烈性酒的地理名称，且该酒必须具有可归因于所处地理环境的质量或特征或两者兼有，包括了自然和人文因素。”[1] 根据该规定，每一地理标志葡萄酒的标准必须包括生产区域、葡萄品种结构、葡萄原料的最低含糖量、单位面积产量、种植方式（特别是最小种植密度和整形方式）、酿造方法、分析和感官检验、标签标准、质量控制等[2]。此外，这些标准还必须与相应的国际标准或国家标准相适应，同时还应建立与这些标准相适应的官方认可的监控和质量监督体系[3]。地理标志是标识葡萄原料以及葡萄酒产地的地理名称，同时亦代表了该葡萄酒的质量及风格，因此，地理标志能够成为区分不同葡萄酒的重要手段[4]。葡萄酒地理标志可以集聚产区风土、自然、人文优势资源，整合分散的力量，提升葡萄酒产区、产品的形象，提高葡萄酒产业的竞争力和影响力。

地理标志保护制度在保障葡萄酒生产品质和提高产地市场竞争力方面发挥着重要的规范和约束作用，世界各主要葡萄酒生产国都先后建立了各自的葡萄酒地理标志系统。为推进原产地保护制度同国际接轨，2005 年 7 月 16 日，原国家质量技术监督局公布的《原产地域产品保护规定》废止，国家质量监督检验检疫总局公布的《地理标志产品保护规定》开始施行，将“原产地域保护产品”改为“地理标志产品”。2008 年 6 月 27 日，国家质量监督检验检疫总局和国家标准化管理委员会联合发布了地理标志产品标准通用要求，明确了地理标志产品范围、规范性引用文件、术语和定义、基本原则和通用要求，其中通用要求部分涵盖地理标志产品的标准名称、保护范围、自然环境、原料、种植（养殖）技术、工艺、产品质量、标签、标志等[5]。之后，各产区对地理标志保护区范围、专用标志使用和质量技术等都做了具体要求，截至 2023 年底，在中国境内批准实施地理标志产品保护的中国葡萄酒产品有 13 个[6]，分别是昌黎葡萄酒、烟台葡萄酒、沙城葡萄酒、贺兰山东麓葡萄酒、通化山葡萄酒、桓仁冰酒、河西走廊葡萄酒、都安野生山葡萄酒、戎子酒庄葡萄酒[7]、盐井葡萄酒、吐鲁番葡萄酒、和硕葡萄酒、郧西山葡萄酒。

1 刘世松：《地理标志及其对葡萄酒产业作用》，载《酿酒》2014 第 5 期第 2-6 页。
2 杨永：《论中国葡萄酒地理标志体系的构建》，载《酿酒科技》2012 年第 4 期第 114-117 页。
3 李华：《中国葡萄酒的原产地域产品命名系统》，载《酿酒》2000 年第 6 期第 30-33 页。
4 李华：《葡萄酒的地理标志》，载《酿酒》1990 年第 3 期第 8-11 页。
5 杨永：《论中国葡萄酒地理标志体系的构建》，载《酿酒科技》2012 年第 4 期第 114-117 页。
6 根据国家知识产权局公布文件整理而得。
7 戎子酒庄葡萄酒是目前中国唯一以酒庄命名的国家级葡萄酒地理标志产品。

第三节　葡萄酒产区发展模式升级

一、"小酒庄、大产业"发展模式

2006 年开始，全国各产区兴起酒庄建设高潮，当年葡萄酒生产企业发展到 500 多家，中小企业占了其中的 78%，呈现出我国葡萄酒生产组织结构的一个明显变化——中小企业数量在整个行业中的占比日益提升。2010 年，李华教授借鉴法国波尔多地区的经验，在推动中国"家庭农场"发展模式的基础上提出了"小酒庄、大产业"的概念——即在葡萄酒的优质产区大力发展葡萄酒庄，并通过葡萄酒庄的集群发展，形成葡萄酒大产业及产区综合功能[1]。

小酒庄在葡萄酒质量提升和突显产区风土特色上起到了积极的作用，原因主要有：第一，小酒庄更容易实现从土地到餐桌的葡萄酒全程质量控制。即首先明确相适应的品种，通过适宜的栽培管理获得优质原料，然后采用与原料相适应的工艺，将原料的质量在葡萄酒中表达出来。第二，在销售环节，通过适合的运输方式，可以建立良好的产销关系，提供专业的服务和产品溯源体系，维护消费者利益。第三，在消费环节，精品酒庄本身就具有特殊的旅游吸引力，大多数精品酒庄都建有品酒室，通过为来访游客提供专业的葡萄酒品鉴、真实的葡萄园参观，使消费者获得身心愉悦的旅游体验的同时，也亲身参与葡萄酒的生产过程，有助于提升消费者的消费信心，提高葡萄酒消费忠诚度。

小酒庄生产体现产地风格的优质葡萄酒，产地风格聚集成优势推动大产业发展格局形成，带动了产区业态的多元化发展，积极推动了产业链条的建设与完善，引发中国葡萄酒产业发生了五个方面的重大变化：第一，带动了各产区葡萄酒生产的多元化和特色化发展。"小而精、小而美、小而优"的小酒庄建设让每个地块、每个酒庄都能充分发掘自己的微风土特色和文化底蕴，通过葡萄酒品质化、特色化、多元化生产，更好地满足消费者的个性化、多样化需求，精耕细作的生产模式也有益于产区葡萄与葡萄酒品质的提高。第二，带动了各产区投资建设方向的转移。由初级阶段的在产区开发投资建设大规模的葡萄酒厂和大型加工车间，转向投资建设集酿酒葡萄种植、葡萄酿酒生产及生态旅游等功能为

1 李华，王华：《葡萄酒产业发展的新模式——小酒庄，大产业》，载《酿酒科技》2010 年第 12 期第 99-101 页。

一体的综合酒庄。第三，促进了葡萄酒产业链的延伸和扩展。推动了葡萄苗木种植和培育、葡萄酒酿造原辅料供应、葡萄酒物流以及酒庄建设与规划、葡萄酒文化旅游等相关产业的融合发展，葡萄酒“六次”产业发展大格局在一些产区形成。第四，丰富了产区业态，极大地推动了葡萄酒生产企业（酒庄）向复合多功能方向发展。小酒庄的康养休闲、观光旅游、文化传播、生态示范、社会纽带等功能突显，优化了旅游产品结构，提升了葡萄酒产区形象，促进了葡萄酒和文化旅游产业升级。第五，改变了整个葡萄酒行业由一个或几个大型企业垄断的局面，产业管理机构也发生了重要的变革。葡萄酒产业链各环节由分属林业局、轻工业部等非专业部门多头管理开始转向由葡萄与葡萄酒局（葡萄酒产区管理委员会）统一协调管理，葡萄酒产业协会参与产区整体发展规划和行业监督，葡萄酒行业技术专家委员会规范和修订葡萄酒生产和品质控制标准，为科学管理葡萄酒产业发展提供了重要的组织保障。

二、产区特色化发展模式

目前我国拥有山东、京津冀、宁夏贺兰山东麓、河西走廊、新疆、东北、内蒙古、黄河故道、黄土高原、西南高山和特殊产区 11 大葡萄酒产区，覆盖 176 个县（市），共有酿酒葡萄 230 多万亩[1]。各产区风土特色各异，如国际权威酒评家詹姆斯·萨克林（James Suckling）所言:“从山东到西藏风土差异性明显，这决定了中国葡萄酒的多样风格。”全球宗师级“飞行酿酒大师”米歇尔·罗兰（Michel Rolland）也认为中国的产区风土非常有特色，堪称葡萄酒风土的宝库。在政府的大力推动下，传统产区深入挖掘自身的资源优势，渤海湾黄金海岸、河西走廊沙漠绿洲、新疆冰川雪山等产区特色和竞争优势日益明显，新兴产区通过差异化定位突显个性，对产品质量提升、业界形象树立以及提升产区知名度和影响力都产生了重大的影响。

东北地区: 2020 年 11 月 11 日，通化市政府下发了《通化市人民政府关于加快推进全市葡萄酒产业发展的实施意见》，出台“一揽子”扶持政策，助力本土葡萄酒品牌“山葡萄”复兴，突显冰酒、甜葡萄酒等产区特色，并计划打造鸭绿江河谷特色葡萄酒酒庄群和“中国甜酒第一品牌”。位于“黄金冰谷”的辽宁桓仁，冰葡萄种植面积和冰葡萄酒产

1 张建生:《中国葡萄酒的国际地位》，载《葡萄酒 E 周刊》2020 年 5 月 20 日。

云南香格里拉——神奇的高海拔葡萄酒产区

量都居国内首位，在建设“世界冰酒之都”的目标引领下，产区吸引了张裕（冰酒酒庄）、王朝（五女山冰酒庄）、加拿大米兰和维兰德、美国福克纳及澳大利亚维格那等国内外著名葡萄酒生产企业，投资建成 38 家冰酒生产企业，打造了 20 多个冰酒品牌，推动冰酒品牌实现多元化发展，目前已经发展成为冰葡萄酒产量占世界总产量一半以上的世界第四个冰葡萄酒主产区。

西北地区：在第三届 DSW 中国精品葡萄酒挑战赛上，组委会给予了我国最大的易地生态移民扶贫集中安置区——红寺堡产区“世界独一无二的优质、有机、荒漠产区”的定位。秉承“绿色、生态、有机”的理念，红寺堡产区积极推进葡萄酒全产业链一体化发展，于 2015 年获得由中国商业企业管理协会授予“中国葡萄酒第一镇”称号，还被评为“中

国最具发展潜力葡萄酒产区”。目前红寺堡葡萄品种结构不断优化，已培育形成了30多个葡萄酒品种，种植规模不断增加，已居宁夏葡萄酒子产区之首。2017年3月19日，乌海市向全世界宣布了“世界沙漠葡萄酒产区”的发展定位，提出全力塑造中国特色的“乌海——中国沙漠原生态葡萄与葡萄酒庄之都”的产区形象，建设国际一流的有机葡萄生产、特种酒集群核心区，打造世界著名的“一带一路”葡萄酒文化休闲旅游目的地和世界沙漠绿洲葡萄酒的典范产区。

西南地区：早在1986年，李华教授就曾提出“四川小金县为优质葡萄和葡萄酒生产提供了得天独厚的生态条件，如果能合理开发利用，是很有前途的优质葡萄及葡萄酒生态区”的观点[1]。2011年，这块“还没有被污染的土地”向业界发布了一个全新产区概念——“世界高山葡萄酒产区”。2012年8月，覆盖西藏、云南、四川广大地区的“大香格里拉世界优质葡萄产区”概念提出，改变了“中国南方没有优质酿酒葡萄”这一刻板印象，产区发展改写了葡萄资源和优秀葡萄酒的世界分布格局。2018年3月17日，四川提出了打造独具特色的“四川·世界高山葡萄酒产区”的发展定位和发挥“藏文化葡萄酒、高山葡萄酒、生态自然葡萄酒”三大不可复制的核心优势的发展思路，同年8月16—18日举行的“四川甘孜藏族自治州得荣县葡萄与葡萄酒产业助推脱贫攻坚研讨会”上，将得荣产区定名为“金沙江干凉河谷高山葡萄酒产区”，与会专家学者一致认为该产区具有独特的自然气候、地理优势和藏区文化，是世界上独具风格的优质葡萄酒产地。西南地区还有一些特色突出的小产区，如获得“中国晚熟葡萄之乡”称

1 李华：《优质葡萄生态区——四川小金》，载《葡萄栽培与酿酒》1987年第1期第17-20页。

云南香格里拉——神奇的高海拔葡萄酒产区
（郭明浩 供图）

号的四川省西昌市[1]，获得“世界海拔最高的威代尔葡萄种植基地”称号认证的西藏山南市桑日县等，都通过葡萄种植区域特色化发展，为产区塑造了鲜明的形象。

另外，在一些特种葡萄生产区域，葡萄酒酿造特色化发展优势也日益明显。如历史悠久的刺葡萄[2]、毛葡萄[3]，经过多年野生驯化和移栽扩种，目前已成为我国本土葡萄品种的代表，并在中部和南方形成一定规模的小产区。江西赣州、广西、湖南、湖北等地以刺葡萄、毛葡萄为原料，酿造出了展示这些地区风土优势的优质葡萄酒，填补了中国原生葡萄品种酿酒的空白，增添了世界酿酒葡萄的品种，也丰富了国际葡萄酒的类型。

三、葡萄酒文旅融合发展模式

国内著名葡萄酒产区深入挖掘本土文化，将特色各异的丝路文化、黄河文化、海岸文化、黄土高原文化、高山文化等产区本土文化与葡萄酒文化有机结合起来，积极发展葡萄酒文化旅游。葡萄酒产业链延伸，逐步发展成为集种植、酿酒、旅游、文化四大产业于一体的复合型产业。

河北怀来围绕“距首都最近的葡萄和葡萄酒品游大区”[4]建设目标，将温泉休闲旅游产业与葡萄产业有机结合，通过大力发展葡萄种植采摘、温泉旅游和精品民宿等，推动一二三产业融合发展，开创了中国“葡萄和葡萄酒 + 生态旅游 + 康养”的产业大融合发展新模式。作为世界葡萄酒的特色产区之一，秦皇岛葡萄酒产区集“中国葡萄酒城”的特色区域和产业集群特色优势，坚持走高端化、精品化道路，推进葡萄酒产业与文化、旅游、康养等相关产业的融合发展取得了辉煌成就[5]。昌黎县也进一步明确了“葡萄酒 + 大旅游 + 大健康”、以葡萄酒养生度假为引领的一二三产业融合发展示范区的建设目标。

西北地区：内蒙古乌海世界沙漠葡萄酒产区明确了“6+1”的文化旅游发展路径，新

1 四川水果创新团队:《科技助力凉山彝族自治州葡萄产业高质量发展》，载《四川农业与农机》2021 年第 5 期第 36-38 页。
2 刺葡萄原产于我国，主要分布在南方地区，湖南怀化刺葡萄是我国三大本土葡萄资源中种植面积最大、驯化程度最高、最适合酿造葡萄酒的品种。刺葡萄酒口感醇厚延展，酒香馥郁清新，余味持久。
3 毛葡萄原产于我国，是广西野生葡萄资源中分布最广、蕴藏量最大的种类。广西产区利用毛葡萄浆果酿造的葡萄酒，以独特的山野味、果香浓郁醇厚的酒质及纯天然绿色食品的市场定位而深受消费者青睐，推动了广西葡萄酒酿造业的发展。
4 朱炅:《倾城之韵 大美怀来》，载《中国青年报》2015 年 12 月 3 日。
5 宋书玉:《集“中国葡萄酒城优势”，为美好生活助兴添彩》，载《中国酒业协会会刊》2018 年 7-8 月刊第 58 页。

吉林省集安市鸭江谷酒庄葡萄园雪景
(鸭江古酒庄　供图)

兴的葡萄酒旅游是着力打造的特色旅游项目，在沙漠葡萄酒文化节的宣传推动下，沙漠产区葡萄酒旅游已经叫响世界。2021 年 7 月 5 日，新疆维吾尔自治区人民政府发布《关于加快推进葡萄酒产业发展的指导意见》，提出了进一步促进产业融合的发展目标，新疆维吾尔自治区文化和旅游厅确定 12 家葡萄酒庄为自治区休闲旅游特色精品葡萄酒庄，推出 15 条葡萄酒文化旅游精品线路，旨在发展葡萄酒文化旅游的同时，提升葡萄酒品牌及酒庄的知名度和影响力[1]。吐鲁番葡萄沟以全国农业示范点建设为抓手，结合乡村振兴战略，大力开发葡萄酒旅游。

东北地区：2019 年 12 月 25 日，《吉林省鸭绿江河谷带葡萄酒产业发展规划》(以下简称“《规划》”)出台，提出把集安鸭绿江河谷建设成极具中国特色的高端山葡萄酒产地和葡萄酒文化旅游示范区。在《规划》制定的产业定位中，除了要将鸭绿江河谷带打造为

1 乔文汇：《新疆产业结构转型开新局》，载《经济日报》2021 年 9 月 26 日。

世界七大葡萄酒海岸产区之一——山东烟台蓬莱
（烟台市蓬莱区葡萄与葡萄酒产业发展服务中心　供图）

“中国顶级冰酒产区、世界知名山葡萄酒产区”，塑造以高品质冰酒等系列甜型酒为特色、非干型山葡萄酒为辅的优质产区外，还要将其打造为“全球知名的葡萄酒文化旅游目的地、全球葡萄酒健康养生基地、国家级葡萄酒旅游示范区”，大力发展“葡萄酒 + 旅游”“葡萄酒 + 文化”“葡萄酒 + 康养”，打造“魅力鸭绿江谷 · 幸福葡萄酒城”国际旅游品牌[1]。

各产区加大旅游导向型酒庄的开发建设力度，葡萄酒庄的旅游度假功能进一步完善。截至 2023 年底，北京张裕爱斐堡国际酒庄，河北秦皇岛昌黎华夏庄园，山西戎子酒庄、尧京酒庄，陕西张裕瑞纳城堡酒庄，内蒙古阳光田宇国际酒庄，吉林圣鑫葡萄酒庄，山东君顶酒庄、张裕卡斯特酒庄、华东百利葡萄酒庄，湖南唯楚酒庄，甘肃紫轩葡萄酒庄，宁夏农垦玉泉国际酒庄、张裕龙谕酒庄、米擒酒庄、源石酒庄、贺东酒庄，新疆吐鲁番楼兰酒庄等均发展成为国家 4A 级及以上的旅游景区。北京龙徽酿酒有限公司，河北秦皇岛华

1　云酒:《2035 年葡萄酒旅游收入 600 亿 鸭绿江河谷将作何贡献？》，载《中国酒周刊》2020 年 1 月 18 日。

夏葡萄酒有限公司、中国长城葡萄酒有限公司，山东青岛华东百利葡萄酒庄（华东葡萄酒庄园）、烟台张裕集团、烟台中粮长城葡萄酿酒有限公司，宁夏农垦玉泉国际酒庄、西夏王葡萄酒业集团公司，天津王朝葡萄酿酒有限公司，新疆新天国际葡萄酒业有限公司等均被列为全国工业旅游示范点，宁夏农垦玉泉国际酒庄、新疆吐鲁番楼兰等酒庄获评全国工业旅游示范基地。既增加了旅游开发的资源类别，为旅游者提供了更加丰富的旅游活动内容，同时也提高了葡萄酒产业的综合效益。

四、葡萄酒庄产业集群发展模式

产业集群建设是一种经济发展的战略方式[1]，酒庄产业集群建设是提高葡萄酒产区区域经济竞争力的有效途径，也是葡萄酒产业发展到一定阶段的必然趋势。它能够提升本地产业的竞争优势，拉动本地的经济增长，推动工业化进程，促进中小企业发展[2]。目前，我国已形成多个葡萄酒产业集群带，如河北昌黎、山东蓬莱、甘肃武威、宁夏贺兰山东麓、新疆玛纳斯等。2016 年，ISG（International Sommelier Guild）高级葡萄酒证书教材首次增加了中国葡萄酒产区，在“Chinese Wine”一章中介绍了中国张裕山东烟台基地、新疆石河子、宁夏贺兰山东麓基地、陕西泾阳基地、北京密云基地、辽宁桓仁基地六个具有代表性的酒庄集群产区。

（一）山东烟台“国际葡萄·葡萄酒城”建设实践

山东烟台因为出色的风土条件而拥有“亚洲唯一国际葡萄·葡萄酒城”桂冠，自“十二五”开始，葡萄酒就被确立为山东烟台重点扶持发展的十大产业集群之一。2012 年烟台市葡萄酒行业工作会议上进一步明确了葡萄酒产业集群化发展、加快建设国际葡

1 关健：《辽宁桓仁葡萄酒企业发展战略研究》，载《企业活力》2009 年第 4 期第 77-79 页。
2 梁晋鄂：《我国葡萄酒行业产业的集群发展——从蓬莱市首获“中国葡萄酒名城”称号谈起》，载《中国质量》2006 第 11 期第 44-45 页。

萄·葡萄酒城的战略部署，同年山东蓬莱葡萄与葡萄酒的升级版新蓝图《蓬莱葡萄酒庄聚集区总体规划》出台，规划中提出建设蓬莱酒庄集群，对中国葡萄酒行业生产模式变革进行了有益探索[1]。2017年1月，蓬莱成为我国首个获国家质检总局批准筹建的“全国海岸葡萄酒产业知名品牌创建示范区”[2]。2018年，“蓬莱海岸葡萄酒”获得国家地理标志认证，“3S”型葡萄酒海岸产区的定位更加清晰，蓬莱坚持“优质产区、特色葡园、精品酒庄、标准引领”的发展思路，进一步明确了“做精酒庄酒、做优工厂酒、做强产区品牌”的发展目标。2019年9月和10月，蓬莱又获得“世界美酒特色产区”称号，对提炼蓬莱产区葡萄酒风格特色，促进品种和酒种区域化具有重要意义。

“十四五”时期，烟台提出发挥名庄引领和示范效应，着力打造蓬莱丘山山谷、张裕葡萄酒小镇、莱山瀑拉谷、滨海葡萄酒庄观光带四大核心集群的发展规划。作为中国葡萄酒工业化的发端地，烟台目前拥有酿酒葡萄基地52万亩，203家葡萄酒生产企业，其中规模以上企业35家，葡萄酒年产量33万千升，主营业务收入230亿元，占据了国内市场的半壁江山[3]。葡萄酒销售企业、专卖店有400余家，和葡萄酒生产企业紧密衔接，形成了产销一条龙的服务，拥有软木塞、橡木桶、包装印刷、酿酒机械、葡萄酒原辅料等配套企业140余家，贡献了全国85%的葡萄酒产业链配套产品[4]。蓬莱葡萄酒庄集群、莱山瀑拉谷葡萄酒庄集群、栖霞台湾农民创业园酒庄集群规模效益日益突显。

目前，烟台已经发展成为中国最大的大单品葡萄酒生产地，是中国葡萄酒产业规模体量大、品牌影响力高、产业配套完善的知名产区之一。“烟台葡萄酒”获批地理标志保护

1 仲崇民，菅蓁：《建设中国最大精品酒庄集群》，载《华夏酒报》2012年3月27日。
2 刘业生，韩玉斌：《山东蓬莱：获批筹建“全国海岸葡萄酒产业品牌示范区”》，载《中国食品》2017年第3期第48-49页。
3 “烟台市葡萄酒产业发展服务中心”编辑委员会：《东方荣耀·烟台葡萄酒产区》，2022年编印，第31页。
4 “烟台市葡萄酒产业发展服务中心”编辑委员会：《东方荣耀·烟台葡萄酒产区》，2022年编印，第37页。

河北碣石山产区葡萄园
（朗格斯酒庄　供图）

产品和地理标志证明商标“双地标”认证产品，入选“中欧 100+100”地理标志产品互认名单[1]。2022 年，烟台葡萄酒产量占全国三成，利润占到近一半，“烟台葡萄酒”品牌价值跃升至 859 亿元[2]。同年，烟台市加入全球葡萄酒旅游组织（GWTO），成为 GWTO 首个中国“伙伴关系”成员。2023 年 12 月 18 日，“蓬莱海岸葡萄酒”获得国家知识产权局批准，成为首批“‘千企百城’商标品牌价值提升行动”建设项目之一，对推动企业加强品牌建设、更好地参与国内外市场竞争具有重要意义。

（二）河北“世界一流葡萄酒产业集群”建设实践

河北省“十二五”规划纲要中提出了建设“抚昌卢——怀涿葡萄酒基地”和“昌黎葡

1 董卿，从春龙：《葡萄酒企抱团亮相成都糖酒会》，载《大众日报》2024 年 3 月 27 日。
2《“烟台葡萄酒”品牌价值跃升至 859 亿元》，载《齐鲁晚报》2023 年 4 月 27 日。

萄酒文化休闲聚集区"的目标，昌黎县被确定为国家级现代农业示范区。2019年3月4日，河北省政府办公厅印发《河北省人民政府办公厅关于做强做优葡萄酒产业的实施意见》，提出以葡萄产业为依托，发展"葡萄酒+"新模式，构建"葡萄酒+大旅游+大健康"的产业体系。政府支持建设专门从事红葡萄酒生产的产业聚集区，打造融葡萄种植、酿酒、品尝、旅游休闲等多产业为一体的五大酒庄集群。

葡萄酒庄集聚建设，是怀来县葡萄产业转型发展的重要成果。2019年1月，怀来葡萄种植区被认定为第二批中国特色农产品优势区，同年开始实施"延怀河谷葡萄示范基地项目"，依托河北怀来官厅水库国家湿地公园，共同打造优质葡萄种植示范基地。目前，葡萄及葡萄酒产业已经发展成为怀来的农业支柱产业，以长城为龙头，产区已发展成为40多家葡萄酒庄(厂)的产业聚集区，葡萄酒产业也发展成为"京津冀一体化""首都两区建设"的重要产业之一。

打造碣石山产区葡萄酒庄产业集群，是重塑河北昌黎产区辉煌的形象再造工程。2016年，按照河北省委、省政府《关于加快山区综合开发的指导意见》要求，昌黎县葡萄酒业管理局、昌黎县葡萄酒产业园区管理委员会、碣石山景区开发管理局、五峰山景区管理处合并成立昌黎县碣石山片区开发管理委员会。2019年起，昌黎县集中力量打造以碣石山为中心的葡萄酒产业集群，聚集了涵盖葡萄种植、葡萄酒酿造、葡萄酒流通及消费环节的相关附属配套企业62家。当年，"碣石山产区"(含昌黎县、卢龙县、抚宁区)获得"中国葡萄酒小产区"认证，同时获批省级乡村振兴示范区，成为省级百家重点产业集群建设项目之一。碣石山产区现有葡萄酒酿造企业27家，葡萄基地5万亩，总加工能力14万吨，形成了集酿酒葡萄种植、葡萄酒酿造、橡木桶生产、彩印包装、酒瓶制造、塞帽生产、交通运输、物流集散、旅游观光、休闲康养为一体的葡萄酒产业集群[1]，全产业链年销售收入达到36亿元。

1 杨沐春:《朗格斯酒庄启盛典 秦皇岛葡酒醉佳客》，载《中国酒》2019年第10期第84-87页。

第四节　葡萄酒教育与文化交流的繁荣

一、葡萄酒教育培训体系的完善

（一）葡萄酒高等教育体系的完善

为解决葡萄酒全产业链发展中的人才需求问题，各地结合实际，在应用型人才培养方面进行了积极的探索和实践。在开设葡萄酒专业最早的西北农林科技大学，已经形成了涵盖本科及硕士、博士研究生培养的完整学科体系，围绕葡萄酒产业发展的“瓶颈”问题开展技术研究，主要有葡萄栽培、葡萄品种改良、葡萄酒酿造和葡萄酒微生物研究等[1]，为中国葡萄与葡萄酒产业自主创新发展提供了可靠的科技和人才保障。2010年12月，甘肃威龙葡萄酒业专修学院成立[2]，校企联合培养葡萄酒行业应用人才。2013年5月，宁夏成立了当时国内唯一建于产区的国际化葡萄酒学院——宁夏大学葡萄酒学院。宁夏还通过与国内外著名葡萄酒学院联合设立研究院所和建设人才小高地等项目，推进葡萄酒行业高层次人才培养。为了满足葡萄酒产业发展对应用型专科人才的需要，还设立了宁夏葡萄酒与防沙治沙职业技术学院。2014年秋，成都大学新西兰葡萄酒学院开始招生，专业方向集中于葡萄酒品鉴和营销，为成都、西部乃至全国培养适合经济社会发展需求的国际化葡萄酒高端人才。与此同时，滨州医学院葡萄酒学院成立，并与法国、美国、澳大利亚等国家的著名葡萄酒高等院校合作办学，与张裕公司、华夏长城公司、威龙公司等骨干葡萄酒企业建立了校企合作发展机制，为葡萄酒产业培养高水平应用型人才[3]。2015年10月，新疆首个葡萄与葡萄酒学院在新疆农业大学成立，为该地葡萄酒产业发展人才储备提供了重要保障。

除了以上设立葡萄酒学院的高等院校之外，中国农业大学、北京农学院、大连工业大学、山东农业大学、新疆农业大学、甘肃农业大学、石河子大学、云南农业大学、山西农业大学等20多所高校开设葡萄酒专业及相关课程[4]，为我国葡萄酒行业发展夯实了人才基础。

---

1 方莫扉：《耕土耕心，酿酒酿人——葡萄酒行业相关介绍》，载《求学》2021年第34期第36-40页。
2 刘永平：《甘肃武威葡萄酒产业化发展研究》，载《发展》2012年第3期第76-77页。
3 杨沐春：《滨州医学院葡萄酒学院正式揭牌》，载《中国酒》2014年第9期第82页。
4 王琦：《国产葡萄酒困境：自信不足》，载中国酒业协会内部刊物《深度》2019年第5期第13页。

（二）葡萄酒社会教育的发展

在葡萄酒专业人才培养体系逐渐完善的同时，将葡萄酒学校教育与行业和市场对接的社会教育也发展起来，针对社会大众的葡萄酒文化传播和葡萄酒专业知识教育也呈现出受众面广泛、活动类型多样、传播媒体丰富的特点。《酒典》《中国葡萄酒》等书籍面向消费者介绍葡萄行业发展及葡萄酒相关知识，对于提高中国消费者对世界各国葡萄酒的认知能力、增进中国与世界葡萄酒界的交流起到了积极作用。2000 年 1 月，国内首家葡萄酒专业网站——中国葡萄酒信息网开通，主要开展葡萄酒行业信息交流、传播葡萄酒文化，成为行业内公认的门户网站[1]。北京、上海、广州等大城市纷纷设立了葡萄酒教育培训公司，与国外知名的培训机构合作，进行国际葡萄酒行业从业资格认证培训。国内一些比较大的进口葡萄酒商也为推广品牌而积极开展培训课程，葡萄酒专业品酒师采用会员或俱乐部的形式针对葡萄酒爱好者开展培训工作，让越来越多的中国消费者认识、了解和热爱葡萄酒。

为了提升消费者对葡萄酒的体验，增强葡萄酒文化的互动交流，各地由葡萄酒行业协会、葡萄酒管理部门以及各高校葡萄酒学院组织编写产区教程、举办各种类型的葡萄酒品鉴会，在提升大众葡萄酒消费素养的同时，对葡萄酒的销售也起到了积极的促进作用。2017 年，甘肃河西走廊产区课程在全国各地开始推广，向消费者详细介绍产区的历史、气候与地理环境、主要葡萄品种及其种植与酿酒等知识。2018 年，宁夏贺兰山东麓葡萄酒产业园区管委会发布《宁夏贺兰山东麓产区葡萄酒初阶教程》，对宁夏各子产区进行了详细介绍，并采用大量手绘图画，形象生动地概述了宁夏葡萄产区历史、地理、气候、风格及酿造工艺等相关知识。之后，宁夏又成立了贺兰山东麓葡萄酒教育学院，并组织编制了《宁夏贺兰山东麓葡萄酒讲师教程》[2]，在多地开展产区课程培训[3]和葡萄酒品鉴会，既促进了产区宣传，也让更多消费者更直观地体验和接受葡萄酒文化。此外，宁夏贺兰山东麓葡萄酒产业园区管委会还与勃艮第高等商学院、中法文化艺术研究中心签署三方合作备忘录[2]，在葡萄酒行业人才培养和科技文化交流等方面加深合作。与此同时，山东也推出了

1 孙志军:《中国葡萄酒业三十年 1978—2008》，中国轻工业出版社，2009 年，第 26 页。
2 连荷:《宁夏破译葡萄酒产业腾飞的“人才密码”》，载《中国食品报》2022 年 9 月 20 日第 5 版。
3 根据宁夏贺兰山东麓葡萄酒产业园区管委会统计数据，截至 2023 年 8 月，贺兰山东麓葡萄酒银川产区课程开课已超过 300 期，带动销售超过 5 000 万元。

宁夏贺兰山东麓春耕葡萄展藤
（吴忠市红寺堡区农业农村局　供图）

涵盖蓬莱产区发展历史、风土特性和产品特色等内容的《蓬莱产区葡萄酒课程》。2019 年 4 月，由宁夏贺兰山东麓葡萄产业园区管委会办公室与中法文化艺术研究中心合作建设的公办成人教育机构——宁夏贺兰山东麓葡萄酒教育学院正式成立，开展面向社会的葡萄酒全产业链技术人才培训。与此同时，中国酒业协会葡萄酒培训中心成立，两个月之后，国际葡萄与葡萄酒组织在中国设立了首家国际葡萄酒管理硕士班教育基地，进一步完善了包括葡萄酒品酒师、酿酒师、侍酒师、营销师在内的葡萄酒专业人才教育培训体系，为中国培养更多的技术人员和葡萄酒消费者、爱好者奠定了坚实的基础，为打造中国葡萄酒社会化教育体系、构建中国葡萄酒文化传播模式提供了人才支撑[1]。2022 年 11 月 2 日，烟台葡萄酒产区课程举行线上开课仪式，并在全国招募首批烟台产区认证讲师 20 人，为完善烟台葡萄酒文化传播体系，探索葡萄酒推广营销新渠道、新模式、新路径打下坚实的基础[2]。为助推宁夏葡萄酒从“种得好”“酿得佳”向“品牌响”“卖得俏”转变，贺兰山东麓银川

1 李乾：《生态友好，贺兰山东麓的另一个层面》，载《新商务周报》2022 年第 7 期第 12-17 页。
2 孙长波，林香义，何丹丹：《烟台葡萄酒产区课程正式开讲》，载《烟台日报》2022 年 11 月 3 日。

产区自主研发了本土课程《贺兰山东麓葡萄酒银川产区》，教程分为贺兰山东麓葡萄酒的历史文化、贺兰山东麓葡萄酒银川产区风土、子产区、葡萄栽培、葡萄酒酿造、鉴赏、年份报告等内容，让消费者对贺兰山东麓银川产区的特点一目了然。截至 2023 年 8 月，贺兰山东麓葡萄酒银川产区课程开课已超过 300 期，带动销售超过 5 000 万元。

为进一步引导消费者、提高国产葡萄酒的市场占有率，“世界十大酿酒顾问”李德美和“世界首位华人侍酒大师”吕杨等国内专家，共同编撰了《中国葡萄酒侍酒与服务》认证课程，并于 2022 年 2 月 27 日在宁夏开设首届课程培训班，该课程成为推动中国葡萄酒“文化体系”与“话语体系”的一面旗帜，为提升中国侍酒师服务水平、壮大专业侍酒师人才队伍起到了积极的推动作用，对于促进宁夏葡萄酒品鉴交流、品牌推广、市场拓展、产区宣传都产生了重要而深远的影响[1]。

（三）葡萄酒中国鉴评体系的推广

2017 年 5 月 11 日，葡萄酒中国鉴评体系第一届品鉴大会在上海举办[2]。2018 年 11 月 18 日，“中国葡萄酒感官评价体系”正式发布[3]，该体系与国际标准最大的不同就在于从葡萄酒的色泽、香气及口感等方面设置评价依据和分值时，都充分考虑了中国人的饮食及饮酒习惯，为中国消费者评价和选择葡萄酒提供了简便可行的参考依据，同时也有助于葡萄酒生产商和进口商更好地了解中国消费者和中国市场。2021 年、2022 年举办的第三届、第四届葡萄酒中国鉴评体系葡萄酒感官评价活动也全面应用了此套评鉴体系。另外，在 2023 年 7 月 8 日举办的首届中国国际葡萄酒大赛上，为了精准地评选出符合中国人饮食习惯和口味喜好的优质葡萄酒，对参赛葡萄酒全部以葡萄酒中国鉴评体系为依据进行评价[4]，对帮助中国消费者更轻松便捷地选择适饮葡萄酒，引导国内外葡萄酒从业者生产、销售中国消费者喜爱的优质葡萄酒起到了积极的作用。

基于中国传统饮食文化深厚的历史底蕴，中国葡萄酒产业体系科学家们对中国消费者的饮食习惯进行了多年研究，针对中国消费者的餐饮搭配和口味偏好创设了一套富有中

1 赵娟：《贺兰山东麓葡萄酒——宁夏“新兴地标”和“紫色名片”》，载《中国食品》2021 年第 4 期第 70-73 页。
2 江源：《葡萄酒中国鉴评体系第一届品鉴大会落幕》，载《酿酒科技》2017 年第 6 期第 48 页。
3 黄筱鹂：《中国葡萄酒感官评价体系正式发布》，载《酿酒科技》2018 年第 12 期第 1 页。
4 陈强：《首届中国国际葡萄酒大赛在房山举办 国际评委团鉴评 2000 余款葡萄酒》，载《北京日报》2023 年 7 月 9 日。

国特色的葡萄酒品鉴体系[1]，不仅建立起了适应我国葡萄酒消费市场的评价方法，提高了中国消费者的葡萄酒品鉴能力，同时也彰显了我国葡萄酒产业的文化自信、产业自信和市场自信。

二、葡萄酒协会和行业组织的成立与发展

为大力开展面向大众的葡萄酒行业技能培训和葡萄酒教育公益活动，2013 年 3 月 27 日，中国葡萄酒行业第一个民间联盟组织——“葡粹·中国优质葡萄酒联盟”成立，同年 5 月，成都市葡萄酒协会成立。2015 年 8 月，宁夏葡萄与葡萄酒产业发展联盟成立，成为推动宁夏地方政府、高校、科研机构和企业之间实现资源整合、信息共享的重要平台。同年 12 月，秦皇岛葡萄酒庄旅游联盟成立，成为有效整合葡萄酒庄旅游资源、提高葡萄酒文化旅游融合发展水平的重要合作平台。2016 年，甘肃省葡萄酒产业协会专业委员会成立，翌年，新疆巴州葡萄酒协会成立，对加大葡萄酒产区宣传力度，提高产区知名度起到了重要作用。随着“西南高原特色小产区”这一发展定位的日益明晰，2022 年 1 月，迪庆香格里拉葡萄产业发展协会成立，对提升产区知名度、地理认知度起到了积极的推动作用。

为促进中国葡萄酒产业高质量发展，致力于推动葡萄酒技术创新的专业组织和科研机构也纷纷成立，并开展了广泛而深入的学术交流活动。2012 年 5 月 29 日，宁夏葡萄与葡萄酒研究院由宁夏回族自治区科学技术厅正式挂牌成立。2013 年 7 月 15 日，宁夏葡萄产业人才高地在宁夏回族自治区林业局揭牌。2014 年 12 月 22 日，全国酿酒标准化技术委员会葡萄酒分技术委员会成立。2016 年 6 月 13 日，中国食品科学技术学会葡萄酒分会成立，汇聚了全国各地的葡萄酒科技、教育界专家学者和企业科技人员，为提升我国葡萄酒产业科技水平和国际竞争力起到了积极作用。2019 年 1 月，银川市人民政府与西北农林科技大学合作共建中国葡萄酒产业技术研究院[2]，在贺兰山东麓葡萄酒产区规模化种植、系列化生产、标准化酿造、品牌化经营、国际化推广等领域开展关键技术研发与推广工作，为推动产区高端化、品质化、国际化发展提供智力和人才支撑。2020 年 1 月，葡萄与葡

1 章玉:《“自信”选出 20 款大金奖葡萄酒》，载《中国食品报》2023 年 7 月 17 日第 4 版。
2 王婧雅:《“葡萄酒＋”：助力宁夏葡萄酒延伸产业领域》，载《宁夏日报》2021 年 4 月 22 日。

萄酒产业国家科技创新联盟成立，为推动我国早日实现葡萄酒强国目标提供了强有力的科技和人才支撑。

为促进葡萄酿酒技术的交流和酿酒师专业技能的提升，2015 年 12 月 31 日，由国内葡萄酒企业一线酿酒技术人员组成的中国酿酒师联盟（The Union of Chinese Winemakers Association，简称 UCWA）正式成立。之后，中国酿酒师联盟北疆协会、中国酿酒师联盟南疆协会、宁夏协会、秦皇岛协会、甘肃协会和烟台协会相继成立，对于提升中国酿酒师专业素质、促进各产区酿酒技术交流起到了极大的推动作用。

三、葡萄酒节事和文化交流活动的繁荣

自 1999 年以来，“中国怀来葡萄采摘节”每年 9 月至 10 月中旬在怀来县举办，“以节为媒”做大做强葡萄与葡萄酒产业，促进了怀来县葡萄产业化发展进程，提升了“沙城葡萄酒”国家地理标志保护产品的知名度和影响力，推动了延怀两地葡萄酒产业协同发展，成为打造京津冀产业协同发展典范区建设项目的重要信息传播平台。2000 年，秦皇岛以举办国际葡萄酒节的形式打开了中国葡萄酒与世界沟通的窗口[1]，每年一届的“中国秦皇岛国际葡萄酒节”不仅为全方位宣传展示城市形象创造了难得契机，对于提升该地区的葡萄酒产业发展水平，打造产区品牌，推动葡萄酒产业与旅游、文化、康养等相关产业的融合发展也发挥了重要的作用，更成了弘扬中国葡萄酒文化的重要窗口。2007 年开始每年举办一届的“烟台国际葡萄酒博览会”[2]，是中国葡萄酒行业最早的国际性经贸节会之一，对提升烟台在海内外的知名度和美誉度、扩大“亚洲唯一国际葡萄·葡萄酒城”这一品牌形象的影响力、增加烟台葡萄酒产业社会效益和经济效益起到了积极的作用。于同年举办的首届“克隆宾杯”烟台国际葡萄酒质量大赛目前已经发展成为国内连续举办次数最多的“中国优质葡萄酒挑战赛”，也被称为国内最有根基的大赛，其评判结果受到行业内高度认可，对促进葡萄酒行业技术交流、推广国产葡萄酒发挥了重要作用。

西部葡萄酒产区也纷纷策划各类主题活动，提升节庆活动效应。从 2011 年开始，“中

1 孙志军:《中国葡萄酒业三十年 1978—2008》，中国轻工业出版社，2009 年，第 26 页。
2 李仁:《葡酒飘香迎宾朋 聚焦盛会谋发展》，载《烟台日报》2013 年 7 月 6 日。

国·河西走廊有机葡萄美酒节"成了甘肃葡萄酒产区整体推介的重要活动[1]，对于大力提升产区知名度和影响力，推动甘肃省葡萄酒产业开展更为广泛的国际、省际、产区间交流合作起到了重要作用。启幕于2016年8月的"新疆丝绸之路葡萄酒节"，每年通过举办专题论坛、品牌推介、品鉴体验和商贸洽谈等活动，为展现新疆葡萄酒产业的资源优势和发展成就、推介新疆葡萄酒品牌、拓展葡萄酒商贸和文化旅游、加快新疆葡萄酒产业发展起到了积极的促进作用。在内蒙古中部，乌海以"2016'丝绸之路'世界沙漠葡萄酒文化节"的成功举办为契机，成立了世界沙漠葡萄酒联盟[2]，确立了"世界沙漠葡萄酒产区"的发展定位，利用葡萄酒文化节不断扩大影响，促进了产区葡萄栽培和酿酒科技进步与产品不断创新，成为乌海与世界葡萄酒沟通合作的重要桥梁。在北京、宁夏、新疆举办了四届的"一带一路"国际葡萄酒大赛，以葡萄美酒为媒介，"丝绸之路"为纽带，对推动中国及"一带一路"共建国家葡萄酒产业发展，促进东西方葡萄酒文化交流融合，起到了重要作用。另外，诸如"鸭绿江河谷冰葡萄酒节""中国马瑟兰节""香格里拉——梅里雪山国际葡萄酒节""北京密云葡萄酒文化节""延怀河谷葡萄文化节""怀来国际葡萄酒博览会""中国（宁夏）国际葡萄酒文化旅游博览会"等葡萄酒节日庆典和特殊事件活动在各产区纷纷举办，对产区形象宣传和品牌推广产生了深远的影响。截至2023年，举办了9届的葡萄春耕展藤活动已成为宁夏贺兰山东麓葡萄酒产区的一项标志性、品牌性活动，在区内外产生了广泛影响，对传承葡萄农耕文化，推进葡萄酒产业高质量发展，提升产品竞争力、品牌影响力和产业带动力发挥了重要的宣传推动作用。

随着我国葡萄酿酒工艺的进一步发展、生产标准和管理制度的完善、国产葡萄酒品质的提升，葡萄酒专业技术人才的系统培养、葡萄酒文化大众传播体系的建设、葡萄酒专业图书与杂志的出版发行、国际葡萄酒科技文化交流以及各产区形象推广、产品营销等活动进入了活跃时期。以葡萄酒高等教育为中心，向社会化教育和消费者培训延伸，与市场对接的大众葡萄酒文化教育形式多样，同时建立了具有中国特色的葡萄酒品评体系，为中国葡萄酒文化传播体系的建立与完善奠定了基石。葡萄酒专业协会在各地纷纷成立，在监督行业健康发展方面起到了重要作用。各地以葡萄酒为主题的节庆活动、葡萄酒评比大赛、

1 翟云峰:《中国·河西走廊第二届有机葡萄美酒节开幕》，载《新食品》2012年第16期第146页。
2《中国·乌海2016"丝绸之路"世界沙漠葡萄酒文化节 世界沙漠葡萄酒联盟成立》，载《中外食品工业：上》2016年第10期第80页。

葡萄酒评鉴活动丰富多彩，在吸引了大量游客的同时，为产区形象推广、葡萄酒营销开辟了体验营销的渠道。

中国葡萄酒业在风云诡谲的国际环境和巨大的竞争压力之下，进一步完善行业管理制度，优化产业发展模式。传统产区通过实施集群化发展战略和葡萄酒文旅融合发展战略促进产业质效齐增，特色小产区通过实施差异化发展战略塑造鲜明形象、提升核心竞争力。与此同时，针对中国消费者开展葡萄酒文化推广、培养消费者对中国葡萄酒的消费信心、弘扬中国传统葡萄酒文化的葡萄酒大众教育体系日益完善，葡萄酒的中国语言表达体系也逐步建立，葡萄酒文化旅游、体验营销活动精彩纷呈，中国由葡萄酒大国向葡萄酒强国迈进了坚实的一步。

中国葡萄酒历史文化研究

下篇
宁夏 中国葡萄酒历史文化的缩影

第十一章
宁夏葡萄酒业的开端与发展

宁夏葡萄种植历史悠久。唐代诗人韦蟾的《送卢潘尚书之灵武》有“贺兰山下果园成，塞北江南旧有名”的诗句，记载了宁夏所处的河套平原一带果园美景堪与“江南”媲美。晚唐诗僧贯休的《塞上曲》:“赤落蒲桃叶，香微甘草花。不堪登陇望，白日又西斜。”从中亦可读出作者眼中葡萄枝叶覆盖塞上大地的景象。两宋时期，西夏境内呈现出“丛林果木皆增盛”的繁荣景象。西夏使者在出使宋朝时“兼赍葡萄遗州郡”，将所产葡萄作为礼品赠送沿路州郡[1]。元朝建立后，果酒需求量大，促进了葡萄种植与葡萄酒酿造工艺的发展[2]。延及宁夏地区，葡萄酒亦见丰盛，元代诗人马祖常《石田文集》卷二《灵州》有“葡萄怜美酒，苜蓿趁田居”的描写诗句。灵州为今宁夏灵武一带[3]，说明在元代的灵州，不仅有了葡萄栽培，而且能够用葡萄加工酿酒[4]。明清时期西北地区种植的葡萄品种有“绿色、紫色两种，大如白，皮薄多汁，食味甜爽鲜美，南方所无着。球旁或生细蔓，上结小葡萄如豆大，味更绝佳”。民国初年，当地又培育出新品种，其中“锁锁葡萄，大如纽扣，皮薄无子，食之蜜甜，堪制葡萄干，尤称特产”[5]。

新中国成立后，宁夏在生产条件极其艰苦的环境下开展过葡萄栽培的早期试验，但由于经验不足，加上风沙、冻害的侵袭，葡萄苗引种成活率很低，零星分散栽培的葡萄苗也难以满足葡萄酒酿造的原料需要。但初期尝试为后期不同品种的引种试种及优化、葡萄栽种技术改良、引种葡萄苗的本土化及葡萄苗圃繁育基地建设积累了重要的经验。

1 赵娟:《贺兰山东麓葡萄酒——宁夏“新兴地标”和“紫色名片”》，载《中国食品》2021年第4期第70-73页。
2 蔡国英:《贺兰山志》，宁夏人民出版社，2019年，第125页。
3 王赛时:《中国酒史》，山东大学出版社，2010年，第233页。
4 宁夏林业志编纂委员:《宁夏林业志》，宁夏人民出版社，2001年，第123页。
5 蔡国英:《贺兰山志》，宁夏人民出版社，2019年，第126页。

贺兰睡佛护佑下的葡萄园
（宁夏贺兰山东麓葡萄酒产业区园区管理委员会　供图）

第一节　酿酒葡萄种植业的开端与初步发展

一、酿酒葡萄的早期栽种试验

1957 年，连湖农场种植葡萄 6 亩。1958 年，灵武、巴浪湖、简泉三个农场小面积种植[1]，当年，灵武农场引入包括红玫瑰、巴米特、季米利亚特、马伏鲁特和吉姆沙 5 个保加利亚酿造品种在内的 110 个葡萄品种，培育出以酿造品种为主的葡萄苗约 10 万株。当时曾酝酿在 18、19 号基地建立葡萄基地，并于 1960 年在 19 号地栽种葡萄 134 亩。但因各方面条件不具备，计划未能实现，19 号地葡萄园于翌年报废[2]。1959 年，灵武园艺试验场自河北昌黎果树所引进酿酒葡萄品种十余个，主要有玫瑰香、小白玫瑰、柔丁香、赤霞珠、蛇龙珠等品种。由于当时条件所限，对这些酿酒葡萄品种只进行了观察记载，并未推广种植和批量酿造葡萄酒[3]。1965年，宁夏还曾试验种植沙巴珍珠、玫瑰香、柔丁香、奥利文、保尔加尔、小白玫瑰、意大利玫瑰、无核紫等葡萄品种，但因葡萄育苗和防冻害技术

1《宁夏农垦志》编纂委员会：《宁夏农垦志（1989—2004）》，宁夏人民出版社，2006 年，第 237 页。
2 灵武农场志办公室：《灵武农场志》（内部发行），第 186-187 页。
3 宁夏回族自治区林业和草原局：《宁夏林业草原志（1996—2020 年）》，阳光出版社，2022 年，第 422 页。

限制，试验品种都没能得到推广。

1977 年 12 月 28 日，国营玉泉营农场组建成立，农场东靠西干渠，南与青铜峡连湖分场接壤，西以包兰铁路为界，北边是闽宁镇玉海移民村，场部设在黄羊滩火车站东南约 300 米处。20 世纪 80 年代初，宁夏从河北、山东、天津等地引进玫瑰香、沙巴珍珠、早玫瑰、巨峰、黑汉堡、亚历山大、无子露、葡萄园皇后等 86 个鲜食与酿酒葡萄品种，在玉泉营农场的葡萄试验基地进行栽种试验。1981 年春，玉泉营农场从河北昌黎引进在国内已有 2 000 多年种植历史的龙眼葡萄枝条，用“直插建园”的方法小面积试验栽种了 50 亩，但基本以失败告终[1]。分析原因，是春季葡萄枝条插入土中，由于地下温度低、地面温度高，出现了先发芽、不发根的现象，导致插条失水抽干而死。另外，由于沙性土壤保水、保肥能力差，加上病虫害防治经验缺乏，葡萄苗枯死等问题接连不断。

二、酿酒葡萄种植的开端

玉泉营农场建场初期，土地总面积有 10 多万亩，但适合种植粮食作物的耕地却不足 2 万亩。大部分土地的地表土层深 20~50 厘米，下边全是灰钙土和沙砾层。贫瘠的土壤不适合粮食作物，小麦亩产量仅 100 千克，且因为沙砾层跑水漏肥，小麦从种到收要灌 10 次左右的水，加之当时农田灌溉需要二级扬水导致水电费居高不下，农场连年亏损，职工收入十分微薄[2]。

80 年代初，宁夏回族自治区党委主要领导提出了发展酿酒葡萄种植业的建议，农垦和农林部门积极响应。1981 年 3 月下旬，为改变农场贫穷面貌，玉泉营农场时任场长谭以智决定带领工人试种葡萄。他们第一次到河北沙城引进了一批葡萄苗木，以龙眼为主，另有少量的赤霞珠、品丽珠、蛇龙珠、玫瑰香、雷司令、李将军、巨峰、乍娜等品种。试验栽种 20 亩虽然全部失败，但是对玉泉营农场土壤及气候条件进行了专业分析之后，农场领导还是坚持申请继续试验，并制定了种葡萄、酿葡萄酒的具体方案。但在当时，由于缺乏经验，加上试验失败的打击，在农垦局组织的论证会上，许多园林专家对在玉泉营种植酿酒葡萄、发展葡萄酒产业的设想提出了质疑。宁夏冬季寒冷干燥，晚霜易冻芽，尤其

1 内容源于 2023 年 12 月 26 日银川市金凤区毛凤玲对梁纪元的采访。
2 刘虎山：《宁夏农垦拓荒者的故事》（自印本），第 71 页。

是葡萄的越冬问题和开春后面临的晚霜冻，在当时许多人看来是无法逾越的难题。论证会得出的一致意见是，玉泉营所处的贺兰山东麓地区，冬季严寒、开春后伴有霜冻，达不到种植酿酒葡萄的气候要求。在争执与困难面前，农垦局领导表态支持玉泉营农场小面积试种，坚定了农场工人试验和栽种葡萄、尝试酿造葡萄酒的决心。

农场职工经过反复试验，摸索出了“火炕催根、直插建园”的办法。他们把葡萄苗木枝条剪成 20 多厘米长的插条，每捆 30 根扎好浸水，直立码放在火炕上，下部用沙土掩埋。给火炕加温使其保持在 28~30℃，苗木枝条下部受热，上部浇水降温保湿，让葡萄枝条“先生根、后发芽”，1 个月后将带根发芽的小苗移栽到地里，这套办法解决了葡萄育苗的难题[1]。

1981 年以前玉泉营农场主要种植当地的长葡萄、园葡萄、索索葡萄以及从河北、天津等地引进的玫瑰香、龙眼、沙巴珍珠、早玫瑰、巨峰、黑汉堡、亚历山大、无子露、葡萄园皇后等品种，此外还种过红玫瑰、巴米特、季米利亚特、马伏鲁特和吉姆沙等 5 个保加利亚酿造品种[2]。1982年，玉泉营农场主要种植龙眼、玫瑰香、红玫瑰、白羽等，还试种了 156 个其他品种[2]，采用“火炕催根，地膜覆盖、直插建园”技术，成活率达 70%[3]。遗憾的是由于当年冬季遭遇冻害，葡萄保苗很不理想。

1982 年 6 月 29 日，中国科学院果树所育种室主任吴德玲研究员带着助手张国良到宁夏，在实地调研的基础上，提出了“宁夏有发展酿酒葡萄的独特优势，玉泉营火炕催根、直插建园值得肯定”的观点[4]，并说：“玉泉营戈壁滩上采取一次性扦插定植的方法种葡萄，成活率高，长势又这么好，在国内还是第一次见到。”之后，农垦局从该所引进张国良、刘效义等 4 名技术人员到玉泉营农场，重点开展葡萄繁育、栽培与技术推广工作。他们从近百种葡萄中筛选出了赤霞珠、美乐等酿酒葡萄品种，之后又引进了琼瑶浆、白羽、法国兰、佳丽酿、黑比诺、蛇龙珠、品丽珠、白玉霓等葡萄品种，形成了一定种植规模[5]。区内葡萄种植专家、原宁夏农学院院长李玉鼎教授在农场葡萄园经常开展实践教学，并对葡萄

1 内容源于 2023 年 11 月 16 日银川市金凤区毛凤玲对原宁夏农学院院长李玉鼎的采访。
2《宁夏农垦志》编纂委员会：《宁夏农垦志（1989—2004）》，宁夏人民出版社，2006 年，第 238 页。
3《宁夏农垦志》编纂委员会：《宁夏农垦志（1989—2004）》，宁夏人民出版社，2006 年，第 239 页。
4 谭以智：《我是陕西西安谭家堡人，今年 84 岁了》，载“读醉网”2016 年 8 月 14 日，http：//www.duzui360.com。
5 李有福，卢大晶：《宁夏葡萄酒产业的发展优势和问题探讨》，载《农业科学研究》2008 年第 2 期第 60-63 页。

栽培提供专业技术指导。在实践探索与专家们的指导下，“火炕催根、直插建园”的方法进一步完善为“火炕催根、营养袋育苗、开沟换土、覆膜深栽”的栽培模式，即：将火炕催根的幼苗，装入营养袋中，置于下沉式塑料小弓棚内，培育成壮苗后，于六月上、中旬栽入定植沟内[1]，这样栽植的葡萄苗，扎根深、生长旺、冬埋土层厚，解决了葡萄受冻害的问题。农场领导还邀请国内知名葡萄种植专家郭其昌、晁无疾等分析当地气候土壤条件、研究葡萄的生长特性和病虫害特征，指导玉泉营农场的葡萄栽培技术，一个个攻克难题，终于创造了塞北沙滩荒地上种活酿酒葡萄的奇迹[2]。如今，宁夏农垦玉泉国际酒庄内还保留着当年第一棵酿酒葡萄树的标本[3]。

三、玉泉营农场酿酒葡萄种植业的发展

为能选育出适合宁夏栽培的葡萄品种，1983 年，玉泉营农场在实验站建成占地 60 亩的葡萄引种试验园，从辽宁、河北、山西、陕西、河南、安徽等地引进 200 多个鲜食与酿酒葡萄品种。经过观察对比，适合栽培的品种有龙眼、玫瑰香、大宝、乍娜、白羽、佳利酿、李将军、雷司令、贵人香、赤霞珠、蛇龙珠、品丽珠等。1984 年玉泉营农场种植的 5 795 亩葡萄第一年挂果，产量有 5 万千克[4]。1988 年定植面积最大的是鲜食、酿酒兼用品种龙眼，占 70% 左右，其次为玫瑰香、巨峰、乍娜等鲜食品种和蛇龙珠、雷司令、法国兰等酿造品种[5]。

20 世纪 80 年代末至 90 年代初，玉泉营农场最初试种的一些葡萄品种老化，相继被淘汰，品种更新为赤霞珠、蛇龙珠、品丽珠、霞多丽等国际酿酒葡萄名种。1990 年，玉泉营农场葡萄总产量达 170 万千克，平均亩产 275 千克，其效益比种粮食高出很多，农场职工的生活条件也因为种葡萄而大有改善。当年玉泉营农场葡萄在全国评比中荣获第一名，1992 年又获农业部颁发的绿色食品证书，葡萄品质不断提升。到 1993 年，农场种植鲜食和酿酒葡萄 5 700 多亩，产量逐年增加[6]。

1 当时凡栽植葡萄的地块，都必须按规划人工开挖深 1 米、宽 80 厘米的定植沟，沟内填入作物秸秆，牛、羊、鸡粪，过磷酸钙和地表土，定植沟低于地面 15 厘米左右并覆盖地膜。

2 内容源于 2023 年 11 月 16 日银川市金凤区毛凤玲对李玉鼎的采访。

3 张国凤，王壹：《塞上江南美酒香》，载《农民日报》2023 年 7 月 8 日第 7 版。

4 刘虎山：《宁夏农垦拓荒者的故事》（自印本），第 73 页。

5《宁夏农垦志》编纂委员会：《宁夏农垦志（1989—2004）》，宁夏人民出版社，2006 年，第 238 页。

6 解磊：《一颗小葡萄 紫色大梦想》，载《消费日报》2023 年 6 月 13 日第 A4 版。

为发展壮大酿酒葡萄种植产业，1996 年初，玉泉营农场向宁夏回族自治区计划委员会（以下简称“区计委”）申请，提出《建设玉泉营优质高产葡萄基地的计划报告》，当年 9 月区计委下达同意建设计划的批复。之后，区计委先后四次批复同意在玉泉营建立优质高效葡萄基地，引进优质无毒葡萄种苗，扩大葡萄酒厂建设方案，建设优质鲜食葡萄温棚和酿酒葡萄基地。1997 年 12 月，宁夏玉泉营农场成立引种优质葡萄种苗领导小组和葡萄酿酒研究所，签订从法国引进葡萄种苗、从德国引进优质种砧资源的协议，当年葡萄种植面积增加到 2 520 亩[1]。1998 年 3 月 18 日，玉泉营农场优质葡萄脱毒良种繁育中心成立，中心学习国外先进的管理制度，实施全封闭隔离措施，建立了严格的检疫消毒和苗木分级出圃制度。建设优质母本园、采穗（条）圃，使苗木培育科学化、品种优良化、生产标准化、检疫制度化、供应优质化。农场吸收国外栽培和苗木培育先进技术，优先选择了土壤、气候、灌排最佳种植生态区，高标准建设优质酿造与高档鲜食葡萄母本园，引进世界名优品种葡萄种苗 50 万株，当年新栽植葡萄种苗 2 880 亩[2]，为宁夏贺兰山东麓优质葡萄酒酿造提供了重要的原料保障。

1998 年 4 月 22 日召开的全区酿酒葡萄基地建设座谈会上，宁夏回族自治区党委主要领导指出：“我区的西夏王葡萄酒已经在国内市场上有了一定的影响，要扩大生产规模，提高市场占有率。”根据会议精神，农垦事业管理局提出扩建一万亩高档酿酒葡萄基地的计划。1998 年 7 月 2 日，区计委批复同意此项计划，还专门成立了葡萄产业化领导小组[3]。2001 年玉泉营农场被确定为宁夏第一批自治区现代农业葡萄产业化项目示范基地和酿酒葡萄滴灌示范区，当年酿酒葡萄基地结果面积 3 500 亩，单产 300 千克 / 亩，总产 1 000 吨[4]。2002 年 7 月，宁夏农垦提出到 2005 年生产 1 万吨优质葡萄酒的目标，为农垦酿酒葡萄种植产业发展进一步明确了方向，当年玉泉营农场葡萄基地净面积 9 930.8 亩，单产 650 千克 / 亩，总产量达 3 500 吨。

农垦玉泉营农场先后从世界著名产区引进几十个著名酿酒葡萄品种，遴选出赤霞珠、品丽珠、蛇龙珠及美乐等优良主栽品种，为繁育良种和建设优质酿酒葡萄基地打下了良好

1《宁夏农垦志》编纂委员会:《宁夏农垦志（1989—2004）》，宁夏人民出版社，2006 年，第 220 页。
2《宁夏农垦志》编纂委员会:《宁夏农垦志（1989—2004）》，宁夏人民出版社，2006 年，第 224 页。
3《宁夏农垦志》编纂委员会:《宁夏农垦志（1989—2004）》，宁夏人民出版社，2006 年，第 224-225 页。
4《宁夏农垦志》编纂委员会:《宁夏农垦志（1989—2004）》，宁夏人民出版社，2006 年，第 42 页。

的基础，对宁夏贺兰山东麓酿酒葡萄基地建设起到了示范性的龙头带动作用。自成功培育宁夏第一棵酿酒葡萄苗开始，到建成宁夏酿酒葡萄科学种植第一基地、酿成宁夏第一瓶葡萄酒、建成宁夏第一个葡萄酒厂，玉泉营农场酿酒葡萄产业发展凝聚了宁夏贺兰山东麓第一代葡萄人的心血。从 1985 年 8 月至 1995 年 10 月在玉泉营农场历任副场长、党委副书记、场长的刘虎山在他的《宁夏农垦拓荒者的故事》一书中记录了他们的名字：赵生义、张学文、梁纪元、雒喻、韩树峰、刘殿儒、杨乃积、周生美、朱金友、牛义南、蒲国强、高自伟、翟培民、郎居新等[1]。

20 世纪 90 年代起，一批批葡萄酒工程专业毕业的大学生来到玉泉营农场和葡萄酒厂，投身宁夏贺兰山东麓葡萄栽培与葡萄酿酒产业，如冯晓霞、罗跃文、李元乐、丁玉镯等。俞惠明、周淑珍、陈建普、王平来、白明等 20 多名农场和酒厂的青年工人通过培训和自学，成长为本土酿酒专家，农场也培养出了从事葡萄品种繁育与栽培管理的郭惠萍、安宏伟、马永明、拓维庶、何金柱等专业人才[2]，他们后来都成了宁夏贺兰山东麓葡萄酒产业的中坚力量。

四、早期酿酒葡萄栽培技术发展[3]

贺兰山东麓产区土壤类型多样，以灰钙土分布最为广泛，该区域土壤条件优劣并存。土层较厚，人为混合改善后的持水能力和透气性强、pH 高，适度的碱性环境有利于提高葡萄抗性，钙镁含量丰富、土壤成土母质中钾含量高。劣势主要表现为：土壤质地过粗、沙石含量大、容重过大、有机质含量偏低、土壤结构不稳定，导致该地区水肥损失严重，土壤 pH 较高（pH8.5），土壤中的磷元素容易固化，有机质含量低，除速效钾含量处于中等水平外，其余养分含量均处于低肥力水平[4]。为改变土壤有机质和土壤养分含量偏低现状，增强土壤的供肥及保肥能力，增加土壤中有机质含量，早期摸索出了土壤改良方法如下[5]：

1 刘虎山：《宁夏农垦拓荒者的故事》（自印本），第 74 页。
2 刘虎山：《宁夏农垦拓荒者的故事》（自印本），第 83 页。
3 此部分内容由李玉鼎、李明协助完成，特致感谢。
4 王锐，孙权，郭洁等：《不同灌溉及施肥方式对酿酒葡萄生长发育及产量品质的影响》，载《干旱地区农业研究》2012 年第 5 期第 123-127 页。
5《宁夏农垦志》编纂委员会：《宁夏农垦志（1989—2004）》，宁夏人民出版社，2006 年，第 42 页。

> 秋季基肥中有机肥料以羊粪为主，牛粪、猪粪、油饼、骨土等为辅。施肥方法多用直沟或环状沟，施肥深度为40厘米，株施量不少于25公斤。葡萄生长期追施化肥2～3次，以尿素为主，磷酸二铵、过磷酸钙为辅，通常多用沟施，沟深15～20厘米，追肥结合灌水进行。在生长期根外追肥2～3次，以微肥为主。

《宁夏农垦志（1989—2004）》记载了当时针对葡萄病虫害采取的防治措施是[1]：

> 结合清理果园，将有病虫的枯枝烂叶、病果穗扫除出园烧掉或深埋，消灭越冬病虫源；芽刚萌动未展叶前喷布0.5～2波美度石硫合剂，有效防治毛毡病、黑痘病、白粉病；果粒长大中期，喷布200倍石灰等量式波尔多液加展着剂，有效防治褐斑病等；冬剪埋土防寒之前，喷布0.5～3波美度石硫合剂，有效防治残留在树体上的病菌和虫卵。做好苗木检疫和消毒工作，防止根癌病蔓延和扩散。

宁夏冬季寒冷、多风少雨、空气干燥，对葡萄越冬不利。在预防冻害方面，宁夏当地采用埋土防寒方法历史悠久。《宁夏农垦志》中记载[1]：

> 埋土前灌好冬水，分2期埋上，前期埋土（从10月底至11月初）以利散墒，防止"捂条"。后期埋土在11月5日后修补埋严，埋上厚度不低于10厘米，幅度底宽1.2～1.5米。4月中旬出土后适时灌水，以防晚霜危害嫩芽及花序。

酿酒葡萄春季出土后，气温变化大，冷空气活动相对频繁。若遭遇－3℃以下低温会造成已萌动的芽体受冻，影响当年产量。由于晚霜一般发生在4月底至5月初，正是葡萄出土萌芽季节，对葡萄幼芽危害大[2]，是贺兰山东麓酿酒葡萄栽培要解决的主要自然灾害之一。玉泉营农场多年来的栽培经验证明了"在这一地区栽培葡萄只要灌好冬水，埋好土，葡萄完全可以安全越冬"[3]，并总结出"防止葡萄枝条抽干"和防止冻害的实践经验[2]：

> 第一，葡萄枝条挖槽深埋，延迟出土，使其推迟萌发，躲过晚霜期。第二，及时灌春水，灌水的葡萄比不灌水的抗霜冻。经1991年5月20日凌晨的霜冻（−6℃），玉泉营农场葡萄灌过春水的产量略受影响，而未灌水的葡萄萌芽全部受冻抽干，不得不更新。第三，采取其他措施，如熏烟等。

1《宁夏农垦志》编纂委员会：《宁夏农垦志（1989—2004）》，宁夏人民出版社，2006年，第239-240页。

2 刘虎山：《贺兰山东麓地区适宜发展优质酿酒葡萄》，载《宁夏农林科技》1995年第6期第46-48页。

3 刘虎山：《宁夏农垦拓荒者的故事》（自印本），第73页。

宁夏地处大陆性半干旱气候区，大风是常见的天气现象。受贺兰山东麓区位和地形等环境影响，大风一直是威胁贺兰山东麓酿酒葡萄生长的气象灾害之一。宁夏西北风多，《宁夏农垦志》中记载了早期防风害的葡萄搭架方式："葡萄篱架走向以东西方向为主。架式主要有棚架和篱架，棚架采用'一条龙''二条龙'，篱架多采用分层半扇形。"[1] 贺兰山沿山地带六级以上大风每年发生 6 ~ 12 次，大风灾害突发性、季节性强，大风导致葡萄折茎断枝甚至倒伏，会在短时间内造成较大的损失。因此，宁夏在酿酒葡萄酒基地大规模建设开始之初，便形成了"先建防风林带，后种葡萄"的种植模式。

在葡萄栽培技术推广方面，1988 年，宁夏农林科学院牵头编制了《宁夏酿酒葡萄栽培技术规程》(DB64/T 204—1998)，对酿酒葡萄生产的各个环节都进行了严格的规定。之后多次修改完善，制作成《宁夏酿酒葡萄栽培技术》光盘，分别在宁夏电视台和中央电视台农业科技节目中播放，对推动宁夏和周边省区葡萄栽培种植发展起到了良好作用[2]。20 世纪 90 年代，宁夏农林科学院引进了中国农业科学院的葡萄专家、国际"金葡萄创业奖"获得者刘效义，从鲜食与酿酒葡萄品种筛选、育苗建园技术等方面开展了研发与示范推广。1996 年 1 月，玉泉营农场举办葡萄无公害标准化栽培技术培训班，提高了职工掌握应用科学栽培技术的能力[3]。

第二节　葡萄酿酒业的开端与初步发展

一、葡萄酿酒生产的早期尝试

葡萄半汁酒、甜酒和葡萄果酒在宁夏的最早生产尝试可以追溯到 1972 年，国营灵武农场粮油加工厂的酿酒车间新建了 288 平方米的果酒车间，之后在此酿酒车间的基础上，发展成为独立经营的酿酒厂。1985 年，该酿酒厂购入葡萄汁 8.56 万千克，但因缺少灌装设备，生产半汁葡萄酒的计划暂时搁浅，1986 年末尚存葡萄汁 6.21 万千克。之后灵武

1 刘虎山：《贺兰山东麓地区适宜发展优质酿酒葡萄》，载《宁夏农林科技》1995 年第 6 期第 239 页。
2 2003 年由宁夏农林科学院和宁夏农垦事业管理局共同对《宁夏酿酒葡萄栽培技术规程》(DB64/T 204—1998)进行了修订，之后，宁夏回族自治区质量技术监督局正式发布实施《宁夏酿酒葡萄栽培技术规程》(DB64/T 204—2003)，以此指导全区葡萄规范化生产。
3《宁夏农垦志》编纂委员会：《宁夏农垦志（1989—2004）》，宁夏人民出版社，2006 年，第 344 页。

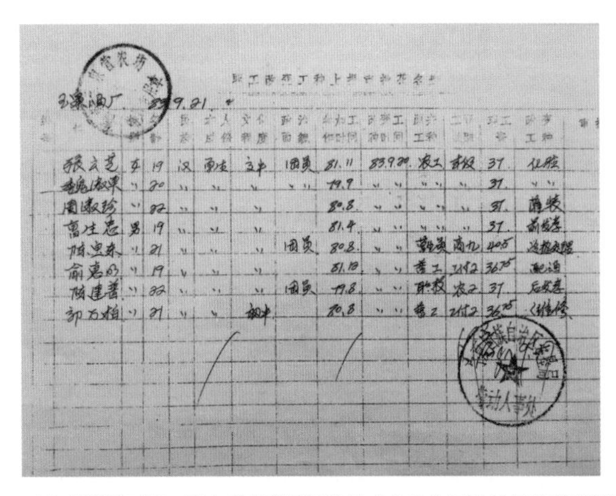

玉泉酒厂 83.9.21

[illegible]	[illegible]	[illegible]	[illegible]	[illegible]	[illegible]	[illegible]	[illegible]	[illegible]	[illegible]	[illegible]	[illegible]	[illegible]
张文芝	女	19	汉	[illegible]	高中	团员	81.11	83.9.20	农工	[illegible]	37	化验
[illegible]	〃	20	〃	〃	〃	〃	79.9	〃	〃	〃	37	〃
周淑珍	〃	22	〃	〃	〃		80.8	〃	〃	〃	37	灌装
[illegible]	男	19	〃	〃	〃		81.4	〃	〃	〃	37	前发酵
[illegible]	〃	21	〃	〃	〃	团员	80.8	〃	[illegible]	[illegible]	40.5	[illegible]
俞惠明	〃	19	〃	〃	〃		81.10	〃	普工	[illegible]	36.75	配酒
[illegible]	〃	22	〃	〃	〃	团员	79.8	〃	[illegible]	农2	37	后发酵
[illegible]	〃	21	〃	〃	初中		80.8	〃	普工	[illegible]	36.75	[illegible]

劳动人事处

玉泉葡萄酒厂第一批专业葡萄酒酿造技术人员入厂及赴昌黎葡萄酒厂学习资料
（俞惠明 供图）

农场投资 12.5 万元，从安徽宿县引进饮料生产成套设备和生产技术，1985—1986 年酿酒厂曾生产香槟酒、葡萄酒 11.98 万千克，但销路不畅，仅销售 7.09 万千克，两年亏损，因银行贷款无力及时偿还而停止生产[1]。

二、第一家葡萄酒厂的建成

1983 年 1 月 21 日区计委对农垦局报送“玉泉葡萄酒厂计划任务书”（农垦局〔82〕宁垦副字第 123 号）进行了批复（宁计基〔1983〕024 号）如下[2]：

> 我区日照长，温差大，气候干燥，雨量少，适宜种植葡萄。玉泉营农场土地面积广阔，砂质土壤、有灌溉条件。并据区内外市场的预测及外贸出口的需要，会同有关部门研究，同意建设“宁夏玉泉葡萄酒厂”，为县团级全民所有制企业单位。宁夏玉泉葡萄酒厂建设规模第一期按年产葡萄酒 1 500 吨，第二期按 4 000 吨考虑，整体按年产 1 万吨葡萄酒进行规划。产品结构按高档酒 17%、中档酒 20%、普通酒 38%、低档酒 25% 进行设置。

当年 2 月，宁夏农垦局批准成立了“宁夏玉泉葡萄酒厂筹建处”[3]，开启酒厂的设计、选

1 灵武农场志办公室：《灵武农场志》（内部发行），第 253 页。
2 谭以智：《我是陕西西安谭家堡人，今年 84 岁了》，载“读醉网”2016 年 8 月 14 日，http：//www.duzui360.com。
3 解磊：《一颗小葡萄 紫色大梦想》，载《消费日报》2023 年 6 月 13 日第 A4 版。

宁夏玉泉葡萄酒厂成立及酿成宁夏第一瓶葡萄酒的水缸
（俞惠明　供图）

址、勘测、资金筹集等工作并于 8 月招收第一批技术工人，之后，被录用的张云芝、魏淑霞、周淑珍、曹生忠、陈宝东、俞惠明、陈建普、郭万柏 8 人到河北省秦皇岛市昌黎葡萄酒厂进行了为期一年的学习，掌握了发酵、调配、贮酒、冷冻等葡萄酿酒技术及机修、化验、品鉴等专业技能，他们后来成长为玉泉葡萄酒厂第一批专业葡萄酒酿造技术人员，也成长为宁夏最早的一批葡萄酿酒师。

1984 年 9 月，俞惠明和他的工友们在农场的一处旧库房，用 100 多口大水缸开始了手工破碎、发酵、酿制葡萄酒的试验工作。在无发酵降温设备、无破碎除梗机器、无自来水给排水系统、无辅料的“四无”环境下，他们不畏失败、反复试验，用蛇龙珠葡萄品种酿出了宁夏第一瓶干型红葡萄酒，以此为标志，开启了宁夏当代葡萄酿酒业的大门。1985 年宁夏第一家葡萄酒厂——玉泉葡萄酒厂建成，正式成为宁夏第一座原料基地与葡萄酒生产一体化的葡萄酒厂，当时在国内葡萄酒行业起步阶段，也属于较早的葡萄酒厂之一[1]。

1987 年 7 月 20 日，建筑面积 13 800 平方米的宁夏玉泉葡萄酒厂生产出干型、半干型、甜型、半甜型等 9 个型号、15 个品种的红、白葡萄酒 465 千升，经区级鉴定合格，作为宁夏第一批合格的葡萄酒投入市场，并于当年注册宁夏第一个葡萄酒品牌——贺宏。

1 林风华，蔡晓勤：《宁夏葡萄行业第一人》，载《中国酒》2009 年第 2 期第 44-47 页。

1988 年，在北京首届国际博览会上，“玉泉液”红、白葡萄酒，“双喜”红、白葡萄酒获得铜奖。1991 年 1 月 24 日，玉泉葡萄酒厂新研制的“贺宏”牌全汁红、白葡萄酒两个新产品通过区级鉴定投入批量生产，并在当年获得自治区优质产品奖[1]和第二届北京国际博览会银奖。1992 年 3 月 29 日，“贺宏”牌干红、干白葡萄酒及半干白、半干红葡萄酒被农业部评为绿色食品[2]，并荣获“香港博览会”金奖和“中国首届农业博览会”银奖。

1992 年，时任玉泉葡萄酒厂厂长兼党委书记的魏继武在留法归来的李华博士的指导下，明确了发展高档葡萄酒的思路，确定了“以普通勾兑酒维护市场，以干白、干红为发展方向，主攻高档葡萄酒；大力发展高档酿酒葡萄基地”的发展方针。为解决当时酿酒葡萄栽培及葡萄酒酿造专业技术人才缺乏的问题，农场大胆提拔任用青年人才，并送到河北昌黎等地进行技术交流和培训学习，积极与西北农学院（现西北农林科技大学）葡萄酒学院加强技术合作与交流。1994 年，玉泉葡萄酒厂加入中国第一家集教学研、科工贸为一体的西北农林科技大学葡萄酒学院联盟，在李华院长的指导下，用法国技术生产的干酒以“李华”牌商标进入市场。至此，玉泉葡萄酒厂基本实现了干红、干白生产与国际葡萄酒酿造技术和工艺的接轨。但当时正值我国传统葡萄酒生产向国际标准并轨的初级阶段，葡萄酒行业标准和要求不统一，导致假冒伪劣产品大行其道严重扰乱市场，而绝大多数使用规范生产工艺的正规葡萄酒厂，却由于成本较高而产品售价低，造成企业盈利困难。另由于当时中国人不习惯干红葡萄酒的涩味，价格也难以被市场接受，再加上玉泉葡萄酒厂由于体制、机制及管理理念落后等原因，导致产品营销困难，企业处于亏损或严重亏损的状态。1995 年，宁夏玉泉葡萄酒厂因资不抵债而濒临破产。

1995 年 11 月，农垦局决定将玉泉葡萄酒厂与玉泉营农场分离，由农垦西夏啤酒厂托管并派总会计师蔡晓勤担任葡萄酒厂厂长。之后，企业加大了改革力度，吸收外来投资，改造、扩建酿酒葡萄原料基地和葡萄酿酒车间、优化原料品种、加强企业管理和技术改造，葡萄酒产量和质量稳步提高，年销售量逐渐增加。为适应市场，玉泉营葡萄酒厂调整了产品类型，当时生产的 15 种甜型葡萄酒逐渐被广大消费者认可和接受，少量干红、干白葡萄酒也逐步进入中、高档餐厅和宾馆。

1《宁夏农垦志》编纂委员会:《宁夏农垦志（1989—2004）》，宁夏人民出版社，2006 年，第 356 页。
2《宁夏农垦志》编纂委员会:《宁夏农垦志（1989—2004）》，宁夏人民出版社，2006 年，第 507 页。

1998 年 4 月,《宁夏农垦事业管理局玉泉葡萄酒厂一万吨葡萄酒扩建项目》获批分两期实施。在扩建过程中，该厂先后从意大利和德国引进硅藻土过滤机、连续式稳定机及附件 54 台（套），其中国产 4 台（套），并采用国际先进的恒温二次发酵工艺。通过扩建工程项目的实施，使酒厂每年发酵能力提升到 8 000 吨，贮酒能力达到 1 万吨 / 年 [1]。1998 年，玉泉葡萄酒厂率先在中国西北同行业中通过了中国方圆标志认证委员会 ISO9002 国际质量体系认证，产品质量日益提高，1998 年被中国消费者协会定为消费者信得过产品。玉泉葡萄酒厂从此年年盈利，经济效益逐年提高。

三、葡萄酒龙头企业的发展

1998 年 2 月，北京同力制冷设备公司投资，与玉泉葡萄酒厂、玉泉营农场组建了宁夏西夏王葡萄酒业有限责任公司，所生产的葡萄酒正式启用“西夏王”注册商标，年生产能力由 4 000 吨增加到 1 万吨 [2]。西夏王葡萄酒在 1998—2002 年蝉联中国食品博览会“名牌产品”称号，销往北京、西安、泉州等十几个重点城市。2000 年，西夏王干红葡萄酒在法国巴黎举办的“国际名酒展览评比会”上荣获金奖，同年进入钓鱼台国宾馆成为国宴用酒 [3]。2000 年 10 月，西夏王葡萄酒业公司荣获全国安全优质承诺食品颁证大会颁发的证书和奖牌。2001 年 1 月，西夏王葡萄酒业公司被确定为自治区农业产业化重点龙头企业 [4]。2002 年 3 月,“西夏王”干红、干白葡萄酒荣获中国首批“国家免检产品”称号 [5]，当年 8 月，西夏王葡萄酒业有限公司与江西江中制药集团恒生实业有限公司联合组建合资经营公司，实行股份制联合，成立了宁夏恒生西夏王酒业公司 [6] 并被列入农业部第二批农业产业化国家级龙头企业，产品销往国内 40 多个大中城市，出口东南亚、日本等国 [7]，销售收入达 4 000 多万元，名列全国销售排名第七、西北第一。

1997 年，宁夏第一家上市公司银广夏转包了玉泉营农场东大滩 8 000 亩荒地，建成

1《宁夏农垦志》编纂委员会:《宁夏农垦志（1989—2004）》，宁夏人民出版社，2006 年，第 583 页。
2《宁夏农垦志》编纂委员会:《宁夏农垦志（1989—2004）》，宁夏人民出版社，2006 年，第 254 页。
3 刘必隆:《中国的波尔多——宁夏：从最好的葡萄到最好的葡萄酒的道路》，载《中国民族》2002 年第 9 期第 54-55 页。
4《宁夏农垦志》编纂委员会:《宁夏农垦志（1989—2004）》，宁夏人民出版社，2006 年，第 37 页。
5 林风华:《蔡晓勤：宁夏葡萄行业第一人》，载《中国酒》2009 年第 2 期第 44-47 页。
6《宁夏农垦志》编纂委员会:《宁夏农垦志（1989—2004）》，宁夏人民出版社，2006 年，第 46 页。
7《宁夏农垦志》编纂委员会:《宁夏农垦志（1989—2004）》，宁夏人民出版社，2006 年，第 310 页。

了宁夏私人投资葡萄酒行业最早的企业之一——贺兰山葡萄酒有限责任公司，建设了高标准的酿酒葡萄园，培植了赤霞珠、品丽珠、美乐、蛇龙珠、霞多丽、雷司令、赛美蓉、比诺、西拉[1]等20多种世界名优酿酒葡萄品种，开创了在宁夏荒漠沙丘上种植酿酒葡萄的先河[2]。公司成立初期，就全套引进意大利酿酒和灌装设备，学习国外先进经验，100%按照国际葡萄与葡萄酒组织标准和国家标准进行种植和生产，由法国波尔多酒商行会与中国西北农林科技大学葡萄酒学院联合监制，葡萄酒专家李华担任技术顾问[3]。1998年银广夏又注册成立了另一个全资子公司——广夏（银川）贺兰山葡萄酒销售有限公司。到2001年，"广夏人"先后开垦了三大葡萄酒基地3.2万亩（葡萄净种面积2.6万亩），从山东等地引进多个葡萄品种试种，主栽品种赤霞珠、霞多丽、蛇龙珠、黑比诺、雷司令等。2001年6月，130多个国家的数百家酒商齐聚法国巴黎，参加法国"金葡萄"奖的角逐，贺兰山葡萄酒作为中国的一个区域品牌产品参加大会，成为"金葡萄"奖的获得者[4]。在宁夏贺兰山东麓葡萄酒产区开发初期，银广夏是当时拥有国内最先进设备的集种植、加工、出口、销售为一体的现代化葡萄酒厂之一，在当时大部分酒厂都在作"贴牌"原料生产时，银广夏的"贺兰山"就意识到品牌打造的重要性，抢先注册了贺兰山东麓产区内唯一以贺兰山命名的葡萄酒商标，对宁夏葡萄酒产业的发展起到了重要的示范和带动作用。银广夏葡萄基地的建设带动了贺兰山东麓早期葡萄酒产业带的形成，知名葡萄酒专家李德美认为西夏王和广夏贺兰山对宁夏葡萄酒产业发展的推动作用功不可没。他说："西夏王是最早的，至今仍是规模最大的；而贺兰山，改造荒漠成葡萄园，给当地留下了几万亩20多年树龄的葡萄园，使后来者敢于向荒滩、荒漠进军开垦葡萄园。"[5]

1998年8月21日，"御马"这个经历了三个世纪的法兰西葡萄酒品牌被引到了宁夏贺兰山东麓，集种植、加工、销售产工贸一体化和农、工、商同时发展的现代化葡萄酒庄企业——宁夏御马（法国酒堡）葡萄酒有限公司在青铜峡甘城子葡萄产区建成，当年种植酿酒葡萄5 000亩，建成年生产能力2万千升的发酵厂，打开了青铜峡酿酒葡萄基地建

1 另译为"西拉"。
2 李欣，李玉鼎：《宁夏大型酿酒葡萄基地生产管理模式分析及探讨》，载《中外葡萄与葡萄酒》2009年第5期第54-55页。
3 刘虎山：《宁夏农垦拓荒者的故事》（自印本），第80页。
4 李文宾，吕霄鹏，韩文龙：《贺兰山葡萄酒：让沙漠里的芳香飘向全世界》，载《世界农业》2008年第9期第76-77页。
5 李德美：《走遍中国葡萄酒园 Wineries Album of China》（大西北篇），载"葡萄酒资讯网"2020年4月21日，https：//m.winesinfo.com。

设与葡萄酒生产的大门。“御马庄园”干红、干白一经上市就受到业内人士和消费者的认可和好评[1]。2002 年，御马酿酒葡萄基地（净）面积发展到 5 500 亩、结果面积 2 000 亩、总产量 2 000 千升。同时，御马酒庄年发酵葡萄酒能力达 8 000 千升的 1 号车间顺利投产，加工酿酒葡萄 8 000 余吨。由于酿酒原料品质优秀，所产原酒当年即被销售一空。2002 年 9 月，御马葡萄酒有限公司与天津天宫葡萄酿酒企业[2]共同出资成立了中外合资宁夏天宫御马葡萄酿酒有限公司，所生产的葡萄原酒全部提供给中法合营天津王朝葡萄酒公司。同时，公司还与华夏长城葡萄酒公司合作，为其加工“长城”牌葡萄酒；与国内著名葡萄酒生产销售企业华夏葡萄酿酒公司合作，贴牌生产华夏干红、干白葡萄酒。

四、葡萄酒生产企业增加

1996 年，贺兰山东麓第一个较大规模种植嫁接苗的海澜葡萄庄园（义信）建成。1997 年，尚颂堡葡萄酒庄建成并将所生产的葡萄酒销往江苏、上海、浙江等地。1998 年，贺兰芳华酒庄在青铜峡创立[3]；圣路易 · 丁葡萄酒庄将从法国、意大利等著名葡萄酒生产国引进的世界名贵葡萄品种赤霞珠、马尔贝克、西拉、美乐等苗木定植在黄羊滩农场；宁夏红枸杞产业集团的全资子公司——宁夏红葡萄酿酒有限公司在国内首家沙漠生态公园中卫沙坡头建成酿酒葡萄种植基地；宁夏香山酒业集团有限公司在腾格里沙漠的东南端建成了全国首家以治沙为主题的沙坡头葡萄庄园，在近 300 亩的沙漠里种下了适合酿造一流葡萄酒的十几个葡萄品种。2002 年，宁夏类人首葡萄酒业有限公司成立，酒庄生产的“类人首”与“西夏王”“贺兰山”并称当时宁夏葡萄酒三大品牌。

2002 年，全区已有葡萄酒厂（发酵站）14 家，形成年产 3 万千升葡萄原酒的加工能力，葡萄酒生产年产值过 5 亿元，辐射其他产业增值 20 亿元。广夏、西夏王、御马三大酒厂先后从法国、意大利、荷兰引进一流生产设备，可加工全区 80.2% 的酿酒葡萄，葡萄酒产能不断提高，品质也不断提升。至 2002 年，宁夏葡萄酒企业已开发出六大系列 30 多个品种的宁夏贺兰山东麓葡萄酒，在北京、上海、西安、广州等地设立经销点，西夏王、贺兰山、

1 亓桂梅:《宁夏贺兰山东麓——中国葡萄酒产区的一颗新星》，载《中外葡萄与葡萄酒》2006 年第 5 期第 42-46 页。
2 天津天宫葡萄酿酒企业当时是法国人头马公司在中国的独资企业。
3 2021 年 5 月 20 日，“宁夏圣路易 · 丁葡萄酒庄（有限公司）”更名为“宁夏法塞特酒庄有限公司”。

类人首、巴格斯、贺玉、尚颂堡、贺尊等品牌葡萄酒行销到了全国各地。与此同时，贺东庄园、西达、新慧彬、巴格斯等葡萄酒庄（厂）建成投产，还有鹤泉酒庄、郭公酒庄、鹏达辉葡萄酒业等个人葡萄酒厂、葡萄酒加工发酵站及一些小酒厂也异军突起，成为给东部葡萄酒大厂提供葡萄原酒的主要加工厂。

第三节　产区潜力的科学论证与初步挖掘

一、大力发展酿酒葡萄产业的理论奠基

1997 年 9 月 22—24 日，全国葡萄协会第四次葡萄科学讨论会在银川召开，贺普超教授在开幕式上说[1]：

> 由于葡萄酒的质量主要决定于品种，而良种只有在良好的生态条件下才能表现其优良特性，根据现有产品质量和气候土壤条件，我国西北地区包括银川市在内的一些地方是生产优质葡萄和酿造高档葡萄酒的最佳生态区。正因为如此，人们把发展优质葡萄原料基地和酿造优质葡萄酒的视野聚焦在西北、大西北的一些地区是正确的。

全国葡萄协会第四次葡萄科学讨论会与会专家们一致认为：只有在最适宜的地区种植最适宜的品种，才能产出最优质的葡萄，才能生产出优质的葡萄酒。经过调研和科学分析论证，与会的国内外知名专家对宁夏贺兰山东麓地区发展优质葡萄栽培基地和葡萄酿酒产业给予了充分肯定，公认贺兰山东麓是中国酿酒葡萄的最佳生态区。会议总结中指出[2]：

> 以银川为代表的西北一些地区，虽然存在冬季气温低、易受冻害的影响、生长期还不够长等不足之处，只要改变栽培方式（深沟栽植、利用抗寒砧木、合理埋土等），选用早、中、晚熟品种等，就可以得到解决。但它的优势——成熟期天晴少雨、气候干燥（但有黄河灌溉之利）、昼夜温差大、病害极轻（几乎不喷药）、果实含糖量高（20% 左右）、酸度适中是无以替代的。毫无疑义它是我国最佳的葡萄产区之一，因而也是我国生产高档葡萄酒的最有竞争力的潜在地区。

1《西北农业大学贺普超教授在“银川会议”开幕式上的讲话》，载《葡萄栽培与酿酒》1997 年第 4 期第 3 页。
2 贺普超：《全国葡萄协会第四次葡萄科学讨论会闭幕词》，载《葡萄栽培与酿酒》1997 年第 4 期第 4 页。

在全国葡萄协会第四次葡萄科学讨论会闭幕式上，贺普超教授说：“随着国家经济发展向西部倾斜，人们发现西部一些地区的生态条件更适合葡萄栽培，是生产我国优质葡萄酒的更佳地区，在当前来讲，可以说是最佳地区。银川就是这些最佳地区中刚刚东升的一颗明星。”会议总结出的“宁夏是发展我国优质名酒葡萄的一个很好的基地”这一观点，为宁夏大规模发展葡萄与葡萄酒产业提供了科学理论依据[1]。

自此以后，宁夏历届政府始终如一地坚持大力发展酿酒葡萄和葡萄酒产业，一批批业内外投资者决定在贺兰山东麓开辟酿酒葡萄基地、建设酒庄，尤其是贺兰山东麓在 20 世纪 90 年代迎来的第一次开发热潮，都是基于以上专业论断，也使全国第四次葡萄科学讨论会成为宁夏葡萄酒产业发展历史上的标志性事件。

二、酿酒葡萄产业发展政策支持

（一）酿酒葡萄列入重点支持产业

1996 年宁夏回族自治区计划委员会在组织区内外专家对贺兰山东麓地区进行综合考察的基础上，提出了《宁夏贺兰山东麓优质酿酒葡萄基地规划方案》。1997 年，宁夏回族自治区党委和人民政府将葡萄产业确定为宁夏六大区域特色农业产业化项目之一。1998 年，葡萄酒又与牛羊肉、牛奶、粮食、淡水鱼、枸杞一起被确立为宁夏农业产业化六大支柱产业，酿酒葡萄被列入《宁夏回族自治区 1998—2000 年农业产业化发展纲要》。与其他五大产业相比，葡萄酒产业投资最长、收效最慢，但它却有着比其他五大产业更大的综合经济效益和产业延伸优势，主要原因有：第一，葡萄栽种能实现土地的可持续发展，将以前难以种植粮食作物的戈壁荒滩改造成万亩葡萄园，土地沙化得以治理，因此，在宁夏荒漠地带种葡萄是一项环保事业。第二，葡萄酿酒能带动、促进其他相关产业的发展，如葡萄酒旅游、葡萄酒产品包装及物流等。第三，葡萄园生产管理和葡萄酒生产、销售相关行业能为产区周边县市劳动力提供就业机会。随着葡萄酒产业在宁夏的不断发展，这些优势越来越突显出来，增强了政府大力发展葡萄酒产业的信心。1998 年，自治区计委编制了《贺兰山东麓酿酒葡萄基地发展规划》，提出建设 4 万亩优质酿酒葡萄基地的发展目标。

1 贺普超：《全国葡萄协会第四次葡萄科学讨论会闭幕词》，载《葡萄栽培与酿酒》1997 年第 4 期第 4 页。

为了加强对酿酒葡萄产业的组织领导和宏观调控，1998 年 8 月，由自治区财政厅牵头，成立了宁夏回族自治区农业产业化领导小组葡萄酿酒专业工作组，下设办公室（宁夏葡萄产业协会的前身）和专家小组，负责国内外技术交流、葡萄栽培与葡萄酒酿造先进技术示范推广方面的组织协调工作。工作组通过进一步调查研究，制定了自治区葡萄酿酒产业发展规划实施方案，提出了“积极稳妥、大胆突破、合理布局、协调发展”的十六字方针，促进了宁夏酿酒葡萄产业的快速、有序、稳步发展，引导宁夏酿酒葡萄产业走上了规范化、现代化和规模化的发展道路。

（二）宁夏葡萄产业协会成立

2001 年 12 月 28 日，宁夏葡萄产业协会成立，邀请国内葡萄、葡萄酒行业的知名专家学者李华、费开伟、罗国光、晁无疾等担任产业顾问，区内以李玉鼎、王银川、刘效义等为核心的老专家活跃在葡萄栽培产业实践和科研一线，为人才聚集和技术交流搭建了一个平台。协会创办了内部刊物《宁夏葡萄产业》。在 2002 年 4 月第一期的发刊词中指出该刊物的宗旨是[1]：

> 贯彻执行国家政策、法律和法规，促进信息传递、经验交流、科技推广。通过广泛收集、整理国内外葡萄产业信息，为各会员提供酿酒葡萄栽培、酿造、销售、新产品开发、市场价格等方面的信息服务。为科研、生产、销售、果农、企业搭起桥梁，互通信息，掌握动态，以正确引导宁夏葡萄产业的健康发展，努力提高宁夏葡萄产业的群体质量和整体效益。

宁夏葡萄产业协会的成立在宁夏酿酒葡萄种植业发展初级阶段起到了以下三个方面的积极作用：第一，协会在政府、企业、高校之间夯实了桥梁功能，协调种植户、加工企业、批发商的利益，平衡供求关系，促进了资源的最佳配置。第二，协会整合行业优势资源，积极争取发展机会，加强宣传和促销，致力于向国内外推介贺兰山东麓优质高档葡萄酒，在扩大贺兰山东麓原产地域葡萄酒的知名度和影响力、将宁夏贺兰山东麓打造成世界级优质产区方面起到了积极的作用。第三，管理和协调全区葡萄及葡萄酒生产、营销活动，在推进葡萄酒产业化和专业化经营、提高农业和农民组织化程度、增强产品市场竞争力、应对国际化挑战的进程中，起到了行业服务、行业自律、行业协调、行业代表的作用。

1 宁夏葡萄产业协会：《宁夏葡萄产业》2002 年 4 月第 1 期第 2 页。

三、酿酒葡萄种植基地规模的扩大

1997年宁夏酿酒葡萄种植面积约0.3万亩[1]。当年，宁夏开始兴建第一批大型酿酒葡萄种植基地，大量引进世界酿酒葡萄名种苗木，迅速扩大了适合酿造红、白葡萄酒的酿酒专用葡萄种植面积。仅一年后，优质品种标准化种植的酿酒葡萄基地在宁夏就发展到了1.5万亩，比上年增长5倍，约占全国酿酒葡萄基地总面积的7.5%。自此，宁夏的酿酒葡萄产业从过去农户分散种植、农场小规模种植阶段转向规模化种植阶段，呈现高速发展态势[2]。

1999年5月26日召开的农垦葡萄产业化现场会对农垦葡萄产业提出了八条希望和要求，会后形成了《全面贯彻自治区党政领导指示精神，快速推动农垦葡萄产业化进程协调会议纪要》，对酿酒葡萄基地建设提出了推进要求。1999年，宁夏优质酿酒葡萄基地增加至4.5万亩[2]，约占全国的10%，成为当时全国九大酿酒葡萄基地[3]之一。

2000年随着西部大开发战略的实施，宁夏先后从国外引进赤霞珠、蛇龙珠、品丽珠、梅尔诺等世界著名干红葡萄酒品种[4]，又新增优质葡萄基地6万亩。兴建了西夏王（玉泉营农场）、民化（芦花台园林场）、银川园林场（含华西）、甘城子（含连湖分场）、黄羊滩（含征沙渠）、区枸杞所以及广夏、御马、慧彬、西达和中卫香山等酿酒葡萄种植基地，引进酿酒葡萄优良品种40余种，其中90%为赤霞珠、品丽珠、美乐等优质酿酒葡萄红色品种，其余为霞多丽、雷司令、白玉霓等优质酿酒葡萄白色品种。法国波尔多地区酒商联合会主席雅克·安东尼·波杰（Jacques Anthony Poje）先生曾高度评价宁夏酿酒葡萄规模化种植，他说："在波尔多，虽然葡萄园很多，但都是一家一户分散种植，很少有大企业独自开发、规模经营。贺兰山万亩产业化葡萄园种植模式，许多东西值得我们学习。"

2000年6月14日，时任国家主席江泽民同志视察贺兰山葡萄酒有限公司，看到在沙荒地建成的葡萄种植园时说："你们不但治了沙，改善了生态环境，还促进了经济的发展，

1 李彦凯，王奉玉：《宁夏葡萄酒产业发展现状与对策》，载《宁夏科技》2002年第1期第7-9页。
2 庄电一：《这方水土这方人（上）》，宁夏人民出版社，2008年，第205页。
3 1999年，全国酿酒葡萄九大基地分别为：辽东产地、渤海湾产地、沙城产地、清徐产地、宁夏银川产地、武威产地、吐鲁番产地、黄河故道及云贵高原产地。
4 胡博然：《宁夏"贺兰山东麓"葡萄酒香味物质变化规律研究》，西北农林科技大学博士论文，2004年，第1页。

做了一件大好事。”[1]2002 年 12 月在北京召开的中国葡萄酒业前景研讨会上，国家经贸委行业管理部门提出“重点发展葡萄酒、水果酒，积极发展黄酒，稳步发展啤酒，控制白酒总量，加快优质酿酒葡萄种植基地及啤酒大麦基地建设”[2] 的发展思路，为宁夏优质酿酒葡萄基地建设提供了更好的发展机遇。当年，宁夏葡萄被财政部列为全国财政重点支持的 19 种农产品之一。但 2002 年冬，宁夏遭遇一场严重冻害天气，连续 20 多天 −20℃的绝对低温，许多葡萄被连根冻死，整个产区损失惨重。翌年，缺少防护措施的葡萄再次大面积受冻，种葡萄收成差、价格低、风险大，打击了许多葡农的积极性，一些地方开始毁园拔苗，改种其他农作物，酿酒葡萄面积从 7 万多亩锐减到 4.5 万亩左右。紧要关头，政府及时出台《关于加快葡萄产业发展的实施意见》[3]，相关管理部门、宁夏葡萄协会合力采取召开现场推进会、外出考察学习、邀请专家诊断等一系列措施，积极探索解决葡萄过冬技术难题，将濒临险境的宁夏酿酒葡萄种植业拉回了良性发展轨道。

四、酿酒葡萄产业国际合作交流的开始

宁夏酿酒葡萄酒产业在起步阶段就明晰了高科技、高水平、国际化的发展思路。1998 年 4 月 22 日，全区酿酒葡萄基地建设座谈会召开，宁夏回族自治区党委主要领导指出:“宁夏的葡萄酒产业要在发展阶段和国际技术接轨，要组织有关人员到欧洲葡萄酒业发达国家考察，深入细致地调查研究，拿出下一步实施意见。”各酿酒葡萄基地纷纷与国外葡萄酒行业协会、科研院所、葡萄酒学院之间签署合作协议，开展技术合作交流，先后派出多名科技人员赴法国进行法规、化验、酿酒、种植等方面的专业培训，并引进了多名在种植、酿造方面有专长的外国专家来宁考察讲学和技术交流。

国外许多专家纷纷到宁考察，赞叹宁夏酿酒葡萄种植业的飞速进展，一致评价宁夏贺兰山东麓地区是“酿酒葡萄优质生态区”。美国农业部葡萄试验站站长莫德（Mord）教授在考察宁夏酿酒葡萄基地后，感慨地说:“没想到在中国也有这种适合栽植优良葡萄的干旱土地，并且具有采用现代科学技术管理的、西方经营模式的葡萄基地，在这里我看到了

1 贾义:《宁夏科技志 1986—2000》，宁夏人民出版社，2004 年，第 192-194 页。
2 江艳:《中国葡萄酒进口贸易与产业发展研究》，南京农业大学硕士论文，2007 年，第 1 页。
3 李玉鼎，刘廷俊，赵世华:《宁夏贺兰山东麓酿酒葡萄建园的基本经验及成龄园改造技术》，载《中外葡萄与葡萄酒》2006 年第 2 期第 18-20 页。

我所熟悉的市场机制的体现。”法国奥日朗葡萄酒学校专家巴赫台里·欧门·西里维斯特（Bach Rio Sirivist）盛赞贺兰山东麓葡萄酒说：“在短短几年的时间内，贺兰山东麓能酿造出这样高品质的酒，这在世界任何一个地方做起来都很难，真是 个东方奇迹。”1999年1月14—17日，法国里昂酒厂酿酒专家雷内·皮科莱特（Rene Picollet）一行7人来宁夏实地考察后，认为宁夏有如此理想的气候条件，完全可以酿造出世界一流的葡萄酒，并与宁夏民族化工集团签订合资建厂协议，共同发挥宁夏自然优势，发展宁夏葡萄酒产业[1]。1999年1月21—23日，法国圣艾美依酒商联合会经理雅克·安东尼·波杰先生及法国波尔多第二大学葡萄工艺学院院长伊夫·格芬里（Yves Glories）教授等一行对农垦葡萄基地及玉泉葡萄酒厂进行实地考察和访问[2]，并与宁夏农垦企业(集团)公司就原料基地建设、酿酒工艺设备、技术人员培训及双边贸易等事项进行了广泛的探讨和交流。波杰先生走进广夏万亩酿酒葡萄基地，看到仅用一年时间建成的万亩酿酒葡萄苗时，不禁感叹道：“这使我感到很震惊。如果大家按照这个速度，这种精神干下去，这个地方肯定会成为中国生产葡萄酒最多和最好的地区。”他盛赞贺兰山东麓葡萄酒“晶莹闪亮、口感纯正、果香浓郁、醇美厚重、后味耐品”，主动提出了在国外市场作经销代理的要求，并应邀担任宁夏葡萄酒产业顾问。波杰一行认为宁夏农垦具有发展优质酿酒葡萄和高档鲜食葡萄种植业得天独厚的优势，正在建设中的万亩葡萄基地已形成良好的规模基础，西夏王干红、干白葡萄酒已达到较高水准，并对宁夏农垦在今后三年内建成1.5万亩葡萄原料基地、年产万吨葡萄酒业的前景充满信心[3]。双方经充分协商，本着友好平等、互利互惠的原则，签订了“宁夏农垦企业（集团）公司与法国圣艾美依酒商联合会双方技术合作协议书”[3]。

1999年6月，法国葡萄酒专家亨利·拉凡（Henry Lafan）先生在实地考察宁夏后说：“十年以前我就来到中国，走遍了中国的葡萄酒厂，我发自内心真诚地说，我没喝过这么好的酒，我相信，宁夏的酒将会超过其他竞争对手，销往世界各地，成为具有宁夏特色的好酒。”1999年10月，法国波尔多地区酒商联合会与宁夏广夏（银川）实业股份有限公司签订葡萄种植和酿酒合作意向书，双方在葡萄栽植、酿酒及设备引进等方面开展高科技

1 王振平，高林：《浅析宁夏发展葡萄酒产业的优势与劣势》，载《中外葡萄与葡萄酒》2000年第1期第20-21页。

2 訾学宁：《王树林与他的名牌战略》，载《中国农垦》2000年第9期第30-31页。

3《宁夏农垦志》编纂委员会：《宁夏农垦志（1989—2004）》，宁夏人民出版社，2006年，第577页。原著中“并对宁夏农垦在今后三年内建成1 000公顷葡萄原料基地、年产万吨葡萄酒液的前景充满信心。”为行文方便，本文将计量单位统一为“亩”。

水平的合作。

早期宁夏酿酒葡萄种植经历了异常艰难的起步阶段，贺兰山东麓第一代葡萄人克服重重困难，创造了戈壁荒漠种植葡萄的奇迹。至2002年，宁夏已经发展成为中国第四大葡萄种植区，葡萄酒加工能力逐年提升，宁夏作为中国葡萄酒明星产区的潜力得到了初步开发。

第十二章
葡萄酒产业规模扩张与产区建设力度加大

2003 年，宁夏贺兰山东麓被确立为中国第三个、西部唯一一个葡萄酒原产地域产品保护区，赋予了宁夏一笔宝贵的无形资产。原产地葡萄酒专属身份标志成了宁夏贺兰山东麓葡萄酒开辟国内外市场的通行证和特色名片。实施原产地域保护制度，大大提高了贺兰山东麓产区的品牌价值，它奠定了宁夏贺兰山东麓在全国乃至世界葡萄酒产区中的地位，为宁夏确定酿酒葡萄种植业和葡萄酿酒产业为自治区优势特色产业、并一以贯之地坚持给予发展政策支持提供了重要的决策支撑，对宁夏葡萄酒产业的发展产生了极其深远的影响。

第一节　葡萄酒产业发展定位与政策支持

一、葡萄酒产业发展定位的决策支撑

国家《原产地域产品保护规定》颁布后，宁夏玉泉葡萄酒厂联合广夏贺兰山葡萄酒有限公司（简称广夏公司）立即向宁夏回族自治区质量技术监督局（简称“宁夏质监局”）提出原产地域产品保护的申请。2000 年 4 月，宁夏质监局与广夏公司组成考察小组到国家质量监督检验检疫总局进行学习交流，并到我国首个酒类产品原产地域保护实施地——“绍兴酒”产地进行了实地考察。之后，自治区质监局提出启动原产地域产品保护申报工作的专项申请，得到宁夏回族自治区党委和政府的高度重视。随即成立了原产地域产品保护申报委员会办公室（简称“申报办”），提出“以枸杞为重点，以葡萄酒为先导，搞好原产地域产品保护，为宁夏经济建设服务”的工作思路，对贺兰山东麓葡萄酒保护地域范围开展了广泛而深入的调研工作。宁夏葡萄产业协会积极组织专家，围绕贺兰山东麓葡萄酒的历史渊源、气候及地理特征、保护地域范围等关键问题深入调研、反复论证，起草申报材料。2003 年 3 月 4 日，国家质检总局在京召开“贺兰山东麓葡萄酒原产地域保护专家审查会”，与会专家、学者对贺兰山东麓葡萄酒的历史人文背景、自然地理条件和种植酿造工艺等方面进行了认真审查，一致认为对贺兰山东麓葡萄酒实施原产地域保护非常必要。2003 年 4

贺兰山东麓葡萄酒原产地域保护专家审查会
（俞惠明 供图）

月，宁夏贺兰山东麓被国家批准为原产地域保护产区[1]。国家质量监督检验检疫总局公告中指出对贺兰山东麓葡萄酒实施原产地域产品保护，并规定原产地域划界为[2]：

> 贺兰山东麓冲洪积倾斜平原与黄河冲积平原交汇地带，北以大武口为界，南以渠口堡火车站为界，东以跃进渠、唐徕渠、新开渠、第二农场渠东侧2公里为界，西以贺兰山东麓洪积扇1 200米等高线为界，涵盖银川、吴忠、中卫、石嘴山等12个市、县（区）和5个农垦农场，总面积200万亩。

2004年3月10日，宁夏印发《贺兰山东麓葡萄酒原产地域保护管理办法》（宁政发〔2004〕27号）。2004年5月9日，国家质量监督检验检疫总局、国家标准化管理委员会发布国家标准《原产地域产品——贺兰山东麓葡萄酒》（GB 19504—2004），并明确从2004年7月1日起开始实施。该标准充分挖掘了宁夏产区的资源优势，对贺兰山东麓葡萄酒从生产标准、检验规则、原产地域标志到产品包装、运输、贮存等方面进行了明确的规范，对提升宁夏葡萄酒品质和市场竞争力起到了积极的作用[3]。2008年7月31日，国家

1 李玉鼎，张光弟，何宁洲，王奉玉，张静，翟培显，王发清，任立冬，陈光华，马永明，张少波，张新宁，方亮：《宁夏贺兰山东麓酿酒葡萄园投资与管理成本分析》，载《中外葡萄与葡萄酒》2004年第4期第24-26页。
2 2011年吴忠市红寺堡区扩入地理标志保护产区内，贺兰山东麓葡萄酒产区扩展至包括了30个乡镇、300万亩的土地面积。
3 李玉鼎，刘廷俊，赵世华：《宁夏酿酒葡萄产业发展与回顾》，载《宁夏农林科技》2006年第3期第38-41页。

质量监督检验检疫总局、国家标准化管理委员会发布《地理标志产品 贺兰山东麓葡萄酒》（GB/ T 19504—2008），并明确从 2008 年 11 月 1 日起开始实施。

二、葡萄酒优势特色产业发展定位与政策支持

（一）优势特色产业发展定位

2002 年 6 月 6—9 日，宁夏第九次党代会工作报告[1]中提出要“突出发展优势产业，立足比较优势，逐步形成若干特色资源加工基地和优势产业发展基地”。2003 年 12 月 8 日，宁夏回族自治区政府印发《宁夏优势特色农产品区域布局及发展规划（2003—2007 年）》（宁政发〔2003〕115 号），将酿酒葡萄产业作为促进宁夏地区农业稳定发展的特色优势产业之一[2]。酿酒葡萄被列为竞争优势明显的区域性优势产品，贺兰山东麓被确立为酿酒葡萄优势区域。2004年6月召开的全区葡萄产业发展专题会议强调要抓好原料基地建设，精选品种、精心栽培，大力发展优质葡萄基地，力争把贺兰山东麓建成全国优质酿酒葡萄生产加工基地[3]。为了促进宁夏贺兰山东麓优质酿酒葡萄基地建设，宁夏专门成立了“葡萄产业办公室”，负责酿酒葡萄种植与葡萄酿酒产业综合协调发展，时任自治区果树技术工作站站长的赵世华兼任主任。2004 年 8 月，葡萄产业办公室组织青铜峡、永宁等县区葡萄产业相关人员赴河北、山东葡萄主产区考察学习。2004 年 12 月出台的自治区人民政府《关于加快我区葡萄产业发展的实施意见》（宁政发〔2004〕126 号）中，葡萄产业被确定为宁夏农业发展的优势特色产业之一；“十一五”期间，葡萄深加工被列为宁夏六大优势食品工业基地建设内容之一；《宁夏回族自治区农业和农村经济发展“十一五”规划》（宁政发〔2006〕115 号）中，酿酒葡萄被列为宁夏引黄灌区“优势特色产业”之一。

2008 年，国务院《关于进一步促进宁夏经济社会发展的若干意见》（国发〔2008〕29 号）中，将酿酒葡萄产业作为促进宁夏地区农业稳定发展的特色优势产业之一，宁夏回族自治区党委主要领导就加快葡萄酒产业发展作出重要批示：“以非凡的毅力和决心把宁夏的葡萄产业搞上去，不达到中国第一，誓不罢休。”坚定了宁夏建设优质酿酒葡萄基地的决心。

1 陈建国：《全面贯彻“三个代表”要求，把宁夏社会主义现代化建设推向新阶段》，载《党建论坛》2002 年第 6 期第 4-14 页。
2 乔素华，戴素素：《砂坑 · 石头 · 葡萄酒》，载《宁夏日报》2019 年 9 月 2 日第 4 版。
3 宁夏回族自治区人民政府办公厅：《宁夏回族自治区人民政府专题会议纪要 2004 年 6 月 25 日》，载宁夏葡萄产业协会印刷内部刊物《宁夏葡萄产业 2004》第 2-3 页。

2008 年 12 月，宁夏回族自治区人民政府第 15 次常务会议审议通过《宁夏农业特色优势产业发展规划（2008—2012 年）》（宁政办发〔2008〕204 号）[1]，葡萄被列为十三种农业优势特色产业之一。2009 年 5 月 4 日，宁夏回族自治区人民政府第 28 次常务会议审议通过《农业产业化龙头企业升级工程实施意见》（宁政办发〔2009〕133 号）[2]，意见中指出要把贺兰山东麓打造成我国重要的优质鲜食葡萄及葡萄酒生产、加工基地。2010 年 12 月，在全国经济转型升级大战略背景下，宁夏提出“用优良品种、高新技术、高端市场、高效益（简称‘一优三高’）理念[3]，把葡萄产业做成宁夏优势特色产业，打造一个竞争力强、辐射面广、国内最大、全球知名的葡萄文化生态经济产业带，形成宁夏经济转型升级新的增长极的发展目标”[4,5]。“一优三高”发展理念将贺兰山东麓葡萄与葡萄酒产业引导至高端优质精品化发展思路上来，为将宁夏建成全国最大的中、高档葡萄酒生产加工基地提供了重要的思想指引。

（二）政府重视与政策支持

贺兰山东麓葡萄文化长廊是宁夏对外开放的最好载体，也是自治区产业结构调整的突破口。2010 年 12 月，宁夏回族自治区政府主要领导在多次考察宁夏葡萄酒产业后指出：“贺兰山东麓的葡萄是宁夏比煤炭更宝贵、更难得、更有开发潜力的优质稀缺资源”“葡萄产业是宁夏后续发展的希望所在”，认为“贺兰山东麓是上天赐给宁夏的一块风水宝地”“要在这块风水宝地上书写‘紫色梦想’，让这块金字招牌享誉世界”，并要求“把葡萄产业做成宁夏的优势特色产业，使贺兰山东麓与黄河金岸珠联璧合、交相辉映，塑造东有黄河金岸、西有葡萄长廊的塞上新景观，形成宁夏经济转型升级的新的增长极，让宁夏葡萄产业品牌叫响中国，走向世界”。

宁夏“十二五”规划中，优质葡萄酿酒产业和葡萄种植业位居 13 个农业优势产业之首，

1 宁夏回族自治区人民政府办公厅：《关于印发宁夏农业特色优势产业发展规划（2008—2012 年）的通知》，载《宁夏回族自治区人民政府公报》2009 年第 3 期第 29-36 页。
2 宁夏回族自治区人民政府办公厅：《关于印发农业产业化龙头企业升级工程实施意见的通知》，载《宁夏回族自治区人民政府公报》2009 年第 18 期第 23-28 页。
3 连小芳：《用一优三高刷新我区农业“居其上”水平》，载《宁夏日报》2010 年 12 月 3 日。
4 钟宝文：《宁夏依托葡萄酒特色产业优势践行生态发展之路》，载“中国质量新闻网”2013 年 3 月 7 日，https：//m.cqn.com.cn。
5 中华人民共和国中央人民政府：《王正伟：驱动贺兰山东麓葡萄产业及文化长廊发展》，载“中华人民共和国中央人民政府门户网”2012 年 3 月 1 日，https：//www.gov.cn。

是特色优势农业培养的重中之重。政府把打造贺兰山东麓葡萄产业基地确定为全区产业转型升级和结构调整的十大任务之一予以重点推进，要求打造宁夏贺兰山东麓知名品牌，不断强化龙头企业和知名品牌战略的带动作用，进一步推进宁夏贺兰山东麓葡萄产业区域化布局与结构升级，逐步实现葡萄产业集中优势向产品品牌竞争优势的转化。把种植葡萄、发展葡萄酒产业、发展葡萄旅游产业作为解决贺兰山东麓“三农”问题、促进城乡一体化的突破口，带动相关产业发展，提升宁夏经济发展的竞争力[1]。

2011年，宁夏出台《中国（宁夏）贺兰山东麓葡萄产业及文化长廊发展总体规划（2011—2020年》，规划提出打造具有重要影响的贺兰山东麓葡萄产业及文化长廊的战略部署，明确了“世界第一葡萄生态长廊”的建设目标。提出“一廊、一心、三城、五群、十镇、百庄”的空间规划如下[2]：

> 一廊即葡萄产业集聚长廊；一心即葡萄文化发展中心；三城即星海湖葡萄酒生态度假城、贺兰山葡萄产业新城、红寺堡葡萄酒文化城；五群即大武口产业集群、农垦产业集群、永宁产业集群、青铜峡产业集群、红寺堡区产业集群；十镇即十个以GTT模式为主导的葡萄主题小镇；百庄即百大特色主题酒庄。

政府支持为宁夏葡萄酒产业创造了“天时、地利、人和”的发展局面，正如李德美说：“宁夏将酿酒葡萄列入本省农业优势产业一级目录，显示了地方政府对该产业的重视，尽管当时在全国而言，河北、山东葡萄酒在业内地位更为重要，但是这两个省份只是把酿酒葡萄列在果树类目下面，并没有列在一级目录当中。”[3] 2012年，世界著名葡萄酒大师杰西斯·罗宾逊来到宁夏，赞叹贺兰山东麓产区的葡萄原料高品质始终如一，令人难忘，她把贺兰山东麓产区在短短几年中迅速崛起的成就归功于政府的大力推动[4]，她说：“我走过很多

1 马宁心：《宁夏葡萄酒产业发展战略研究——以贺兰山东麓产区为例》，载《产业与科技论坛》2017年第16卷第1期第21-25页。

2 宁夏回族自治区人民政府：《关于促进贺兰山东麓葡萄产业及文化长廊发展的意见》，载《宁夏回族自治区人民政府公报》2012年第12期第29页。

3 2004年，李德美参与《农业优势区域发展规划》的制定工作时，发现宁夏是当时全国唯一一个把葡萄与葡萄酒划为优势特色产业的省份，当时令他非常震惊。因为，不论从面积、产量来说，还是在国内外的影响力，贺兰山东麓产区都没有办法与河北、山东等产区相提并论，但那些省并没有给葡萄与葡萄酒产业如此高的地位。此后，他把关注的目光更多投向宁夏，先后多次来到宁夏考察，并与宁夏葡萄协会及一些酒庄开展深层次合作。2011年，他与贺兰晴雪酒庄合作生产的“加贝兰2009”干红葡萄酒获得了英国品醇客世界葡萄酒大赛国际大奖。

4 新商务周刊编辑部：《谁缔造了贺兰山东麓的“紫色传奇”》，载《新商务周刊宁夏葡萄酒业专刊》2016年第14-21页。

产区，宁夏回族自治区政府对葡萄酒产业的支持力度是我见过最大的。"[1]她还说："相对于中国其他葡萄酒产区，宁夏有一个非常大的优势，那就是土地归政府所有。如此一来，这些土地可以通过政府的规定来解决如何耕种并保证葡萄质量的问题，这对于葡萄酒生产企业来讲非常重要。"[2]法国葡萄酒媒体联合会（Association de la Presse du Vin，简称 APV）主席贝尔纳·布尔奇（Bernard Burtschy）曾用"飞速的，向飞行器一样"来形容中国葡萄酒产业发展速度之快，他认为宁夏葡萄酒在所有产区中是发展最快的，其中一个很明显的原因就是政府的大力支持[3]。

第二节 酿酒葡萄基地建设力度加大

一、酿酒葡萄基地面积增加与范围扩展

（一）酿酒葡萄基地面积增加

宁夏高度重视酿酒葡萄原料基地建设，认真做好各项栽培管理，推广标准化栽培和葡萄园管理技术，优质酿酒葡萄基地面积逐渐扩增。2003 年，宁夏建成以贺兰山东麓为主的优质酿酒葡萄基地 7 万亩，占全国总面积的 9.7%，主要分布在青铜峡甘城子、永宁征沙渠、玉泉营、西夏区芦花台等地。2010 年，全区酿酒葡萄种植面积已超过 20 万亩，初步形成沿 110 国道 100 多千米的贺兰山东麓葡萄产业带。2012 年，宁夏酿酒葡萄种植面积达到 44 万亩[4]，发展成为我国重要的高品质酿酒葡萄产区。

酿酒葡萄基地规模化扩张解决了原料供应的问题。企业拥有能够满足自身生产葡萄酒产品需要的原料基地，一方面提升了宁夏葡萄酒生产原料的竞争优势；另一方面也加速了宁夏贺兰山东麓酿酒葡萄基地与酒庄一体化建设的进程。

1 刘静：《站在葡萄酒市场变革的中心兼收并蓄——专访英国葡萄酒大师杰西斯·罗宾逊》，载《新商务周刊》2006 年刊第 30-32 页。
2 钟天阳：《宁夏：葡萄酒世界的新板块》，载《第一财经日报》2013 年 11 月 1 日。
3 刘静：《用动态的眼光寻找市场、品种和风土的平衡——专访法国葡萄酒媒体联合主席贝尔纳·布尔奇》，载《新商务周刊》2016 年刊第 33-35 页。
4《宁夏出台全国首部规范葡萄酒产区发展法规》，载"中国新闻网"2012 年 12 月 21 日，https：//www.china news.com.cn。

中圈塘村葡萄种植园
（吴忠市红寺堡区农业农村局　供图）

（二）红寺堡葡萄酒基地的兴起

吴忠市红寺堡区位于宁夏中部，是国家大型水利枢纽工程——宁夏扶贫扬黄灌溉工程（1236工程）的主战场，也是全国最大的生态扶贫移民集中区[1]。红寺堡位于北纬38°世界酿酒葡萄种植的黄金优势地带，昼夜温差大、日照时间长、降水量少，特别是境内土地无农药残留、无污染源，土壤硒含量高，是贺兰山东麓优质葡萄酒的“明星子产区”。宁夏科冕实业有限公司是最早在此地开发治理荒漠的企业，公司开发2万亩良种酿酒葡萄基地，投资建成红寺堡区第一家葡萄酒庄——凯仕丽酒庄，带动周围移民种植酿酒葡萄。2004年起，红寺堡区开始实施“宁夏万亩荒漠优质葡萄节水栽培高新技术产业化示范工程”项目，为当地贫困农民开辟了一条稳定增收的新路子，也扩大了宁夏优质酿酒葡萄基地集中连片建设的范围，近5万亩良种酿酒葡萄基地拔地而起，成为继贺兰山东麓之外又一个集中连片的新兴酿酒葡萄基地[2]。2006年，红寺堡镇中圈塘村万亩酿酒葡萄基地开工建设，第

1 姚喜新：《塞上江南满目春》，载《苏州日报》2019年7月15日第A03版。
2 李欣，李玉鼎：《宁夏大型酿酒葡萄基地生产管理模式分析及探讨》，载《中外葡萄与葡萄酒》2009年第5期第54-55页。原文中“3 300hm^{2}的良种酿酒葡萄基地拔地而起，成为继贺兰山东麓之外又一个集中连片的新兴酿酒葡萄基地。”为行文方便，本文将计量单位由“hm^2”统一为“亩”。

二年就开始整村推进酿酒葡萄种植，三年后，该村种植的 4 000 亩葡萄首次挂果成熟，由于产出的葡萄含糖量达到 22%~23%，是当年全区幼龄酿酒葡萄质量最好、酒厂在发酵过程中唯一不加糖的产区，中圈塘村的葡萄随即成为畅销品。

2009 年 9 月，国务院批复设立吴忠市红寺堡区，葡萄种植与酿酒被确立为核心产业，当年，红寺堡开发区新建 3 个 3 000 亩示范样板园，葡萄种植面积达到 10 万亩以上。2010 年，红寺堡区被国家质检总局批准扩入贺兰山东麓酿酒葡萄国家地理标志保护范围，同年《中国（宁夏）贺兰山东麓葡萄产业及文化长廊发展总体规划（2011—2020 年）》中以“一廊、一心、三城、五群、十镇、百庄”定位宁夏葡萄产业发展规划，其中红寺堡区以“一城两镇一心”[1] 的规划比重被列为自治区葡萄产业发展的重点区域[2]。同年 8 月，宁夏罗山酒庄有限公司成立。

2011 年，红寺堡产区被纳入贺兰山东麓葡萄酒国家地理标志产品保护范围，并被世界 OIV 组织评为宁夏优质酿酒葡萄明星产区的精品区，产业规模不断扩大，对外影响力持续增强。红寺堡区积极推进葡萄产业有机化管理，种植基地实现有机认证，建成一批中国—拉美共同体有机酒庄集群示范园、葡萄酒文化城[3]；先后荣获“中国葡萄酒第一镇”、“中国最具发展潜力葡萄酒产区”[4] 和“世界独一无二的优质、有机、荒漠产区”等称号。葡萄酒产业已成为红寺堡区绿色转型发展、产业结构调整的一个重要发力点，成为农民增收、乡村振兴的强大动力之一[5]。

二、酿酒葡萄低产园改造与新技术推广

宁夏酿酒葡萄基地始建园初期，主要采用自根苗平栽法，葡萄树根系年年遭受不同程度的冻害，死树缺株现象严重，产量连年降低[6]。自治区林业局（现为林业和草原局）、宁夏葡萄产业协会组织区内葡萄专家和主要基地市县负责同志与企业技术人员针对自治区酿酒

1 一城：葡萄酒主题文化城；两镇：新庄集葡萄小镇、柳泉葡萄小镇；一心：葡萄标准化种苗繁育中心。
2 马文虎：《红寺堡区葡萄产业发展的优势与对策》，载《共产党人》2014 年第 20 期第 37-39 页。
3 张永红，张永明：《宁夏吴忠红寺堡区酿酒葡萄产业发展现状及对策》，载《宁夏农林科技》2016 年第 1 期第 15-17 页。
4 辛怡丽，钟培源：《罗山脚下的“紫色梦想”》，载《宁夏画报》2021 第 9 期第 30-39 页。
5 截至目前，红寺堡区酿酒葡萄种植 10.8 万亩，注册葡萄酒企业 28 家，生产葡萄酒 1 500 余万瓶，产值达 7 亿元，年带动务工 60 万余人次，产业集群和带动效应明显。
6 崔萍，司光义，汪泽鹏：《宁夏酿酒葡萄抗寒栽培技术》，载《中国果树》2009 年第 6 期第 42-44 页。

葡萄生产中存在的问题，制定了“宁夏酿酒葡萄成龄园和低产园改造提升方案”，以“提高产量、防止根系冻害、便于埋土越冬、便于管理”为目标，确立了“分类指导恢复园貌、深施基肥引根下移、逐年清土形成沟栽、倾斜上架方便埋土”四个方面的分类分步改造措施。

2005 年宁夏开始推广酿酒葡萄抗寒栽培“一清三改”技术，《宁夏贺兰山东麓酿酒葡萄建园的基本经验及成龄园改造技术》一文中介绍了此项技术[1]：

> 一清：将平地栽植和历年出土时清土不彻底，遗留在主干基部，逐年形成呈垄状栽植的园地，逐年清除积土（每年下降 5 ～ 10 厘米），由垄状或平地状逐年清理形成浅沟，创造浅沟栽培模式。
>
> 三改：一改龙干型树形直立上架为倾斜上架。主干基部与地面倾斜夹角 30° ～ 50°，便于主干压倒和减少埋土土堆的高度。主干粗壮、不易倾斜的植株，应及时培养萌蘖成新植株，待结果后去除原主干，用倾斜的新蔓代替直立老干。二改浅施有机肥为深施。建园之初葡萄根域土壤未得到熟化，加之多年施肥又比较浅，多数基地葡萄根系深度不足 60 厘米，风沙土地段尤为明显。葡萄根系下扎受阻，多呈水平分布。新法施有机肥深度要求达到 50 ～ 60 厘米，引导根系深入土层，并采用粉碎的植物秸秆与有机肥混合施入的方法逐步改良根域土壤。三改大水漫灌为畦灌。葡萄行内做成宽 1.2 米的畦，行内灌水，行间不灌水，结合畦内覆草、减少蒸发，更为省水。

“一清三改”中的“清土”一方面可以防止根系冬季冻害；另一方面可以方便灌溉、减少冬季埋土用工量。“三改”中的第一改是将葡萄藤蔓直立上架改为倾斜 45° 左右上架，一方面越冬埋土时可以防止藤蔓增粗后被压断；另一方面还能减弱葡萄长势，形成分布高度相对集中的结果带，从而达到葡萄品质同期成熟同质生产的要求。第二改是将原先的浅施有机肥改为深施有机肥以有效引导葡萄根系向土壤深层生长，这样一方面可以改善葡萄根系生长分布状态；另一方面也可以避免冬季极端低温对葡萄根系的冻害。第三改是将葡萄园大水漫灌改为沟灌，不仅能提升葡萄生产品质，还能节水。2005 年，作为首个酿酒葡萄低产园改造的示范点，经过一年的改造，玉泉营农场 2005 年葡萄产量比上年增长 48.5%，成效非常显著。

---

1 李玉鼎，刘廷俊，赵世华：《宁夏贺兰山东麓酿酒葡萄建园的基本经验及成龄园改造技术》，载《中外葡萄与葡萄酒》2006 年第 2 期第 18-20 页。

2006年，自治区制定“宁夏酿酒葡萄低产园改造提升方案”，酿酒葡萄基地改造行动全面启动。此后新建的葡萄园全部采取“春季出土时彻底清除根部土壤至原嫁接口处或原根颈处，改平栽为沟栽、改自根苗为嫁接苗、改直立上架为倾斜上架”的“一清三改”措施，为了便于标准化、机械化管理，对葡萄园周围的沟、渠、路、林也都进行了合理布局和科学规划。之后3年，宁夏采用这套技术，对7万亩6~8年生低产酿酒葡萄园进行技术改造，同时对新建的6万亩酿酒葡萄园全部推行了抗寒栽培技术[1]，对提升宁夏酿酒葡萄园管理水平和葡萄产量、质量起到了重大作用。到2007年底，全区酿酒葡萄每亩产量由2004年的273千克提高到600千克，部分基地亩产量超过1 000千克[2]。

相关部门组织专家对1998年制定的《酿酒葡萄生产技术规程》(以下简称“《规程》”)地方标准进行了全面修订，从品种选定、苗木繁育、建园定植、施肥技术、整形修剪、越冬防寒、贮藏保鲜等方面进行了技术规范和标准统一，推广了嫁接苗建园、开沟栽植、培肥土壤、斜绑上架等技术，补充和完善了葡萄栽培的成功经验，增强了《规程》的科学性、实用性，使酿酒葡萄从种植、采收到加工各环节的生产技术都有章可循。同时，组织专家为葡农编写《葡萄栽培实用技术》一书，指导广大葡农学习，并组织专家巡回示范，对新技术的推广起到了很好的作用。

三、优质苗木引进与葡萄资源圃建设

2009年，宁夏农垦建成全区最大的葡萄苗木繁育中心，每年可繁育出圃1 000多万株优质葡萄苗木，两年后被自治区科技厅确定为宁夏葡萄苗木工程技术研究中心。2009年4月，宁夏首次从国外引进13个品种的300万株优质葡萄种苗[3]，通过在苗圃内嫁接、试种及栽植，在宁夏贺兰山东麓推广，对提升宁夏酿酒葡萄基地建设水平起到了重要的引领作用。

1 原文为“随后3年，宁夏采用这套技术对4 667 hm^2 的6~8年生低产酿酒葡萄园进行技术改造，同时对新建的4 000 hm^2 酿酒葡萄园全部推行抗寒栽培技术。”为行文方便，本文将计量单位统一为“亩”。见崔萍，司光义，汪泽鹏：《宁夏酿酒葡萄抗寒栽培技术》，载《中国果树》2009年第6期第42-44页。

2 原文为“到2007年底，全区酿酒葡萄每667 m^2 产量由2004年的273 kg提高到600 kg，部分基地超过1 000 kg。”为行文方便，本文将计量单位统一为“亩”。见崔萍，司光义，汪泽鹏：《宁夏酿酒葡萄抗寒栽培技术》，载《中国果树》2009年第6期第42-44页。

3 吴宏林：《宁夏首次大批量引进国外葡萄种苗》，载《华兴时报》2009年4月15日。

2010 年，国家葡萄产业技术体系贺兰山东麓综合试验站成立，建成了 55 亩葡萄种质资源圃和试验园，为开展葡萄种质资源保存利用和栽培试验打下了良好的基础。试验站在宁夏农垦玉泉营南大滩基地，红寺堡中圈塘酿酒葡萄基地，宁夏农林科学院枸杞科学研究所芦花台试验基地，青铜峡王朝御马酒庄，巴格斯酒庄等基地开展了架型改造、水肥一体化、病虫害预防监测与综合防治等技术推广，对宁夏酿酒葡萄栽培起到了积极的示范作用。

2012 年 5 月 8—9 日，农业部国际合作司与宁夏农牧厅、宁夏葡萄花卉产业发展局在银川共同举办了“中法宁夏葡萄酒产业合作洽谈会”暨“中欧葡萄与葡萄酒发展论坛”[1]。会议期间，农业部国际合作司与宁夏农牧厅、宁夏葡萄花卉产业发展局共同签署了《宁夏贺兰山东麓葡萄产业带和文化长廊建设战略合作框架协议》[2]，为推动宁夏贺兰山东麓优良葡萄品种培育及脱毒苗木“育、繁、推”一体化建设提供了广泛的国际和国内技术支持。当年宁夏葡萄苗木工程技术研究中心培育优质营养袋苗 1 200 万株，通过引进与本地选育相结合，筛选出适合本地种植的优良品种和抗寒砧木，建设无毒良种采穗圃 2 300 亩。2013 年 1 月 21 日，国家林业局出台的《关于支持宁夏内陆开放型经济试验区生态林业建设的若干意见》(林规发〔2013〕14 号)中提出支持宁夏建设“中欧葡萄苗木示范中心”，引进葡萄良种苗木，为贺兰山东麓建设中国高端酿酒葡萄苗木繁育中心提供更多支持。

四、酿酒葡萄品种增加

1982 年玉泉营农场从河北省昌黎引进龙眼、玫瑰香、红玫瑰等葡萄品种种苗。1998 年从法国引进 12 个品种的酿酒葡萄种苗，培育并栽植了 160 万株国外著名酿酒葡萄品种[3]。同年，广夏(银川)葡萄酿酒有限公司引进赤霞珠、品丽珠、霞多丽等世界著名葡萄品种，进行大规模培植，发展优质酿酒葡萄基地 3 万亩，其中净种植面积 2.6 万亩[4]。2008 年，宁夏德龙葡萄酒业有限公司从意大利引进 13 个品种的 300 万株优质葡萄种苗[5],2012年，金葡萄有限公司与世界著名葡萄苗木研发扩繁公司——法国梅西集团合作，

1 《时事之各部委主要活动与事件》，载《科技智囊》2012 年第 6 期第 88-94 页。
2 《宁夏在南京举办葡萄酒推介会》，载《宁夏林业通讯》2012 年第 2 期第 49 页。
3 李有福，卢大晶 :《宁夏葡萄酒产业的发展优势和问题探讨》，载《农业科学研究》2008 年第 2 期第 60-63 页。
4 李晓东 :《宁夏葡萄酒产业发展战略研究》，中国农业大学硕士论文，2004 年，第 17 页。
5 吴宏林 :《宁夏首次大批量引进国外葡萄种苗》，载《华兴时报》2009 年 4 月 15 日。

引进了适合宁夏土壤气候环境的多个世界著名优选酿酒葡萄新品种，为自治区发展 100 万亩葡萄基地提供优质苗木。2013 年宁夏葡萄酒产业发展局又从法国引进了 12 个品种（系）[1]。如下表所示，通过长期的栽培与筛选，宁夏产区已形成了以赤霞珠、美乐、霞多丽等品种为主，其他多元化品种为辅的酿酒葡萄品种栽培格局。

宁夏酿酒葡萄品种规模化引进一览表[2]

年份	引进单位	来源	品种
1982	玉泉营农场	河北	龙眼、玫瑰香、红玫瑰
1998	玉泉营农场	法国	赤霞珠、品丽珠、黑比诺、西拉
1998	广夏（银川）实业股份有限公司	法国	赤霞珠、品丽珠、美乐、西拉、黑比诺、歌海娜、神索、佳美、赛美蓉、霞多丽、雷司令
2008	宁夏德龙葡萄酒业有限公司	意大利	赤霞珠、美乐、马瑟兰、霞多丽、雷司令、灰比诺
2013	宁夏葡萄产业发展局	法国	赤霞珠、美乐、品丽珠、黑比诺、西拉、马瑟兰、歌海娜、佳美、增芳德、柔娇维赛、内比奥罗、小西拉、小味儿多、棠普尼罗、佳丽酿、马尔贝克、佳美纳、蛇龙珠、霞多丽、雷司令、贵人香、长相思、灰比诺、琼瑶浆、白比诺、小芒森、维欧尼、亚历山大玫瑰、赛美蓉

第三节 产区建设热潮的兴起

一、产区建设热潮兴起的背景

作为国内生态最佳、酿酒葡萄质量最优产区之一，宁夏贺兰山东麓产区的知名度和影响力不断提升。2006 年 6 月 15—16 日，北京国际葡萄酒峰会“贺兰山东麓葡萄酒专场推介会”上，各地专家给予宁夏贺兰山东麓葡萄酒高度评价。晁无疾称赞宁夏葡萄拥有最主要的两个特点：“一是质量，二是安全。由于宁夏日照长，昼夜温差大，干燥少雨，病虫害少，生产出的葡萄不仅质量好，而且无公害、安全性强。”罗国光认为：“宁夏具有生产优质酿酒葡萄的自然条件，是非常宝贵的资源。”王树生说：“宁夏产区酿酒葡萄糖酸比合理，很协调。宁夏葡萄的单宁含量虽然比东部的高，但酿出的酒感觉不到涩，不但颜色深，且抗氧化，便于陈酿。这是其他一些产区所不具备的。”王俊玉、陈泽义也认为宁夏

1 蔡国英：《贺兰山志》，宁夏人民出版社，2020 年，第 128-129 页。
2 徐美隆：《葡萄种质资源引选及在宁夏的应用》，阳光出版社，2019 年，第 39 页。

贺兰山东麓葡萄“酿出的酒丰满、圆润、口感好”,“呈深宝石红色，具有浓郁的果香和酒香，酒体醇厚、丰满，结构感强”。

2007 年 7 月，国家级葡萄酒评委年会暨宁夏贺兰山东麓葡萄酒峰会召开，李华、王树生、王祖明、张春娅、马会勤、李德美、柴俊等 80 多位国内外专家以及 18 位国家级葡萄酒资深评委，对产自贺兰山东麓的 20 多种干白、干红葡萄酒进行认真细致地品鉴，从产品的外观、香气、口感等方面给予了综合评价。评委们一致认为:“贺兰山东麓是个非常优秀的产区，这个产区是可以生产出优质葡萄酒的。”[1]

2008 年，葡萄专家修德仁来宁夏考察时说:“贺兰山东麓葡萄酒代表了中国本土葡萄酒的发展方向。”[2] 彼时，国内一些产区陆续出现了“葡萄酒质量事件”，相对而言宁夏还是一片“净土”,“葡萄酒质量事件”给我们敲响了警钟。产区相关部门立即组织对全区企业进行产品抽样检查，并发起“加强企业自律，强化优质产区意识”的“自律倡议书”。2008 年被确立为“宁夏葡萄酒质量年”，针对提高产品质量的重点环节，邀请国内外专家进行专项培训和具体指导；定期组织各加工企业专业人员进行技术交流；组建了自治区级评酒专家团队，通过专项评酒活动促进葡萄酒质量的整体升级。政府管理部门和行业协会坚持“以品质保产品声誉、以品牌创产区形象”的发展理念，在宁夏葡萄酒产区由原酒代加工及贴牌销售为主向自有品牌创建转型发展的关键时期，起到了重要的方向引领，也为吸引国内外著名企业创造了良好的投资环境。

二、葡萄酒龙头企业的壮大

2003 年，御马、恒生西夏王、广夏葡萄酒三家公司已具有一定的经营基础，当年三大葡萄酒厂加工能力已占全区的 93.4%。西夏王、贺兰山、御马为代表的宁夏葡萄酒，拥有较好的市场布局和销售网络，市场认知程度较高，成为主要的本土品牌，市场占有率 80% 左右。

2003 年，贺兰山葡萄酒厂在广东、福建两省开辟了市场销售网络，拉开了进军华东、

1 吴俊:《国家级葡萄酒评委年会在银川召开》，载《中国食品质量报》2007 年 8 月 2 日。
2 马恩元:《葡萄美酒西夏王 浪沙淘尽始成金——宁夏农垦葡萄产业发展纪实》，载《宁夏画报》(生活版) 2012 年第 3 期第 32-33 页。

华南，面向全国的序幕。2004 年，广夏（银川）贺兰山葡萄酿酒有限公司建成 3 万亩葡萄基地，其中净种植面积 2.6 万亩，建成年生产能力 1.5 万吨的发酵厂和 2 万吨的灌装厂。2006 年，保乐力加选中银广夏贺兰山酒厂，两年后组建由保乐力加控股的合资公司，对葡萄园进行重新改造，为多家酒企提供优质原酒。2009 年保乐力加贺兰山（宁夏）葡萄酿酒管理有限公司成立。2012 年春，保乐力加收购广夏贺兰山酒厂 6 千亩葡萄基地和酿酒厂，7 月将酒厂名称变更为保乐力加贺兰山（宁夏）葡萄酒业有限公司。翌年，由保乐力加贺兰山（宁夏）葡萄酒有限公司生产的 160 箱葡萄酒进入澳大利亚市场，这是宁夏葡萄酒首次出口大洋洲，极大地提升了宁夏葡萄酒的国际地位。五年后又收购了贺兰山葡萄酒有限责任公司，继续经营“贺兰山”葡萄酒品牌。

2003 年，御马形成年发酵葡萄酒 2 万吨的生产能力。2004 年，全套引进意大利生产线，实现了洗瓶、灌装、贴标、装瓶于一体的自动化生产水平。2005 年，御马干红先后被 APEC（亚太经济合作组织）循环经济与中国西部大开发会议和第五届中国曲艺节选为指定用酒。翌年 9 月，御马同中法合营王朝葡萄酒有限公司共同注资成立王朝御马酒庄(宁夏）有限公司，生产的高端酒于当年 12 月被评为“宁夏名牌产品”。2008 年 7 月，“原料来自贺兰山东麓”的御马被评为“宁夏著名商标”，之后又被评为“中国驰名商标”，2011 年发展成为国家葡萄酒产业龙头企业。

作为宁夏最早生产葡萄酒的企业，2004 年西夏王公司扩建葡萄酒生产车间，新增加工能力 2 000 千升，使我区葡萄酒加工能力大幅度提高[1]。2007 年 7 月 13 日，以西夏王集团为首，鹤泉酒业、新惠彬、巴格斯酒庄、玉泉、郭公酒庄等加盟组建了宁夏西夏王葡萄酒产业（集团)，成为拥有 3 个控股子公司、2 个参股公司、5 个非紧密型成员单位的企业集团，优质葡萄种植面积扩展至 2 万亩[2]，贺兰山东麓酿酒葡萄资源的优势聚集效应初步显现。2010 年，西夏王葡萄酒业技改项目一期 1 万千升扩建和厂区环境改造任务完成，将葡萄酒加工能力提升至 2 万千升。2012 年，西夏王酒堡建成，年加工能力提升至 3 万千升，可生产干白、干红等 5 大系列 20 多个品种的葡萄酒，极大地提升了葡萄酒的品质，为把西夏王品牌打造成为产区代表性品牌奠定了基础，当年西夏王葡萄酒获得“外交使节用酒”

1 李晓东：《宁夏葡萄酒产业发展战略研究》，中国农业大学硕士论文，2004 年，第 18 页。
2 孙昱：《宁夏葡萄酒业进入“大整合时期”》，载《经理日报》2007 年 9 月 24 日。

殊荣，同时荣获中国驰名商标。

三、中小型葡萄酒企业的兴起

西夏王、贺兰山、御马三大龙头企业发展壮大的同时，各具特色的中小型葡萄酒生产企业也纷纷建成投产。在国内外精英带动下，社会各界资本和个人投资不断涌入。宁夏贺兰山东麓由初期的葡萄酒原料加工、贴牌销售向葡萄酒产品个性化、多样化、品牌化方向发展，对提升产区整体形象起到了积极的作用，也为宁夏建设优质酒庄酒产区打下坚实的基础。

2005 年，贺兰晴雪酒庄建成投产并注册“贺兰晴雪”和“加贝兰”商标。2006 年，加贝兰 2005 年份酒被指定为宁夏地方政府接待用酒。2007 年，加贝兰解百纳干红葡萄酒 2006 获得“克隆宾杯”首届烟台国际葡萄酒质量大赛金奖。专家们对加贝兰的评价是纯正浓郁、细腻雅致、富有变化、自然协调，充分证实了“好葡萄酒是种出来的理念”，再次肯定了贺兰山东麓产区不仅是优质酿酒葡萄的栽培区之一，而且可以生产出高品质的葡萄酒。2011 年，贺兰晴雪酒庄成为宁夏第一个在国际葡萄酒顶级大赛中获奖的酒庄，宁夏制造的精品酒庄酒在国际市场上声名鹊起。

自从贺兰山东麓建设葡萄酒自然地理保护区开始，新慧彬、亿众酒庄、臻麓酒庄、卓德酒庄、贺兰神、银色高地、源石酒庄、蒲尚酒庄、九月兰山、金弗兰酒庄、兰一酒庄、森淼兰月谷酒庄、博纳佰馥、名麓酒庄、宝实酒庄、兰轩、迦南美地等精品小酒庄在银川产区建成；圣路易·丁、巴格斯、兰山骄子、新惠彬、阳阳国际、长和翡翠等酒庄在农垦建成；贺东庄园酒庄在大武口建成；华昊、皇寇酒庄、甘城子酒庄、贺兰芳华等酒庄在青铜峡建成；红粉佳荣酒庄在红寺堡产区建成；漠贝酒庄、宁夏红沙坡头葡萄庄园在中卫建成。这些酒庄规模大小不等，建筑风格各异，但是在建立初期，就坚持葡萄种植和酿酒标准化、产品生产品质化的路线，酿造能够完美体现贺兰山东麓产区特色的高品质葡萄酒，丰富了宁夏贺兰山东麓葡萄酒产品的品类，同时也带动了玉泉营农场、青铜峡市、永宁县、西夏区、大武口区和红寺堡开发区六大酿酒葡萄子产区的进一步发展[1]。

1 景宜：《贺兰长歌——宁夏贺兰山东麓葡萄酒产区发展纪实》，载《中国民族报》2013 年 7 月 5 日第 1 版。

2012 年，宁夏已建成葡萄酒加工企业 52 家，葡萄酒生产能力 18 万千升，葡萄及葡萄酒产值达到 20 亿元。从葡萄酒品质组成来看，低端葡萄酒比例在逐步减少，中高端葡萄酒生产呈现稳步提升趋势，贺兰山、西夏王、御马、圣路易·丁、贺玉、类人首、加贝兰等品牌已在全国拥有了较高的声誉。

四、著名葡萄酒企业投入产区开发

（一）葡萄酒生产对原料品质要求的提高

宁夏酿酒葡萄种植和葡萄酒生产初加工阶段，葡萄种植户大多把采收的葡萄卖给葡萄酒加工厂生产原酒，或卖给大酒厂进行灌装、贴牌销售。当时，宁夏贺兰山东麓酿酒葡萄的原料优势已日益突显，形成了“以质论价，现场测糖，质优价高”的酿酒葡萄原料供应模式，成为东部葡萄酒生产企业的重要原料供应地。

2004 年 7 月，占我国葡萄酒市场很大一部分容量的半汁葡萄酒退出市场，这既给纯正的葡萄酒让出了市场空间，同时也要求企业更加注重葡萄酒酿造原料的品质[1]。葡萄酒生产规范与国际接轨对酿酒葡萄原料提出了更严格的要求，张裕、王朝、华夏、丰收、长城、威龙等知名企业看中宁夏贺兰山东麓酿酒葡萄的原料生产优势，与当地葡萄酒企业合作购买葡萄原料、收购原酒，仅 2004 年张裕、长城、王朝等国内著名葡萄酒公司就在宁夏收购葡萄原酒 7 000 千升。2005 年，我国葡萄酿酒需求持续增长，东部企业葡萄酒原料普遍不足，引发各厂家抢购原料，导致酿酒葡萄原料成本上升，宁夏酿酒葡萄收购价从 2003 年不到 2 元 / 千克上涨到 2005 年的每千克 3.6 元以上，价格最高时甚至曾达到每千克 5 元[2]。酿酒葡萄原料争夺大战激发了东部葡萄酒企业到西部投资建基地的热情。

（二）葡萄酒领军企业投资建基地

“十一五”和“十二五”前期，宁夏积极拓宽国内外合作渠道，吸引大量投资，极大地调动了国内外葡萄酒企业的投资热情，张裕、长城、王朝、怡园、轩尼诗、保乐力加等国内外知名企业由最初的采购原酒到纷纷进驻宁夏贺兰山东麓，投资建设高标准葡萄

1 陈清华，王朝良：《创新宁夏葡萄酒产业市场营销的建议》，载《甘肃农业》2006 年第 12 期第 62-63 页。
2 2005 年 9 月中旬在宁夏永宁玉泉营葡萄种植基地曾经出现过一场葡萄抢购大战，收购价格从 2004 年的 2.3 元 / 千克上涨为 4.4 元 / 千克，上涨率超过 50%。

园和现代化酿酒庄园。

2005 年，张裕集团通过对当地的土壤、气候和葡萄品种进行调研，从宁夏建立的 7 万余亩葡萄基地中选出 2 900 亩，建设具有宁夏典型风土特征的葡萄园。2006 年，张裕落户银川经济技术开发区，建设了 7 600 亩自营基地，同年 2 月与宁夏农垦集团签订 1.1 亿元的总投资协议，3 年内合作建设 3 万亩酿酒优质葡萄种植基地[1]，2008 年，张裕（宁夏）葡萄酿酒有限公司成立并于翌年 9 月正式投产。2012 年，张裕在闽宁镇、青铜峡、黄羊滩拥有基地 7 万亩，在宁夏贺兰山东麓产区 150 个葡萄园地块中，严选出了 25 个最优质地块（A 级葡萄园）进行精细化种植。2012 年 9 月龙谕酒庄（原张裕摩塞尔十五世酒庄）建设完成。

2005 年，中粮集团就 10 万亩葡萄种植基地的选址进行调研，经专家组论证确定了青铜峡市马场滩和甘城子两个酿酒葡萄种植基地。2009 年，中粮集团开启宁夏葡萄酒及配套种植基地建设工程，翌年，中粮长城葡萄酒（宁夏）有限公司成立并连续两年高标准定植砧木嫁接国际名种葡萄 1 500 亩。2011 年 3 月，中粮集团在闽宁镇建设 1.2 万亩酿酒葡萄种植基地[2]。2012年9月，集科研、种植、酿造、葡萄酒品鉴、葡萄酒旅游观光、文化体验、餐饮会议为一体的综合性酒庄——中粮长城天赋酒庄（Chateau Greatwall Terroir，前身为云漠酒庄）建成并实现投产，生产长城天赋、大漠、云漠系列葡萄酒。

如杰西斯·罗宾逊所言："贺兰山东麓葡萄高品质始终如一，独特的风土条件为产业发展奠定了坚实的基础。"[3] 宁夏依托优越的风土条件和自然资源优势可以生产出高品质的葡萄酒，已在业内形成共识。全球葡萄酒和烈酒巨头保乐力加早在 2008 年就在宁夏组建了合资公司运作贺兰山品牌，2012 年，保乐力加集团全资收购了广夏（银川）贺兰山葡萄酿酒有限公司的基地和酿酒厂，成立保乐力加（宁夏）葡萄酒酿造有限公司。同时，世界另一著名葡萄酒企业——酩悦·轩尼诗-路易·威登集团（LVMH）在组织美国、澳大利亚等国的世界级专家对中国几大葡萄产区进行了两年多的反复评估后，最终选定了贺

1 马和亮，洪琦：《张裕酿酒葡萄基地落户宁夏》，载《宁夏日报》2007 年 4 月 3 日。
2《中粮酒业：发扬脱贫攻坚精神 矢志为人民的美好生活而奋斗》，载《中国日报》2021 年 3 月 24 日。
3 樊前锋：《贺兰山东麓》，宁夏人民出版社，2023 年，第 375 页。

兰山东麓，投资建设了拥有1 000多亩葡萄园的酒庄[1]，依靠当地的优质葡萄原料，酿造世界著名香槟品牌酩悦香槟（Moet & Chandon）的姊妹品牌——中国第一起泡酒夏桐。除了做出了本土化的起泡酒，成为中国葡萄酒高端领导品牌之外，夏桐（宁夏）酒庄更致力于运用国际集团的资源和经验，协助宁夏贺兰山东麓葡萄酒产区的整体发展，将宁夏葡萄酒推向世界。与此同时，宁夏规划建设贺兰山东麓世界葡萄产业试验区，国际葡萄与葡萄酒组织为试验区授牌“国际葡萄酒小镇”，法国、意大利等多国的知名葡萄酒企业进驻葡萄酒小镇建设酒庄。

国内葡萄酒龙头企业及国际著名集团实施酿酒葡萄基地扩张策略，是在当时酿酒葡萄原料竞争加剧和中国优质酿酒葡萄原料基地西移背景下的必然选择。著名企业来宁夏开辟葡萄酒原料基地、建设酒庄，带来了资金、人才和先进的技术与装备，引进了先进的发展理念和管理理念，开拓了市场渠道，不仅为贺兰山东麓产区发展注入了强大的动力，带动了产区技术、产品的升级和发展，全面提升了宁夏葡萄酒产区的影响力；而且还拓展了中国葡萄酒产业的发展空间，成为推动中国西部葡萄酒产区崛起的重要力量。

五、业外资本投入产区建设

葡萄酒的高附加值吸引了众多业外企业在宁夏建葡萄基地和酒厂，投资开展多元化经营。2005 年 8 月 5 日，马来西亚大同工业集团投资 10 亿美元与宁夏农垦集团共同建设 30 万亩优质葡萄基地；2008 年 8 月，澳门金龙集团和泰国德盛集团联手启动建设贺兰山东麓10万亩酿酒葡萄基地[2]；2011年，美的控股进入葡萄酒行业，建成美贺庄园；2012年，宁夏德龙酒业有限公司投资建设 12 万亩种植基地，建设葡萄酒庄和国际化的葡萄酒展览中心；同年，宁夏科冕实业有限公司建成基地 2 万多亩；北京中坤投资集团、香港长和实业集团先后与宁夏农垦集团签订了合作协议，在贺兰山下建造国际化特色酒庄。

法国《周日新闻》曾在 2013 年发表名为《宁夏，中国的顶级风土》一文，其中写道：“在屈指可数的数年间，中外的葡萄酒大集团，还有私营企业都选择了这里发展酒庄

1 景宜：《贺兰长歌——宁夏贺兰山东麓葡萄酒产区发展纪实》，载《中国民族报》2013 年 7 月 5 日第 1 版。
2 刘峰：《中外葡萄酒企业“抢种”葡萄》，载《消费日报》2009 年 9 月 24 日。

或酒厂，这让我们联想到 20 世纪 80 年代的加州纳帕谷那些充满激情的建设者。”[1] 酒评家米歇尔·贝塔尼（Michel Bettane）及希尔瑞·戴萨福（Thierry Dessauve）在参观宁夏贺兰山东麓产区后，提出了极其乐观的预测[2]：

> 同中国的其他产区相比——山东和河北东部、新疆西部——宁夏已经赢得了这场发展与卓越的戏剧性比赛。人们用了 1 000 年建立了法国葡萄酒的威望和经验；在加州用了 50 年。宁夏将用 30 年时间把这里建成世界知名葡萄酒产区。尽管还有大量的工作需要做：生产方式的差异性、区块风土的选择、育种的均一化等，但按照现有的速度，也许一半的时间就够了……

宁夏改变了以往单一的葡萄种植和粗加工生产模式和原料外运、贴牌销售的利润低下经营模式，涵盖种植、原料加工、新产品开发、储藏、销售等环节的完整产业链基本成型。法赛特、迦南美地、贺东、览翠、银色高地、禹皇、类人首、加贝兰、原歌、铖铖等葡萄酒品牌已经具有一定的国内外市场影响力，优越的自然风土和资源优势逐步转化为了产品优势和经济优势。

第四节　宁夏葡萄酒惊艳世界舞台

一、宁夏葡萄酒获得 Decanter 国际大奖

2011 年 9 月 7 日，在英国伦敦皇家歌剧院举行的品醇客（DWWA）世界葡萄酒大赛颁奖典礼上，宁夏贺兰晴雪葡萄酒庄出品的加贝兰特别珍藏 2009（Jiabeilan Grand Reserve 2009）战胜了来自其他 8 个国家的 12 254 款葡萄酒，获得了 Decanter 世界葡萄酒大赛[3] 最高奖项：国际大奖——10 英镑以上波尔多风格红葡萄酒国际金奖[4]，这是首个摘取“品醇客世界葡萄酒大赛”最高奖项的中国葡萄酒，也让宁夏贺兰山东麓葡萄酒产区第一次出现在

1 王莹：《鲁本：时间将鉴定宁夏产区的未来》，载“宁夏新闻网”2016 年 3 月 21 日，http：//www.nxnews.net。
2 钟天阳：《宁夏：葡萄酒世界的新板块》，载《第一财经日报》2013 年 11 月 1 日。
3 英国是引领世界葡萄酒消费动向的葡萄酒消费大国，《品醇客》（Decanter）是国际葡萄酒界影响力最大的英国葡萄酒专业杂志，另译为“醇鉴”。Decanter 世界葡萄酒大赛堪称葡萄酒大赛里的“奥运会”。
4 相当于如今的最高奖项“Best in Show”,2015 年更名为铂金奖。见《让葡萄酒世界轰动的一款宁夏葡萄酒》，载《收藏界》2018 年第 2 期第 90-91 页。

世界葡萄酒的视野中[1]。评委称加贝兰葡萄酒口感柔顺、高雅成熟又不浮华[2]。

在此之前，宁夏葡萄酒在国际上并不被人所知，甚至在品醇客官网报名参赛时，中国葡萄酒产区选项里并没有宁夏。李德美给组委会写了一封 Email，说明这款酒来自宁夏，宁夏作为一个葡萄酒产地才开始被国际业界所知。对于获大奖的这款酒，李德美说："当时宁夏贺兰山东麓一家酒庄酿造的葡萄酒在中国国内参赛，就获得了几乎所有赛事的金奖，于是建议该酒庄用 2009 年份酒款参加品醇客世界葡萄酒大赛。"[3] 贺兰晴雪的加贝兰以出自全新产区——"宁夏"的身份赢得世界葡萄酒赛事最高奖项，这是一个改变世界葡萄酒版图的事件。世界葡萄酒界的目光，投向贺兰晴雪酒庄，投向宁夏贺兰山东麓[4]。品醇客世界葡萄酒大奖赛评委会主席史蒂文·斯普瑞尔（Steven Spurrier）对此评价道："来自中国宁夏贺兰晴雪的一款红色波尔多混酿 2009，在激烈的竞争中，战胜了来自其他 8 个国家的酒品，赢得了 10 英镑以上波尔多品种红葡萄酒领域的'国际大奖'。于一个在巴黎盲品中把加州和波尔多放在一起从而掀起一场波澜的人看来，这个结果令 1976 年的品鉴黯然失色。"并提出了"当今的葡萄酒世界，不要囿于成见，我们可以在葡萄酒新世界生产国的名单中加入'中国'二字，这是中国开始进入世界优质葡萄酒生产国行列的标志"[5] 的重要观点。《品醇客》发行总监萨拉·肯普（Sarah Kemp）表示："中国在《品醇客》世界葡萄酒大奖赛的成功，再次表明了这是一个值得关注的酿酒国，我们现在刚刚看到了她的潜力。"[6] 品醇客世界葡萄酒大奖赛亚洲区评委主席庄布忠（CH'NG Poh Tiong）说："在今年的评选中，亚洲区屡创历史，印度、泰国、日本和中国，均第一次获得了银奖。对中国来说，其表现更为突出，除了获得金奖，还获得了'地区大奖'，最后还战胜了法国、阿根廷、智利、澳大利亚、美国等对手，将'国际大奖'收入囊中，在近年来的葡萄酒世界中，这是一则特大新闻。"

加贝兰的获奖改变了世界对中国葡萄酒的看法，英国《每日电讯报》（The Daily

1 闫院平：《葡萄酒在宁夏，不只是一瓶酒》，载《共产党人》2023 年第 11 期第 16-17 页。
2 张健：《国际时讯》，载《中国葡萄酒》2011 年第 11 期第 12-13 页。
3 加贝兰获得"国际大奖"对于李德美的葡萄酒事业来说，也是一个重要的里程碑，英国葡萄酒智库（Wine Intelligence）把他评为"世界葡萄酒商业十佳人物"；2012 年，《品醇客》把他列入"葡萄酒界最有影响力 50 人"榜单。
4 林立博，李玉：《宁夏 2009·加贝兰　一个国际大奖的传奇》（宁夏贺兰晴雪酒庄内部发行），第 9 页。
5 吴宏林：《"紫色梦想"书写新丝路传奇——探寻宁夏走向世界的足迹》，载"中国葡萄酒资讯网"2016 年 1 月 7 日，https：//m.winesinfo.com。
6 Jim Boyce：《中国葡萄酒再获大奖意味着什么？》，载《华夏酒报》2012 年 6 月 12 日。

宁夏贺兰晴雪酒庄加贝兰特别珍藏 2009 获得 2011 年
Decanter 世界葡萄酒大赛最高奖项：国际大奖
（贺兰晴雪酒庄　供图）

Telegraph）以“为中国举杯——一款中国葡萄酒赢得最佳波尔多混酿的最高奖项，让它强大的法国对手大吃一惊”为题，用将近整版的篇幅报道了这一消息[1]。法国《巴黎人报》（Le Parisien）发表了名为《评审团更喜欢中国葡萄酒而不是波尔多葡萄酒》的报道，文章开头写道：“这是葡萄酒世界的革命，最好的波尔多式的酒不都是来自法国。”[2]而主办方在赛后的酒款记录和报道中也写道：“加贝兰特别珍藏 2009 的获奖是中国葡萄酒发展的一个分水岭时刻，在中国葡萄酒行业探索波尔多风格佳酿的路上，这一刻将被载入史册。”世界著名葡萄酒大师杰西斯·罗宾逊在贺兰晴雪酒窖一只印有“Decanter World Wine Awards 2011 International Trophy”的橡木桶上签名，把“小脚丫”收录在第七版《世界葡萄酒地图》中，并称这次获奖“让所有人大吃一惊”[3]。酿酒师张静将这项最高荣誉归功于宁夏贺兰山这片风土，她说：“为什么 2009 年份酒款获得了大奖，前五年、后五年对比，2009 是最干燥的一年，降水量极少，基本没下雨；同时它又是温度最高的一年，而我们也在特别合适的时候采摘了它。”

加贝兰葡萄酒品牌的产生为贺兰山东麓葡萄产区起到了示范引领作用，坚定了自治区

1 李红文，张宏沛：《宁夏：塞外戈壁续写美酒传奇》，载《中国食品报》2019 年 10 月 11 月第 1 版。
2 秦磊，王婧雅，王莹：《紫色之媒——宁夏葡萄酒产业发展途中故事采撷》，载“人民网”2020 年 10 月 7 日，http://nx.people.com.cn。
3 林立博，李玉：《宁夏 2009·加贝兰　一个国际大奖的传奇》（宁夏贺兰晴雪酒庄内部发行），第 71 页。

发展百万亩葡萄酒文化长廊的战略选择，树立了广大种植户和投资人发展葡萄产业的决心。对此，郝林海在他的《杂琐闲钞》一书中这样评价道[1]：

> 一瓶加贝兰2009，贺兰晴雪酒庄，获2011年《品醇客》(Decanter)国际大奖。这是中国葡萄酒摘取的首个最具影响力的国际金奖，它更新了世界葡萄酒产地的版图，不仅改变了葡萄酒界对宁夏贺兰山东麓葡萄酒产区的认识，更给了宁夏产区能种好葡萄，能酿好酒的自信。此一奖，对宁夏坚持走"酒庄酒""小酒庄、大产区""好酒产区"之路颇具影响。

2012年6月，在法国《葡萄酒评论》(La Revue du Vin de France)杂志举办的"RVF中国优秀葡萄酒2012年度大奖"评选活动中，宁夏贺兰山东麓不仅被评为中国唯一一个"明星产区"，而且包揽了红葡萄酒金、银、铜奖6项大奖，还获得了白葡萄酒银奖、铜奖，最佳酿酒师奖、最具发展潜力酒庄奖、年度黑马酒庄奖。两年后，宁夏贺兰山东麓产区在北京延庆世界葡萄大会上一举获得世界葡萄酒"新兴产国之星"[2]。

二、宁夏成为OIV中国首个省级观察员

2012年1月，宁夏成为首个以省级身份加入国际葡萄与葡萄酒组织（OIV）的中国葡萄酒产区[3]。加入OIV，不仅表明中国及宁夏葡萄酒产业发展得到广泛的国际认可，也意味着宁夏可以代表中国参与世界酿酒葡萄产业技术、葡萄酒产品质量管理及葡萄酒贸易等国际规则的制定与推行，宁夏在国际葡萄酒界的地位得到极大的提升。

2012年7月16日，宁夏首次以观察员身份被邀请参加第35届世界葡萄与葡萄酒组织成员国大会[4]。之后，宁夏先后多次组团参加OIV主要活动，积极与国际葡萄酒顶尖机构和各葡萄酒生产国在品种、技术、教育、人才、文化等方面开展深度交流合作。2013年3月20日，自治区葡萄花卉产业发展局收到国际葡萄与葡萄酒组织发出的6月赴罗马尼

1 郝林海：《杂琐闲钞》，东方出版社，2018年，第3页。
2《宁夏贺兰山东麓葡萄产区荣获"新兴产国之星"大奖》，载《宁夏林业通讯》2014年第3期第1页。
3 国际葡萄与葡萄酒组织（International Organization of Vineand Wine，简称OIV），是1924年由法国、西班牙、希腊等国在法国巴黎建立的一个国际葡萄酒业的权威机构，在业内被称为"国际标准提供商"。原名为国际葡萄酒办事处，1958年更名为国际葡萄与葡萄酒组织。该组织的主要职责是帮助解决和协调成员国间和非政府组织间有关葡萄和葡萄酒的问题，研究有关葡萄种植以及葡萄酒、葡萄汁、鲜食葡萄和葡萄干等生产、贮存、销售等技术和经济问题，制定和修订有关葡萄产品的国际标准。目前，国际上主要的葡萄与葡萄酒生产国都加入了该组织。
4 吴宏林：《宁夏成中国首个OIV省级观察员》，载《宁夏日报》2012年7月9日。

亚参加世界葡萄大会的邀请函，并向大会介绍贺兰山东麓葡萄酒产区发展情况。2013 年 9 月 20—22 日，“中国宁夏贺兰山东麓葡萄与葡萄酒组织学术会议”在宁夏银川召开[1]。国际葡萄与葡萄酒组织为宁夏葡萄产区举办“世界酿酒大师贺兰山东麓邀请赛”“国际葡萄与葡萄酒组织学术会议”“贺兰山东麓列级酒庄论坛”等重大国际交流活动提供智力支撑，对提高宁夏贺兰山东麓在世界葡萄酒产区中的地位、促进宁夏葡萄酒产业国际化发展起到了极大的推动作用。

三、葡萄酒节会促进国际文化交流

2012 年 8 月 30 日至 9 月 1 日，首届贺兰山东麓葡萄酒节暨第四届中国（宁夏）园艺博览会[2]成功举办，这是推动宁夏葡萄酒走向世界的一项重要节事活动，也为宁夏与世界著名葡萄酒产区开展技术交流合作搭建了一个重要的平台[3]。大会遴选了 10 位国际知名酿酒大师，在贺兰山东麓产区自选葡萄园酿酒参加首届“宁夏国际酿酒师挑战赛”，聘请国内外知名品酒师对以贺兰山东麓葡萄为原料的各类葡萄酒进行了品鉴评比[4]。首届贺兰山东麓葡萄酒节期间，杰西斯·罗宾逊品鉴了贺兰山东麓产区的葡萄酒后，盛赞道：“贺兰山东麓是中国最具潜力的葡萄酒产区！”[5]回到英国后，伦敦《金融时报》刊登了她撰写的《中国最具潜力的葡萄酒产区》一文。她在文章中写道，“我在贺兰山东麓产区走访了若干家葡萄酒庄之后发现，这里的葡萄原料品质始终如一，令人难忘。”[6]“我们一共盲品了 8 款白葡萄酒和 32 款红葡萄酒，并按要求从多方面将它们区分为有缺陷的葡萄酒、商业上可接受葡萄酒、好葡萄酒以及杰出葡萄酒。我曾经四次参加中国顶级葡萄酒品评会，事实上，在那些品鉴中我很难确定哪些属于商业上可接受的葡萄酒。然而，这次葡萄酒品鉴中我发现了 5 款杰出葡萄酒，而仅有 6 款葡萄酒可以说是低于商业上可接受葡萄酒的水平。”于是，杰西斯·罗宾逊给出了这样一个结论[6]：

> 贺兰山东麓产区的葡萄酒具有诱人的果香，酒精度很少超过 13 度，天然的

1《2013 国际葡萄与葡萄酒组织（OIV）学术会在银川开幕》，载《宁夏林业通讯》2013 年第 4 期第 2 页。
2 2021 年 9 月，“宁夏贺兰山东麓国际葡萄酒节”在连续举办了 9 届之后，升级为“中国（宁夏）国际葡萄酒文化旅游博览会”。
3 祁瀛涛，段霄：《首届贺兰山东麓葡萄酒节盛大开幕》，载“宁夏新闻网”2012 年 8 月 30 日，https：//www.nxnews.net。
4 吴宏林：《首届贺兰山东麓葡萄酒节 定位打造国际葡萄酒赛事》，载《宁夏日报》2012 年 8 月 17 日第 1 版。
5 王婧雅，张瑛：《宁夏葡萄酒酿出“国际范”》，载《宁夏日报》2019 年 11 月 20 日第 1 版。
6《中国最具潜力的葡萄酒产区：杰西斯·罗宾逊的贺兰山东麓产区印象》，载《宁夏林业通讯》2012 年第 3 期第 8-9 页。

> 酸度适中，氧化合适，平衡性好，并且普遍入口干净，表现力强。也许，现在正是中国葡萄酒生产商投资种植波尔多红葡萄以外品种的时候。贺兰山东麓产区——这个目前看来中国葡萄酒产业最火热的地区，应该去主导这条路。

此次大会是宁夏历史上首次以葡萄、葡萄酒为主题的国际性专业盛会。通过葡萄与葡萄酒博览会、葡萄酒品鉴评比拍卖会、贺兰山东麓葡萄与葡萄酒发展高峰论坛、葡萄与葡萄酒专题推介会、世界酿酒大师贺兰山东麓邀请赛等活动，扩大了贺兰山东麓葡萄及葡萄酒的知名度，提升了贺兰山东麓葡萄酒品牌的影响力，增进了宁夏葡萄酒企业与国内外葡萄酒企业间的交流与合作，加快了宁夏葡萄酒走向世界的步伐。

宁夏将酿酒葡萄产业确立为区域优势特色产业，政府出台系列支持政策，为宁夏酿酒葡萄基地建设与葡萄酒酿造产业一体化发展营造了良好的发展环境。此阶段，通过推广“一清三改”技术扩大了优质酿酒葡萄的种植面积，2011 年宁夏葡萄酒的优秀品质也因加贝兰获得 Decanter 大金奖而在世界葡萄酒之林声名鹊起，宁夏也加快了走向国际的发展步伐。

第十三章 葡萄酒产业发展规范化与国际化

2013 年，宁夏成为中国首个以立法形式严格规范葡萄酒产业发展的葡萄酒产区。《宁夏回族自治区贺兰山东麓葡萄酒产区保护条例》的出台，为宁夏酿酒葡萄基地开发及葡萄酒产业可持续发展提供了法律保护，对于规范全产业链投资者的生产经营活动、引领产区走保护式开发道路起到了重要作用，标志着宁夏葡萄酒产业发展进入了规范化发展阶段，也为我国葡萄酒产区立法保护开了个好头。

第一节 葡萄酒产业管理规范化

一、规范葡萄酒产业发展的管理机构保障

2012 年 2 月，宁夏回族自治区成立了葡萄花卉产业发展局，属自治区林业局，承担葡萄产业发展行政管理职责与任务[1]。葡萄花卉产业发展局出台了一系列鼓励、规范葡萄与葡萄酒产业发展的政策，吸引区内外社会力量广泛参与贺兰山东麓葡萄酒产区的建设和发展，形成了政府强力支持和引导、企业为市场主体、国内外资本广泛支持的开放性发展格局。2014 年 10 月，宁夏贺兰山东麓葡萄酒产业园区管理委员会成立，对贺兰山东麓葡萄文化长廊建设实行统一领导、统一规划、统筹建设、协调管理。时任宁夏回族自治区政府党组副书记郝林海兼任管委会主任，下设办公室，同时将自治区葡萄花卉产业发展局更名为自治区葡萄产业发展局，与宁夏贺兰山东麓葡萄产业园区管理委员会办公室一个机构、两块牌子[2]。宁夏贺兰山东麓葡萄酒产业园区管理委员会的成立为统一领导宁夏酿酒葡萄产业规范化发展、统一规划全区酿酒葡萄基地规范化建设、统筹资源专业化开发利用提供了组织机构管理保障。2019 年 5 月，为了进一步调整优化宁夏贺兰山东麓葡萄酒产业园区

1 胡学玲：《宁夏葡萄产业发展现状与开展确权的重要性分析》，载《现代农业科技》2016 年第 11 期第 134 页。
2 陈峰，段楠谦：《统一领导 统一规划 统筹建设 协调管理 宁夏贺兰山东麓葡萄产业园区管委会挂牌成立》，载《宁夏画报》（生活版）2015 年 6 月 20 日。

管理体制，宁夏贺兰山东麓葡萄酒产业园区管理委员会办公室（自治区葡萄产业发展局）调整设置为宁夏贺兰山东麓葡萄酒产业园区党工委、管委会，由宁夏回族自治区农业农村厅党组代管，继续保留统一领导、统一规划、统筹建设、协调管理贺兰山东麓葡萄文化长廊建设的管理职责。2021 年 9 月，中央机构编制委员会办公室批准设立宁夏贺兰山东麓葡萄酒产业园区党工委、管委会，对宁夏贺兰山东麓葡萄酒产业园区实行统一规划、统筹建设、协调管理，为宁夏葡萄酒产业发展提供了强有力的组织保障。

二、葡萄酒产品生产及质量控制规范化

2014 年 4 月 27 日，宁夏发布了《自治区人民政府办公厅关于加强贺兰山东麓葡萄酒质量监管品牌保护及市场规范的指导意见》[1]，对葡萄苗木以及葡萄酒生产、流通等环节都做了质量标准要求。在酿酒葡萄原料生产方面，规定新建酿酒葡萄基地必须采用优质无病毒苗木，从源头上确保苗木质量安全。在葡萄酒加工方面，对酒庄环境卫生和生产条件、酿酒工艺及设备、葡萄酒贮藏及灌装等环节进行规范，定期发布贺兰山东麓葡萄与葡萄酒质量评价报告。在酒庄建设和生产经营活动方面，严格实行市场准入制度，制定规范标准，定期对酒庄贮藏与市场流通的葡萄酒质量进行抽检，并公布抽检报告。指导意见中还特别强调了政府和行业协会在葡萄酒品质管理方面的职责，政府要制定具体的监管措施，提高监管工作的效率和效能。宁夏葡萄产业协会协助政府，加大对企业违规行为的检查力度，减少企业违规行为，对贺兰山东麓葡萄酒质量监控起到有效的监督作用。

标准化是推动科技进步和产业升级、提高产品质量、促进经济结构战略性调整、加速我国农业产业化发展的重要技术基础[2]。2017 年 4 月 18 日，中国首个葡萄与葡萄酒产业标准化委员会——宁夏葡萄与葡萄酒产业标准化技术委员会正式成立，以标准化规范为宁夏葡萄酒产业可持续发展提供技术保障。作为自治区优势特色产业中第一个专业技术委员会，宁夏葡萄与葡萄酒产业标准化技术委员会的成立标志着宁夏葡萄酒产业在产品开发、质量提升、品牌培育、市场管理等方面率先迈入规范化发展阶段[3]。

1 宁夏回族自治区人民政府办公厅:《关于加强贺兰山东麓葡萄酒质量监管品牌保护及市场规范的指导意见》，载《宁夏回族自治区人民政府公报》2014 年第 11 期第 3 页。
2 杨书琴:《证券业标准化势在必行》，载《网络世界》2002 年 3 月 18 日。
3 金芳:《宁夏葡萄与葡萄酒产业标准化技术委员会成立》，载《新商务周刊》2017 年第 5 期第 11 页。

2018 年，宁夏建成“贺兰山东麓葡萄酒质量安全追溯体系”[1]，率先在列级酒庄、中国驰名商标葡萄酒企业和获得贺兰山东麓国际葡萄酒博览会金奖企业中推行。该系统通过建立智能化感知、预警系统对葡萄酒生产全链条进行监控和追踪，收集形成的大数据库可以为葡萄酒产业管理部门提供决策依据，帮助葡萄酒企业实现种植规范化、生产精细化、管理可视化和决策智能化，为推进宁夏葡萄酒质量安全监管、促进宁夏葡萄酒产业生态建设提供重要的科技支撑。2019 年底，宁夏建成 3 个葡萄园智慧管理中心，62 个酒庄（企业）纳入信息化监管系统，通过数字科学技术手段，提升了产区实时监测的效率和智慧化监管水平，提高了葡萄酒庄（生产企业）实施葡萄园标准化管理的水平，并帮助企业提高了数据采集及决策分析的科学性。

三、列级葡萄酒庄管理规范化

2013 年 9 月 25 日，国际葡萄与葡萄酒组织学术会议在银川召开，发布了列级酒庄评选制度，宁夏成为国内首个采用列级酒庄国际化管理模式的葡萄酒产区[2]。2016 年 3 月 1 日，宁夏出台全国首个葡萄酒列级酒庄评定管理办法——《宁夏贺兰山东麓葡萄酒产区列级酒庄评定管理办法》[3]，为贺兰山东麓葡萄酒产区提升质量和酒庄信誉，促进酒庄高标准、高质量发展提供了制度保障。酒庄评定管理办法规定酒庄需要在酒的品质、管理水平、接待能力等方面满足一定的条件才能参加列级酒庄评选，具体包括以下条件[4]：

> 必须实行葡萄种植与酒庄一体化经营；葡萄酒发酵、陈酿、灌装、瓶储等过程均在酒庄内完成；酒庄主体建筑应具有特色和鲜明的地域特点，并有旅游休闲功能；酒庄原料必须全部来源于自有种植基地；葡萄树龄必须≥ 5 年；葡萄产量应控制在每亩 500 公斤至 800 公斤；葡萄产量及质量稳定，并具有可追溯性；酒庄酒品质稳定、典型性明显，有稳定的葡萄酒销售渠道及市场，在国内外有一定的品牌影响力等。

列级酒庄两年评选一次，分五级，采取从低到高逐级评定晋升的办法，一级为最高级

1 吴宏林：《宁夏葡萄酒从这里走向世界》，载《宁夏日报》2018 年 9 月 12 日。

2 宁夏回族自治区人民政府办公厅：《自治区人民政府办公厅关于印发〈宁夏贺兰山东麓葡萄酒产区列级酒庄评定管理暂行办法〉的通知》，载《宁夏回族自治区人民政府公报》2014 年第 4 期第 36-38 页。

3 吴宏林：《宁夏出台全国首个葡萄酒列级酒庄评定管理办法》，载《共产党人》2016 年第 5 期第 1 页。

4 王莹：《宁夏贺兰山东麓葡萄酒产区列级酒庄评定管理办法》，载“宁夏新闻网”2016 年 2 月 23 日，https：//www.nxnews.net。

别。经过 2013 年、2015 年、2017 年、2019 年、2021 年五次评定晋升，截至 2021 年，宁夏贺兰山东麓产区评出列级酒庄 57 家[1]。其中二级酒庄 9 家，分别是源石酒庄、贺兰晴雪酒庄、巴格斯酒庄、宁夏农垦玉泉国际酒庄、贺东庄园、留世酒庄、利思酒庄、立兰酒庄、迦南美地酒庄。三级酒庄 15 家，分别是铖铖酒庄、美贺庄园、保乐力加贺兰山酒庄、名麓酒庄、原歌酒庄、兰一酒庄、米擒酒庄、贺兰神酒庄、宝实酒庄、蒲尚酒庄、新牛酒庄、蓝赛酒庄、汇达阳光生态酒庄、贺兰芳华田园酒庄、海香苑酒庄。四级酒庄 18 家，分别是禹皇酒庄、法塞特酒庄、长城天赋酒庄、张裕龙谕酒庄、森淼兰月谷酒庄、御马酒庄、金沙湾酒庄、维加妮酒庄、西鸽酒庄、华昊酒庄、长和翡翠酒庄、沃尔丰酒庄、东方裕兴酒庄、红寺堡酒庄、和誉新秦中酒庄、罗山酒庄、阳阳国际酒庄、类人首酒庄。五级酒庄 15 家，分别是天得酒庄、新慧彬酒庄、红粉佳荣酒庄、仁益源酒庄、嘉地酒园、容园美酒庄、夏木酒庄、皇蔻酒庄、莱恩堡酒庄、西御王泉酒庄、漠贝酒庄、罗兰马歌酒庄、鹤泉酒庄、凯仕丽酒庄、麓哲菲酒庄[2]。

经审定批准的列级酒庄，优先享受自治区葡萄及葡萄酒产业发展相关优惠政策。列级酒庄可按照专用标志和证明商标的有关规定和程序，在其产品的包装、说明书、酒标上注明酒庄等级。自治区林业局（葡萄花卉产业发展局）、质量技术监督局和宁夏贺兰山东麓葡萄与葡萄酒国际联合会履行监督职责，对列级酒庄开展定期或不定期质量抽查，并根据建设和发展情况，动态化调整级别。关于实行列级酒庄管理制度的目的，郝林海说[3]：

> 葡萄酒列级酒庄管理机制，就是要利用产区尚处在起步阶段的有利契机，先把规矩立好，把门槛提高，从苗木种植、产量控制、酿酒工艺、产品质量、酿酒文化、销售价格等方面进行全面规范和引导，使每一个酒庄从一开始就按照高标准、高质量来规划，来建设，一步一个脚印地做好这个产业。

宁夏率先制定了对标世界优秀产区的酒庄管理制度，开创了我国葡萄酒管理制度的先河，为“酒庄酒”模式的健康发展、促进葡萄酒产业相关管理部门之间的协调合作、推动宁夏快速进入国际优质葡萄酒产区梯队提供了重要的制度保障。法国《葡萄酒评论》杂志的丹尼斯·萨沃特（Denis Sarvort）也认为宁夏推行列级酒庄评选制度对产区发展及葡萄

1 余娟：《葡萄酒旅游目的地评价与建设研究》，宁夏大学硕士论文，2023 年，第 44-45 页。
2 束蓉，马军：《2021 年度宁夏贺兰山东麓葡萄酒产区列级酒庄名单出炉》，载《华兴时报》2021 年 9 月 27 日第 2 版。
3 刘静，郝林海：《贺兰山东麓葡萄酒的风土》，载《新商务周刊》2006 年第 23-25 页。

酒质量提升、对促进宁夏葡萄酒管理制度与世界快速接轨起到了积极的推动作用[1]。葡萄酒庄列级评选制度是中国葡萄酒行业管理制度的创新之举，奠定了宁夏在国内葡萄与葡萄酒行业管理制度建设方面的领军地位。

21 世纪以来，作为中国葡萄酒业界的后起之秀，宁夏贺兰山东麓充分发挥自然风土优势，以开放、包容的胸怀学习、接纳世界各地的葡萄酒文明，借鉴国内外葡萄酒行业先进经验，将资源优势转化为产业优势，在国内葡萄行业管理制度建设规范方面起到了积极的示范引领作用。

第二节　酿酒葡萄基地建设规范化

一、建设优质酿酒葡萄基地的政策支持

宁夏产区从建设之初就坚持了高标准的定位，对标世界一流产区，以葡萄园建设"优质、稳产、美观、长寿"为目标，坚持酿酒葡萄基地标准化、规范化建设。从酿酒葡萄的品种引进、苗木繁育、标准葡萄园建设和管理方面，制定了符合产业发展需求的管理办法和扶持政策，鼓励葡萄酒生产企业按照统一标准、统一技术、统一管理、相对集中的原则自建基地，推进酿酒葡萄基地规模化发展。2013 年 1 月，宁夏出台《加快推进农业特色优势产业发展若干政策意见》(宁政发〔2013〕11 号)[2]，对葡萄良种苗木繁育、葡萄育繁推一体化基地建设、葡萄病虫害统防统治、葡萄低产园改造提升等，给予一定的扶持补贴，对于提高酿酒葡萄基地建设标准、推动成龄葡萄园提质增效、促进酿酒葡萄基地机械化管理起到了积极的推动作用。2015 年 12 月，《贺兰山东麓葡萄产业园区管理委员会关于加强酿酒葡萄基地管理的指导意见》出台[3]，明确了"打造世界优质葡萄酒产区"的目标，提出了"改造提升老基地，高标准建设新基地，栽培品种多样化，引导种植面积过大的企业、农户与酒庄实行一体化经营"四条措施，对于进一步加强我区酿酒葡萄基地管理，全

1《宁夏贺兰山东麓列级酒庄论坛隆重举行》，载"中国葡萄酒信息网"2013 年 9 月 25 日，https：//www.winesinfo.com。
2 宁夏回族自治区人民政府：《自治区人民政府关于印发加快推进农业特色优势产业发展若干政策意见的通知》，载《宁夏回族自治区人民政府公报》2013 年第 3 期第 31-39 页。
3 贺兰山东麓葡萄酒产业园区管理委员会：《贺兰山东麓葡萄产业园区管理委员会关于加强酿酒葡萄基地管理的指导意见》，载"宁夏贺兰山东麓葡萄酒产业园区管理委员会官网"2016 年 7 月 25 日，http：//www.nxputao.org.cn。

围绕"优质、稳产、美观、长寿"目标建设的宁夏贺兰山东麓酿酒葡萄基地
(宁夏贺兰山东麓葡萄酒产业园区管理委员会 供图)

面提升酿酒葡萄基地建设质量起到了重要的指导和约束作用。2016 年 3 月，宁夏贺兰山东麓葡萄酒产业园区管理委员会办公室与自治区财政厅联合下发《关于创新财政支农方式加快葡萄产业发展的扶持政策暨实施办法》(宁葡委办发〔2016〕13 号)[1]，出台扶持办法"加强良种苗木繁育体系建设""推进优质葡萄园创建"[2]。管委会办公室围绕优质葡萄园建设制定了配套政策措施及规范性文件，对推动西夏王等大型国有企业实施改造提升葡萄园工程起到了极大的激励作用。

2016 年 7 月 18—20 日，习近平总书记来宁夏视察时对宁夏酿酒葡萄品质给予肯定，他指出："中国将来葡萄酒市场不得了。贺兰山东麓酿酒葡萄品质优良，宁夏葡萄酒很有市场潜力，综合开发酿酒葡萄产业，路子是对的，要坚持走下去。"习近平总书记的重要指示，为宁夏进一步发挥得天独厚的资源优势、建设优质酿酒葡萄基地指明了发展方向，为

1 何耀：《法国红酒出口中国的现状、问题及优化措施》，载《对外经贸实务》2020 年第 9 期第 51-54 页。
2 新商务周刊编辑部：《谁缔造了贺兰山东麓的"紫色传奇"》，载《新商务周刊》2016 年葡萄酒专刊第 14-21 页。

打牢中国葡萄酒产业发展基础注入了强大动力。

在宁夏回族自治区党委和人民政府的领导下，“引进栽植高纯度脱毒葡萄苗木、建设优质苗木繁育体系、确保葡萄酒酿造原料的高品质”成为葡萄酒产业管理部门、葡萄种植和葡萄酒酿造企业的共识，企业加大了引入优质酿酒葡萄品种的投入、提高了酿酒葡萄基地建设标准、加快了葡萄园升级优化的速度，使贺兰山东麓成为世界上种苗纯度最高、标准化葡萄园建设速度最快的产区。

二、我酿酒葡萄基地建设规范化措施及成效

（一）建设措施

“十二五”期间，宁夏先后投入近 29 亿元资金，建成西夏区镇北堡、贺兰金山试验区扬黄灌溉骨干工程，完成产区道路 335.5 千米，架设 10 千伏供电线路 61.27 千米，改造线路 17.8 千米，形成了旱能灌、涝能排、田成方、林成网、路相连的葡萄园灌排体系，宁夏葡萄产业基础设施进一步得到完善[1]，为酿酒葡萄基地规范化建设打下了良好的基础。

2013 年宁夏启动“苗木质量年”活动。当年 7 月召开的全区葡萄和葡萄酒产业座谈会指出：“葡萄和葡萄酒产业是宁夏优势最突出的特色产业，有望打造成国际著名品牌。在大发展的时候要冷静思考、走稳步伐，从一开始就要坚持苗木高标准，宁可速度慢一些，也要坚持高质量、高标准。”会议强调：“葡萄酒产业科学、健康发展，种好葡萄是第一要务。”为保证葡萄酒产业链前端和源头的品质，宁夏加大了从世界一流葡萄酒产区引进优质葡萄苗木的力度。2013 年 5 月 13 日，自治区葡萄花卉产业发展局委托中国林木种子公司代理，从法国梅西集团进口 12 个品种（20 个品系）96.1 万株优良葡萄种苗及种条，其中包括霞多丽、赤霞珠、美乐等已有百年以上生长历史的世界著名酿酒葡萄品种，这是全国首次规模最大、品种最多的中欧合作引进葡萄苗木项目，标志着贺兰山东麓葡萄酒产区大规模引进国外优质葡萄苗木工程正式拉开序幕。此后两年，宁夏又先后从法国引进 26 个名优酿酒葡萄品种（品系）的苗木 64.6 万株、种条 179.1 万根，并建成了母本园、采穗圃、育苗中心三级葡萄苗木繁育体系。自此，宁夏由引进国外葡萄种苗最多的省区发展成全国最大的

1 新商务周刊编辑部：《谁缔造了贺兰山东麓的“紫色传奇”》，载《新商务周刊》2016 年葡萄酒专刊第 14-21 页。

优质酿酒葡萄、砧木种质资源基地，每年可保证6万亩优质葡萄基地的种苗供应[1]。2014年6月，法国梅西集团总裁梅西先生称赞贺兰山东麓产区在葡萄苗木繁育体系建设方面取得的成绩时说："有了这些优质的苗木，不久的将来，这里一定可以生产出令中国和世界震惊的优质葡萄酒。"[2]

自2014年开始，宁夏葡萄酒产业管理部门连续11年委托第三方检测公司，对产区内酿酒葡萄种苗进行病毒抽样检测工作，保护产区酿酒葡萄苗木安全。当年，宁夏葡萄花卉产业发展局对全区酿酒葡萄苗木开展专项病毒检测和销毁带毒葡萄苗木的专项整治活动，一家企业培育的50余万株葡萄苗木因不达标全部被销毁[3]，为严把葡萄苗木优秀品质关树立了典范。之后，产区每年联合相关执法部门对产区繁育的酿酒葡萄苗木进行质量和病毒检测，对合格苗木进行公示。2018年4月再次对抽检出的7000株带病毒苗木予以集中销毁。自开展专项整治以来，累计销毁约54.7万株带毒苗木，有效保障了贺兰山东麓葡萄酒产区酿酒葡萄的质量[4]。

宁夏贺兰山东麓葡萄酒产业园区管理委员会高度重视酿酒葡萄苗木安全，会同自治区林业和草原局、银川海关制定并联合印发《宁夏贺兰山东麓酿酒葡萄苗木管理办法》，规范酿酒葡萄苗木生产经营，持续加强酿酒葡萄苗木监管，护航产区葡萄酒产业高质量发展。

（二）建设成效

1. 形成酿酒葡萄栽培的"宁夏"模式　宁夏贺兰山东麓在酿酒葡萄基地建设过程中坚持高标准要求，多举措提升葡萄园种植水平，重点推广开沟培肥整地、抗寒沟栽、高效节水、宽行密植等建园技术，取得了以下积极成效。一是大力推广倾斜主干水平龙干（又称"厂"字形、斜杆水平蔓架形）树形，该树形较其他树形更易埋土，通风带、结果带、营养带"三带分明"，不仅利于机械化作业和标准化管理，也为以后形成优良品质奠定了基

1 吴宏林：《"紫色梦想"书写新丝路传奇——探寻宁夏走向世界的足迹》，载"中国葡萄酒资讯网"2016年1月7日，https：//www.winesinfo.com。
2 新商务周刊编辑部：《谁缔造了贺兰山东麓的"紫色传奇"》，载《新商务周刊》2016年葡萄酒专刊第14-21页。
3 国家林业局：《宁夏林业厅焚烧50.8万株带毒葡萄苗木》，载"国家林业局政府网"2014年6月10日，https：//www.forestry.gov.cn。
4 王莹：《宁夏贺兰山东麓产区销毁7 000株带病毒葡萄苗木》，载"乐酒客网"2017年4月7日，https：//www.lookvin.com。

础，使得葡萄产量稳定，长势均衡[1]。二是加强对酒庄（企业）进行技术指导，联合葡萄种植专家多次深入葡萄园开展技术指导服务，从种苗来源、土地整理、开沟种植、铺设灌溉设施、病虫害防治、水肥管理等各个环节把好技术关，保障规范化高标准葡萄园建设[2]。三是集成推广了浅清沟、斜上架、深施肥、统防统治及高效节水灌溉等一批关键技术[3]，先后制定了 41 项技术标准，创建了酿酒葡萄栽培“宁夏”模式，为建设世界优质葡萄酒产区打下了良好的基础。

2. 形成全国最大的酿酒葡萄集中连片产区　政府支持企业流转农民土地建设酿酒葡萄基地，并引导企业和农户积极推广优质嫁接苗，按照机械化作业和标准化架形培养的要求高标准建园。同时，对 20 多万亩葡萄低产园进行技术改造，基地建设质效提升。截至 2019 年底，全区葡萄种植面积达到 57 万亩（净面积 46 万亩），占全国的 1/4，是全国最大的酿酒葡萄集中连片产区。按照“优质产区、特色葡园、精品酒庄、标准引领”的发展方向，加强酿酒葡萄基地优质化建设管理，形成了以西夏区镇北堡为核心的银川产区，以甘城子为核心的青铜峡产区，以中圈塘为核心的红寺堡产区，以玉泉营、黄羊滩为核心的永宁产区，以金山为核心的贺兰产区的贺兰山东麓酿酒葡萄产业带。

三、宁夏优质葡萄园评选措施及成效

为了推广先进的葡萄栽培技术，引领葡萄酒庄（生产企业）科学规范建设管理葡萄园，宁夏葡萄产业园区管委会制定了优质葡萄园评选办法，于 2013—2016 年，先后组织三次优质葡萄园评选活动。第一次评选出了一级 1 家、二级 3 家、三级 6 家，共 10 家优质葡萄园[4]。2015 年优质葡萄园评选办法中，把参评范围由 2013 年的 2 年成园龄调整为 5 年，评价重点是葡萄优质栽培技术和管理技术，评价指标主要包括葡萄园园貌、品种纯度、葡萄树龄、苗木来源及病虫害、栽培管理、葡萄产量与质量、技术管理等方面，评选出二级

1 刘静：《立兰酒庄告诉你：好酒是“种”出来的》，载《新商务周刊》2016 年刊第 60-61 页。
2 闫茜：《银川加速构建葡萄酒产业标准化体系》，载《银川日报》2023 年 8 月 4 日第 1 版。
3 武敏，高雷：《宁夏吴忠酿酒葡萄全产业链培育现状、问题及对策》，载《中国果树》2023 年第 5 期第 132-135 页。
4 2013 年共评选出 10 家优质葡萄园，一级 1 家，贺兰神酒庄葡萄园。二级 3 家，分别是农垦黄羊滩农一队葡萄园、留世酒庄葡萄园、酩悦轩尼诗夏桐（宁夏）酒庄葡萄园。三级 6 家，分别是青铜峡佳源合作社葡萄园、源石酒庄葡萄园、金沙林场葡萄园、农垦玉泉营南大滩葡萄园、兰一酒庄葡萄园、雷士工贸葡萄园。

宁夏贺兰山东麓优质葡萄园
（宁夏贺兰山东麓葡萄酒产业园区管理委员会 供图）

8 家、三级 12 家，共 20 家优质葡萄园 [1]。2016 年第三次评选活动对评价指标做了进一步修正，增加了葡萄产量和栽培管理（树形、土肥水管理、生产机械化程度）评价指标，评选出了二级 4 家、三级 21 家，共 25 家优质葡萄园 [2]。

优质葡萄园评选活动期间，通过大力推广“浅清沟、斜上架、深施肥、统防统治”四项关键技术改造了一批低产老园，同时建立起了一批标准高、品种纯、栽培规范的新园。优质园评选不仅实现了栽培品种的多样化，推动了老基地的改造提升和新基地的高标准建设工程，另外在引导种植面积过大的企业、农户与酒庄实行一体化经营等方面还取得了重点突破。5 年左右的时间就使优质葡萄园面积翻了一倍，藤蔓保存率达到 90% 以上，品种

1 2015 年共评选出 20 家优质葡萄园，二级 8 家，分别是宁夏天得葡萄种植有限公司葡萄园、宁夏德龙十万亩有机葡萄产业示范园、宁夏新慧彬农业开发有限公司葡萄园、宁夏源石酒庄葡萄园、御马标准葡萄园、农垦玉泉营公司南大滩 1 号园、巴格斯酒庄金沙葡萄园、森淼兰月谷酿酒葡萄种植示范园。三级 12 家，分别是宁夏汇达阳光生态酒庄有限公司葡萄园、宁夏物华集团农业公司碱碱湖葡萄园、原歌酒庄葡萄园、贺东庄园葡萄园、西夏王玉泉国际酒庄葡萄基地（东大滩 4 号园）、郭公庄园葡萄园、农垦连湖葡萄公司甘玉葡萄园、宁夏沙坡头葡萄基地、宁夏兰一酒庄葡萄园、宁东铁路酿酒葡萄种植分公司葡萄园、农垦茂盛草业公司“七泉沟”葡萄园、留世酒庄葡萄园。

2 2016 年共评选出 20 家优质葡萄园，二级 4 家，分别是宁夏甘土酒业有限公司葡萄园、御马国际葡萄酒业（宁夏）有限公司葡萄基地 4 号园、宁夏农垦玉泉国际葡萄酒庄有限公司玉泉营葡萄基地 2 号园、宁夏立兰酒庄有限公司葡萄园。三级 21 家，分别是宁夏天得葡萄种植有限公司西川组葡萄园、宁夏德龙酒业有限公司 2-1 号葡萄园、宁夏农林科学院枸杞研究所（有限公司）二区南园、酩悦轩尼诗夏桐（宁夏）葡萄园有限公司葡萄园、宁夏圣路易·丁葡萄酒庄（有限公司）南葡基地 2 号园、宁夏维加妮葡萄酒有限公司葡萄园、宁夏米擒酒庄有限公司葡萄园、宁夏玺天龙葡萄酒庄有限公司葡萄园、宁夏回族自治区国营玉泉营农场玉泉营葡萄基地 3 号园、宁夏回族自治区国营黄羊滩农场沿山路葡萄园、北京正元明睿文化科技有限公司葡萄园、宁夏回族自治区国营渠口农场葡萄园、宁夏青铜峡市禹皇酒庄有限公司葡萄园、宁夏沙泉葡萄种植有限公司葡萄园、宁夏贺兰芳华田园酒庄有限公司葡萄园、宁夏农垦连湖葡萄发展有限公司连湖农场甘泉 2 号园、中粮（宁夏）葡萄种植有限公司葡萄园、宁夏农垦平吉堡生态庄园有限公司 4 号园、宁夏贺兰珍堡酒庄有限公司葡萄园、宁夏汉森葡萄种植有限公司万亩林场葡萄园、宁夏红粉佳荣科技有限公司茅头墩葡萄园。

纯度达到 95% 以上，每亩生产优质葡萄酒 350 瓶左右。基本实现了产区葡萄基地与酒庄一体化经营，葡萄品种结构更加优化、区域化布局更加明显，葡萄酒个性更加突出、葡萄酒质量全面提升[1]。

第三节 葡萄酒产业发展国际化

一、宁夏葡萄酒融入"一带一路"建设

在"一带一路"倡议的推动下，宁夏加快了国际化发展步伐，经济外向型特征越来越明显，其中葡萄和葡萄酒文化因为具有国际化特色明显的特殊属性，成为宁夏接受世界先进文化、加强国际交流的最好平台、最佳机会。宁夏在新欧亚大陆桥中处于承东启西、连接南北的中枢位置，是古丝绸之路上的重要交通节点，在"一带一路"建设中处于重要的枢纽地位。葡萄酒是古丝绸之路东西方文明交流的重要载体，河西走廊、宁夏、内蒙古乌海和新疆都是分布在古丝绸之路沿线的中国特色葡萄酒产区代表。经由古丝绸之路传入宁夏的葡萄酒，经过改革开放以来多年的发展，在宁夏对外经济商贸流通和中西方葡萄酒文化交流中的作用日益突显。

2015 年 7 月 27 日，宁夏通过《关于融入"一带一路"加快开放宁夏建设的意见》，为加强世界葡萄酒文明交流互鉴，促进宁夏与"一带一路"共建国家中的各葡萄酒生产国加大葡萄酒品种和风格、酿造技术与人才培养、葡萄酒旅游与文化艺术等方面的交流合作，进一步提升宁夏葡萄酒的国际知名度和影响力提供了明确的方向。2016 年 6 月 22 日，"一带一路"国际葡萄酒大赛官方组委会组织"重走丝绸之路"活动[2]，将葡萄酒融入"丝绸之路经济带"建设项目，将宁夏古丝绸之路上的历史遗迹、自然景点、民俗美食作为重要元素融入丝绸之路葡萄酒文化旅游带，为展示宁夏及中国葡萄酒悠久的历史文化开创了一个重要窗口。

包括捷克、波兰、匈牙利、克罗地亚等 16 国在内的"一带一路"共建中东欧国家，

1 李乾：《优质葡萄园评选将会给宁夏产区带来什么？》，载《新商务周刊》2016 年第 11 期第 50-53 页。
2 刘保建：《"重走丝绸之路"正式启程，首站走进咸阳》，载《华夏酒报》2016 年 6 月 27 日。

大多葡萄酒生产历史悠久，且葡萄酒产业发展各具特色。为促进“一带一路”沿线国家葡萄酒文化交流,2017 年 4 月 4—8 日，第 20 届中东欧国家“16+1”合作经贸博览会举行。宁夏贺兰山东麓产区 14 家葡萄酒企业（酒庄）的 18 款葡萄酒参加展出，受到参加展会的各国宾客的一致好评，此次参展增强了东欧传统葡萄世界对宁夏产区风土优势的体验，也大大增强了宁夏葡萄酒在东欧葡萄酒市场的知名度和影响力[1]。

2018 年 4 月 9 日，宁夏举办第一届“一带一路”国际冠军侍酒师挑战赛，吸引了来自亚洲、欧洲、美洲的 32 支侍酒师团队参赛，对于加强贺兰山东麓葡萄酒产区与国际葡萄酒界的交流合作，提升产区品牌影响力，推动宁夏乃至中国葡萄酒走向全国、走向世界起到了重要作用[2]。2018 年 9 月，宁夏承办第二届“一带一路”国际葡萄酒大赛，通过举办葡萄酒产品展示与品鉴推介、专业贸易洽谈与对口经贸合作，向世界充分展示了宁夏贺兰山东麓葡萄酒风土优势，提升了宁夏葡萄酒在丝绸之路共建国家和地区的知名度和影响力[3]。2019年9月25日，宁夏承办第三届“一带一路”国际葡萄酒大赛，来自意大利、法国、西班牙、澳大利亚、葡萄牙、希腊等 20 个国家的 230 家企业，以及 9 个国内葡萄酒主产区参加了比赛，全方位展示了“一带一路”共建国家不同的葡萄酒产区、酒庄文化及葡萄酒风格[4]。

“一带一路”倡议为宁夏葡萄酒开拓国际市场提供了合作路径，为宁夏葡萄酒创造了更广阔的国际竞争平台。葡萄及葡萄酒产业的国际合作与交流，让宁夏这个丝绸之路的必经之地进一步焕发生机。

二、宁夏列入世界葡萄酒地图和明星产区

宁夏贺兰山东麓葡萄酒多次斩获国际重要赛事大奖，葡萄酒品质得到了世界认可，因此成为葡萄酒“获奖明星之乡”“明星产区”。2013 年 1 月，宁夏贺兰山东麓葡萄酒产区荣获“胡润百富 2013 年至尚优品全球优质葡萄产地新秀奖”，成为当年全球唯一一个获

1 赵世华:《梦想随笔》(自印本)，第 145 页。
2 李佳瑞:《宁夏启动首届“一带一路”国际冠军侍酒师挑战赛》，载《新商务周刊》2018 年第 4 期第 16-17 页。
3 孙文东:《2019“一带一路”国际葡萄酒大赛银川开幕》，载“中国酒业新闻网”2019 年 10 月 10 日，http：//www.cnwinenews.com。
4 胡冬梅:《2019“一带一路”国际葡萄酒大赛在银川开幕》，载“中国日报中文网”2019 年 9 月 25 日，https：//cn.chinadaily.com.cn。

得新秀奖的葡萄酒产地[1]。2013 年 5 月，Decater 世界葡萄酒大赛上，宁夏葡萄酒获得 9 项大奖[2]。

2013 年，被誉为“葡萄酒《圣经》”的《世界葡萄酒地图》第七版出版发行，认为贺兰山东麓是“世界公认的酿酒葡萄种植黄金区域”并坚信“中国葡萄酒的未来在宁夏”的杰西斯·罗宾逊将中国宁夏产区与克罗地亚海岸、南非的黑地产区、美国弗吉尼亚北部一并首次收录其中，宁夏成为世界葡萄酒产区新板块。书中介绍了山东、河北、宁夏、新疆等产区和一些著名酒厂的发展情况，列了中国 6 家精选酒庄——宁夏张裕摩塞尔十五世酒庄、山西怡园酒庄、宁夏贺兰晴雪酒庄、宁夏贺兰山酒庄、陕西玉川酒庄、宁夏银色高地酒庄，其中 4 家为宁夏贺兰山东麓地区的酒庄[3]。《世界葡萄酒地图》（第七版）中这样描述贺兰山东麓葡萄酒产区[4]：

> 宁夏的地方政府决心将辖区内的沙化地——海拔 1 000 余米的黄河东岸的碎石坡，打造成中国最大的葡萄酒产区。保乐力加和 LVMH（主要计划生产气泡酒）已被吸引而来，并扎根于此；而业界的两大巨头——中粮和张裕也从原来的以山东为核心的模式，转变为宁夏地区最重要的葡萄酒生产商。

2013 年 1 月 11 日，世界最具影响力报纸之一的《纽约时报》评选出了全球 2013 年“必去”的 46 个最佳旅游地，宁夏同巴黎、里约热内卢、卡萨布兰卡等世界著名旅游胜地一起名列其中，排名第 20 位。《纽约时报》特别强调，在宁夏可以酿造出中国最好的葡萄酒[5]。宁夏葡萄酒产区还曾四度被法国《葡萄酒评论》杂志评为中国葡萄酒明星产区[6]。

三、葡萄酒国际合作交流活动的广泛开展

为了提升宁夏贺兰山东麓优质酿酒葡萄产区的国际形象，促进中国酿酒师与国际酿酒师之间的经验交流，2012 年 7 月 13 日，宁夏回族自治区林业局及葡萄花卉产业发展局

1 姚汩醽：《贺兰山东麓的葡萄情怀》，载《中国国家旅游》2015 年第 12 期第 158-161 页。
2 马妮娜：《宁夏葡萄酒获 Decanter 世界葡萄酒大赛 9 个奖项》，载《法制新报》2013 年 5 月 24 日。
3 吴宏林：《宁夏产区首次进入〈世界葡萄酒地图〉》，载《宁夏日报》2013 年 11 月 7 日第 1 版。
4 [英] 休·约翰逊（Hugh Johnson）、（英）杰西斯·罗宾逊（Jancis Robinson）著，吕杨、严轶韵、汪子懿等译：《世界葡萄酒地图》（第七版），中信出版社，2014 年，第 375 页。
5 王建宏，张文攀：《宁夏贺兰山东麓：打造闻名遐迩的“葡萄酒之都”》，载《光明日报》2020 年 10 月 22 日。
6 马光远：《贺兰山东麓，如何打造中国的“波尔多”》，载《法制晚报——看法新闻》2017 年 12 月 5 日。

向全球发起“宁夏国际酿酒师挑战赛（Ningxia Wine Challenge）”活动。比赛经过选择酿酒原料基地的准备阶段、原料采收及酿酒阶段、品鉴及评奖三个环节，来自澳大利亚、智利、法国、新西兰、西班牙、南非、美国等的8位酿酒师来到宁夏，用两年的时间酿出葡萄酒，2014年9月25日，经过8位国内外品酒师的盲品，比赛结果在北京揭晓，澳大利亚酿酒师戴维·泰涅（Davida Tenee）酿造的干红和干白葡萄酒夺得两项一等奖[1]。2015年9月20日，宁夏举办第二届“国际酿酒师挑战赛”。比赛吸引了30余个国家的151名酿酒师报名，最终确定了60名酿酒师参赛。在两年的比赛期间，每个参赛酿酒师用同一葡萄品种，在选定的酒庄至少酿造两款、1万瓶优质葡萄酒。2017年9月，宁夏贺兰山东麓葡萄酒博览会上，公布了世界酿酒师邀请赛葡萄酒金奖5个、银奖10个。关于宁夏酿酒师挑战赛，业内人士指出，这是对贺兰山东麓产区的高效投资，与世界各地的酿酒师建立纽带，是把先进的酿造技术带进产区的快速途径[2]。参加邀请赛的世界各地优秀的酿酒师将科学的葡萄园管理理念和葡萄酒酿造方式、先进的酿造设备和生产理念引入宁夏，79名外籍酿酒师在宁夏全职或兼职酿酒，成为宁夏葡萄酒与世界交流、合作的纽带，对于促进宁夏葡萄酒酿造技术水平的提高起到了极大作用。第七届贺兰山东麓国际葡萄酒博览会上，国际葡萄与葡萄酒组织主席雷吉纳·万德琳娜（Regina Vanderlinde）说：“宁夏的葡萄酒已经达到世界水准，令人震惊。”[3]

在技术设备与葡萄酒交易合作方面，从2012年开始，宁夏每年举办一届葡萄酒设备技术展览会，集中展示全球在葡萄栽培与葡萄酒酿造领域的技术领先专业设备及最新科技成果，对促进宁夏与世界一流产区之间开展广泛深入的技术合作，引入国外先进设备制造及相关服务，延伸产业链发挥了重要的平台沟通作用[4]。2014年9月，西部地区第一家葡萄酒交易博览中心——宁夏国际葡萄酒交易博览中心正式挂牌成立，这是宁夏打造的一个国际葡萄酒电子信息交易结算平台，有力地促进了和国际葡萄与葡萄酒组织成员国之间的交流与合作，提升了贺兰山东麓葡萄酒产区的品牌影响力。

1 杰西斯·罗宾逊：《宁夏国际酿酒师挑战赛结果公布》，载“知味葡萄酒网”2014年10月16日，https://tastespirit.com。
2 金芳：《宁夏酿酒师挑战赛——贺兰山东麓一扇绚丽的窗口》，载《新商务周刊》2016年葡萄酒专刊第48-49页。
3 钟汉龙：《OIV主席雷吉娜·万德林娜：宁夏葡萄酒已经达到了世界级水平》，载“葡萄酒网”2018年9月18日，https://www.putaojiu.com。
4 郭少豫：《中法葡萄酒设备技术展开幕》，载《新食品》2014年第13期第122页。

在产区合作交流方面，宁夏与法国波尔多市、新西兰马尔堡大区合作创建友好产区。吴忠市青铜峡产区与法国吉伦特省波尔多市农业委员会共同开发“中法葡萄酒示范区”合作项目，在青铜峡市共同建设中法葡萄酒庄集群示范园，围绕“中法葡萄酒实验室、配套加工产业园、葡萄种植及酿酒设备租赁”等多个项目开展密切合作[1]。2018 年 3 月，宁夏与新西兰马尔堡双方就进一步推动“2+2”留学、教师短期访学、酒庄建设及市场拓展等项目落实进行了深入交流[2]，两大产区在学生交流和葡萄种植师、酿酒师、营销师及侍酒师等方面开展合作，有助于实现优势产区之间的资源共享，对于促进产业合作和葡萄酒文化交流起到了重要的推动作用。2020 年开始连续举办的“中法葡萄文化旅游论坛”，持续深入地推动了中法双方葡萄酒文化的互学互鉴和交流交融。

宁夏还争取各种机会举办各种活动，与国际葡萄与葡萄酒组织、著名葡萄产区、主要葡萄酒生产国开展深度互动交流。2012 年 5 月 9 日，“中欧葡萄与葡萄酒发展论坛”在宁夏银川举行，农业部国际合作司与宁夏回族自治区农牧厅、宁夏回族自治区葡萄花卉产业发展局签订了《宁夏贺兰山东麓葡萄产业带和文化长廊建设战略合作框架协议书》[3]，在优良葡萄品种培育及脱毒苗木“育、繁、推”一体化建设、先进技术引进、专业人才培养以及葡萄酒文化休闲旅游等领域广泛开展合作，携手提升宁夏贺兰山东麓葡萄酒产业发展水平，推动其走向高端化、优质化、精品化和国际化。2013 年 3 月 5 日，贺兰山东麓国际葡萄产业试验区正式启动建设，3 月 16 日，中法酒庄酒发展论坛在宁夏银川举行，同年 5 月，宁夏葡萄与葡萄酒产业领域首个国际性社会团体——宁夏贺兰山东麓葡萄与葡萄酒国际联合会（Ningxia Wine Federation，简称 NWF）成立，引领宁夏葡萄酒产业在促进开放发展、扩大国际交流与合作、与国际社会共享市场机遇等方面取得了长足的发展，成为宁夏与世界沟通的一个重要桥梁[4]。当年 9 月，宁夏承办了国际葡萄与葡萄酒组织首次在中国举办的专题学术会议，葡萄苗木体系建设论坛，列级酒庄论坛，葡萄与葡萄酒旅游论坛以及贺兰山东麓十大优质葡萄园、列级酒庄评选，贺兰山东麓葡萄酒博览会金奖评选等活动，这些活动的举办，对于进一步发挥贺兰山东麓葡萄酒产区优势起到了积极的推动

1 王小雅：《中法签约葡萄酒示范区》，载“中国葡萄酒业新闻网”2015 年 12 月 10 日，http：//www.cnwinenews.com。
2 中共宁夏回族自治区委员会外事工作委员会办公室，宁夏回族自治区人民政府外事办公室：《宁夏与新西兰马尔堡大区稳步推进葡萄酒相关领域合作》，载“宁夏外事办官网”2018 年 3 月 31 日，http：//fao.nx.gov.cn。
3 赵洁：《宁夏加快葡萄产业国际化》，载《农民日报》2012 年 5 月 16 日第 1 版。
4 吴宏林：《贺兰山东麓葡萄与葡萄酒国际联合会成立》，载《宁夏日报》2013 年 5 月 31 日。

作用。

2014年11月9日—14日，国际葡萄与葡萄酒组织主办的第37届世界葡萄与葡萄酒大会在阿根廷酒乡门多萨举行，宁夏以省级观察员的身份连续第三次参加世界葡萄与葡萄酒大会[1]。宁夏还与国际侍酒师协会（ASI）、全球葡萄酒旅游组织（GWTO）、国际葡萄酒教育家协会（SWE）、中法文化艺术研究中心等国际葡萄酒相关组织在葡萄酒文化传播、葡萄酒大众教育及人才培养等方面开展了广泛而深入的交流合作，先后成为国际侍酒师协会会员、国际葡萄酒教育家协会会员；举办"一带一路"国际冠军侍酒师挑战赛、首届丝路经济带国际冠军侍酒师挑战赛、中国青年侍酒师决赛、丝路经济带国家——宁夏贺兰山东麓侍酒师联盟论坛等活动[2]；聘请美国、英国等25国冠军侍酒师作为所属国家的"贺兰山东麓葡萄酒推广大使"[3]，与意大利联合酒展公司互换葡萄酒用于产区推广宣传和葡萄酒教育，为将宁夏贺兰山东麓葡萄酒推向世界搭建了有效的沟通平台。

四、产区国际知名度提升

著名葡萄酒专家王华说："贺兰山东麓已经是一个国际品牌。"美国CBS电视台将宁夏与世界著名葡萄酒胜地——纳帕谷相媲美，这一国际品牌酿酒地吸引了来自世界各地的优秀酿酒师，也引发了葡萄酒大师、葡萄酒业界专家学者、葡萄酒文化教育传播工作者以及新闻媒体的高度关注，推动了宁夏葡萄酒产区国际化形象的传播和知名度、美誉度的提升。

2013年6月20日，在法国《葡萄酒评论》杂志主办的"2013年度中国优秀葡萄酒年度大奖"评选活动中，宁夏贺兰山东麓产区蝉联"中国葡萄酒明星产区"，郝林海荣获"年度人物"称号。《葡萄酒评论》对宁夏葡萄酒产业的贡献给出如下评价："过去一年，宁夏在葡萄酒产业政策制定、产区建设规划、产区形象塑造及策划举办葡萄酒文化节、吸引留学归国人员创业、积极开展国际交流等方面，动作频频，力度很大，影响广远。政府

1 金卯刀：《宁夏连续四年代表中国出席OIV大会》，载"葡萄酒信息网"2015年7月14日，http：//www.winechina.com。

2 李乾：《世界将再一次聚焦贺兰山东麓葡萄酒产区——写在第七届贺兰山东麓国际葡萄酒博览会开幕之际》，载《新商务周刊》2018年葡萄酒专刊第6-9页。

3 王茜，单瑞：《助力宁夏葡萄酒"惊艳"世界》，载《华兴时报》2021年7月9日第1版。

部门在推动产业发展中充当的角色，值得肯定。”2013 年 9 月 25 日，首次在中国召开的国际葡萄与葡萄酒组织学术会议上，时任国际葡萄与葡萄酒组织主席的克劳迪娅·昆妮（Claudia Ines Quini）对贺兰山东麓的发展给予了充分肯定并认为“贺兰山东麓完全可以向全世界展示自己的特色”[1]。2013 年 4 月 20 日，法国波尔多葡萄酒行业协会代表、波尔多葡萄酒协会主席阿兰·西谢尔（Allan Sichel）品鉴了宁夏葡萄酒后评称其“不仅拥有高贵的品质，还具有独特的风格”，他说：“贺兰山东麓酿造的葡萄酒已经有着一定的知名度，并逐渐地影响着中国乃至世界的葡萄酒产区格局。”2014 年 3 月，世界著名葡萄酒大师伊安·达加塔（IanD' Agata）、贝尔纳·布尔奇（Bernard Burtschy）、杰西斯·罗宾逊在“发现中国·2014 中国葡萄酒发展峰会”上推荐了 22 款中国精品葡萄酒，其中 17 款来自宁夏贺兰山东麓。杰西斯·罗宾逊称赞“宁夏是一个充满活力和热情的葡萄酒产区，是中国最具潜力的产区”，并确信“宁夏 3~6 年就可以产出能与欧洲以及其他国家相媲美的世界级好酒”[2]。2014 年，在波尔多举行的中法建交 50 周年庆典活动上，轩尼诗酿酒总顾问杰罗姆·马特奥利（Jerome Matteoli）、人头马酿酒师吉恩·马克科赫（Jean Marc Koch）认为宁夏葡萄酒“达到了世界顶级葡萄酒的水平”[3]。2014 年 7—8 月在北京举行的世界葡萄大会上，宁夏贺兰山东麓获得世界葡萄酒“新兴国产区”大奖，大会评选出的获奖国产酒中，宁夏葡萄酒占六成以上[4]。2015 年，宁夏贺兰山东麓被世界葡萄酒大师丽兹·塔驰（Liz Thach）编入《全球葡萄酒旅游最佳应用》一书之中，成为美国大学葡萄酒旅游融合发展的实践教学案例[5]。

2015 年 5 月的布鲁塞尔国际葡萄酒大赛上，中国葡萄酒获得 5 项金奖和 9 项银奖，其中宁夏贺兰山东麓葡萄酒产区获得 1 项金奖,4 项银奖[6]。当年 6 月的 Decanter 世界葡萄酒大赛上，宁夏共收获 5 项银奖，11 项铜奖以及 5 项嘉许奖，占获奖国产酒半壁江山[7]。

---

1 胡冬梅：《宁夏的“紫色名片”：贺兰山东麓葡萄酒》，载“中国日报中文网”2018 年 8 月 16 日，https：//cn.chinadaily.com.cn。

2 郑峥，吴宏林：《宁夏葡萄酒：从名不见经传到享誉世界》，载《宁夏日报》2018 年 5 月 14 日。

3 马恩元：《中法建交 50 周年，西夏王获高赞》，载“酒一搜网”2014 年 10 月 8 日，https：//www.winesou.com。

4 吴宏林：《紫色梦想”书写新丝路传奇——探寻宁夏走向世界的足迹》，载“中国葡萄酒资讯网”2016 年 1 月 7 日，https：//www.winesinfo.com。

5 王莹：《宁夏贺兰山东麓获得中国最佳葡萄酒旅游产区》，载“宁夏新闻网”2019 年 9 月 3 日，https：//www.nxnews.net。

6 吴宏林：《布鲁塞尔葡萄酒大赛揭晓宁夏 5 款葡萄酒斩获金银奖》，载《宁夏日报》2015 年 5 月 19 日。

7 吴嘉溦：《2015 年 Decanter 世界葡萄酒大赛揭晓：高品质新疆葡萄酒助中国获奖加倍》，载“DECANTER 中国醇鉴官网”2015 年 6 月 15 日，https：//www.decanterchina.com。

2015 柏林葡萄酒大奖赛 Berliner Wein Trophy 夏季赛上，宁夏 11 款葡萄酒获奖（其中 9 款金奖），占获金奖的中国葡萄酒的 40%，成为中国获金奖最多的产区[1]。2015 年 10 月，在 Decanter 亚洲葡萄酒大赛中，中国共有 43 款葡萄酒获得奖牌，其中宁夏贺兰山东麓产区获得 36 枚奖牌，高居中国奖牌榜榜首[2]。

2016 年 2 月，在上海举办的“发现中国·2016 中国葡萄酒发展峰会”上，杰西斯·罗宾逊、贝尔纳·布尔奇和伊安·达加塔三位国际葡萄酒大师从近百款中国优质葡萄酒中评选出 11 款为“年度十大中国葡萄酒”，其中 6 款来自宁夏贺兰山东麓产区[3]。2016 年 Decanter 世界葡萄酒大赛上，133 款参与评比的中国葡萄酒中，宁夏有 30 款葡萄酒获奖[4]。2016 年的 Decanter 亚洲葡萄酒大赛（DAWA）上，宁夏产区获得 11 项银奖、46 项铜奖、37 项嘉许奖，在获奖中国酒中所占比例超过了 70%[5]。2016 年第四届亚洲葡萄酒大奖赛上，宁夏贺兰山东麓产区 17 家酒庄的 32 款葡萄酒获奖，占中国获奖葡萄酒总数的 86.5%[6]。

2017 柏林葡萄酒大奖赛冬季赛中国获奖名单中，宁夏获得 29 项金奖中的 21 项（占比 72%），包揽全部银奖[7]。2017 年第 24 届布鲁塞尔国际葡萄酒大赛中，中国共获得 78 个奖项，其中宁夏贺兰山东麓产区有 41 款葡萄酒榜上有名，占中国获奖数量的 52.6%，并包揽了中国葡萄酒所获得的 4 项大金奖[8]。2017 年 WINE100 葡萄酒大赛评选中，中国酒斩获 64 项大奖，宁夏贺兰山东麓产区继续保持高获奖率，共拿下 1 枚黑金奖、5 枚金奖、5 枚银奖、8 枚铜奖，占中国葡萄酒获奖总数的 29.6%[9]。2017 年 Decanter 葡萄酒国际大

1 吴宏林：《宁夏葡萄酒国际大赛斩获 9 金》，载《共产党人》2015 年第 19 期第 7 页。
2 沙新，魏邦荣，吴宏林：《宁夏“黑马”驰骋葡萄酒王国》，载“葡萄酒信息网”2015 年 11 月 3 日，http ://www.winechina.com。
3《宁夏贺兰山东麓葡萄酒产区（上海）展销展示中心揭牌》，载“宁夏回族自治区人民政府门户网”2016 年 11 月 7 日，https ://www.nx.gov.cn。
4 Lucy：《2016 Decanter 世界葡萄酒大赛——中国葡萄酒获奖名单揭晓》，载“酒一搜网”2016 年 6 月 15 日，http :// www.winesou.com。
5 中华人民共和国中央人民政府：《宁夏葡萄酒领跑 Decanter 亚洲大赛中国奖牌榜》，载“中央人民政府门户网”2016 年 10 月 11 日，https ://www.gov.cn。
6 吴宏林：《宁夏葡萄酒斩获 32 项亚洲葡萄酒大奖赛奖项》，载“搜狐网”2016 年 11 月 21 日，https ://www.sohu.com。
7 陈嘉涛：《2017 柏林葡萄酒大奖赛冬季赛中国区宁夏葡萄酒大获全胜》，载“葡萄酒网”2017 年 3 月 14 日，https :// www.putaojiu.com。
8 吴宏林：《布鲁塞尔国际葡萄酒大赛贺兰山产区斩获 4 项大金奖》，载“搜狐网”2017 年 5 月 15 日，https ://www.sohu.com。
9 新商务周刊编辑部：《2017 年 WINE100 榜单》，载《新商务周刊》2017 年第 5 期第 61-63 页。

奖赛中，59 款宁夏葡萄酒获奖，占全国获奖数的 60% 以上[1]。2017 年 6 月 1 日，《中国日报海外版》(《CHINA DAILY》) 称“宁夏葡萄酒的发展风头正劲”并指出：“仅在过去的 5 年，就有超过 300 款产自宁夏的葡萄酒获得海内外葡萄酒大奖”。文章指出：“宁夏是最适宜葡萄种植及葡萄酒生产的地方之一，宁夏独特的风土条件和规范的管理制度，赢得了国内外葡萄酒业界的普遍认可，成为消费者心中的‘酒庄酒产区’和‘好酒产区’。”[2]

2018 年 9 月公布的亚洲葡萄酒大奖赛结果中，中国产区共获得 38 枚奖牌，其中大金奖 4 枚（宁夏 3 枚），金奖 27 枚（宁夏 15 枚），银奖 7 枚[3]。2018 年第 25 届比利时布鲁塞尔国际葡萄酒大奖赛中，宁夏再次以 1 枚特奖、29 枚金奖、32 枚银奖成为中国葡萄酒获奖最多的产区，并在当年的 Decanter 世界葡萄酒大赛上夺得 8 枚金奖，创造了中国葡萄酒在 Decanter 历年赛事中的最好成绩[4]。2018 年 11 月 5 日，受联合国代表餐厅办公室邀请，宁夏产区组织宁夏 21 家葡萄酒庄和厨师团队，赴联合国总部[5]，受到各国嘉宾的好评。乌克兰常驻联合国代表尤里·谢尔盖耶夫（Jurisel Yeyev）在品鉴了宁夏葡萄酒后惊讶地说：“今天我品鉴了三款宁夏葡萄酒，品质都很有意思，其中‘贺兰神’这款酒完全可以和拉图酒庄的葡萄酒相媲美。”[5] 赞比亚驻联合国代表拉匝如丝·康巴贝（Lazarous Kapabwe）说：“我非常喜欢宁夏葡萄酒，兼具新世界和旧世界的优点，别有一番风味。”[6] 4 年后，在北京举办的第 77 个联合国日纪念活动暨招待会上，获得第二届宁夏贺兰山东麓国际葡萄酒大赛大金奖、金奖的 10 款干红葡萄酒和 3 款干白葡萄酒再次代表中国葡萄酒接待世界各国政要[7]。成为联合国宴会指定用酒，是展示宁夏葡萄酒实力的最好平台，是以葡萄酒为载体宣传宁夏形象、促进宁夏与世界深度交流的重要契机，也为进一步提升宁夏贺兰山东麓葡萄酒品牌影响力、打开更广阔的全球市场创造了良好的机遇。

1 廉军：《59 款宁夏葡萄酒在 2017 醇鉴葡萄酒国际大赛获奖》，载“酒一搜网”2017 年 5 月 27 日，https://www.winesou.com。

2《一场伟大的葡萄酒世界变革：屹立于群雄的中国产区崛起》，载“胶东在线网”2017 年 6 月 26 日，https://www.jiaodong.net。

3 银川市人民政府：《2018 亚洲葡萄酒大奖赛结果揭晓宁夏葡萄酒摘得 3 枚大金奖》，载“银川市人民政府门户网”2018 年 9 月 5 日，https://www.yinchuan.gov.cn。

4 吴宏林：《宁夏葡萄酒获布鲁塞尔大赛 60 个奖项》，载“宁夏新闻网”2018 年 5 月 27 日，https://www.nxnews.net。

5 吴宏林：《向联合国讲述宁夏“紫色梦想”》，载《宁夏日报》2018 年 11 月 28 日第 1 版。

6 王莹：《厉害了！宁夏葡萄酒香飘联合国总部，20 款酒被列上采购单》，载“宁夏新闻网”2018 年 11 月 8 日，https://www.nxnews.net。

7 马越：《宁夏葡萄酒亮相联合国日纪念活动》，载《宁夏日报》2022 年 10 月 30 日。

2019年柏林葡萄酒大奖赛冬季赛上，中国葡萄酒获得61项大奖，宁夏获得其中的40项，占获奖中国酒的近2/3[1]；当年的Decanter大赛上，中国葡萄酒共获7项金奖，其中6项来自宁夏[2]；2019年9月13日,Decanter亚洲葡萄酒大赛上，宁夏以56款获奖葡萄酒，再次领跑DAWA奖牌榜[3]。

秉承“国际视野、中国领先、宁夏特色”战略定位，产区每年组织精品酒庄组团参加国内外各类葡萄酒大赛，以赛事活动促进技术交流和学习互鉴、推动产区及产品宣传、促进葡萄酒产品质量管理和品质提升。截至2019年，宁夏产区在英国品醇客、比利时布鲁塞尔、德国柏林、国际葡萄酒·烈酒品评赛、亚洲葡萄酒质量大赛等国内外知名大赛中斩获金、银奖700多项，宁夏贺兰山东麓葡萄酒在国际上的知名度得到显著提升[4]。

产区迅速成长引起了国内外的高度关注，2013年，当OIV前主席克劳迪娅·昆妮女士在宁夏参加国际葡萄与葡萄酒组织学术会议（第二届贺兰山东麓国际葡萄与葡萄酒博览会）时，首次品尝了贺兰山东麓葡萄酒后就惊喜地说：“贺兰山东麓完全可以向全世界展示自己的特色。”[5] OIV前主席莫妮卡·克里斯特曼（Monika Christmann）在第六届贺兰山东麓国际葡萄酒博览会上也表示：“宁夏葡萄酒产业发展潜力很大。”[6] Vinexpo行政总裁纪尧姆·德格里斯（Guillaume Deglise）先生称赞宁夏葡萄酒说：“没想到贺兰山东麓产区可以生产出这么风味独特、令人回味无穷的优质葡萄酒，我一定会到贺兰山东麓葡萄酒产区品鉴更多的美酒。”[7] 比利时布鲁塞尔国际葡萄酒大赛组委会主席卜杜安·哈弗（Baudouin Havaux）赞叹宁夏葡萄酒[5]道：“宁夏产区不仅用优异的成绩向世界证明能够

1 宁夏回族自治区农业农村厅：《宁夏葡萄酒获2019柏林葡萄酒大奖赛中国产区唯一大金奖》，载“宁夏回族自治区农业农村厅官网”2019年3月7日，https：//nynct.nx.gov.cn。
2 王莹：《Decanter世界葡萄酒大赛奖项公布宁夏葡萄酒摘得6金》，载“宁夏新闻网”2019年5月29日，https：//www.nxnews.net。
3 王莹：《2019年Decanter亚洲葡萄酒大赛结果公布宁夏葡萄酒夺金》，载“宁夏新闻网”2019年9月21日，https：//www.nxnews.net。
4 宁夏贺兰山东麓葡萄酒产业园区管理委员会：《美媒：中国这一地区获赞世界葡萄酒“新星”》，载“宁夏贺兰山东麓葡萄酒产业园区管理委员会官网”2020年3月30日，http://nxputao.org.cn。
5 吴宏林：《宁夏葡萄酒从这里走向世界》，载《宁夏日报》2018年9月12日第8版。
6 吴宏林：《宁夏葡萄酒从这里走向世界！——回眸历届贺兰山东麓国际葡萄与葡萄酒博览会》，载《宁夏日报》2018年9月13日。
7 吴宏林：《紫色名片开放先锋——贺兰山东麓百万亩葡萄文化长廊建设系列报道③》，载《宁夏日报》2015年11月4日。

酿造好酒，而且也用事实让我相信：中国好酒产自宁夏！”[1] 美国知名葡萄酒专栏作家凯伦·麦克尼尔（Karen McNeil）认为“宁夏酿造的葡萄酒可以比肩法国和美国加利福尼亚的顶级葡萄酒，相较于中国大部分地区，宁夏拥有绝对的风土优势，处于一个最适宜种植酿酒葡萄的黄金地带。”[2] 法国酒评家米歇尔·贝丹（Michel Bettane）甚至认为“宁夏按照现有的速度，也许只用 15 年的时间就可以建立一个世界知名的葡萄酒产区，一个新的葡萄酒黄金之国。”[1] 另一位法国著名葡萄酒评论家特里·德索夫（Thierry Desseauve）第一次品鉴了产自宁夏的葡萄酒后，也惊叹道：“10 年前，国外几乎没有人知道中国葡萄酒，但今天，世界从认识宁夏贺兰山东麓产区开始认识了中国葡萄酒。这里，可以酿造出非常好的葡萄酒。”[3] 世界前处理设备的领先者瓦斯林布赫（Vaslin Bucher）公司的亚洲区负责人罗兰（Roland）先生感慨宁夏葡萄酒产区的发展速度道：“真的太快了，从无到有，我们见证着这个产区爆发式的增长。”

郝林海在 2017 年 6 月举行的国际葡萄与葡萄酒组织“OIV MERIT”颁奖大会上曾向全世界自豪地宣布：“今天，中国宁夏已跻身世界知名的葡萄酒产区。”[4]2019 年，宁夏贺兰山东麓已在组织管理机构设置、葡萄酒生产标准及行业管理制度制定、产区保护法律规范建设等方面在国内处于领先地位。葡萄酒产业已经站在了宁夏对外开放的最前沿，成为宁夏与世界经济、文化合作交流的先锋，宁夏贺兰山东麓产区在较短的时间内已经成长为被业界公认的“国际化葡萄酒产区”。

1 胡冬梅：《宁夏的“紫色名片”：贺兰山东麓葡萄酒》，载“中国日报网”2018 年 8 月 16 日，https://cn.chinadaily.com.cn。

2 王莹：《宁夏葡萄酒在美国引起瞩目》，载《宁夏日报》2017 年 4 月 24 日。

3 新商务周刊编辑部：《谁缔造了贺兰山东麓的“紫色传奇”》，载《新商务周刊》2016 年葡萄酒专刊第 14-21 页。

4 郝林海：《杂琐闲钞》，东方出版社，2018 年，第 15 页。

第十四章
葡萄酒产业发展模式创新与国际影响力提升

2020 年 6 月 8—10 日，习近平总书记视察宁夏，深入宁夏贺兰山东麓酿酒葡萄种植基地考察时指出："随着人民生活水平不断提高，葡萄酒产业大有前景。宁夏要把发展葡萄酒产业同加强黄河滩区治理、加强生态恢复结合起来，提高技术水平，增加文化内涵，加强宣传推介，打造自己的知名品牌，提高附加值和综合效益。"[1]"宁夏葡萄酒产业是中国葡萄酒产业发展的一个缩影，假以时日，可能 10 年、20 年后，中国葡萄酒'当惊世界殊'。"2024 年 6 月 19—20 日，习近平总书记再次来到宁夏，强调："宁夏地理环境和资源禀赋独特，要走特色化、差异化的产业发展路子，构建体现宁夏优势、具有较强竞争力的现代化产业体系。葡萄酒、枸杞等特色产业，要精耕细作、持续发展。"[2]"要深入思考如何才能在竞争中持续发展。品牌塑造需要久久为功。一定不要有浮躁心理，脚踏实地去积累，酒好不怕巷子深。"[3]习近平总书记对宁夏葡萄酒产业作出的重要指示和殷切希望，为宁夏推动葡萄酒产业高质量发展指明了方向、提供了遵循、注入了动力[4]。宁夏葡萄酒产区异军突起、后来居上，打造全国重要的葡萄酒产业基地，打造世界级葡萄酒旅游目的地，其时已至，其势已成，其兴可期。

第一节　葡萄酒产业高质量发展的国家政策引领与地方支持

一、建设黄河流域生态保护和高质量发展先行区

推动黄河流域生态保护和高质量发展是习近平总书记亲自谋划、亲自部署、亲自推动

1 闫树革：《银川市葡萄产业发展服务中心 | 牢记嘱托担当有为奋力开创贺兰山东麓葡萄酒产业高质量发展新局面》，载"葡萄酒信息网"2020 年 7 月 6 日，http：//www.winechina.com。

2《习近平在宁夏考察时强调 建设黄河流域生态保护和高质量发展先行区 在中国式现代化建设中谱写好宁夏篇章》，载"新华网"2024 年 6 月 21 日，http://www.xinhuanet.com。

3 杜尚泽，贺勇，张晓松，朱基钗：《"五十六个民族凝聚在一起就是中华民族共同体"——习近平总书记青海、宁夏考察纪实》，载《人民日报》2024 年 6 月 23 日，第 2 版。

4 宁夏回族自治区人民政府办公厅：《自治区人民政府办公厅关于印发宁夏贺兰山东麓葡萄酒产业高质量发展"十四五"规划和 2035 年远景目标的通知》（宁政办发〔2021〕110 号），载"宁夏回族自治区人民政府门户网"2021 年 12 月 31 日，http：//www.nx.gov.cn。

的重大国家战略，是党中央着眼长远作出的重大战略决策[1]。2016年7月，习近平总书记在宁夏考察时就指出："宁夏作为西北地区重要的生态安全屏障，承担着维护西北乃至全国生态安全的重要使命""要加强黄河保护，坚决杜绝污染黄河行为，让母亲河永远健康。"[2]

2020年6月，习近平总书记考察宁夏时指出："宁夏要有大局观念和责任担当，更加珍惜黄河，精心呵护黄河，坚持综合治理、系统治理、源头治理，明确黄河保护红线底线，统筹推进堤防建设、河道整治、滩区治理、生态修复等重大工程，守好改善生态环境生命线。"[3]并赋予宁夏努力建设黄河流域生态保护和高质量发展先行区的使命任务[4]。在体制机制上创新，以改革开路，以创新破题，在系统性提升黄河流域生态环境质量中展现"上游担当"，以敢于先行先试的魄力加快推动发展新旧动能转换，奏响新时代"黄河大合唱"塞上乐章[5]。习近平总书记在宁夏贺兰山东麓考察葡萄种植基地时，段长青教授就如何助力生态文明建设和葡萄酒产业高质量发展互促共赢作了详细汇报。围绕"葡萄酒产业与生态建设紧密结合"的目标，段长青教授认为要树立"先有生态后有产业、生态和产业有机结合"的理念，并认为宁夏贺兰山东麓需要从营造防护林、智慧化灌溉、精确施肥等方面推进葡萄酒产业可持续发展[6]。

2021年5月11日，自然资源部发布《自然资源部支持宁夏建设黄河流域生态保护和高质量发展先行区意见》(以下简称《支持意见》)[7]，《支持意见》中指出：

> 第一，保障产业建设用地。国家和自治区层面对葡萄酒特色小镇、综合示范区、文旅融合区等用地在新增建设用地计划指标和用地审批方面给予重点支持、全力保障。第二，激活产业资产价值。自然资源部支持我区建立葡萄酒产

1 王欣：《青岛"强龙头"涌动黄河流域高质量发展之路》，载《走向世界》2023年第50期第4-5页。
2 朱基钗：《第一观察丨总书记为何赋予宁夏这项重任？》，载"新华网"2020年6月11日，http：//www.xinhuanet.com。
3《习近平在宁夏考察时强调 决胜全面建成小康社会决战脱贫攻坚 继续建设经济繁荣民族团结环境优美人民富裕的美丽新宁夏》，载"新华网"2020年6月10日，http：//www.xinhuanet.com。
4 张文攀：《自然资源部37条政策支持宁夏建设黄河流域生态保护和高质量发展先行区》，载"光明日报客户端"2021年5月11日。
5 刘紫凌，李钧德，靳赫：《大河之治宁夏先行——宁夏全力推动建设黄河流域生态保护和高质量发展先行区》，载"新华社官网"2023年9月12日，http：//www.xinhuanet.com。
6 段长青：《牢固树立生态和产业有机结合的理念》，载《新商务周刊》2022年6月11日第70-73页。
7《国务院关于支持宁夏建设黄河流域生态保护和高质量发展先行区实施方案的批复》，载《中华人民共和国国务院公报》2022年第14期第18-19页。

从不毛之地到生态绿网
(宁夏贺兰山东麓葡萄酒产业园区管理委员会 供图)

业相关不动产权利、酒庄产权抵押质押资产处置机制，依法保障企业用地权益。第三，推动产业绿色发展。自然资源部鼓励葡萄酒企业和其他社会力量参与生态保护修复，走生态产业化、产业生态化的发展路子。

《支持意见》紧扣国家政策规定，提出支持调整优化贺兰山国家级自然保护区布局，创新葡萄酒小镇规模化建设用地审批机制，建立葡萄酒产业相关不动产权、酒庄产权抵质押资产处置机制，允许葡萄酒等重点产业发展与荒漠化生态恢复、荒山戈壁和采矿废弃地改造相结合，打造产业发展与生态环境改善良性互动的示范样板。这些政策创新，为有效解决国有农用地经营权难以确权、葡萄苗木不能资产化利用等问题提供政策支持，为宁夏葡萄酒产业发展争取更多优质空间保障提供了决策依据。

2022 年 4 月，经国务院批复同意，国家发展改革委印发了《支持宁夏建设黄河流域生态保护和高质量发展先行区实施方案》(国函〔2022〕32 号，简称《实施方案》)[1]，支持宁夏建设黄河流域生态保护和高质量发展先行区(简称“先行区”)[2]。先行区建设为推动宁

1 牛国元，史玉芋，韩效州等:《牢记领袖嘱托，以高水平对外开放锻造更大“宁夏力量”》，载《中阿科技论坛(中英文)》2023 年第 1 期第 1-5 页。
2 毛雪皎，李徽，王婧雅等:《绿色回响 塞上产业起新潮——重温习近平总书记宁夏之行系列报道之四》，载《宁夏日报》2021 年 6 月 14 日第 3 版。

夏葡萄酒产业向高端化、绿色化、融合化方向发展提供了契机，为将宁夏贺兰山东麓建设成为中国葡萄酒高质量发展的引领区[1]、生态治理的示范区创造了更多机遇。

发展葡萄酒产业不与人争粮、不与粮争地、不与其他产业争水，是典型的生态性富民产业。酿酒葡萄种植是专业化、标准化、集约化和资源节约型、环境友好型、知识密集型的现代农业。2022年，宁夏贺兰山东麓葡萄酒产业园区被列入生态环境部命名的第六批“绿水青山就是金山银山”实践创新基地[2]，同年，宁夏启动自治区级重点建设项目——张骞葡萄郡建设工程，开发利用2.3万亩废弃沙坑土地，实施“金滩银谷”利用修复工程[3]。项目建设既能有效解决葡萄酒产业用地问题，又能实现生态治理和环境保护[4]，是宁夏打造“葡萄酒之都”的重要形象展示窗口，也是黄河流域生态修复示范区建设标志性工程，为坚持葡萄酒产业发展与生态治理紧密结合、通过产业改善生态环境创造了典范。

2023年10月，财政部、自然资源部、生态环境部组织召开山水工程推进会，公布了全国山水工程首批15个优秀典型案例，“贺兰山东麓矿山生态修复项目”入选全国优秀典型案例[5]。这是继两年前“贺兰山东麓山水林田湖草一体化保护和修复工程”作为首批中国十大典型案例，被自然资源部和世界自然保护联盟公布推广后再次获得的全国性荣誉，也是此次西北五省区唯一入选的案例。“贺兰山东麓矿山生态修复项目”重点在建设葡萄酒庄、打造文旅廊道、保护工业遗产等方面，积极探索实践产业生态化发展路径与模式[4]。如今，利用矿山生态修复成果建设的贺兰山东麓葡萄酒庄和葡萄种植基地，已成为宁夏的亮丽

1 马振廷:《资产重组视角下宁夏葡萄酒产业发展研究》，载《商展经济》2022年第21期第134-137页。

2 王莹:《宁夏贺兰山东麓：开拓中国葡萄酒产业的“经验法则”》，载“宁夏新闻网”2023年6月10日，https://www.nxnews.net。

3 李乾:《牢记嘱托，不忘使命，以生态优先、绿色发展践行“两个结合”——专访宁夏贺兰山东麓葡萄酒产业园区管委会主任黄思明》，载《新商务周刊》2022年第7期第8-9页。

4 袁凯:《宁夏葡萄酒背后的生态密码》，载《小康》2022年第28期第40-42页。

5 张唯:《贺兰山东麓矿山生态修复项目入选全国山水工程优秀典型案例》，载《宁夏日报》2023年10月28日第1版。

“紫色名片”和旅游打卡地，取得了生产、生活、生态效益共赢的生态修复实践效果，为产业发展与生态保护一体化的可持续发展理念探索出了一条可复制、可推广的宁夏道路。

二、建设国家级葡萄酒特色产业开放发展综合试验区（简称“综试区”）[1]

2021 年 5 月 25 日，农业农村部、工业和信息化部、宁夏回族自治区人民政府正式印发《宁夏国家葡萄及葡萄酒产业开放发展综合试验区建设总体方案》(简称《方案》)。《方案》指出，力争到 2025 年，综试区酿酒葡萄种植基地规模和层次大幅提升，葡萄酒酿造水平和品质明显提高，现代化酒庄建设迈上新台阶，葡萄酒产业对外开放成效显著，国际化产区及品牌建设取得新突破，国内市场份额和出口量进一步扩大，生态平衡进一步优化，知名品牌效应进一步增强[2]。

2021 年 7 月 10 日，宁夏贺兰山东麓成为国务院批准设立的全国第二个、西部第一个国家级农业类开放试验区[3]，也是国内首个聚焦葡萄及葡萄酒特色产业的国家级农业类开放发展综合试验区（简称“综试区”)。综试区规划面积 502.2 平方千米，计划用 5 年左右时间建成综合产值 1 000 亿元规模的现代葡萄及葡萄酒产业区，打造全国优质酿酒葡萄种植、繁育基地[4]。综试区建设标志着宁夏葡萄酒产业从省级支持层面上升到国家级发展战略支持[5]，是宁夏葡萄酒产业高质量发展的历史转折点。对此，全球葡萄酒旅游组织主席何塞·安东尼奥·维达尔（Jose Antonio Vidal）表示:“综合试验区的设立，是宁夏葡萄酒产业迈出的重大步伐，对于全球葡萄酒产业是振奋人心的消息。”[6]

2022 年 10 月，宁夏回族自治区党委办公厅、人民政府办公厅印发《推进宁夏国家葡萄及葡萄酒产业开放发展综合试验区建设的政策措施》（简称《政策措施》）[7]，提出了支持

1 毛雪皎:《山河之酿》，载《宁夏日报》2023 年 6 月 9 日第 1 版。
2 农业农村部，工业和信息化部，宁夏回族自治区人民政府:《〈宁夏国家葡萄及葡萄酒产业开放发展综合试验区建设总体方案〉正式印发》，载“宁夏新闻网”2021 年 5 月 27 日，http：//www.nxnews.net。
3《宁夏国家葡萄及葡萄酒产业开放发展综合试验区全面启动 贺兰红 世界殊》，载《农产品市场》2021 年第 12 期第 12-15 页。
4 穆国虎，詹思佳:《宁夏国家葡萄及葡萄酒产业开放发展综合试验区正式挂牌》，载“人民网”2021 年 7 月 10 日，http：//nx.people.com.cn。
5 李怀宇，贺茜:《宁夏葡萄酒与文化旅游产业融合发展路径研究》，载《中阿科技论坛(中英文)》2023年第4期第28-32页。
6 王建宏，曹元龙，张文攀，刘梦:《让宁夏的“紫色梦想”绽放全球》，载《光明日报》2021 年 09 月 27 日。
7 王莹:《宁夏 20 项政策措施推进国家葡萄及葡萄酒产业开放发展综合试验区建设》，载“宁夏新闻网”2022 年 10 月 10 日，http：//www.nxnews.net。

创建国家农业高新技术产业示范区、建设运营宁夏贺兰山东麓葡萄酒产业技术协同创新中心[1]、加强贺兰山东麓酿酒葡萄种质资源保护等措施。根据《政策措施》，宁夏成立了综试区建设领导小组，建立“1 个省区 +2 个牵头部委 +16 个参与部委”工作机制[2]，成立“综试区”规划土地项目审查委员会，并整合宁夏贺兰山东麓葡萄酒产业园区管理委员会现有实体企业，组建宁夏贺兰山东麓葡萄酒产业投资发展集团有限公司，提升葡萄酒龙头企业市场竞争力、产业带动力、品牌影响力。《政策措施》从组织领导、基础配套、科技支撑能力、土地保障、财税金融服务[2]、市场营销与品牌塑造六个方面提出 20 项政策措施，对宁夏国家葡萄及葡萄酒产业开放发展综合试验区建设起到了积极的推动作用。

三、葡萄酒产业高质量发展的地方政策支持

（一）确立“葡萄酒之都”的发展目标

2020 年 6 月 22 日召开的全区葡萄酒产业发展座谈会上，宁夏回族自治区党委主要领导提出了“要充分发挥产区优势、市场优势、生态优势，积极参与‘两个循环’，把贺兰山东麓打造成为闻名遐迩的‘葡萄酒之都’的发展目标”。2020 年 9 月 25 日，全区葡萄酒产业高质量发展现场推进会召开，会议强调 :“要坚持国际化视野、高端化定位；区域化布局、集约化提升；产业化推进、融合化发展；市场化机制、品牌化营销；数字化管理、智能化重塑，打造闻名遐迩的‘葡萄酒之都’。”[3]2021 年 1 月出台的《自治区九大重点产业高质量发展实施方案》中，指出要放大产区和地域优势，提升品牌价值，将宁夏贺兰山东麓打造成闻名遐迩的“葡萄酒之都”[4]。2022年6月，宁夏第十三次党代会将葡萄酒产业列为“六特”产业之首，确定了打造“世界葡萄酒之都”的发展目标，为推进葡萄酒产业高质量发展指明了方向、提供了遵循、坚定了信心[5]。2022 年 8 月，宁夏贺兰山东麓葡萄酒产业发展

1 宁夏贺兰山东麓葡萄酒产业技术协同创新中心是推动宁夏国家葡萄及葡萄酒产业开放发展综合试验区建设的重要抓手，2023 年 3 月由宁夏回族自治区科技厅和宁夏贺兰山东麓葡萄酒产业园区管理委员会共同指导成立，旨在通过聚焦新技术，研发和引进关键生产技术，加强科技创新和成果转化能力，为葡萄酒产业发展搭建公共科技创新平台和产学研用转化平台，打造葡萄酒产业技术创新策源地、创新要素汇聚地。

2 筱鹂 :《宁夏 20 项政策措施推进国家葡萄及葡萄酒产业开放发展综合试验区建设》，载《酿酒科技》2022 年第 11 期第 88 页。

3 高菲 :《我区召开葡萄酒产业高质量发展推进会》，载《宁夏日报》2020 年 9 月 26 日第 2 版。

4《宁夏九大重点产业发展前景广阔》，载《宁夏日报》2021 年 5 月 10 日第 8 版。

5 李增辉，刘峰 :《立足自然禀赋和生态条件，推动葡萄酒产业提质升级——宁夏着力将资源优势转化为产业优势》，载《人民日报》2022 年 9 月 6 日第 14 版。

情况调研会上，自治区政府主要领导再次强调“要大力发展葡萄酒产业，坚持种得好、酿得好、卖得好，着力强专业、融多业、创大业，真正让中国葡萄酒‘当惊世界殊’”，并指出“要以建设宁夏国家葡萄及葡萄酒产业开放发展综合试验区为载体，加快把葡萄酒产业建成生态产业、特色产业、文旅产业、富民产业，加快形成新的增长点和增长极，全力打造‘葡萄酒之都’”。2023 年 10 月 13 日，全区葡萄酒产业高质量发展包抓工作机制会召开，会议指出:“围绕葡萄酒产业‘十四五’规划，以综试区建设为总抓手，以贺兰山东麓园区为载体，以中国加入国际葡萄与葡萄酒组织（OIV）为标志，以技术创新为支撑，以重点项目建设为动力，全面建设‘葡萄酒之都’。”2023 年 11 月 14 日，由宁夏葡萄酒产业高质量发展包抓工作负责领导主持召开全区葡萄酒产业高质量发展座谈会，再次强调了助力打造“世界葡萄酒之都”、推动中国葡萄酒“当惊世界殊”的发展目标[1]。

在“葡萄酒之都”建设目标的引领下，贺兰山东麓葡萄酒已成为宁夏可持续发展、绿色发展的重要产业，也是推动乡村振兴、促进农民群众致富增收的重要支撑产业。2023 年 6 月，青铜峡市农村产业融合发展示范园成为第四批国家级农村产业融合发展示范园之一，这也是宁夏首个以酿酒葡萄产业为主创建的国家农村产业融合发展示范园[2]。2023 年 9 月 6 日公布的首批国家农业产业强镇名单中，闽宁镇（葡萄酒）榜上有名。闽宁镇把发展葡萄酒产业作为乡村振兴主导产业来抓，通过“支部 + 企业 + 合作社 + 农户”的模式，依托高标准项目建设带动移民增收，把当地移民群众嵌入到葡萄酒产业发展中，确保移民脱贫成效更稳固、更持续。目前闽宁镇共有立兰、德龙等 13 家酒庄，葡萄种植面积达 8 万亩，极大地带动了农民就业，实现年收入 3.26 亿元。

对于葡萄酒产业在推动宁夏经济、社会、生态协同发展方面的积极作用，《沿着习近平总书记指引的方向 让宁夏葡萄酒“当惊世界殊”》一文总结了“五小五大”，即“小葡萄”成就了前景无限的“大产业”、“小葡萄”带动了风生水起的“大创新”、“小葡萄”厚植了绿意盎然的“大生态”、“小葡萄”促进了联动内外的“大开放”、“小葡萄”牵动了致富增收的“大民生”[3]。

1 王莹:《自治区葡萄酒产业高质量发展座谈会在银川举办》，载“宁夏新闻网”2023 年 11 月 15 日，https://www.nxnews.net 。
2 王婧雅:《青铜峡市上榜第四批国家农村产业融合发展示范园创建名单》，载《宁夏日报》2023 年 7 月 4 日第 3 版。
3 梁言顺:《沿着习近平总书记指引的方向 让宁夏葡萄酒“当惊世界殊”》，载《中国日报》2022 年 9 月 7 日。

（二）制定葡萄酒重点特色产业高质量发展规划

推进宁夏葡萄酒产业高质量发展，是贯彻落实习近平总书记对宁夏乃至中国葡萄酒产业重要指示精神的具体体现，也是实现“当惊世界殊”愿景目标的基础性、全局性、战略性工作，具有十分重要的意义。2021 年 1 月 6 日，自治区党委、人民政府联合印发《自治区九大重点产业高质量发展实施方案》（宁党办〔2020〕88 号）[1]。葡萄酒产业与枸杞、奶产业、肉牛和滩羊、电子信息科技、新型材料、绿色食品、清洁能源以及文化旅游一起被确定为自治区九大重点特色产业[2]。2022 年 2 月 8 日，《宁夏贺兰山东麓葡萄酒产业高质量发展“十四五”规划和 2035 年远景目标》（宁政办发〔2021〕110 号）（以下简称《规划》）发布[3]，《规划》编制基准年为 2020 年，《规划》实施期限 15 年。分两期建设，一期为 2021—2025 年（“十四五”发展阶段），二期为 2026—2035 年远景规划发展阶段。《规划》遵循“生态优先、绿色发展”的理念，立足生态要素实际，对宁夏贺兰山东麓葡萄酒产业发展进行了科学布局。其中“一体两翼，一心一园八个产业镇”空间布局为[3]：

> 以靠近贺兰山东麓的石嘴山市大武口区、惠农区，银川市西夏区、永宁县、贺兰县和青铜峡市相关联区域为产区主体；以产区主体向西南辐射延伸至中卫市沙坡头区、中宁县构成西南翼，向东南辐射延伸至吴忠市红寺堡区、同心县构成东南翼；在永宁县闽宁镇建设贺兰山东麓葡萄酒全产业链聚集展示中心；建设贺兰山东麓葡萄酒产业园和镇北堡葡萄酒旅游等八个产业镇。“32521”产业布局为：建设 3 个国家级试验示范区（基地）[国家葡萄及葡萄酒产业开放发展综合试验区、国家农业（葡萄酒）高新技术产业示范区、国家“绿水青山就是金山银山”实践创新基地]，打造 2 大优质原料基地（优质干白葡萄酒原料基地、优质干红葡萄酒原料基地），做强 5 大酒庄集群，培育 20 家以上龙头酒庄企业和 10 个世界级葡萄酒品牌，让宁夏真正成为中国葡萄酒产业的引领者。

2022 年底，宁夏市场监督管理厅、宁夏贺兰山东麓葡萄酒产业园区管理委员会联合宁夏大学、宁夏农林科学院等相关部门编制发布了《宁夏“六特”产业高质量发展标准体

1 银川市人民政府：《宁夏出台〈实施方案〉助推九大产业高质量发展》，载“银川市人民政府门户网”2021 年 1 月 7 日，https：//www.yinchuan.gov.cn。

2 马振廷：《资产重组视角下宁夏葡萄酒产业发展研究》，载《商展经济》2022 年第 21 期第 134-137 页。

3 宁夏回族自治区人民政府：《自治区人民政府办公厅关于印发宁夏贺兰山东麓葡萄酒产业高质量发展“十四五”规划和 2035 年远景目标的通知》（宁政办发〔2021〕110 号），载“宁夏回族自治区人民政府门户网”2021 年 12 月 31 日，https：//www.nx.gov.cn。

系第一部分：葡萄酒》（简称《标准体系》）地方标准，助力葡萄酒产业高质量发展[1]。该体系涵盖了产业气象、种质资源选定、葡萄基地选址建设、产品食品安全、检验检测、产品追溯以及可持续发展等 16 个产业板块，共涉及 192 项标准，其中国家标准 82 项、行业标准 46 项、地方标准 29 项、团体标准 3 项[2]。《标准体系》构建了葡萄苗木繁育、栽培管理、病虫害防治及葡萄酿造等环节操作规程，既充实了宁夏葡萄酒产业发展的标准供给，还有助于宁夏葡萄酒产业实现全流程质量溯源和全流程规范管理。

（三）产业用地和资金支持

优渥的风土条件为宁夏产区能与众多国际知名葡萄酒产区比肩赛跑提供了基础，而相关财政扶持成为宁夏葡萄酒产业快速成长和高质量发展的助推剂。2020 年 5 月 5 日，宁夏贺兰山东麓葡萄酒产业园区管理委员会印发《2020 年酿酒葡萄产业贴息项目资金实施细则》（宁葡委发〔2020〕8 号），为新冠疫情防控期间保证葡萄酒生产经营活动提供帮助和支持。

2020 年 11 月 1 日起开始施行《自然资源系统支持葡萄酒等重点产业发展用地的若干政策》（宁自然资规发〔2020〕8 号）（以下简称《若干政策》），《若干政策》将葡萄酒庄、文旅观光、生产加工等建设用地纳入重点项目用地审批“绿色通道”，允许使用规划预留建设用地指标，年度新增建设用地计划由自治区单列，应保尽保[3]。“葡萄酒庄、农产品加工等项目用地，根据占地类型和区位，可按照全国工业用地出让最低标准的 70%、60%、50%、30% 确定出让底价”以及推行“长期租赁、先租后让、租让结合、弹性年期等供地方式”等优惠政策，有助于降低企业用地成本，助推葡萄酒产业高质量发展。

2021 年 9 月 15 日，宁夏自然资源厅印发《关于完善葡萄酒产业用地确权登记的政策措施》（宁自然资发〔2021〕154 号），对葡萄酒产业用地确权登记的权利类型、业务办理等予以明确，并在以下两个方面实现了产业用地确权制度的创新突破。

1 王莹：《宁夏葡萄酒产业高质量发展标准体系出炉》，载“宁夏新闻网”2022 年 12 月 03 日，http：//www.nxnews.net。
2 王茜：《标准体系助推葡萄酒产业高质量发展》，载《华兴时报》2022 年 11 月 29 日第 2 版。
3 丁建峰：《宁夏在国土空间上“谋篇布局”助力重点产业高质量发展》，载“央广网”2020 年 11 月 24 日，https：//www.cnr.cn。

第一，针对国有农用地确权登记权利类型不明确，导致无法确权登记这一关键问题，首次明确了以招标、拍卖、公开协商等方式承包和以出租、入股或其他方式流转所取得的国有农用地和国有未利用地，将参照集体土地承包经营权确权登记有关规定，权利类型登记为土地经营权[1]。第二，针对葡萄苗木不能按照林木确权登记，导致企业资产价值不显化的问题，按照不动产登记"房地一体、林地一体"要求，创造性提出在土地经营权确权登记时，对葡萄苗木在不动产权证附记栏中记载品种、数量、种植面积和年限等信息，使其资产化，为企业后续抵押融资、发展壮大提供支持[2]。

2022 年底，19 家酒庄完成葡萄酒庄土地权籍调查、林权调查、测绘，调查测绘总面积 17 551 亩。源石、海香苑、名麓、美御、德龙 5 家酒庄成功申领了葡萄地经营权证，完成葡萄基地总确权面积 8 490.97 亩，切实解决了葡萄酒企业葡萄种植基地银行抵押、担保和融资贷款难题[3]。2023年5月，15家酒庄完成葡萄地确权，发证总面积14 728.97 亩，确权面积比 2022 年增加 73%[4]。

2022 年 9 月，宁夏财政厅出台《关于推进宁夏贺兰山东麓葡萄酒产业高质量发展的财政支持政策》（宁财规发〔2022〕9 号），针对葡萄酒产业发展关键环节制定了补助奖励措施，支持力度大、受益群体广泛。在鼓励葡萄酒龙头企业发展、推动名优产品品牌建设、加大产业对外合作交流方面制定的优惠政策，对于推广葡萄酒新品种、新技术、新工艺和培育发展新产品、新模式[5]、新业态起到了积极的推动作用，为利用好综试区建设机会，进一步提升宁夏葡萄酒的产业地位和国际竞争力，提供了重要的政策保障。

第二节　葡萄酒文旅融合发展模式创新

一、葡萄酒文旅融合发展规划与政策支持

早在 2011 年宁夏出台的全国首部葡萄酒产区发展规划中就明确了葡萄酒与文化旅游

1 张唯：《明确国有农用地土地经营权 登记苗木数量等使其资产化》，载《宁夏日报》2021 年 9 月 17 日第 1 版。
2 张唯：《宁夏葡萄酒产业用地确权登记有重大突破！首次明确国有农用地土地经营权》，载《宁夏日报》2021 年 9 月 17 日。
3 王莹：《银川市葡萄酒产业用地确权政策落地开花》，载"宁夏新闻网"2023 年 2 月 9 日，http：//www.nxnews.net。
4 宁夏贺兰山东麓葡萄酒产业园区管理委员会提供数据。
5 王婧雅，王莹：《"综试区"这一年：擦亮"金字招牌"实现"流量"转化》，载《宁夏日报》2022 年 9 月 6 日第 1 版。

产业融合发展的路径选择，历届政府坚持这一发展指引，出台系列政策促进葡萄酒文化旅游深度融合发展。《宁夏回族自治区农业特色优势产业发展布局“十三五”规划（2016—2020）》中将葡萄列为“1+4”特色产业之一[1]，促进葡萄产业与文化、旅游等产业的融合，构建集农工商游为一体的葡萄产业集群。2017 年 5 月，全区葡萄酒产业座谈会召开，会议强调宁夏贺兰山东麓“要做足‘葡萄酒 +’文章，推动葡萄酒产业与文化旅游产业融合，加大葡萄酒小镇建设，培育葡萄酒文化”[2]。相关管理部门将“葡萄酒与文化旅游融合发展”确立为“2017 贺兰山东麓葡萄酒产区品牌建设年”重点建设任务之一，促进“葡萄酒 + 文化旅游”深度融合发展。2019 年 12 月 5—6 日，宁夏回族自治区党委十二届八次全会召开，会议指出：“宁夏的葡萄酒产业实现了葡萄种植、酿造加工、文化旅游有机融合，是一二三产业融合发展的典型。在这方面，要多挖掘、多探索、多培育，推进产业融合、产网融合、跨界融合，实现要素资源的高效组合，形成一批全链条、无分割、高效率的产业新形态。”《自治区九大重点产业高质量发展实施方案》中指出要将宁夏贺兰山东麓打造成为“葡萄酒 +”融合发展的创新区。《宁夏贺兰山东麓葡萄酒产业高质量发展“十四五”规划和 2035 年远景目标》（以下简称《规划》）中指明了通过推进葡萄酒与文化、旅游深度融合，将宁夏打造成为与世界接轨、同全球对话的国际葡萄酒旅游目的地、提升贺兰山东麓葡萄酒文化价值和品牌形象的“酒文融合”和“酒旅融合”的发展之路。《规划》中指出了促进宁夏葡萄酒文旅融合高质量发展的三个重点方向：

> 第一，将葡萄酒产业基地与重点旅游资源捆绑式开发，构筑新的旅游吸引力，推动形成空间融通、内涵延伸、功能互补的“葡萄酒 + 旅游”发展模式，形成新的增长点和增长极，构建葡萄酒文化旅游深度融合新格局[3]。第二，推进葡萄酒产业链延伸和跨界融合，将葡萄种植、特色民宿、艺术工坊、文创景观、农事体验、乡村美食、康养保健、乡村电商、葡萄酒教育等诸多元素和功能融为一体，以葡萄酒庄为依托，串联沿线旅游景点，形成“葡萄酒 + 文化 + 旅游”观光带[3]，将宁夏贺兰山东麓打造成文旅教体融合发展体验区。第三，持续加强与全球葡萄酒旅游组织（GWTO）、世界旅游经济论坛（GTEF）、世界旅游及旅行业理事会（WTTC）、全国工商联旅游业商会等机构沟通合作，

1《自治区人民政府关于印发宁夏回族自治区现代农业“十三五”发展规划的通知》，载《宁夏回族自治区人民政府公报》2017 年第 1 期第 13-34 页。
2 雷林骁：《全域旅游视角下贺兰山东麓葡萄酒产业融合发展的策略研究》，福建农林大学硕士论文摘要，2016 年。
3 王婧雅：《立足优势 擦亮“紫色名片”》，载《宁夏日报》2022 年 3 月 2 日第 3 版。

国际葡萄与葡萄酒产业大会 第三届中国（宁夏）国际葡萄酒文化旅游博览会召开
（《读醉 · 酒庄指南》 供图）

> 全面做好“文化＋旅游＋生态＋产业”融合发展大文章，共同推动产业结构优化转型[1]。

2022年10月出台的《推进宁夏国家葡萄及葡萄酒产业开放发展综合试验区建设的政策措施》中，对“葡萄酒＋文旅”深度融合发展的鼓励政策有：“在葡萄酒旅游线路产品创新、葡萄酒文旅产品提质升级、葡萄酒产业与康养产业融合方面，给予资金支持和奖励。同时，对从事酿酒葡萄种植和葡萄生产、销售、康养、文旅等项目贷款，将加大贷款贴息支持力度。”[2]

2023年4月25日，宁夏回族自治区党委主要领导调研贺兰山东麓生态文旅廊道建设情况[3]，对宁夏葡萄酒产业与生态建设、文化旅游深度融合发展做出如下重要指示：

> 习近平总书记对宁夏葡萄酒产业的重要指示和殷切期望，给我们指明了路子、注入了动力，总书记怎么说，我们就要怎么做，着力在“好、高、稳、快、省”上下功夫：“好”就是宁夏的葡萄酒产业发展有很好的资源和基础，要站在新起点上酿出世界最好的葡萄酒，绘出好山好水好风景；“高”就是要聚焦打造千亿级产业目标，以贺兰山东麓生态文旅廊道为载体，瞄准高端市场，高起点

1《宁夏回族自治区人民政府办公厅关于印发宁夏贺兰山东麓葡萄酒产业高质量发展“十四五”规划和2035年远景目标的通知（宁政办发〔2021〕110号）》，载“宁夏回族自治区人民政府网”2021年12月31日，https：//www.nx.gov.cn。
2 李佩珊：《宁夏实施20项政策措施推进国家葡萄及葡萄酒产业开放发展综合试验区建设》，载“中国新闻网”2022年10月10日，https：//www.chinanews.com.cn。
3 马晓芳：《梁言顺调研贺兰山东麓生态文旅廊道建设情况 坚持生态优先做好文旅深度融合发展大文章 把总书记的殷切期望早日变成美好现实》，载《宁夏日报》2023年4月26日第1版。

规划、高标准推进，用世界最先进的种植技术和经营管理，一体化建设产业基地、文旅项目、道路交通，不断做大规模，提升产业水平和综合效益；"文"就是要深入挖掘文化资源，讲好自然景观、美丽传说、人文历史故事，把"紫色"元素融入"东麓"廊道建设，打响"紫气东来"的产区品牌，为旅游注入"活"的灵魂，让游客有看头、有品头；"快"就是要抢抓旅游消费恢复增长的有利时机，加快项目建设进度，争取早日建成投入运营；"省"就是要统筹用好现有资源和设施，善用市场手段撬动社会资本，少花钱、多办事、多收益，以最少的投入实现最大的产出。

2023年11月17日，《葡萄酒文化旅游酒庄等级划分》《智慧旅游景区建设指南》两项地方标准正式发布。《葡萄酒文化旅游酒庄等级划分》是首个彰显文旅融合、以文促旅、以旅彰文的酒庄评价体系[1]，对于引领宁夏葡萄酒和文化旅游产业融合发展、推动贺兰山东麓国家级旅游度假区和中国最具特色的葡萄酒文化旅游产业带建设具有重要意义。《智慧旅游景区建设指南》对景区智慧管理、智慧服务、智慧营销等进行了梳理和规范，有利于引导和加快推进全区智慧景区建设，提高景区接待服务质量和综合管理水平[2]。

二、葡萄酒文旅融合发展举措

2020年，宁夏回族自治区党委建立了葡萄酒产业高质量发展包抓工作机制和文旅产业高质量发展包抓工作机制[3]，围绕全力建设综合试验区和办好国家级葡萄酒文化旅游博览会，组织实施了贺兰山漫葡小镇提升改造、青铜峡鸽子山葡萄酒文化旅游产业小镇建设等重大项目[3]，完善了宁夏贺兰山东麓葡萄酒文化旅游设施，配套建设精品民宿、种采体验、自酿品鉴、保健康体等葡萄酒特色旅游项目，吸引全国各地游客到产区体验特色酒庄游。

（一）策划举办葡萄酒节事旅游活动

2021年9月，中国第一个以葡萄酒为主题的国家级展会——首届中国（宁夏）国际葡萄酒文化旅游博览会在银川召开[4]。葡萄酒系列主题展会、葡萄酒文化旅游论坛等活动，

1 鲍淑玲：《我区发布〈葡萄酒文化旅游酒庄等级划分〉〈智慧旅游景区建设指南〉》，载《银川日报》2023年11月16日第1版。
2 宁夏发布《葡萄酒文化旅游酒庄等级划分》《智慧旅游景区建设指南》两项地方标准，载"自治区文化和旅游厅网"2023年11月17日，https：//whhlyt.nx.gov。
3 李怀宇，贺茜：《宁夏葡萄酒与文化旅游产业融合发展路径研究》，载《中阿科技论坛（中英文）》2023年第4期第28-32页。
4 郭长江，许新霞：《首届中国（宁夏）国际葡萄酒文化旅游博览会今天在宁夏银川开幕》，载"央广网"2021年9月26日，http：//news.cnr.cn。

利用各种信息渠道展示宁夏地方文化和葡萄酒风土文化，为促进葡萄酒产业进一步开放合作、推动葡萄酒与文化旅游产业深度融合发展、传播具有鲜明特色的国际葡萄酒文化旅游目的地形象创设了一个重要的窗口，为进一步推动宁夏葡萄酒走向世界、提升宁夏贺兰山东麓葡萄酒产区品牌效应和国际影响力搭建了一个国字号平台。

2022 年 9 月 6—12 日，以“中国葡萄酒·当惊世界殊——荟聚贺兰山·携手向未来”为主题的第二届中国（宁夏）国际葡萄酒文化旅游博览会召开，共设置开幕式、国家葡萄及葡萄酒产业开放发展综合试验区建设论坛、第三届中法葡萄酒文化旅游论坛、贺兰山葡萄酒展销会、“贺兰山葡萄酒之夜”音乐会、宁夏贺兰山东麓国际葡萄酒文化旅游节、第二届宁夏贺兰山东麓国际葡萄酒大赛颁奖盛典 7 项活动[1]，现场签订葡萄酒产业投资合作协议 54 个，总金额 173.46 亿元，涵盖酒庄建设、文化旅游、葡萄酒销售、融资授信等多个方面[2]。

2023 年 6 月 9 日，国际葡萄与葡萄酒产业大会、第三届中国（宁夏）国际葡萄酒文化旅游博览会在宁夏银川举行[3]。大会发布“贺兰山倡议”[4]。通过举办产业峰会、平行论坛、中法葡萄酒文化旅游论坛、投资贸易大会、贺兰山东麓葡萄酒生态廊道考察体验、文化旅游节、葡萄酒消费促进年、国际葡萄酒大赛和云展览等重要活动[5]，吸引了来自 42 个国家和国际组织的 1 200 余名嘉宾，以 307.2 亿元的签约总金额创下宁夏葡萄酒集中签约金额的新纪录。其中，投资项目 89 个，涉及金额 205.1 亿元，销售项目 131 个，涉及金额 53 亿元，融资项目 4 个，涉及金额 49.1 亿元，涵盖酒庄建设、文化旅游、葡萄酒销售等

1 马晓芳，姜璐：《共享发展新机遇　共创美好新未来第二届中国（宁夏）国际葡萄酒文化旅游博览会在银川开幕》，载“宁夏新闻网”2022 年 9 月 7 日，https：//www.nxnews.net。
2 王悦，徐芸茜：《葡萄酒出口逆势增长 256%！宁夏以酒为媒，扩大国际合作朋友圈》，载《华夏时报》2022 年 9 月 8 日。
3 张菱健：《农业贸易百问：近年我国葡萄酒进出口表现如何？》，载《世界农业》2023 年 6 月 6 日第 136-137 页。
4“贺兰山倡议”内容如下：第一，加强世界葡萄与葡萄酒产区之间的交流，赏识彼此不同的风土文化、工艺技术和产业模式，互学互鉴，各美其美，鼓励合作、包容的多样化发展；第二，适应现代市场需要，开展科技、人才、文旅、金融等全方位合作，拓展产业领域，提升附加值，促进融合发展；第三，参考葡萄与葡萄酒产业的国际经验，努力改进标准、推动良好实践、加强经验分享和市场开发，保护传统工艺与知识产权（包括地理标志）；第四，加强政策交流与对话，不断优化营商环境，促进全产业链投资，扩大葡萄酒国际贸易；第五，通过技术革新、创新商业模式和数字化转型等创新举措，使葡萄与葡萄酒产业可持续，且更有竞争力；第六，分享适应和减缓气候变化的知识和技术，保护自然资源和生态环境，构建人与自然生命共同体，促进产业绿色发展；第七，支持农民参与葡萄与葡萄酒产业，建立包容性的价值链，增加乡村发展活力；第八，发挥国际葡萄与葡萄酒组织等国际组织的作用，共同应对全球性挑战，扩大国际交流和合作，促进产业开放发展。
5 闫茜：《千余名国内外嘉宾感受贺兰山东麓葡萄酒魅力》，载《银川日报》2023 年 6 月 12 日第 1 版。

多个方面[1]。2023 年 6 月 10 日，在第三届中国（宁夏）国际葡萄酒文化旅游博览会投资贸易大会上，中国气象服务协会授予贺兰山东麓“酿酒葡萄黄金气候带”称号[2]，这是对宁夏贺兰山东麓拥有生产高端优质葡萄酒的自然禀赋条件的肯定与褒奖，对于产区品牌价值的提升和提高宁夏葡萄酒的知名度和美誉度，都具有重大意义。

已连续举办三届的中国（宁夏）贺兰山东麓国际葡萄酒文化旅游博览会[3]，是中国首个以葡萄酒为主题的国家级、国际化综合性展会，也是宁夏规格最高、规模最大、影响最广的葡萄酒文旅品牌展会[4]，为世界搭建了一个了解中国及宁夏葡萄酒的平台，对于利用好宁夏“全域旅游示范区”“国家级葡萄与葡萄酒开放发展综合试验区”建设机遇，探索葡萄酒文化旅游深度融合高质量发展的路径选择，加强国际葡萄与葡萄酒领域的交流与合作、提高中国葡萄酒的世界影响力和国际合作竞争力，提升宁夏贺兰山东麓葡萄酒及产区和酒庄企业的国际形象都发挥了重要作用。

（二）完善葡萄酒产区基础设施

贺兰山东麓是银川市旅游资源集中区域，随着葡萄酒产区产业规模不断扩大，葡萄酒知名度稳步提升，区域品牌建设成效显著。加快基础设施建设、提升旅游交通的便捷度、舒适度和愉悦度，构建“快进慢游”“乐行愉游”的交通网络，对于促进宁夏葡萄酒产区旅游基础设施与旅游服务设施提档升级，满足游客出行要求，提高宁夏“全域旅游”示范区旅游服务形象都具有重要意义。贺兰山东麓葡萄文化长廊建设规划制定后，贺兰山东麓就启动了“葡萄健康休闲旅游项目”，2013 年 8 月 20 日，一期工程中的 22 千米生态旅游专线和 21 千米酒庄中轴道路建设完成。2013 年 9 月 6 日，贺兰山东麓葡萄健康休闲旅游项目一期工程水利工程开工建设，沿旅游专线打井，修建扬黄蓄水池。2015 年，自治区政府投资实施了 110 国道绿化美化及环境治理工程，不仅拓宽了原有公路，还完善了沿

1 刘旭颖：《以葡萄酒为媒，打造永不落幕的对外合作平台》，载“中国商务新闻网”2023 年 6 月 15 日，https：//www.comnews.cn。
2 雒璇：《宁夏贺兰山东麓酿酒葡萄产区获“酿酒葡萄黄金气候带”称号》，载“中国气象局官方网站”2023 年 6 月 12 日，https：//www.cma.gov.cn。
3 2012 年宁夏开始举办首届贺兰山东麓葡萄酒节，2014 年升格为贺兰山东麓国际葡萄酒博览会，2021 年再次升格为中国（宁夏）国际葡萄酒文化旅游博览会。
4 辛怡丽：《全力打造投资兴业沃土，谱写对外开放合作新篇章 第三届中国（宁夏）国际葡萄酒文化旅游博览会投资贸易大会举行》，载《宁夏画报》2023 年第 6 期第 22-23 页。

线的葡萄酒休闲旅游交通基础设施，建成全长 50 余千米的旅游大道，与沿线的酒庄、葡萄园共同形成了贺兰山下一道亮丽的风景线[1]。

2020 年，自治区及相关市、县（区）先后投入 60 多亿元，对水、电、路、林等基础设施升级改造，不仅完善了葡萄酒产业发展的基础设施，提高了宁夏贺兰山东麓葡萄园建设的规范化、标准化程度，同时也为宁夏葡萄酒特色旅游线路设计及产区整体旅游形象的提升打下了坚实的基础，极大地提高了宁夏贺兰山东麓葡萄种植园和酒庄旅游可进入性，也提高了宁夏乃至整个西北的生态旅游产品开发、葡萄园生态旅游目的地建设和葡萄酒主题旅游度假综合体项目建设的资源价值和开发利用水平。

2023 年 7 月 28 日，致力于解决贺兰山东麓葡萄酒核心区内部交通基础设施服务水平不高、旅游标识系统不完善、旅游服务设施布局不合理等关键性问题的贺兰山东麓旅游环线项目获得自治区发改委正式立项批复[2]，该项目建设将有助于进一步提升宁夏贺兰山东麓葡萄酒产区的旅游吸引力、增加旅游活动的愉悦体验、丰富游客的旅游经历。

（三）开发葡萄酒文化旅游线路

为深入挖掘酒庄特色，促进葡萄酒产业与文旅产业的深度融合，增强宁夏贺兰山东麓葡萄酒产区对消费者的旅游吸引力，2021 年 9 月 26 日，在“相约宁夏川·品味贺兰山”为主题的中国（宁夏）国际葡萄酒文化旅游节启动仪式上，宁夏文化和旅游厅精心推出 10 条贺兰山东麓葡萄酒庄休闲旅游精品线路[3]。宁夏文化和旅游部门还推出 5 套贺兰山东麓配餐产品，以酒庄为点，将葡萄酒与宁夏特色美食融合，与周边旅游景区串联，使游客的酒庄休闲之旅体验感更强、旅游层次感更加丰富[4]。2023 年 5 月，宁夏文化和旅游微信公众号又推出酒庄浪漫时尚之旅、研学文化浸润之旅和城市休闲夜游 3 条葡萄酒旅游精品路线，同时，还发布“葡萄酒文化科普研学游”“葡萄酒庄自然生态康养游”“葡萄酒艺术品鉴度假游”“葡萄酒文化融合体验游”“葡萄酒庄运动露营体验游”五条酒庄旅游精

1 秦磊，王婧雅，王莹：《紫色之媒——宁夏葡萄酒产业发展途中故事采撷》，载《宁夏日报》2020 年 10 月 7 日第 1 版。
2 李睿佳：《贺兰山东麓旅游环线项目建议书获批》，载“宁夏新闻网”2023 年 8 月 6 日，http：//www.nxnews.net。
3 胡冬梅：《宁夏推出十条葡萄酒庄休闲旅游精品线路》，载“中国日报网”2021 年 9 月 27 日，https：//cn. chinadaily. com.cn。
4 宽容，秦瑞杰，穆国虎：《宁夏：小小一串葡萄 大大紫色梦想》，载“人民网”2023 年 6 月 7 日，http：//www.people. com.cn。

品线路，将葡萄园参观、葡萄采摘、酒窖品酒与周边旅游景区、宁夏特色美食、特色民宿串联，实现了宁夏传统优势旅游资源和时尚酒庄游的完美组合，丰富了游客的旅游活动和产区观光体验感，扩充了宁夏旅游线路产品的内容体系，突显了宁夏葡萄酒文化旅游目的地的鲜明特色。

（四）丰富葡萄酒旅游产品要素

2023 年 9 月 19 日，宁夏贺兰山东麓马拉松智慧赛道顺利通过中国田径协会健身步道审定，成为宁夏首条通过中国田径协会认证的智慧型健身步道，也是西北地区第一条达到竞赛标准的智慧赛道。智慧赛道位于宁夏银川贺兰山休闲运动公园，步道总长 21.097 5 千米，道宽 5.8 米，满足路跑、自行车、轮滑等多种高规格赛事要求[1]。体育赛事在产区的举办，将吸引更多的媒体及大众的关注度与参与度，会进一步丰富宁夏葡萄酒产区旅游产品的内容、增加旅游活动的丰富度、带动周边葡萄酒庄旅游的发展，该项目是宁夏产区“葡萄酒＋”融合发展的一大创新实践，也成为中国葡萄酒产区文体旅融合发展的一项标志性工程。2023 年 11 月 13 日，文化和旅游部评选出 50 家国家文化产业和旅游产业融合发展示范区建设单位，银川市西夏区——永宁县贺兰山东麓葡萄酒文化产业和旅游产业融合发展示范区成为其中之一[2]。

2023 年 9 月 25 日，国家首批认证的中国酒庄酒企业、国家 AAAA 级旅游景区、贺兰山东麓产区二级酒庄——农垦玉泉国际酒庄被文化和旅游部列为 69 家国家工业旅游示范基地之一[3]。2023 年 10 月 31 日，华东葡萄酒(宁夏)有限公司举行酒庄建设项目签约仪式，在青铜峡市投资 7 000 万元建设集葡萄酒生产酿造、酒窖观光、餐饮、养生、休闲、销售等多功能于一体的现代化酒庄，该项目建成将为青铜峡产区增加新的葡萄酒主题旅游吸引物[4]。2023 年 12 月，集商务休闲、亲友聚会、单位团建、家庭亲子、文化艺术、运动康养

1 吴春霖：《宁 A0001，西北首条智慧型健身步道！》，载“银川新闻网”2023 年 9 月 20 日，https：//www.ycen.com.cn。

2《国家文旅融合发展示范区建设单位 公示银川市西夏区永宁县上榜》，载“银川市人民政府门户网站”2023 年 11 月 15 日，www.yinchuan.gov.cn。

3 刘嘉怡，杨韶华：《宁夏唯一一家！入选国家工业旅游示范基地！》，载“银川新闻网”2023 年 9 月 26 日，https：//www.ycen.com.cn。

4 翟枫瑞：《华东葡萄酒 7000 万元投建酒庄》，载《北京商报》2023 年 10 月 29 日。

宁夏“二十一景”之“宁夏酒堡”
（电视剧《星星的故乡》实景拍摄地源石酒庄 供图）

等功能于一体的高品质葡萄酒主题度假小镇——图兰朵小镇建成试运营[1]，对于推动宁夏贺兰山东麓葡萄酒产业与商业贸易、文化旅游、休闲度假、康养研学融合发展，建设具有典型地方特色的葡萄酒文化旅游度假综合体，起到了积极的示范带动作用。

2023 年 12 月 10 日，宁夏葡萄酒文化旅游推介会在纽约维珍酒店举行，推介会现场介绍了宁夏葡萄酒、现代农业优势，展示了包括“宁夏酒堡”在内的“宁夏二十一景”[2]。截至 2024 年 1 月，宁夏贺兰山东麓葡萄酒产区 A 级以上旅游酒庄 21 家，其中 2A 级 9 家，分别是原歌酒庄、立兰酒庄、贺金樽酒庄、格莉其酒庄、贺兰芳华酒庄、华昊酒庄、皇蔻酒庄、密登堡酒庄、容园美酒庄；3A 级 7 家，分别是巴格斯酒庄、森淼兰月谷酒庄、西鸽酒庄、沃尔丰酒庄、利思酒庄、漠贝酒庄、长城天赋酒庄；4A 级 5 家，分别是龙谕酒庄、宁夏农垦玉泉国际酒庄、米擒酒庄、源石酒庄、贺东庄园。葡萄酒庄已成为宁夏贺兰山东麓重要的特色旅游吸引物。

1 宁夏图兰朵葡萄酒小镇位于银川市贺兰县洪广镇金山片区，是集葡萄种植、葡萄酒酿造、商务休闲、亲子度假、红酒艺术、运动健康等功能于一体的高品质文旅度假小镇。目前，小镇已被列入自治区“六个一百”重大项目、银川市重点建设项目、银川市两都五基地项目。

2 宁夏在传承旧“八景”“朔方八景”“新十景”等以往景观文化的基础上，形成了宁夏“二十一景”，包括贺兰公园、水洞遗址、远古岩画、六朝长城、千年灌渠、须弥石窟、丝路古道、西夏王陵、黄沙古渡、沙湖鸟国、鸣翠湿地、青铜长峡、沙坡鸣钟、大漠星空、火石丹霞、固原梯田、红色六盘、西部影城、宁夏酒堡、科创宁东、闽宁新貌。引自《宁夏二十一景——绘就宁夏文化旅游新底色》，载《中国旅游报》2023 年 1 月 17 日第 6 版。

三、葡萄酒旅游目的地知名度和影响力的提升

2021 年底,《世界葡萄酒地图》第八版在中国出版,“中国篇”由 2 页增至 3 页,介绍的产区包括山东、河北、东北、山西、甘肃、陕西、宁夏、新疆、云南。“中国篇”的开头写道:“在这个瞬息万变的葡萄酒世界,没有哪个国家像中国那样迅速而令人瞩目地发展。在 20 世纪 80 年代,葡萄酒在中国几乎是鲜为人知的,但在今天,以人口众多而闻名的中国已成为全球第五大葡萄酒消费国。”[1] 书中用两幅区域地图分别重点介绍了我国河北和山东,以及宁夏北部值得推荐的酒庄。其中,宁夏龙谕酒庄更是表现优秀,成为被刊登在书中的中国酒庄插图。书中这样描述龙谕酒庄:一座典型的矗立在雄心勃勃的中国酒庄群中的奢华建筑[1]。随着贺兰山东麓产区在国际知名度的提升和葡萄酒在国内外获奖频率和数量的增加,作为全域旅游示范区的宁夏在市场影响力和美誉度方面也逐渐提升。

在市场影响力方面,2020 年 8 月《中国葡萄酒旅游市场网络评论研究报告》显示,宁夏贺兰山东麓在全国开展葡萄酒旅游的各产区中,网络热度排名第一[2]。2022 年,宁夏酒庄接待游客 120 万人次以上[3],葡萄酒庄成为重要的文化旅游休闲地。目前,宁夏 A 级以上旅游景区酒庄年接待游客数量超过 135 万人次,由旅游带动的葡萄酒销售额占总销售额的 50%[4]。在美誉度方面,2020 年 10 月 30 日,第九届宁夏贺兰山东麓国际葡萄酒博览会上,公布了由亚洲葡萄酒学会组织的“世界十大最具潜力葡萄酒旅游产区”评选结果,宁夏贺兰山东麓成为我国唯一入选地区[5]。同时入选的还有日本山梨产区、新西兰怀拉拉帕产区、加拿大魁北克产区、阿根廷萨尔塔产区、西班牙普里奥拉托产区、法国卢瓦尔蒙路易产区、智利麦坡谷产区、奥地利坎普谷产区、格鲁吉亚卡赫基产区[6]。2021 年 9 月 26 日,全球葡萄酒旅游组织(GWTO)将“全球葡萄酒旅游目的地”的荣誉称号授予宁夏,为宁

1 休・约翰逊,杰西斯・罗宾逊:《世界葡萄酒地图》(第八版),中信出版社,2020 年,第 388-389 页。
2 王莹:《宁夏贺兰山东麓在全国葡萄酒旅游网络热度排名第一》,载“宁夏新闻网”2020 年 8 月 23 日,http://www.nxnews.net。
3 王莹:《宁夏葡萄酒庄年接待游客突破 120 万人次》,载“宁夏新闻网”2022 年 8 月 25 日,http://www.nxnews.net。
4 宽容,秦瑞杰,穆国虎:《宁夏:小小一串葡萄 大大紫色梦想》,载“人民网”2023 年 6 月 7 日,http://www.people.com.cn。
5 范文杰:《贺兰山东麓跻身“世界十大最具潜力葡萄酒旅游产区”》,载《人民政协报》2020 年 10 月 30 日第 10 版。
6 许新霞:《中国唯一!宁夏贺兰山东麓跻身“世界十大最具潜力葡萄酒旅游产区”》,载“央广网”2020 年 10 月 22 日,https://mp.sohu.com。

夏进一步打造“葡萄酒之都”和国际旅游目的地提供了强劲动能[1]。

宁夏将全域旅游与葡萄酒两大优势特色产业完美嫁接，将贺兰山、戈壁滩、黄河水、“冬埋土、春展藤”等独特的葡萄酒风土文化融入旅游线路，充分发挥葡萄酒与生态观光、休闲度假、研学会展、高端体验的融合优势，丰富了旅游业态[2]，增强了产区的旅游吸引力，走出了一条极具地方特色的葡萄酒文旅融合发展之路。通过开展贺兰山东麓“葡萄酒＋星空”民谣音乐节、贺兰山星空露营大会、“贺兰山东麓葡萄酒产区路跑双季赛”等活动，创新打造“旅游＋文化＋葡萄酒＋乡村”等多元素融合旅游线路。研发推广葡萄酒文创产品、举办全国首个葡萄酒年代珍藏酒标艺术展、借助《山海情》《星星的故乡》等影视作品的传播力，深入挖掘提升产区文化内涵，推动葡萄酒和文化、体育、农业、生态深度融合，推广“葡萄酒＋健康”的生活方式，为葡萄酒产业创新发展模式探索了一条突破路径。

第三节　中国葡萄酒从宁夏贺兰山东麓走向世界

一、引领中国葡萄酒产业高质量发展

目前，宁夏已经完善了葡萄栽培和葡萄酒酿造技术系列规范，在国内率先制定和实施了葡萄酒原产地管理规章制度和地理标志保护、使用管理规范，构建了葡萄酒文化大众传播体系，在葡萄酒教育和科技领域缩小了与世界葡萄酒优秀产区之间的差距，成为中国葡萄酒产业高质量发展的领跑者。如詹姆斯·萨克林（James Suckling）在《2020 中国葡萄酒 Top10》一文中所说：“宁夏依然是中国优质葡萄酒的大本营，中国很少有产区能像宁夏一样具备成规模的产业优势。”[3] 目前从注册企业数量、产品获奖数量以及吸引自治区外投资等方面，宁夏都已位居中国之首。

（一）中国葡萄酒庄最集中的产区

在宁夏贺兰山东麓葡萄酒产业快速发展阶段，兴起了许多葡萄种植面积在 200~1 000

1 赵茉钰：《宁夏获“全球葡萄酒旅游目的地”荣誉称号》，载“人民网”2021 年 9 月 26 日，http：//www.people.com.cn。
2 杨晓秋，王莹，王婧雅：《盏酒论诗向远方——“葡萄酒之都”的文旅融合之路》，载《吴忠日报》2021 年 9 月 28 日第 1 版。
3 Zekun Shuai：《TOP 10 CHINESE WINES OF 2020》，“Wine ratings-JamesSuckling net” February 10, 2021，https://www.jamessuckling.com。

亩的精品酒庄。按照宁夏产区的管理标准，每个酒庄必须拥有自己的葡萄园且亩植 400 株左右、亩产控制在 500 千克左右。这类酒庄的葡萄种植面积之和是贺兰山东麓产区的 60%，数量却占到全部酒庄的 85%以上。 在精品酒庄蓬勃发展的基础上，宁夏将葡萄酒生产升级定位为“酒庄酒”模式，走生产中高端葡萄酒的发展路线，率先通过列级酒庄管理制度规范酒庄酒生产。所谓“酒庄酒”，郝林海归纳了三点[1]：

> 本土化，有自己的葡萄园；对应化，不追求大规模，有多少葡萄藤，就酿多少葡萄酒；多样化，不同的地块即不同的“风土”，不同的品种，不同的藤果，不同的酿酒师，不同的酒庄形成不同的酒品风格。在以上三点的基础上，“酒庄酒”追求高品质。

从全球葡萄酒行业发展的经验和路径来看，未来我国葡萄酒行业必将走向依托自有葡萄种植基地和专有原料品种、注重全链条品质把控、突出产品风味特色的小产区和酒庄酒发展模式[2]。宁夏正是此模式的典型代表。作为中国最早实施基地酒庄一体化经营和“酒庄酒”发展模式的产区，对于“酒庄酒”生产，宁夏明确了以下要求：酒庄（企业）必须要有自己的葡萄园，葡萄酒酿造原料 100% 来自产区内或自建自管的葡萄生产基地，葡萄酒发酵生产全过程在酒庄内完成，有自己的种植师、酿酒师及酒庄品牌。从葡萄种植到葡萄酒酿造，每一生产过程都在葡萄酒庄内完成，每一环节都在产区的规范监督下完成，确保了每瓶酒的品质[3]。不同酒庄根据不同品种、不同的风土制定不同的管理措施，自己经营管理的葡萄园产出品质各异的葡萄，酿造出代表不同风土特征的多元化风格的酒庄酒，体现了优秀品种、优良产区和精湛的工艺，不仅有突出的个性，也凝聚了独特的文化内涵。

对比其他产区，宁夏贺兰山东麓之所以能够在资金不足、人才不足、条件简陋、起步异常困难的状态下迅速崛起，重要原因之一就是选择了一条合适的发展道路，以及为了推动从“工厂酒”向“酒庄酒”生产模式转型而制定的一系列产业政策。自《宁夏回族自治区贺兰山东麓葡萄酒产区保护条例》明确规定“进入宁夏产区的酒庄必须先建有酿酒葡萄园，再建设酿酒设施及酒庄”开始，政府领军葡萄酒产业，对酒庄进驻贺兰山东麓设定了

1 郝林海：《杂琐闲抄》，东方出版社，2018 年，第 15 页。
2 王磊：《提振国产葡萄酒自信心》，载《中国食品报》2021 年 10 月 7 日第 1 版。
3 郝林海，脱俊彩，陈镛安等：《小酒庄，大产区——宁夏葡萄与葡萄酒产业发展模式调研》，载《宁夏画报》（时政版）2014 年第 5 期第 10-13 页。

严格的要求，特别强调了“不欢迎、不支持在贺兰山东麓搞工厂化葡萄酒生产”的政策。《贺兰山东麓葡萄产业园区管理委员会关于加强酿酒葡萄基地管理的指导意见》中明确规定：“新批准的酒庄必须有自己的葡萄园或以各种方式与产区原有的葡萄园形成合作关系；酒庄酿造葡萄酒所用的葡萄应全部来自自己的葡萄园或贺兰山东麓产区。”“十三五”期间，自治区党委、政府进一步明确了“种好葡萄园，酿好葡萄酒”的战略定位，产业发展规划、政策导向、招商条件、管理措施等都紧紧围绕保护珍稀资源环境、扎扎实实种好葡萄、建有特色小规模高品质酒庄而设置[1]。2017 年宁夏贺兰山东麓葡萄酒产区“品牌建设年”启动仪式上重点强调了“坚定不移地走‘酒庄酒’发展之路，把宁夏葡萄酒产业做大做强，培育成宁夏的品牌产业”的发展理念。

宁夏贺兰山东麓的狭长地带在过去很长一段时间是荒芜和贫困的代名词[2]。然而在过去短短的十年间，这一地区迅速发展成为中国最大的优质葡萄酒种植加工基地，成为中国真正意义上与国际标准接轨、以全产业链理念建设的酒庄酒产区[3]。对此，李德美认为：“贺兰山东麓葡萄酒产区的这种模式，告别了中国其他葡萄酒产区通过简单地扩大规模来提升容量的老路，开创了通过提高葡萄酒品质来做大产业的新路。”[4]

坚持酒庄基地一体化的酒庄酒发展模式是宁夏葡萄酒引领中国葡萄酒实现“当惊世界殊”的正确路径选择，是宁夏葡萄酒产业发展创新模式的成功实践。截至目前，宁夏已有葡萄酒庄和种植企业实体 228 家（其中已建成酒庄 116 家），年生产葡萄酒 1.38 亿瓶，占国产酒庄酒酿造总量的近40%[5]。酒庄酒产量居全国首位，每两瓶国产酒庄酒就有一瓶生产在宁夏。在“老老实实种葡萄，认认真真酿好酒”理念的指引下，各葡萄酒庄不断提高产品质量，酒庄综合实力不断提升。2024 年 1 月 19 日，胡润研究院从基础硬实力、行业领导力、公众影响力三个方面确立了评价标准，对中国葡萄酒酒庄进行了综合实力评价，首次发布“2024 胡润中国葡萄酒酒庄 50 强”，长城天赋酒庄、贺东庄园、贺兰神酒

1 吴宏林：《宁夏模式能否书写中国“紫色传奇”》，载《宁夏日报》2014 年 10 月 22 日。
2 刘蓝予，张闫龙：《以特色农业引领乡村振兴——以宁夏葡萄酒产业为例》，载《学习与探索》2023年第12期第99-107页。
3 张闫龙，姜万军，周黎安等：北京大学光华管理案例研究——《酿造紫色传奇的有形之手：宁夏贺兰山东麓葡萄酒产区产业政策研究》，2020 年第 1 页。
4 金芳：《用“葡萄酒 +”连接消费者——专访北京农学院葡萄酒工程技术中心执行主任李德美》，载《新商务周刊》2016 年葡萄酒专刊第 38-39 页。
5 马照刚：《小葡萄串起富民大产业》，载《宁夏日报》2023 年 12 月 12 日第 1 版。

草木葱郁的宁夏贺兰山东麓优质酿酒葡萄生态园
（宁夏贺兰山东麓葡萄酒产业园区管理委员会 供图）

庄、君顶酒庄、龙谕酒庄、美贺庄园、西鸽酒庄、天塞酒庄、源石酒庄、中信尼雅酒庄并列“中国实力最强的十大葡萄酒酒庄”[1]。上榜 50 强酒庄来自宁夏、山东、山西、河北、新疆、甘肃、云南、北京产区，西北 34 家，位于宁夏产区的酒庄最多，有 27 家[2]。

（二）中国优质酿酒葡萄生产基地

宁夏始终坚持“葡萄园是葡萄酒生产第一车间”的理念，严格执行葡萄园建园及管理技术规程和规范标准，制定多项奖励政策，引导葡萄酒生产企业（葡萄酒庄）提高葡萄园

1 闫茜：《胡润中国葡萄酒酒庄 50 强宁夏 27 家酒庄上榜》，载《银川日报》2024 年 1 月 20 日第 4 版。
2 除了 7 家酒庄获得“中国实力最强的十大葡萄酒酒庄”称号之外，宁夏另有贺兰红酒庄、立兰酒庄、玉泉国际酒庄、长和翡翠酒庄、贺兰晴雪酒庄、汇达酒庄、迦南美地酒庄、嘉地酒园、夏桐酒庄、银色高地酒庄、巴格斯酒庄、保乐力加贺兰山酒庄、华昊酒庄、红粉佳荣酒庄、红寺堡酒庄、利思酒庄、留世酒庄、维加妮酒庄、沃尔丰酒庄、原歌酒庄 20 家酒庄获得“2024 胡润中国葡萄酒酒庄 50 强”。

管理水平。目前，宁夏大部分葡萄酒企业都已经建立了自己的原料供应保障体系，宁夏贺兰山东麓已成为全国酿酒葡萄原料基地建设规模化、科技化、良种化、规范化发展的典范。2020 年，宁夏酿酒葡萄种植面积达到 49.2 万亩，占全国葡萄种植总面积的近 1/3。2021 年，宁夏新建酿酒葡萄基地 3.3 万亩，改造提升低质低效葡萄园 4.8 万亩[1]。2022 年，新增酿酒葡萄种植和开发面积 5.76 万亩，改造提升低质低效葡萄园 4 万亩，全区总面积达到 58.3 万亩，占全国葡萄种植总面积的 35% 左右[2]。目前，宁夏酿酒葡萄种植和开发面积达 60.2 万亩，占全国葡萄种植总面积的 35%。

2023 年 8 月，宁夏贺兰山东麓葡萄酒产业园区管理委员会、自治区林业和草原局、银川海关联合印发《宁夏贺兰山东麓葡萄酒产区酿酒葡萄苗木管理办法》[3]，禁止携带检疫性有害生物的酿酒葡萄苗木的传播，规范了新优品种的引育、生产、经营和使用，为进一步加强了产区酿酒葡萄苗木的管理，为确保苗木品种纯正、质量优良提供了重要的管理制度保障。为了推广优质葡萄园建设和管理经验，2023 年 10 月 18 日，宁夏贺兰山东麓葡萄酒产业园区管理委员会将中粮、美域、西鸽、宝石、旭域金山五个酒庄（葡萄种植有限公司）的总面积为 2 098.2 亩的葡萄园认定为 2023 年宁夏国家葡萄及葡萄酒产业开放发展综合试验区高标准葡萄园，对全区乃至全国优质高效葡萄园建设起到了积极的示范引领作用[4]。

2024 年 3 月下旬至 5 月初，贺兰山东麓葡萄酒产业技术协同创新中心对全区 8 家酿酒葡萄育苗企业繁育的 18 个品种、13 个品系，共 854.66 万株酿酒葡萄苗木定比例、分品种（品系）随机抽取 1 005 株苗木作为样本送检，委托宁夏农科院园艺研究所对送检酿

1 王莹:《2021 年宁夏葡萄酒销售额增长 15% 出口额增长 256%》，载“宁夏新闻网”2022 年 3 月 23 日，http：//www.nxnews.net。
2 王莹:《2022 年宁夏酿酒葡萄种植总面积达到 58.3 万亩生产葡萄酒 1.38 亿瓶》，载“宁夏新闻网”2023 年 1 月 11 日，http：//www.nxnews.net。
3 王莹:《〈宁夏贺兰山东麓葡萄酒产区酿酒葡萄苗木管理办法〉正式印发》，载“宁夏新闻网”2023 年 8 月 15 日，https：//www.nxnews.net。
4 王婧雅:《宁夏新增 5 家综试区高标准葡萄园》，载《宁夏日报》2023 年 12 月 1 日第 2 版。

酒葡萄苗木进行了卷叶病毒检测，同时对有问题的苗木样本进行了二次检测，确保样本检测精准性。根据检测结果，宁夏贺兰山东麓葡萄酒产业园区管理委员会及时向社会公布检测合格的苗木信息，积极对接自治区林业和草原局森防总站，配合有关市、县（区）林木检疫部门，对检测出的 5 万株带有卷叶病毒的酿酒葡萄苗木进行了焚烧处理，并对涉及的育苗企业发放了整改通知书，有力地维护了用苗酒庄（企业）和农户利益，保障了贺兰山东麓葡萄酒产业健康发展。

（三）中国最大的酿酒葡萄种质资源聚集区

宁夏全区酿酒葡萄主要分布在银川、吴忠、中卫、石嘴山 4 个地级市和农垦集团，涉及 12 个县（市、区）和 5 个农垦农场[1]。截至目前，贺兰山东麓产区已经累计引进各类酿酒葡萄品种 210 多个，包括 180 多个品种和 32 个不同品系，另有砧木品种 53 个[2]。共栽种了 32 个品种（61 个品系）的酿酒葡萄，主栽的红葡萄品种有赤霞珠、蛇龙珠、品丽珠、美乐、西拉、黑比诺、马尔贝克、马瑟兰、佳美、小味儿多等，约占 90%；白葡萄品种有霞多丽、贵人香、雷司令、长相思、威代尔、维奥尼尔等，约占 10%。

在酿酒葡萄苗木繁育方面，目前已建成含宁夏农林科学院园艺研究所芦花台葡萄种质资源圃、宁夏农垦玉泉营苗木繁育有限公司玉泉营葡萄种质资源圃、宁夏农业综合开发中心平吉堡葡萄种质资源圃、宁夏塞上江南酒庄有限公司鸽子山葡萄种质资源圃在内的 9 个优质酿酒葡萄种质资源圃和品种园，已建成中国最大的酿酒葡萄种质资源聚集区，总面积达到 1 200 亩。运营进口脱毒种源采穗圃 4 个，总面积 14 050 亩。培育酿酒葡萄种苗繁育企业 8 家，拥有种苗繁育圃 3 386 亩，每年可为产区提供脱毒良种壮苗 1 500 万~1 800 万株，满负荷最大可提供 5 000 万株。良种壮苗除满足贺兰山东麓葡萄酒产区建园需求外，还可为陕西、北京、甘肃、新疆、西藏、四川、云南等地供应相应苗木[3]。宁夏贺兰山东麓产区酿酒葡萄苗木繁育工作已经走在全国前列，种苗品牌已在国内葡萄酒产区有了较高的知名度和美誉度，探寻出了一条从引种培育到品牌输出的发展路径[1]。

1 惠淑红：《基于创新链理论分析宁夏葡萄酒产业创新方向》，载《中小企业管理与科技》2023 年第 4 期第 136-138 页。
2 王莹：《〈宁夏贺兰山东麓葡萄酒产区酿酒葡萄苗木管理办法〉正式印发》，载“宁夏新闻网”2023 年 8 月 15 日，https://www.nxnews.net。
3 闫茜：《〈宁夏贺兰山东麓葡萄酒产区酿酒葡萄苗木管理办法〉印发》，载《银川日报》2023 年 8 月 17 日第 1 版。

二、产区品牌价值不断攀升

自2003年宁夏“贺兰山东麓葡萄酒”获批国家地理标志保护产品、翌年注册地理标志证明商标开始，宁夏贺兰山东麓成为中国唯一一个以非行政区域名称命名的地理标志产区。为规范贺兰山东麓葡萄酒地理标志的使用和管理，相关管理部门先后印发了《关于加强贺兰山东麓葡萄产区专用标志管理工作的通知》《贺兰山东麓葡萄酒地理标志证明商标使用管理办法》[1]《宁夏贺兰山东麓葡萄酒地理标志专用标志使用管理办法（试行）》等配套文件，在提高贺兰山东麓葡萄酒品质、提升产区和企业品牌知名度、强化行业自律等方面起到了积极的推动作用。《自治区人民政府办公厅有关深入贯彻执行“十三五”市场经济监督管理计划的具体实施若干意见》中指出，要加强涉农企业商标管理培育，加强推动主导产业集群品牌和地理标志证明规范使用的商标登记注册，积极利用国家财政资金的支持，加强农产品地理标志保护，推进著名商标培育工作[2]。为贺兰山东麓葡萄酒国家地理标志及证明商标的规范使用提供了行政指导，对宁夏打造国际知名的葡萄酒品牌和世界驰名商标起到了极大的推动作用。

地理标志不仅是地方标志，也是质量标志、信誉标志[3]。为进一步加强地理标志使用规范，2021年印发的《贺兰山东麓葡萄酒地理标志专用标志使用管理办法》中明确规定，位于贺兰山东麓葡萄酒产区范围内，符合《贺兰山东麓葡萄酒技术标准体系》或《贺兰山东麓葡萄酒地理标志证明商标使用管理规则》要求和贺兰山东麓葡萄酒产区企业、酒庄准入条件，生产葡萄酒80%原料来自企业自有管理基地[4]，有生产车间、有酒庄、有自主品牌的企业，方可申请使用“贺兰山东麓葡萄酒”地理标志产品保护专用标志。目前，宁夏61家酒庄获批使用“贺兰山东麓葡萄酒”地理标志专用标志。统一和规范“贺兰山东麓葡萄酒地理标志专用标志”的管理使用，对保证贺兰山东麓葡萄酒的质量和特色、提升品牌知名度、强化产区行业自律起到了积极的促进作用[5]。

1 宁文:《宁夏加强“贺兰山东麓葡萄酒”使用管理》，载《中国食品报》2021年11月1日第4版。
2 宁夏回族自治区人民政府办公厅:《自治区人民政府办公厅关于贯彻落实“十三五”市场监管规划的实施意见》，载“宁夏回族自治区人民政府网”2017年6月20日，https ://www.nx.gov.cn。
3 闫茜:《贺兰山东麓葡萄酒入选》，载《银川日报》2022年8月24日第1版。
4 20%原料可以在贺兰山东麓葡萄产区内调剂。
5 王婧雅:《宁夏贺兰山东麓葡萄酒入选国家地理标志产品保护示范区筹建名单》，载《宁夏日报》2022年9月1日第2版。

2022 年 8 月 31 日，宁夏贺兰山东麓葡萄酒入选国家地理标志产品保护示范区筹建名单，同时，“贺兰山东麓葡萄酒”也被列入国家地理标志运用促进重点联系指导名录[1]。2023 年，宁夏的“地理标志赋能，助力宁夏葡萄酒产业发展”案例成功入选国家第二批地理标志助力乡村振兴典型案例；“用好地理标志‘四加’模式，助力宁夏葡萄酒产业高质量发展”成功入选第二批国家知识产权强国建设典型案例。2023 年 6 月 25 日至 9 月 25 日，宁夏开展“贺兰山东麓葡萄酒”地理标志专项保护行动，加强对地理标志的监管指导和执法保护，有效打击地理标志侵权违法行为，进一步规范地理标志使用。严格的保护制度和发展管理政策，以及坚持对产区整体发展环境进行严格监控，为葡萄酒的品质和安全提供保障，为宁夏贺兰山东麓葡萄酒产区可持续发展创造了良好的环境。

推行国家地理标志保护和使用政策，对提升“贺兰山东麓葡萄酒”品牌价值、扩大市场影响力起到了重要推动作用。 2021 年，“贺兰山东麓葡萄酒”以品牌价值 281.44 亿元，位列全国 100 个地理标志产品区域品牌榜第 9 位，成为全国唯一上榜的葡萄酒地理标志产品[2]。2023 年，“贺兰山东麓葡萄酒”区域品牌价值已上升至 320.22 亿元，位列全国地理标志产品区域品牌榜第 8 位[3]。而在另一份专门针对国家地理标志葡萄（酒）进行的品牌价值评价结果中，贺兰山东麓葡萄酒在上榜的全国 73 种葡萄（酒）中，位居第一[4]。2023 年 10 月，中国品牌建设促进会与国际品牌科学院联合发布《国际葡萄酒品牌价值评价团体标准》，推出了国际葡萄酒产区品牌和产品品牌榜单[5]。宁夏贺兰山东麓位列国际葡萄酒产区品牌榜第 4 位、中国产区第 1；19 个中国品牌入选国际葡萄酒产品品牌榜，其中包含 8 个宁夏贺兰山东麓葡萄酒品牌[6]。宁夏葡萄酒已成为彰显中国品质、中国自信的代表性产品。2023 年 12 月 29 日，国家知识产权局公布首批参加“千企百城”商标品牌价值提升行动名单，其中，“贺兰山东麓葡萄酒”被评为区域商标品牌[7]。2024 年 5 月 13 日，“2024 中国品牌价值评价信息”

1 王婧雅：《宁夏贺兰山东麓葡萄酒入选国家地理标志产品保护示范区筹建名单》，载《宁夏日报》2022 年 9 月 1 日第 2 版。
2 王莹：《2021 中国品牌价值评价区域品牌榜发布“贺兰山东麓葡萄酒”排名第 9！》，载“宁夏新闻网”2021 年 5 月 9 日，http：//www.nxnews.net。
3 穆国虎：《“贺兰山东麓葡萄酒”2023 年品牌价值发布》，载“人民网”2023 年 6 月 10 日，http：//www.people.com.cn。
4 2023 年 8 月 10 日，中国地标节组委会、《品牌观察》杂志社联合发布《国家地理标志葡萄品牌价值排行榜》，全国 26 个省份共 73 种葡萄（酒）上榜，其中贺兰山东麓葡萄酒以品牌价值 739.12 亿元排名第一位、烟台葡萄酒以品牌价值 655.92 亿元排名第二位、吐鲁番葡萄酒以品牌价值 413.26 亿元排名第三位。
5 王婧雅，马楠，陈瑶等：《宁夏贺兰山东麓位列第四》，载《宁夏日报》2023 年 10 月 7 日第 2 版。
6 王莹：《国际葡萄酒产区品牌榜公布宁夏贺兰山东麓位列第四！》，载“宁夏新闻网”2023 年 10 月 6 日，http：//www.nxnews.net。
7《企业·院校》，载《中国建材》2024 年第 2 期第 125-127 页。

发布，“贺兰山东麓葡萄酒”跃居全国地理标志产品区域品牌榜第 7 位[1]。

2024 年 1 月 11 日，宁夏回族自治区葡萄酒产业高质量发展包抓工作负责领导主持召开专题会议，围绕贺兰山东麓葡萄酒品牌管理指出：“一要找准定位，全力塑造品牌形象；二要精心策划，借势打造产品 IP；三要创新打法，丰富营销推广手段。”宁夏坚定不移地走“稳定规模、打造品牌、做精产品、融合发展”的道路，将宁夏的风土优势、资源优势进一步转化为葡萄酒产品优势、品牌优势，扩大了宁夏葡萄酒产区优势和宁夏葡萄酒产业的经济优势。

三、世界从认识宁夏贺兰山东麓开始认识了中国葡萄酒

(一) 世界美誉度持续提升

法国著名葡萄酒评论家特里·德索夫 (Thierry Desseauve) 先生评价宁夏葡萄酒说：“世界从认识宁夏贺兰山东麓产区开始认识了中国葡萄酒。这里，可以酿造出非常好的葡萄酒。”[2] 产区 50 多家酒庄的葡萄酒在品醇客、布鲁塞尔、巴黎等国际葡萄酒大赛中获得上千个奖项，占全国获奖总数的 60% 以上[3]。

在葡萄酒市场上，欧洲曾一直独领风骚。但如今，宁夏葡萄酒逐渐受到世界的瞩目[4]。2021 年，Decanter 世界葡萄酒大赛上，宁夏以 66 款获奖葡萄酒（4 金、14 银、48 铜）抢占奖牌榜首位[5]，2022 年，Decanter 世界葡萄酒大赛上，宁夏贺兰山东麓葡萄酒产区以 105 款获奖酒再次蝉联奖牌榜首位[6]。2023 年 9 月 6 日，Decanter 世界葡萄酒大赛 20 周年纪念庆典暨中国金牌酒庄颁奖典礼在湖南长沙举办，宁夏 15 家酒庄荣获中国葡萄酒金

1 闫茜：《“贺兰山东麓葡萄酒”跃居全国地理标志产品区域品牌榜第七位》，载《银川日报》2024 年 5 月 14 日第 2 版。
2 郭红松：《宁夏贺兰山：昔日荒凉戈壁滩 今朝万顷葡萄园》，载“光明网”2018 年 9 月 2 日，https：//m.gmw.cn。
3 宁夏回族自治区人民政府办公厅：《自治区人民政府办公厅关于印发宁夏贺兰山东麓葡萄酒产业高质量发展“十四五”规划和 2035 年远景目标的通知》(宁政办发〔2021〕110 号)，载“宁夏回族自治区人民政府门户网”2021 年 12 月 31 日，http：//www.nx.gov.cn。
4 王建宏，曹元龙，张文攀等：《让宁夏的“紫色梦想”绽放全球》，载《光明日报》2021 年 9 月 27 日第 12 版。
5 王莹：《宁夏再占奖牌榜首位，包揽全部金奖！ 2021 年 Decanter 结果公布》，载“宁夏新闻网”2021 年 7 月 8 日，http：//www.nxnews.net。
6 李乾：《生态友好，贺兰山东麓的另一个层面》，载《新商务周刊》2022 年第 7 期第 12-17 页。

牌酒庄[1]。

2020 年 2 月，第 24 届柏林葡萄酒大奖赛（冬季赛）中，宁夏贺兰山东麓产区的 16 个酒庄 22 款葡萄酒获得金奖，成为中国参赛酒款中获奖最多的产区[2]。2021 柏林葡萄酒大奖赛（夏季赛）中，宁夏贺兰山东麓葡萄酒产区收获 35 个奖项，其中两项获得大金奖的中国葡萄酒均来自宁夏[3]。2023 年柏林葡萄酒大奖赛（冬季赛）中国区参赛酒款获奖名单中，中国各葡萄酒产区葡萄酒共收获 88 项大奖，其中，来自宁夏贺兰山东麓葡萄酒产区三款葡萄酒包揽了全部 3 枚大金奖[4]。

2020 年 9 月 11 日，第 27 届比利时布鲁塞尔国际葡萄酒大奖赛中，中国共获得 100 枚奖牌，其中宁夏贺兰山东麓产区以 48 枚奖牌（大金奖 4 枚、金奖 26 枚、银奖 18 枚）的成绩蝉联中国奖牌榜榜首[5]。2021 年 6 月 18 日比利时布鲁塞尔国际葡萄酒大奖赛上，宁夏贺兰山东麓葡萄酒产区摘得 80 枚奖牌，位列中国奖牌榜第一，其中大金奖 3 枚、金奖 43 枚、银奖 34 枚[6]。2022 年 6 月 1 日，第 29 届比利时布鲁塞尔国际葡萄酒大奖赛（红、白静止葡萄酒专场）上，宁夏贺兰山东麓以 67 枚奖牌的优异成绩再次位列中国奖牌榜首位，获奖率高达 47%，占据了中国奖牌榜的半壁江山[7]。

2023 年 10 月 6 日，第三届宁夏贺兰山东麓国际葡萄酒大赛暨首届布鲁塞尔“马瑟兰”国际葡萄酒大赛颁奖盛典在银川市闽宁镇举行[8]，共有 67 款葡萄酒获得奖项，其中大金奖

1 王婧雅：《国际葡萄酒赛事 Decanter 20 周年庆典 宁夏 15 家酒庄晋级中国葡萄酒金牌酒庄》，载《宁夏日报》2023 年 9 月 8 日。
2 李佩珊：《宁夏 22 款葡萄酒摘得 2020 柏林葡萄酒大奖赛金奖》，载“中国新闻网”2020 年 3 月 9 日，https：//www.chinanews.com。
3 王莹：《宁夏葡萄酒喜获 2021 柏林葡萄酒大奖赛夏季赛中国区 2 枚大金奖》，载“宁夏新闻网”2021 年 11 月 1 日，http：//www.nxnews.net。
4 李佩珊：《宁夏贺兰山东麓葡萄酒获三枚柏林葡萄酒大奖赛大金奖》，载“中国新闻网”2023 年 3 月 14 日，https：//www.chinanews.com。
5 杨迪：《第 27 届比利时布鲁塞尔国际葡萄酒大奖赛榜单发布 宁夏产区蝉联中国奖牌榜榜首》，载“中国新闻网”2020 年 9 月 11 日，https：//www.chinanews.com。
6 王婧雅：《宁夏位列中国奖牌榜第一！第 28 届比利时布鲁塞尔国际葡萄酒大奖赛结果出炉》，载《宁夏日报》2021 年 7 月 3 日。
7 李乾：《生态友好，贺兰山东麓的另一个层面》，载《新商务周刊》2022 年第 7 期第 12-17 页。
8 王婧雅，马楠，陈瑶等：《宁夏贺兰山东麓位列第四》，载《宁夏日报》2023 年 10 月 7 日第 2 版。

3款、金奖26款、银奖38款[1]。宁夏贺兰山东麓葡萄酒产区荣获大金奖1款，金奖17款，银奖21款[2]。比利时布鲁塞尔国际酒类大奖赛主席卜度安·哈弗先生（Baudouin Havaux）评价宁夏葡萄酒的优异表现时说："比利时布鲁塞尔大奖赛获奖率在28%~30%，而宁夏贺兰山东麓葡萄酒获奖率在40%。这足以证明，宁夏的葡萄酒已站在世界葡萄酒的顶端。"[3]

（二）海外销售速度不断加快

宁夏葡萄酒海外销售速度不断加快，国际市场占有率逐步提升。2020年，宁夏葡萄酒出口额达265万元，较上年增长46.4%，主要出口美国、澳大利亚、日本和欧盟各国[4]。即使在疫情带来的不利外贸环境下，我区葡萄酒出口还是实现了逆势增长[4]。

2021年3月1日，中欧地理标志协定[5]正式生效，贺兰山东麓葡萄酒、戎子酒庄葡萄酒、烟台葡萄酒、桓仁冰酒、沙城葡萄酒名列中欧地理标志协定第一批互认名单。贺兰山东麓葡萄酒成为受欧盟保护的中国首批地理标志产品[6]，不仅提升了贺兰山东麓葡萄酒的市场知名度和品牌美誉度，为宁夏葡萄酒进入欧盟市场提供了有力保障，也提高了欧盟市场对中国葡萄酒的认可度和接受度，对宁夏葡萄酒进入更广阔的国际市场起到了极大的推动作用。

2021年，在国产葡萄酒产量连续9年下降的情况下，宁夏全年葡萄酒销量同比增长8%、销售额增长15%、出口额同比增长了256%[7]。2022年，全国葡萄酒行业整体下滑，宁夏葡萄酒产业发展逆势上扬，总体保持向上稳步发展态势[8]，葡萄酒远销德国、法国、美

1 范晓儒，闫茜：《第三届宁夏贺兰山东麓国际葡萄酒大赛、首届布鲁塞尔"马瑟兰"国际葡萄酒大赛颁奖盛典在银川举办》，载《银川日报》2023年10月7日第1版。

2 胡冬梅：《第三届宁夏贺兰山东麓国际葡萄酒大赛暨首届布鲁塞尔"马瑟兰"国际葡萄酒大赛获奖结果揭晓》，载"中国日报中文网"2023年10月6日，http://cn.chinadaily.com.cn。

3 赵磊，张唯：《国际葡萄与葡萄酒产业大会、第三届中国（宁夏）国际葡萄酒文化旅游博览会回眸》，载《宁夏日报》2023年6月12日。

4 李峰：《2020年，宁夏葡萄酒出口实现逆势增长》，载《宁夏日报》2021年2月8日第2版。

5 这是中欧之间首次获准的涵盖较大范围的地理标志互认协定，也是欧盟第一次在协定中将中国葡萄酒纳入地理标志互认名单，纳入协定的地理标志将享受双方官方保护，通过认定的中国葡萄酒产品可以标明原产地，中国产区概念在欧洲市场受到保护和推广。在这一协定的推动下，能够让更多欧洲消费者了解优质的中国葡萄酒，能够向更多欧洲消费者传播中国的葡萄酒文化。

6 钱颜：《〈中欧地理标志协定〉正式生效》，载《中国贸易报》2021年3月2日。

7 李乾：《生态友好，贺兰山东麓的另一个层面》，载《新商务周刊》2022年第7期第12-17页。

8 王婧雅：《宁夏葡萄酒产业发展逆势上扬》，载《宁夏日报》2023年1月15日。

国、加拿大、比利时、新加坡及我国香港、澳门等40多个国家和地区，出口增长率稳定在30%左右。2023年，宁夏贺兰山东麓葡萄酒出口澳大利亚并受到当地消费者的喜爱。2024年第一季度，宁夏葡萄酒出口28.79千升、销售金额341万元，同比分别增长228.1%、336.5%[1]。

（三）国际合作交流持续升级

至2022年，宁夏已经与全球23个主要葡萄酒生产国建立紧密联系，从英国、法国、澳大利亚等国引进60名酿酒师，开展技术交流、文化沟通、联合办学、人才培养等多方面的合作。利用综试区和博览会两大平台，宁夏加强与国内外葡萄酒产区交流合作，积极引入先进技术和管理经验[2]。2022年11月，联合国粮食及农业组织（FAO）技术合作项目（Technical Cooperation Program，简称TCP）——“宁夏贺兰山东麓酿酒葡萄园生态安全种植和资源循环利用”项目在宁夏启动，项目计划两年内在宁夏贺兰山东麓葡萄酒产区建成一批示范生态栽培技术管理葡萄园，并通过种植户“参与式”推广方法，提高葡萄园管理水平，促进葡萄酒产业绿色可持续发展[3]。另外，宁夏还积极争取各种机会大力推广贺兰山东麓葡萄酒的独特品味、高端品质、知名品牌，2023年4月，法国总统马克龙访华期间，国家主席习近平以6款宁夏葡萄酒作为国礼相赠。在推进中国全方位融入世界葡萄酒文化的进程中，宁夏扮演着越来越重要的角色。

作为中国葡萄酒的品质标杆产区之一，宁夏自从以中国唯一的省级观察员身份加入国际葡萄与葡萄酒组织以来，一直致力于推动中国与世界葡萄酒的接轨和良性发展。一方面，积极“走出去”和“请进来”，参加OIV主办的活动、邀请历届OIV主席及总干事来宁夏考察，另一方面，积极推动我国加OIV。加入OIV，不仅表明中国葡萄酒得到广泛的国际认可，也意味着中国从此可以参与制定世界葡萄酒的技术、产品、管理、贸易规则[4]；不仅能提升中国葡萄酒在国际上的声誉，提振中国葡萄酒的自信心，提高世界对中国葡萄酒的认可度[5]，还能带来品牌知名度和销量的双增。2023年4月14日，《中华人民共和

1 宁夏贺兰山东麓葡萄酒产业园区管理委员会提供数据。
2 王婧雅：《与浪漫对话 赴未来之约——“国际葡萄与葡萄酒产业大会、第三届中国（宁夏）国际葡萄酒文化旅游博览会”高端对话侧记》，载《宁夏日报》2023年6月11日第3版。
3 王婧雅：《联合国粮农组织一项目落地宁夏》，载《宁夏日报》2022年11月23日。
4 雄英：《中国葡萄酒业出击国际标准》，载《中华工商时报》2002年9月16日。
5 王婧雅：《中法联合声明加速“贺兰山东麓”融入世界》，载《宁夏日报》2023年4月15日第2版。

国和法兰西共和国联合声明》提出:“法国支持中国尽快加入国际葡萄与葡萄酒组织的申请，支持中国举办国际葡萄与葡萄酒产业大会。”[1]

2024年3月11—18日，应OIV邀请，宁夏回族自治区政府派代表团访问国际葡萄与葡萄酒组织，OIV组织对宁夏在推进中国加入OIV进程中的主动作为和积极担当给予高度肯定，并对宁夏作为中国最早的OIV省级观察员，十多年来在葡萄酒品质、技术、标准和品牌等方面取得的长足发展表示赞扬。对于宁夏葡萄酒产业发展对国际总体外交大局起到的支撑作用，OIV总干事约翰·巴克（John Barker）评价道:“宁夏产区的快速发展是推动中国加入OIV的加分项和助推剂。”

2024年是中法建交60周年，两国达成《中华人民共和国农业农村部与法兰西共和国农业和粮食主权部关于葡萄种植和葡萄酒酿造产业合作的行政协议》[2]，双方将开展联合工作，共同提升葡萄与葡萄酒产业发展水平。在成立百年的重要历史时刻，OIV准备接纳中国成为其第51个成员国，这对有效提升中国葡萄酒的品牌影响力、市场竞争力、行业话语权和新质生产力将起到积极的推动作用。作为东西方文化交流和文明互鉴的重要载体，葡萄酒在推动中法两国经贸合作和文化交流方面也将扮演更加重要的角色。

1 新华社:《中华人民共和国和法兰西共和国联合声明》，载“中华人民共和国中央人民政府门户网”2023年4月7日，https://www.gov.cn。
2 李浩:《教育培训丰硕成果挂满中法合作“枝头”》，载《农民日报》2023年4月18日第6版。

关于此书，我在键盘上敲下第一个字的时间是 2023 年 7 月 5 日。从那时起，我每天都在幻想本项目既定完工之日的场景，每天都在感恩、感激、感谢中默默坚持，终于到了致谢的这一天。

感谢宁夏贺兰山东麓葡萄酒产业园区管理委员会（以下简称管委会）给本项目提供的资金支持及对项目进展的严格要求。起初酝酿大纲时，项目组成员构思形成上篇“中国葡萄酒史”与下篇“宁夏葡萄酒业四十年”两部分内容。中期进展汇报时，专家组建议增加“当代中国葡萄酒业发展历程”之研究内容，经过反复讨论，最终形成了本书上、中、下三篇之构架。其间，管委会领导对项目整体内容的宏观把控、对著作结构的调整、对甄辨取舍研究资料的建议，对本书的最终成型和加工润色帮助颇多。尤其是对书稿整体写作质量严格把关，将“品质第一”的理念贯彻于葡萄酒全行业及其相关领域质量管理的每个细节。

感谢给予本项目研究无私帮助的良师、益友。感谢郝林海先生为本书作序，在序言朴实文风的感染下，我不嫌自己“琐碎”地敲下了一堆致谢的文字，作为后记。记得宁夏大学葡萄酒学院刚成立那几年，每年迎接新生的首场讲座，都由郝林海先生主讲，他是学生娃娃口中的“好姥爷”。第一次读他的《杂琐闲钞》，“我琐碎是因为生活琐碎”这句话就深深印入脑海，让我倍加珍惜生活中每一份琐碎的善良。感谢中国政治协商会议宁夏回族自治区第十一届委员会副主席王紫云为本书写作内容提供的重要宏观指导；感谢赵世华研究员、历史学家陈育宁和霍维洮教授为本书写作框架结构提供的重要参考意见；感谢李玉鼎、容健、王奉玉等宁夏葡萄酒产业发展的第一代亲历者和宁夏第一代本土葡萄酿酒师俞惠明及酿酒师张静等为本书提供的珍贵历史资料；感谢宁夏农林科学院园艺研究所研究员陈卫平为本书提供的诸多修改意见；感谢中国常春藤葡萄酒市场研究机构创始人张建生、曾担任《新商务周刊》编辑的李乾，为中、下篇写作提供的大量宝贵参考资料；感谢源石酒庄庄主袁园、沃尔丰酒庄庄主郑国富、《读醉・酒庄指南》主编伊国涛、上海市酒类流通行业协会葡萄酒分会会长郭明浩为本书联系、精选、提供的精美配图。感谢中国艺术研究院中国书法院院长管峻馈赠墨宝，用书法艺术展示了中国葡萄酒的古韵盎然。感谢湖北美术学院影视动画学院院长袁小山为封面及装帧提供的完美构思和艺术设计。另外，还要特别感谢管委会殷雪鹏副处长和尹一丞、张娱、谭婧怡、陈露、苏丽等工作人员，他们积极协调推进项目进展，并提供了许多一手资料。

感谢项目组全体成员。2013 年宁夏大学葡萄酒学院成立时，我负责葡萄酒文化旅游专业方向，担任“葡萄酒文化旅游研究专题”课的讲授工作，开始了与历史学博士张訸、民族学博士邱守刚的合作，从那时候开始，就萌生了系统研究葡萄酒文化的想法。后来承担“葡萄酒文化与鉴赏”课的讲授任务，与张军翔教授合作课程建设工作，在撰写授课教案的同时便开始了相关资料的收集整理。2015 年赴美国密苏里州立大学访学期间，看到关于美国加州纳帕谷的《Napa: The story of an American Eden》一书，被书中许多故事深深打动，更加坚定了记录与宁夏葡萄酒有关的人、事、物的想法。从旅游研究角度，我们经常说宁夏是一个“微缩盆景”，除了海洋，其他旅游资源类型几乎都有。但是勤劳朴实的宁夏人民，在戈壁荒滩用心酿出了一片紫色海洋，写一本书能记载这份属于宁夏人民的独有浪漫，便成了我余生最大的追求。基于这样一份梦想和共同的热爱，当管委会提出深入挖掘中国葡萄酒历史、提升宁夏葡萄酒产区文化内涵的研究要求时，“夜光杯”微信研讨群旋即建成并开启工作模式，从大纲雏形到结构大幅调整，反复修改直至书稿成型。

“文章千古事，得失寸心知。”中国葡萄酒历史文化，如此宏大而厚重的研究课题，其难度与挑战之高自不必说；从浩如烟海的史料中，收集整理文献，其工作强度之大更是不言而喻；人工智能时代，仍然需要用最笨拙的办法甄辨资料，其工作之艰辛及对钻研者细心、耐心和韧性的考验强度之大，亦非言语所能表达。再加上项目进展中期，研究内容大幅调整，项目组成员也有所变动，若非骨干成员长期合作积累下的彼此信任，此项目很可能会“烂尾”。

志同者共赴山海，道合者初心不改。2024 年 5 月 14 日，项目成果验收汇报之时，正是中国首部以葡萄酒产业发展为题材的电视剧——《星星的故乡》在中央一套黄金时段开播之日，《中国葡萄酒历史文化研究》一书也被确定于 2024 年 7 月 25 日之前出版，献礼第四届“中国（宁夏）国际葡萄酒文化旅游博览会”。十年梦想，十个月的辛苦努力，我终于在作为宁夏贺兰山东麓紫色梦想的实践者、亲历者、见证者的基础上荣幸地成为了忠实记录者。在星星的故乡，每个人都以自己的方式，为实现“葡萄酒之都”的伟大目标默默地贡献着自己的力量。

感谢给予本项目研究无限支持的家人。感谢亲人们承担了照顾两位母亲的责任，让我能心无旁骛地投身热爱的事业。无力照顾陪伴亲人自责愧疚之时，常有兄弟无声的宽慰，让我不敢懈怠每一分钟，唯有努力做好能做之事，才是对亲情的最大回报。风雪之夜，感谢宋先生亲手换的车灯，照亮了我回家的路。

感谢我的同事们。在收集整理资料压力最大、最艰苦的时刻，李明老师带她的研究生操敏、范瑾，牺牲了元旦、周末休息，在图书馆与我们奋力合作近半个月；苏宇静为大纲撰写提了很多参考意见；徐国前对本书中有关葡萄栽培和葡萄品种的内容，逐字逐句进行了核对；马雯、孙悦为本书核对参考文献和配图提供了帮助；杨晨露、王志磊两位博士，专门带我到他们的母校——西北农林科技大学，到中国葡萄酒历史与发展博物馆查找资料。在异地他乡遇到的盛情款待，也一并致谢。另外，还要感谢王礼老师为项目进展提供的后勤保障。

感谢尽心敬业的弟子们。感谢弟子张骞随时预备太谷饼，以充不时之饥；大雨滂沱之夜被困于科技楼，唏嘘感慨幸有弟子孙荣荣陪伴，“君怜垂翅客，辛苦尚相从”。感谢孟丽楠、乔雅、奚丽杰、文清莹，在统稿过程中，反复商榷，力求字字珠玑、句句经典。感谢王帅帅、陈园园、孙荣荣，承担了大量繁杂的资料收集、格式调整和文献核对工作。

感谢宁夏大学文萃校区图书馆的管理员们。每天都能见到你们亲切的笑脸，一声声“早啊”，让我信心满满地迎接每一天的挑战，而每晚回家时“注意安全”的叮嘱，亦如家人般的温暖，消除了我所有的疲惫，温暖了每个晚归的寒冬之夜。

停笔之时，抬眼看到镜中的自己，额头白霜星星点点，它们见证了这段学术探索的艰辛。掩卷覃思，泪洒青衿。慨然而叹，终不敢遑论何等贡献于学界。但于己而言，知天命余一之年，仍有一场奋不顾身的热爱，让自己倾尽全力，坚守始终。无论结果如何，致谢努力的自己。终有一段岁月，每每想起，都会让自己热泪盈眶。

贺兰山下果园成（沃尔丰酒庄　供图）

付梓之际，
我像迎接一个新生命一样地满怀期待，
同时，还是有着无尽的感激。
还有很多很多人，
限于篇幅，无法一一致谢，
但时刻铭记在心的每一份善意，
终会化为满腔的热爱和用心做好每件事的动力，
以致敬我们共同热爱的事业，
以感谢我们共同热爱的这片土地——宁夏贺兰山东麓。

毛凤玲
2024 年 5 月 30 日晨
于宁夏大学文萃校区图书馆